建筑工程制图

（第4版）

朱建国　叶晓芹　甘　民　编

重庆大学出版社

内 容 提 要

本书分为7章，内容包括：制图基础、组合体、图样画法、建筑施工图、结构施工图、给水排水工程制图及图形平台AutoCAD 2008应用与操作。本书可作为高等院校建筑工程、给水排水、工程管理等专业教材，也可供有关技术人员参考。

图书在版编目(CIP)数据

建筑工程制图/朱建国，叶晓芹，甘民编.—第3版.—重庆：重庆大学出版社，2012.9(2022.8重印)
ISBN 978-7-5624-2547-2

Ⅰ.建…　Ⅱ.①朱…②叶…③甘…　Ⅲ.建筑工程—建筑制图—高等学校—教材　Ⅳ.TU204

中国版本图书馆CIP数据核字(2004)第002481号

建筑工程制图
(第4版)
朱建国　叶晓芹　甘　民　编
责任编辑：彭　宁　　版式设计：彭　宁
责任校对：贾　梅　　责任印制：张　策
*
重庆大学出版社出版发行
出版人：饶帮华
社址：重庆市沙坪坝区大学城西路21号
邮编：401331
电话：(023)88617190　88617185(中小学)
传真：(023)88617186　88617166
网址：http://www.cqup.com.cn
邮箱：fxk@cqup.com.cn (营销中心)
全国新华书店经销
POD：重庆新生代彩印技术有限公司
*
开本：787mm×1092mm　1/16　印张：18.25　字数：456千
2017年7月第4版　2022年8月第14次印刷
印数：39 501—40 500
ISBN 978-7-5624-2547-2　定价：49.80元

土木工程专业本科系列教材
编审委员会

土木工程专业本科系列教材
编审委员会

第3版前言

本书是普通高等教育"十一五"国家级规划教材。

本书第1版由重庆大学出版社于2004年出版，在此基础上本书第3版结合近几年的教学实践，又根据教学改革发展的需要、国家有关建筑设计规范、标准图集的更新以及建筑结构体系发生的变化，对原版教材进行了较大的改编。

本次改编对部分章节的内容进行了较大的调整，考虑到学生今后参加建筑工程的实际需要，增加了计算机绘图的内容，对目前使用广泛的绘图软件作了介绍；第四章建筑施工图中，为加强学生对建筑图线型的掌握，增加了相关部分的插图；第5章结构施工图，为适应当前应用较多的结构体系采用了现浇框架结构，并结合国家标准图集新增了混凝土结构施工图梁、板、柱平面整体表示方法的内容，同时为适应不同地区的实际情况和不同读者的需要，对预制结构的有关内容也进行了介绍，以提高读者阅读工程图的能力；此外，对其他章节的内容也作了一定的修改。

本书得到重庆大学教材建设基金资助。

本书由重庆大学朱建国、叶晓芹、甘民编写，全书共7章，第1、2、3、6章由叶晓芹编写；第4、5章由朱建国编写，第7章由甘民编写。

限于编者的水平，书中可能存在疏漏、谬误，敬请读者批评指正。

编　者

2012年7月

目录

第 1 章　制图基础 ……………………………………… 1
第 1 节　建筑制图基本规定 ……………………………… 1
1　图纸幅面规格……………………………………… 1
2　图线……………………………………………… 4
3　字体……………………………………………… 6
4　比例……………………………………………… 7
5　尺寸标注………………………………………… 8
第 2 节　手工仪器图的工具和仪器……………………… 13
1　图板、丁字尺和三角板…………………………… 13
2　比例尺 …………………………………………… 14
3　分规和圆规 ……………………………………… 15
4　铅笔 ……………………………………………… 16
5　直线笔、绘图墨水笔和绘图小钢笔……………… 17
6　曲线板、擦线板和建筑绘图模板………………… 18
7　其他制图工具 …………………………………… 19
第 3 节　几何作图………………………………………… 19
第 4 节　手工仪器图一般的绘图步骤及方法…………… 24
1　准备工作 ………………………………………… 24
2　画底稿图 ………………………………………… 25
3　检查底稿及加深图线 …………………………… 26
4　完成图样 ………………………………………… 26
第 2 章　组合体……………………………………… 27
第 1 节　组合体投影图的画法…………………………… 27
1　形体分析法 ……………………………………… 27
2　投影选择 ………………………………………… 29
3　画组合体投影图的一般步骤 …………………… 32

第 2 节　组合体的尺寸标注 …… 36
1　基本几何体的尺寸标注 …… 36
2　带切口基本几何体的尺寸标注 …… 36
3　组合体的尺寸标注 …… 38
第 3 节　组合体投影图的阅读 …… 40
1　读图的基本方法 …… 40
2　读图的一般步骤 …… 45
3　已知组合体的两个投影图补画第三个投影图 …… 47
4　读图注意 …… 49
第 3 章　图样画法 …… 54
第 1 节　视图 …… 54
1　视图 …… 54
2　第三角画法 …… 57
第 2 节　剖面图和断面图 …… 60
1　基本概念 …… 60
2　剖切方式 …… 66
3　剖面图的种类 …… 67
4　断面图的种类 …… 68
5　需注意的几个问题 …… 71
6　带有剖面图、断面图的组合体视图的阅读 …… 72
第 3 节　简化画法 …… 73
1　对称形体简化画法 …… 73
2　相同要素简化画法 …… 74
3　折断简化画法 …… 74
第 4 章　房屋施工图 …… 76
第 1 节　概述 …… 76
1　房屋的组成及名称 …… 76
2　房屋建筑的相关知识 …… 76
3　房屋施工图的图示特点 …… 79
第 2 节　总平面图 …… 79
1　比例 …… 80
2　图例 …… 80
3　标高 …… 84
4　房屋的定位 …… 84
5　房屋的尺寸标注 …… 85
6　指北针与风玫瑰图 …… 85

7 房屋的层数表示 …………………………………………… 86
8 总平面图图示的主要内容 ……………………………… 87
第3节 建筑平面图……………………………………………… 87
1 平面图的形成、名称及图示方法………………………… 88
2 平面图的内容和作用 ……………………………………… 88
3 绘制平面图的有关规定…………………………………… 100
4 平面图图示的主要内容…………………………………… 104
第4节 建筑立面图 …………………………………………… 104
1 立面图的形成、名称及图示方法 ……………………… 106
2 立面图的内容和作用……………………………………… 106
3 绘制立面图的有关规定…………………………………… 107
4 立面图的阅读……………………………………………… 107
5 立面图图示的主要内容…………………………………… 108
第5节 建筑剖面图 …………………………………………… 108
1 建筑剖面图的形成、名称及图示方法 ………………… 109
2 剖切平面的位置及剖视方向……………………………… 109
3 剖面图的内容和作用……………………………………… 109
4 绘制剖面图的有关规定…………………………………… 110
5 其他标注…………………………………………………… 111
6 剖面图的阅读……………………………………………… 112
7 剖面图图示的主要内容…………………………………… 113
第6节 建筑平、立、剖面图的读图与绘制 ………………… 113
1 建筑平、立、剖面图的读图应具备的基本知识…… 113
2 建筑平、立、剖面图的读图步骤………………………… 113
3 建筑平、立、剖面图的绘制步骤………………………… 117
第7节 建筑详图 ……………………………………………… 117
1 绘制详图的若干规定……………………………………… 119
2 外墙身详图………………………………………………… 121
3 楼梯详图…………………………………………………… 129
4 木门窗详图………………………………………………… 132
5 详图图示的主要内容……………………………………… 133
第5章 结构施工图 ……………………………………… 133
第1节 概述 …………………………………………………… 136
第2节 基础施工图 …………………………………………… 136
1 基础平面图………………………………………………… 138
2 基础断面详图……………………………………………… 138

3　基础施工图的主要图示内容…………………… 139
第3节　钢筋混凝土构件详图 ……………………… 139
1　钢筋混凝土简介…………………………………… 140
2　钢筋………………………………………………… 143
3　钢筋混凝土构件详图……………………………… 148
4　混凝土结构施工图平面整体表示方法制图规则
简介………………………………………………… 159
5　钢筋的简化表示方法……………………………… 159
6　钢筋混凝土构件详图的主要图示内容…………… 161
第4节　结构布置平面图 …………………………… 161
1　整体式(现浇)楼层结构布置平面图 …………… 166
2　装配式(预制)楼层结构布置平面图 …………… 171
3　楼梯………………………………………………… 171
4　结构布置平面图的主要图示内容………………… 172
第6章　给水排水工程制图 ……………………… 172
第1节　概述 ………………………………………… 172
1　给水排水工程及给水排水工程图………………… 173
2　给水排水专业图中的管道………………………… 173
3　给水排水专业制图的一般规定…………………… 177
4　图例………………………………………………… 181
第2节　建筑给水排水施工图 ……………………… 181
1　建筑给水排水系统组成…………………………… 183
2　给水排水安装详图………………………………… 183
3　给水排水平面图 ………………………………… 189
4　建筑给水排水系统原理图和轴测图……………… 192
5　建筑给水排水平面图、平面放大图和轴测图、系统
图的阅读…………………………………………… 194
第3节　建筑给水排水总平面图 …………………… 195
1　给水系统…………………………………………… 197
2　排水系统…………………………………………… 198
第7章　图形平台 AutoCAD 2008 应用与操作 …… 198
第1节　基本概念与基本操作 ……………………… 199
1　AutoCAD 的使用及安装…………………………… 200
2　AutoCAD 2008 的工作界面简介 ………………… 202
3　图形文件管理……………………………………… 203
4　保存文件…………………………………………… 204
5　其他操作…………………………………………… 204

第 2 节　基本绘图命令 …………………………………… 204
1　准备知识……………………………………………… 206
2　基本绘图命令………………………………………… 215
第 3 节　图形修改 ………………………………………… 216
1　选择对象……………………………………………… 216
2　图形对象的编辑……………………………………… 232
3　利用剪贴板复制对象………………………………… 234
第 4 节　文字标注 ………………………………………… 234
1　用 DTEXT 命令标注文字 ………………………… 238
2　利用对话框定义文字样式…………………………… 240
3　编辑文字……………………………………………… 241
第 5 节　绘图技巧与绘图设置 ………………………… 241
1　对象捕捉……………………………………………… 246
2　绘图辅助工具………………………………………… 247
3　图形显示的缩放……………………………………… 248
4　图形的重新生成……………………………………… 248
5　设置图形单位………………………………………… 248
6　定义用户坐标系……………………………………… 249
7　设置 UCS 坐标平面视图 ………………………… 249
第 6 节　图层管理及线型 ……………………………… 249
1　图层的基本要领及其特性…………………………… 252
2　利用对话框对图层进行操作………………………… 254
3　利用工具栏操作图层………………………………… 255
4　线型设置……………………………………………… 256
5　特性匹配……………………………………………… 257
第 7 节　尺寸标注 ………………………………………… 257
1　尺寸简介……………………………………………… 260
2　尺寸标注的方法……………………………………… 263
3　利用对话框设置尺寸标注样式……………………… 268
4　编辑尺寸……………………………………………… 271
第 8 节　查询命令与绘图实用命令 …………………… 271
1　查询命令……………………………………………… 273
2　绘图实用命令………………………………………… 277
3　图块的操作…………………………………………… 280

参考文献………………………………………………………

第 1 章 制图基础

人们营造建筑、制作物体，一般都有个设计、制作过程，设计意图由图样来表达（制图），制作则依据图样（读图）来进行。建造工程物体的图样，叫做工程图样。工程图样是指在图纸上按一定规则绘制的，且能表示被绘工程物体的位置、大小、构造、功能、原理、加工工艺流程等的图样。与建筑相关的工程图样即为建筑工程图。

为了保证工程图纸的图面质量，提高制图速度，则须借助于绘图工具和仪器。绘制工程图样，既可使用制图工具和仪器手工绘制，也可利用计算机绘制，本书主要讲述手工仪器图的绘制（尺规绘图）。工程图样，无论手工或计算机绘制，其制图标准都是一致的，虽然制图的手段有别，但其制图程序和步骤则是相通的。本章将逐一介绍制图标准、手工仪器图的工具、仪器及其制图的方法步骤。

第 1 节 建筑制图基本规定

为了统一房屋建筑制图规则，保证绘图质量，使图面清晰简明，提高制图效率，符合设计、施工、存档等要求，以适应工程建设的需要，国家制订了建筑制图标准。建筑类工程图，除应遵守建筑制图国家标准外，还应符合国家现行相关标准规范的要求及各有关专业的制图规定。根据国家 2010 年颁布施行的《房屋建筑制图统一标准》（GB/T 50001—2010），此处仅介绍图纸幅面、图线、字体、比例和尺寸标注等基本规定。

1 图纸幅面规格

1.1 图纸幅面

图纸幅面即指图纸大小，简称图幅。标准的图纸以 841 ×1189 幅面为基准，按图 1.1 所示分为 5 种规格。图框在图纸中是限定绘图范围的边界线。图纸的幅面、图框尺寸及格式，应符合《房屋建筑制图统一标准》（GB/T 50001—2010）的要求。见表 1.1 和图 1.2。

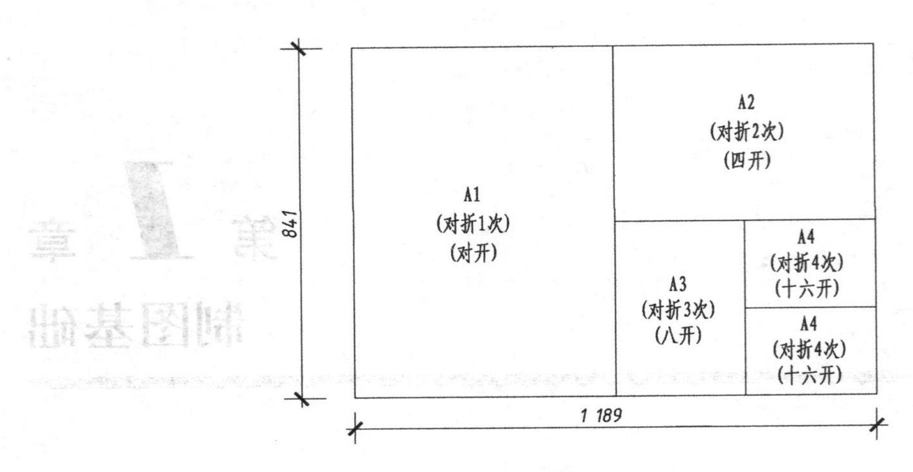

图 1.1　标准图纸幅面形成示意

表 1.1　标准幅面及图框尺寸/mm

幅面代号	幅面尺寸 $b \times l$	图边宽度	
		装订边 a	其余三边 c
A0	841×1189	25	10
A1	594×841		
A2	420×594		
A3	297×420		5
A4	210×297		

图纸以短边作垂直边称为横式,如图 1.2。以短边作水平边称为立式,如图 1.3。一般 A0～A3 图纸宜横式使用;必要时,也可立式使用。

一个工程设计中,每个专业所用的图纸,不宜多于两种幅面。不含目录及表格所采用的 A4 幅面。

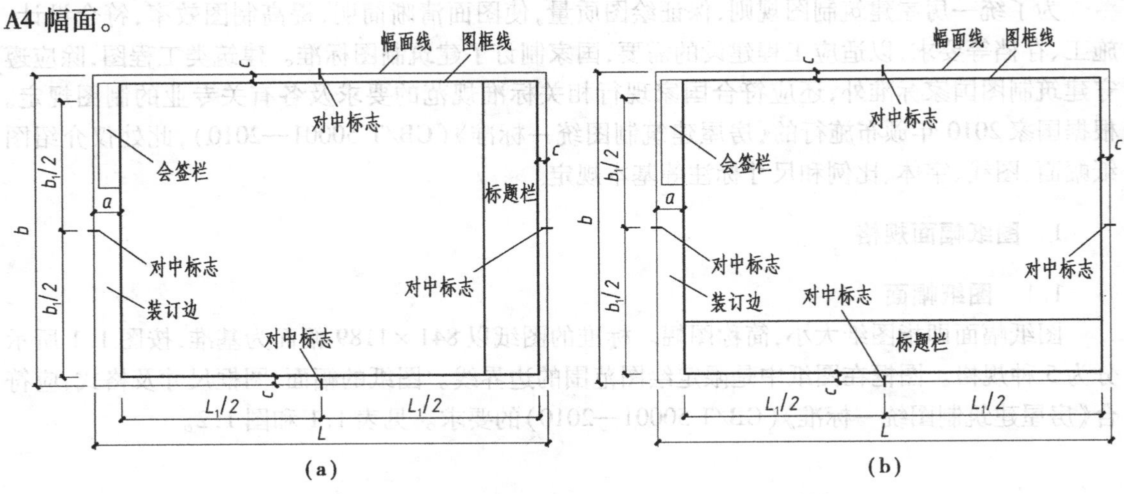

图 1.2　A0～A3 横式幅面

(a) A0～A3 横式幅面(一)标题栏居右　(b) A0～A3 横式幅面(二)标题栏居下

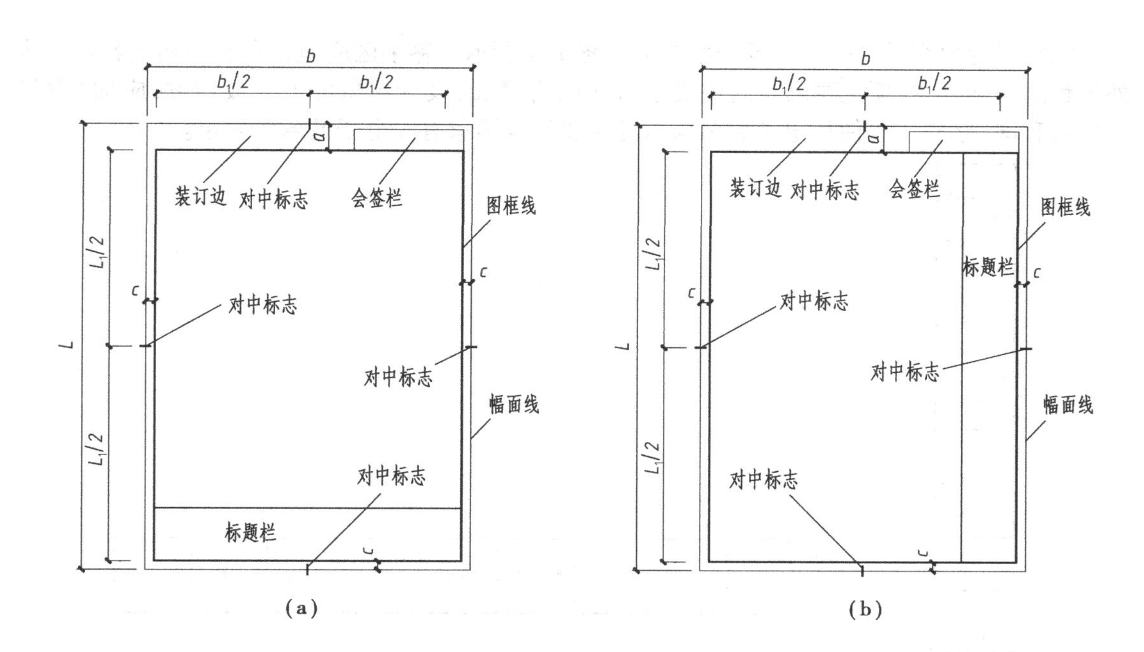

图1.3　立式幅面

(a)A0～A4立式幅面(一)标题栏居下　(b)A0～A4立式幅面(二)标题栏居右

需要缩微复制的图纸,图框粗线4个边上均应附有对中标志。对中标志为垂直于相应各边的线段,线宽为0.35 mm;自图框起,向框外伸长5 mm。有必要时还在一个边上附有总长100 mm、分格为10 mm的准确米制尺度。图纸的短边一般不应加长,A0～A3长边可加长,但应符合表1.2的规定。

表1.2　图纸长边加长尺寸(mm)

幅面代号	长边尺寸	长边加长后的尺寸
A0	1189	1486(A0+1/4*l*)1635(A0+3/8*l*)1783(A0+1/2*l*)1932(A0+5/8*l*) 2080(A0+3/4*l*)2230(A0+7/8*l*)2378(A0+1*l*)
A1	841	1051(A1+1/4*l*)1261(A1+1/2*l*)1471(A1+3/4*l*)1682(A1+1*l*) 1892(A1+5/4*l*)2102(A1+3/2*l*)
A2	594	743(A2+1/4*l*)891(A2+1/2*l*)1011(A2+3/4*l*)1189(A2+1*l*) 1338(A2+5/4*l*)1486(A2+3/2*l*)1635(A2+7/4*l*)1783(A2+2*l*) 1932(A2+9/4*l*)2080(A2+5/2*l*)
A3	420	630(A3+1/2*l*)841(A3+1*l*)1051(A3+3/2*l*)1261(A3+2*l*) 1471(A3+5/2*l*)1682(A3+3*l*)1892(A3+7/2*l*)

注:有特殊需要的图纸,可采用$b \times l$为841 mm×891 mm与1189 mm×1261 mm的幅面。

1.2　标题栏

图纸标题栏,简称图标,是将工程图的设计单位名称、工程名称、图名、图号、设计号及设计人、绘图人、审批人的签名和日期等,集中罗列的表格,横式幅面按图1.2布置,立式幅面按图1.3布置。

标题栏的内容、格式、尺寸及分区等应按图1.4所示。签字区应包含实名列和签名列。涉外工程的图标内，各项主要内容的中文下方应附有译文，设计单位的上方或左方，应加"中华人民共和国"字样。当使用电子签名与认证时要符合国家有关电子签名的规定。

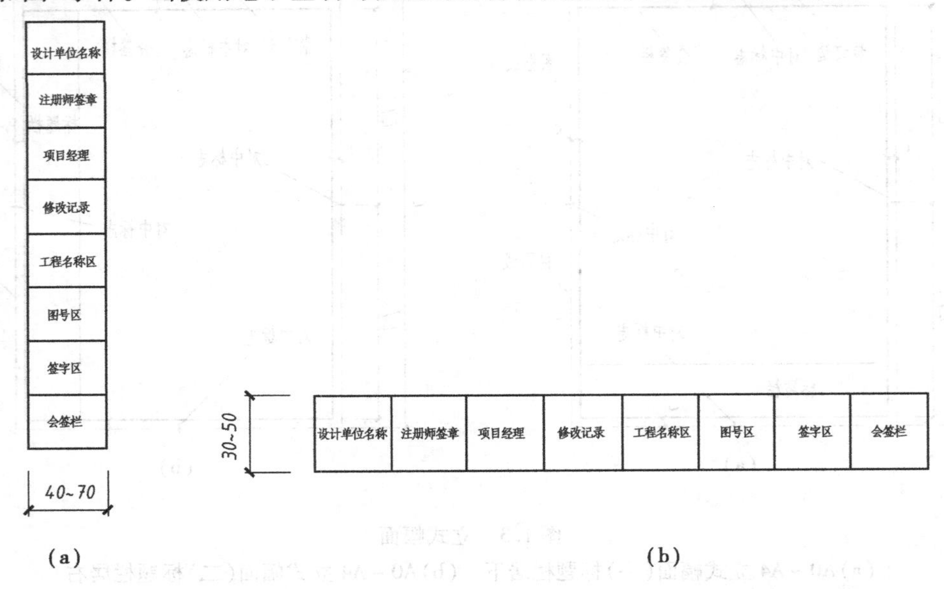

图1.4 标题栏

(a)标题栏(一)标题栏居右 (b)标题栏(二)标题栏居下

2 图线

工程图样是由图线所组成的，为了表达建筑工程图样中不同的内容，并能分清主次，须使用不同的线型和线宽的图线。

2.1 线宽

图线的宽度 b，宜从1.4、1.0、0.7、0.5、0.35、0.25、0.18、0.13线宽系列中选取。每个图样，应根据复杂程度与比例大小，先确定基本线宽 b，再从表1—3中选用相应的线宽组。同一张图纸内，相同比例的各图样，应选用相同的线宽组。

表1.3 基本线宽和线宽组(mm)

线宽比	线宽组			
b	1.4	1.0	0.7	0.5
$0.7b$	1.0	0.7	0.5	0.35
$0.5b$	0.7	0.5	0.35	0.25
$0.25b$	0.35	0.25	0.18	0.13

注:①需要微缩的图纸，不宜采用0.18 mm及更细的线宽；

②在同一张图纸内，各不同线宽组中的细线，可统一采用较细的线宽组的细线。

图纸的图框线和标题栏线，可采用表1.3的线宽。

表1.4　图框线、标题栏线的宽度/mm

幅面代号	图框线	标题栏外框线	标题栏分格线、会签栏线
A0、A1	b	0.7b	0.35b
A2、A3、A4	b	0.5b	0.25b

2.2　线型

工程建设制图的线型应选自表1.5。

表1.5　线型

名称		线型	线宽	一般用途
实线	粗		b	主要可见轮廓线
	中粗		0.7b	可见轮廓线
	中		0.5b	可见轮廓线、尺寸起止符号、变更云线
	细		0.25b	图例填充线、家具线
虚线	粗		b	见有关专业制图标准
	中粗		0.7b	不可见轮廓线
	中		0.5b	不可见轮廓线、图例线
	细		0.25b	图例填充线、家具线
单点长画线	粗		b	见有关专业制图标准
	中		0.5b	见有关专业制图标准
	细		0.25b	中心线、对称线、轴线等
双点长画线	粗		b	见有关专业制图标准
	中		0.5b	见有关专业制图标准
	细		0.25b	假想轮廓线、成型前原始轮廓线
折断线	细		0.25b	断开界线
波浪线	细		0.25b	断开界线

2.3　规定画法

2.3.1　图线间距的规定画法(图1.5(a))

相互平行的图例线，其净间隙或线中间隙不宜小于0.2 mm。

2.3.2　虚线、单点长画线及双点长画线的规格(图1.5(b))

(1)虚线、单点长画线及双点长画线的线段长度和间隔，宜各自相等。

(2)单点长画线及双点长画线的两端，不应是点，应为线段。

(3)虚线、单点长画线及双点长画线画图参考尺寸如图1.5(b)所示。

2.3.3 图线交接画法

(1)虚线

①一般情况 虚线与虚线交接或虚线与其他图线交接时,应是线段交接(图1.6a、b)。

②特殊情况 虚线为实线的延长线时,不得与实线连接(图1.6c)。

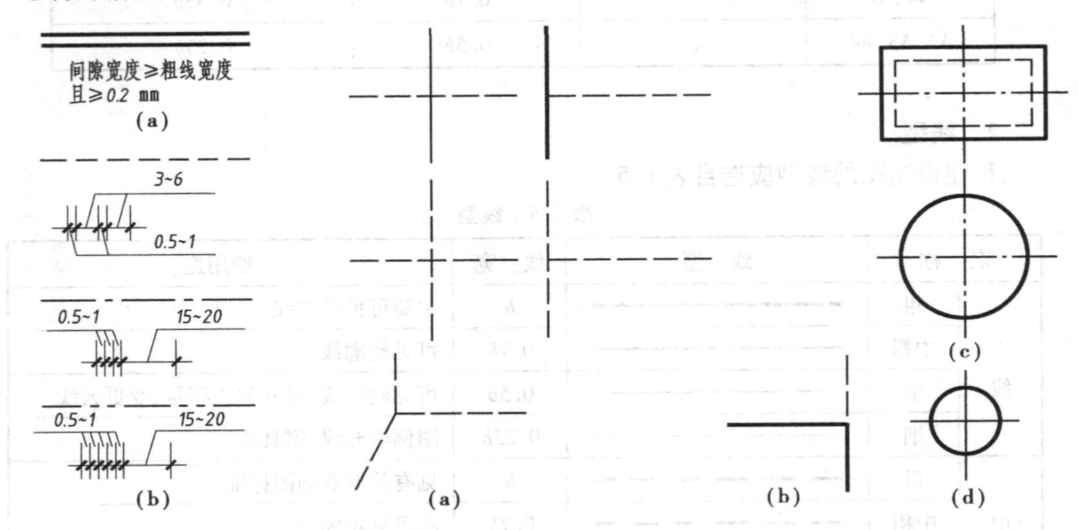

图1.5 图线的间隙及参考尺寸
(a)平行图线间隙规定;
(b)虚线、单点长画线及双点长画线画图参考尺寸

图1.6 图线规定画法
(a)虚线与虚线交接或虚线与实线交接;(b)虚线为实线的延长线
(c)单点长画线间及与其他图线交接;(d)实线代替单点长画线

(2)单点长画线、双点长画线

单点长画线、双点长画线之间,以及与其他图线交接时,均应是线段交接(图1.6(b))。

2.3.4 较小图形中绘制单点长画线或双点长画线有困难时,可用实线代替(图1.6(d))。

2.3.5 图线和字、符号

图线不得与文字、数字或符号重叠、混淆。不可避免时,应首先保证文字等的清晰,断开相应图线,见图1.11(b)。

3 字体

图纸上所需书写的文字、数字或符号等,均应笔画清晰、字体端正、排列整齐;标点符号应正确。

3.1 字的高宽

3.1.1 字高系列 3.5、5、7、10、14、20 mm,从表1.6中选用。字高大于100 mm的文字宜采用True type字体,若需要书写更大的字时,其高度应按$\sqrt{2}$的比值递增。

表1.6 文字的字高/mm

字体种类	中文矢量字体	True type字体及非中文矢量字体
字高	3.5、5、7、10、、14、20	3、4、6、8、10、14、20

3.1.2　汉字字体及高宽比　图样及说明的汉字，应采用长仿宋体或黑体，同一图纸字体种类不应超过两种。黑体字的宽度与高度相同。长仿宋体高宽比应符合表1.7的规定。大标题、图册、地形图等的汉字也可写成其它字体，但应易于辨认。汉字的简化书写，必须遵守国务院公布的《汉字简化方案》和有关规定。

表1.7　长仿宋体字高宽比/mm

字高	20	14	10	7	5	3.5
字宽	14	10	7	5	3.5	2.5

3.1.3　拉丁字母、阿拉伯数字及罗马数字　宜采用单线简体或ROMAN字体。数字、字母拉丁字母、阿拉伯数字及罗马数字的字高一般应不小于2.5 mm。

3.2　**字体示例**

字体工整笔画清晰间隔均匀排列整齐

横平竖直注意起落结构匀称填满方格写字前先轻画字格

阿拉伯数字拉丁字母罗马数字和汉字并列书写时它们的字高比汉字高小

大学系专业班级绘制描图审核校对序号名称材料件数备注比例总共第张工程种类设计负责人平立

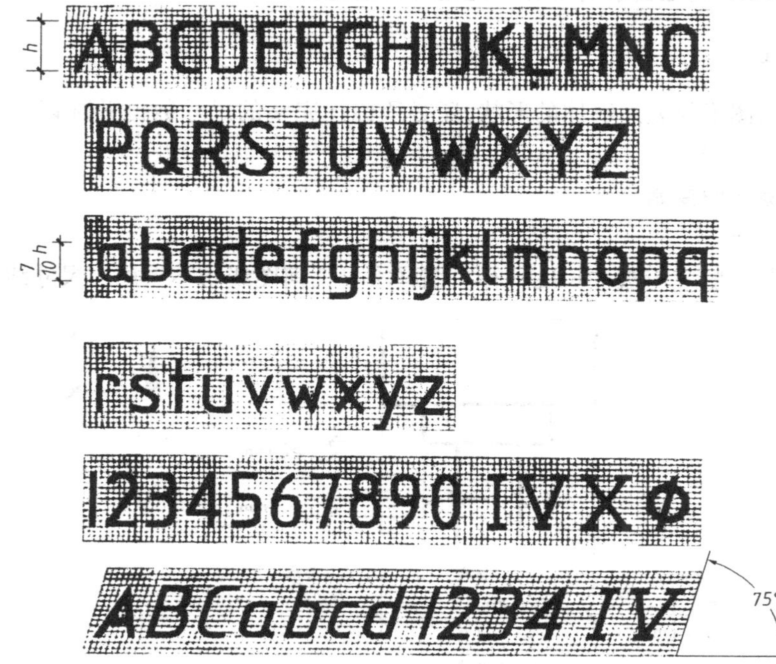

拉丁字母、阿拉伯数字与罗马数字，一般字体，笔画宽度为字高的1/10；窄体字，笔画宽度为字高的1/14。拉丁字母、阿拉伯数字或罗马数字，如需写成斜体字，其斜度应是从字的底线逆时针向上倾斜75°，斜体字的高度与宽度应与相应的直体字相等。

4　比例

图样的比例，应为图形与实物相对应的线性尺寸之比。比例的大小，是指比值的大小，如

1∶100 大于1∶200。比例的符号为“∶”,用阿拉伯数字表示,如1∶1、1∶2、1∶100 等。比例的字高宜比图名的字小一号或二号,通常写在图名的右侧,字的基准线应取平(图1.7)。

平面图 1:100

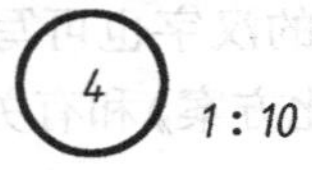

图1.7　比例的注写

绘图所用的比例,应根据图样的用途与被绘对象的复杂程度,从表1.8 中选用,并应优先选用表中的常用比例。

表1.8　绘图所用的比例

常用比例	1∶1、1∶2、1∶5、1∶10、1∶20、1∶50、1∶100、1∶150、1∶200、1∶500、1∶1000、1∶2000、1∶5000、1∶10000、1∶20000、1∶50000、1∶100000、1∶200000
可用比例	1∶3、1∶4、1∶6、1∶15、1∶25、1∶30、1∶40、1∶60、1∶80、1∶250、1∶300、1∶400、1∶600、1∶5000、1∶10000、1∶20000、1∶50000、1∶100000、1∶200000

一般情况下,一个图样应选用一种比例。根据专业制图的需要,同一图样可选用两种比例。若表中比例不能满足要求的特殊情况也可自选比例。

5　尺寸标注

工程图样中,图形仅表达物体的形状,还必须标注完整的尺寸数据并配以相关说明,才能作为制作、施工的依据。

5.1　尺寸标注四要素

5.1.1　尺寸线

细实线绘制,一般应与被注长度平行。图样本身任何图线均不得用作尺寸线(图1.8)。

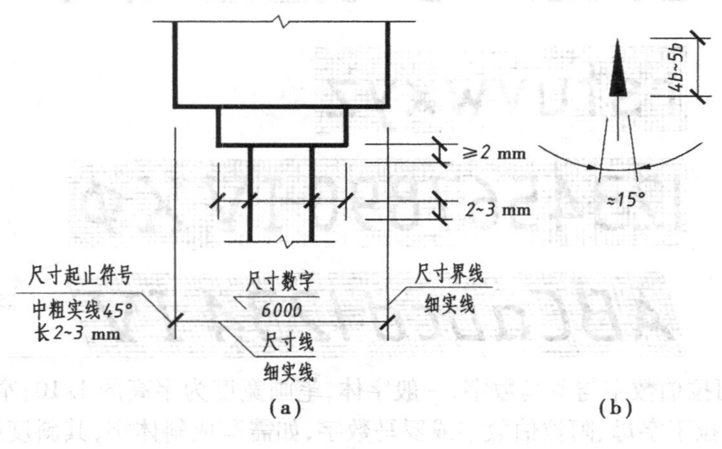

图1.8　尺寸的组成

(a)尺寸标注四要素;(b)箭头尺寸起止符号

5.1.2　尺寸界线

细实线绘制,一般应与被注长度垂直,其一端应离开图样轮廓线不小于2 mm,另一端宜超出尺寸线2~3 mm。必要时,图样轮廓线可用作尺寸界线(图1.8)。

5.1.3　尺寸起止符号

一般用中粗斜短线绘制,其倾斜方向应与尺寸界线成顺时针45°角,长度宜为2~3 mm。半径、直径、角度与弧长的尺寸起止符号,宜用箭头表示(图1.8(b))。

5.1.4　尺寸数字

图样上的尺寸,应以尺寸数字为准,不得从图上直接量取。图样上的尺寸单位,除标高及总平面图以米为单位外,均必须以mm为单位,不标注尺寸单位(图1.8)。

(1)尺寸数字的注写方向

尺寸数字应按图1.9(a)规定的方向注写。若尺寸数字在30°斜线区内,宜按图1.9(b)的形式注写。

(2)尺寸数字的注写位置

尺寸数字应依据其规定的方向,尽量注写在靠近尺寸线的上方中部,竖直方向的尺寸数字,注意应由下往上注写在尺寸线的左方中部,如图1.10中的“350”。若没有足够的注写位置,其最外边的尺寸数字可注写在尺寸界线的外侧,中间相邻的尺寸数字可错开注写,若仍然没有足够的注写位置,也可引出注写,引出线端部用圆点表示标注尺寸的位置(图1.10)。

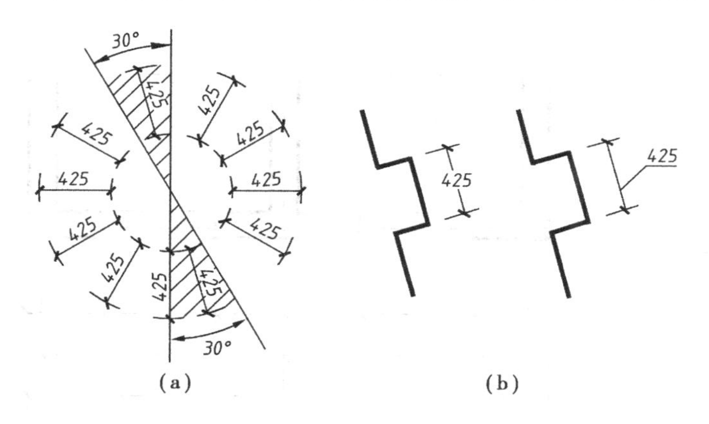

图1.9　尺寸数字的注写方向

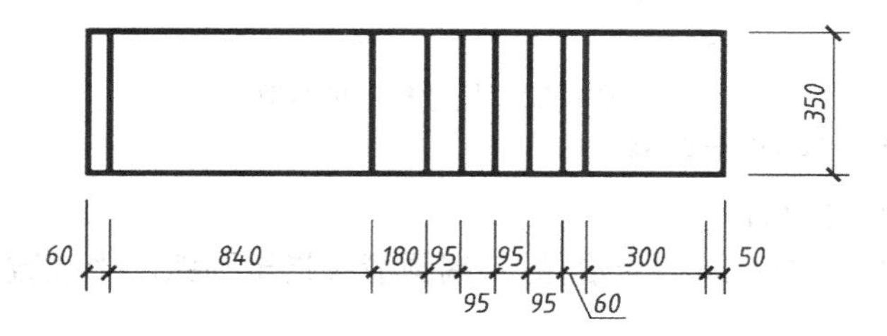

图1.10　尺寸数字的注写位置

5.2　尺寸排列与布置的基本规定

5.2.1　尺寸标注的布置

尺寸宜标注在图样轮廓线以外,不宜与图线、文字及符号等相交(图1.11(a))。任何图线不得穿过尺寸数字,不可避免时,应将尺寸数字处的图线断开(图1.11(b))。

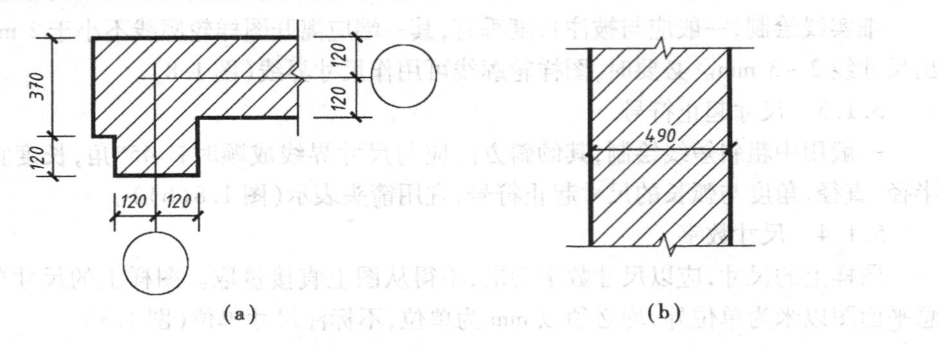

图1.11 尺寸标注的布置

(a)标注在图形外;(b)标注在图形内

5.2.2 尺寸标注的排列

(1)互相平行的尺寸线,应从被注的图样轮廓线由近向远整齐排列,小尺寸应离轮廓线较近,大尺寸应离轮廓线较远(图1.12)。

(2)图样轮廓线以外的尺寸线,距图样最外轮廓线之间的距离,不宜小于10 mm。平行排列的尺寸线的间距,宜为7~10 mm,并应保持一致(图1.12)。

(3)总尺寸的尺寸界线,应靠近所指部位,中间的分尺寸的尺寸界线可稍短,但其长度应相等(图1.12)。

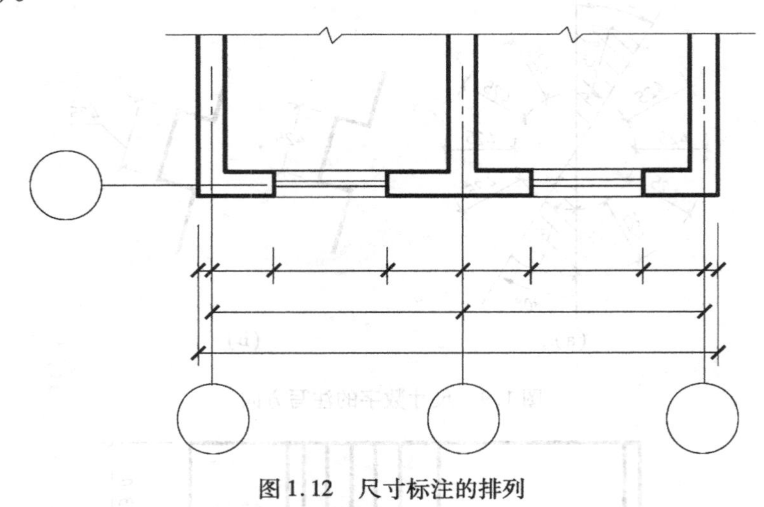

图1.12 尺寸标注的排列

5.3 半径、直径、球的尺寸标注

5.3.1 半径的尺寸标注

半径的尺寸线,应一端从圆心开始,另一端画箭头指至圆弧。半径数字前应加注半径符号“R”(图1.13)。

5.3.2 直径的尺寸标注

标注圆的直径尺寸时,直径数字前,应加符号“ϕ”。在圆内标注的直径尺寸线应通过圆心,两端画箭头指至圆弧(图1.14(a))。

较小圆的直径尺寸,可标注在圆外(图1.14(b))。

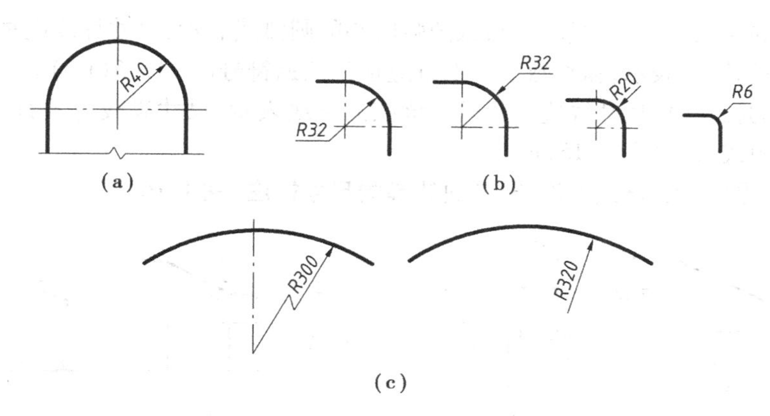

图1.13 圆弧半径的尺寸标注

(a)一般圆弧半径的标注方法;(b)小圆弧半径的标注方法;(c)大圆弧半径的标注方法

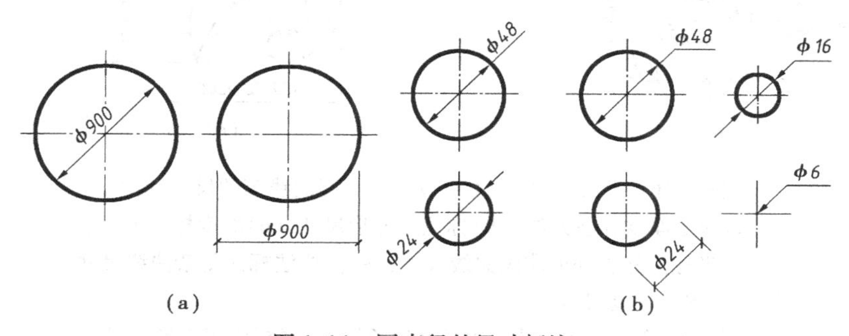

图1.14 圆直径的尺寸标注

(a)一般圆直径的标注方法;(b)小圆直径的标注方法

5.3.3 圆球的尺寸标注

标注球的半径尺寸时,应在尺寸数字前加注符号“*SR*”。标注球的直径尺寸时,应在尺寸数字前加注符号“*S*ϕ”。注写方法与圆弧半径和圆直径的尺寸标注方法相同。

5.4 角度、弧长、弦长的尺寸标注

5.4.1 角度的尺寸标注

角度的尺寸线,应以圆弧线表示。该圆弧的圆心应是该角的顶点,角的两个边为尺寸界线。角度的起止符号应以箭头表示,如没有足够位置画箭头,可用圆点代替。角度数字应按沿尺寸线方向注写(图1.15(a))。

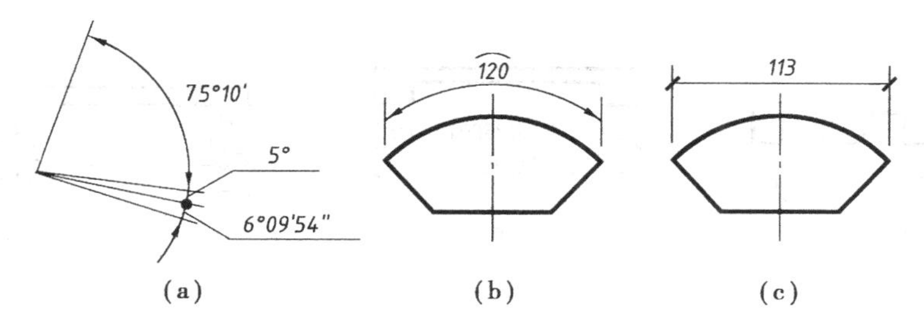

图1.15 角度、弧长、弦长的尺寸标注

(a)角度标注方法;(b)弧长标注方法;(c)弦长标注方法

标注圆弧的弧长时,尺寸线应以与该圆弧同心的圆弧线表示,尺寸界线应垂直于该圆弧的弦,起止符号应以箭头表示,弧长数字的上方应加注圆弧符号(图1.15(b))。

标注圆弧的弦长时,尺寸线应以平行于该弦的直线表示,尺寸界线应垂直于该弦,起止符号应以中粗斜短线表示(图1.15(c))。

5.5 薄板厚度、正方形、坡度、非圆曲线等的尺寸标注(图1.16)

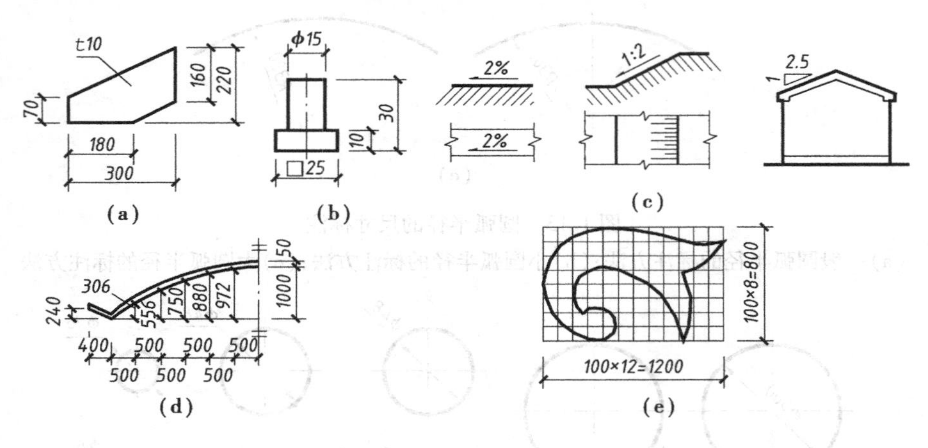

图1.16 薄板厚度、正方形、坡度、非圆曲线等的尺寸标注

(a)薄板厚度标注方法;(b)标注正方形尺寸;(c)坡度标注方法;

(d)坐标法标注外形非圆曲线尺寸;(e)网格法标注复杂曲线尺寸

注:①图中"t"为薄板厚度符号;

②"□"为正方形符号,也可采用"边长×边长"的形式标注正方形的尺寸;

③"←—"是坡度符号,为单面箭头,箭头指向下坡方向。

5.6 简化尺寸标注(图1.17)

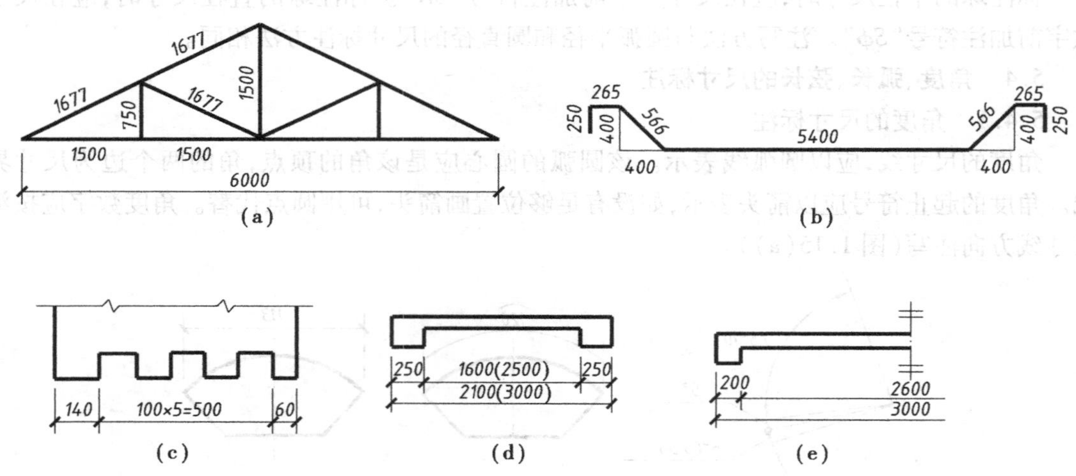

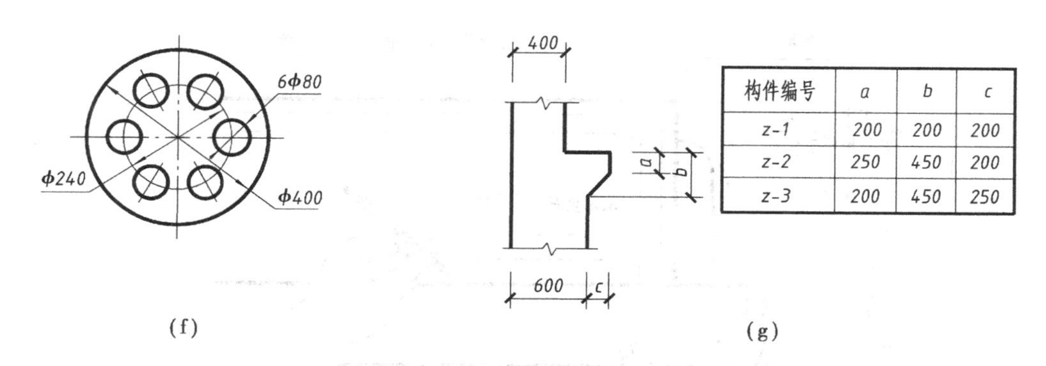

构件编号	a	b	c
z-1	200	200	200
z-2	250	450	200
z-3	200	450	250

图 1.17　简化尺寸标注

(a)桁架简图尺寸标注方法；(b)钢筋简图尺寸标注方法；(c)等长尺寸简化标注方法；
(d)相似构件尺寸标注方法；(e)对称构配件尺寸标注方法；(f)相同要素尺寸标注方法；
(g)相似构配件表格式尺寸标注方法

注：①除桁架简图、钢筋简图以外，一般的单线图如管线图，都可将杆件或管线长度的尺寸数字沿杆件或管线的一侧注写；

②对称符号由对称线（细单点长画线）和两端的两对平行线（细实线，长度宜为 6 ~ 10 mm，每对平行线的间距宜为 2 ~ 3 mm）组成。对称线垂直平分两对平行线，两端超出平行线宜为 2 ~ 3 mm。

③对称构配件尺寸线略超过对称符号，只在另一端画尺寸起止符号，标注整体全尺寸，注写位置宜与对称符号对齐。

第 2 节　手工仪器图的工具和仪器

1　图板、丁字尺和三角板

图板用作图纸的垫板，要求板面平坦光洁，软硬适度，与丁字尺配合使用时，左边为其工作边。丁字尺由尺头和尺身组成，工作中尺头的内侧面紧贴图板的工作边，两者皆须平直（图 1.18）。用丁字尺尺身的工作边（有刻度的一侧），从左到右画水平线（图 1.19）。

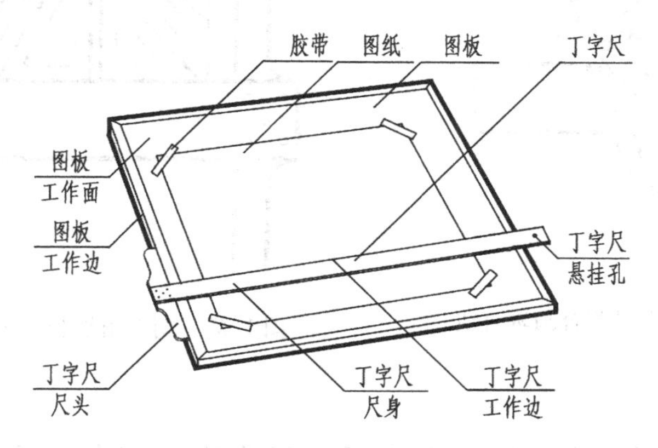

图 1.18　图板和丁字尺等工作状态示意

图板规格与图纸规格相似，一般有 0、1、2、3 号 4 种，较多选用 1 号图板。图板一般用胶合

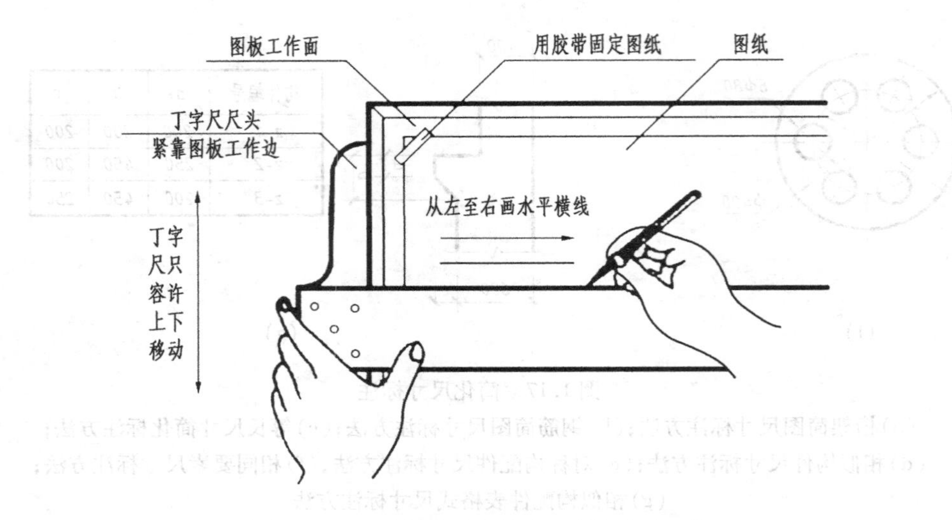

图 1.19　上下移动丁字尺及画水平线的手势

板制成，不可水洗和曝晒。

丁字尺规格，相应 1 号图板可选用 90 cm 刻度。三角板规格，以不小于 30 cm 刻度者为宜。不得在图板各边轮换使用丁字尺画铅垂线，不可用刀片沿丁字尺尺身的工作边裁纸。丁字尺用毕后，应借尺尾小圆孔将其悬挂于墙上，以免尺身弯曲变形或意外损折。

一副三角板中一块的三个角分别为 30°、60°、90°，另一块的三个角为 2×45°、90°，且后者的斜边（弦）等于前者的长直角边（股）。三角板与丁字尺配合使用，自下而上画垂直线（图 1.20），还可画与水平横线成 75°、60°、45°、30°、15°（即 15°的整数倍）等倾斜直线（图 1.21）。

注意避免有机玻璃的丁字尺、三角板跌落于坚硬的楼、地面而断裂。

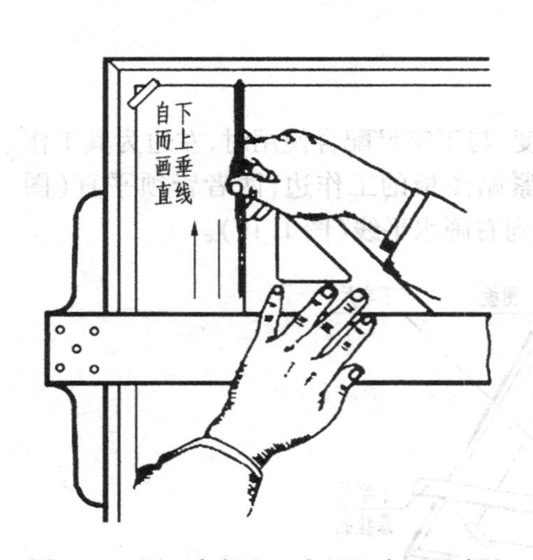

图 1.20　用三角板和丁字尺配合画垂直线

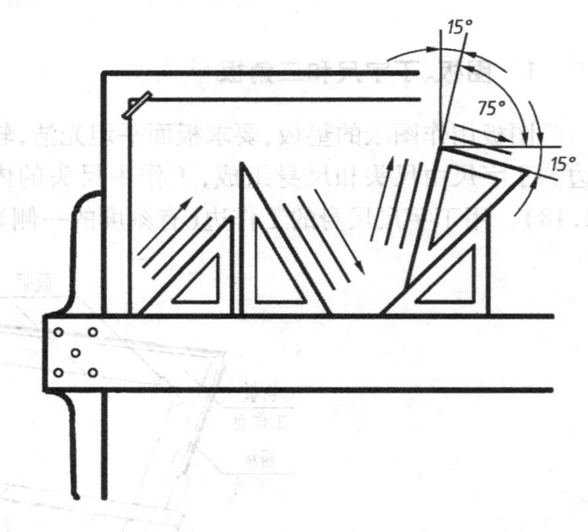

图 1.21　用三角板和丁字尺配合画 $n\times15°$ 直线

2　比例尺

比例尺是刻有不同比例的直尺。建筑工程中通常用缩小比例绘图，绘图时可以直接用比例尺在图纸上量取物体的实际尺寸，而不必通过计算。常用的比例尺有在三个棱面上刻有六种百分或千分比例的三棱尺和直尺比例尺。图1.22所示为三棱百分比例尺。比例尺只能用作量取尺寸,不得用来画线。

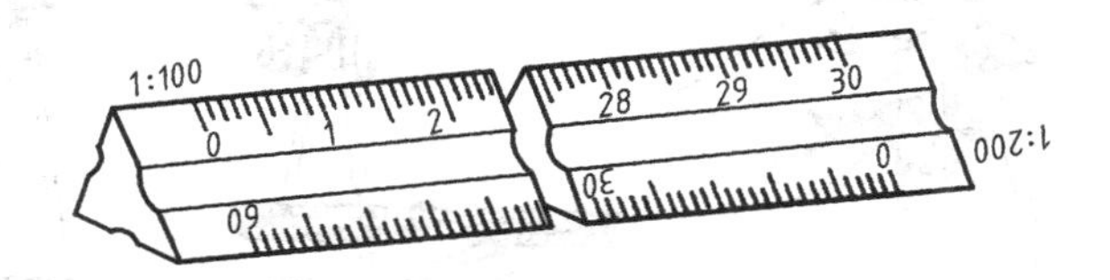

图1.22　比例尺(三棱尺)

实际制图却不只比例尺上的6种比例,需要利用比例尺的比例换成所需比例,迅速而准确地绘图。可用推算法和公式法进行换算。

推算法:首先按比例尺比例,计算其最小格刻度所表示的实际尺寸,再按绘图所需比例,推算最小格刻度所表示的实际尺寸。如利用1∶500的比例尺绘比例为1∶50、1∶5、1∶5 000的图样,见表1.9。

表1.9　比例尺与绘图比例

比例尺比例	比例尺刻度	比例尺小格刻度	比例尺小小格刻度
1∶500	10000	1000	500
绘图比例	刻度对应标注尺寸	小格标注尺寸	小小格标注尺寸
1∶50(500/10)	10000/10 = 1000	1000/10 = 100	500/10 = 50
1∶5(500/100)	10000/100 = 100	1000/100 = 10	500/100 = 5
1∶5000(500×10)	10000×10 = 100000	1000×10 = 10000	500×10 = 5000

公式法:设比例尺比例为1∶C,比例尺刻度值为K,实际绘图比例为1∶S,绘图标注尺寸为X,则$X = KS/C$。

例:若$C = 500$,$K = 10$ m,$S = 5$,则$X = 10000 \times 5/500 = 100$ mm,即1∶500比例尺的刻度10 m表示绘图比例为1∶5的100 mm;若$C = 200$,$K = 5$ m,$S = 2$,则$X = 5000 \times 2/200 = 50$ mm,即1∶200比例尺的刻度5 m表示绘图比例为1∶2的50 mm。

3　分规和圆规

分规的两针尖合拢时应会合成一点(图1.23(a)),握分规的姿势如图1.23(b),其用途是:量取长度(图1.23(c))和等分线段(图1.23(d))。

圆规是用来画圆或圆弧的工具。它与分规形状相似,但可根据不同用途在一腿上分别接上铅笔插脚或鸭嘴笔插脚画线,另一腿的钢针插脚用作固定圆心,其中有台阶状的一端多用于加深图线时,保证圆心针孔为最小(图1.24(a))。

画圆时,含插脚的两腿应等长,两脚尖距离取设定半径值,然后,用左手食指辅佐将针尖送至圆心处,轻轻插住(图1.24(b)),右手转动圆规手柄,使圆规沿顺时针向画线方向略有倾斜,以均匀的速度绘制(图1.24(c))。在绘制大圆时,接延伸杆,两插脚均应与纸面保持垂直(图1.24(d))。画直径在10 mm以下的圆,一般使用点圆规,画时,右手食指按针杆顶部,大拇指与中指夹住套管上端,将其上提,把针尖置于圆心处,并保持笔杆垂直,再放下套管,使笔

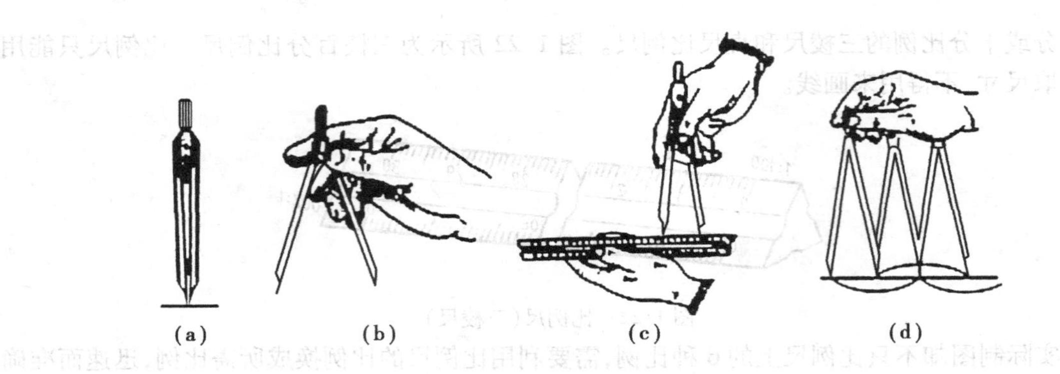

图 1.23　分规的用法

(a)分规;(b)握分规的姿势;(c)量取长度;(d)等分线段

尖与纸面接触,用大拇指和中指依顺时针方向迅速旋转,小圆画后,要先提起套管,然后移去点圆规(图 1.24(e))。

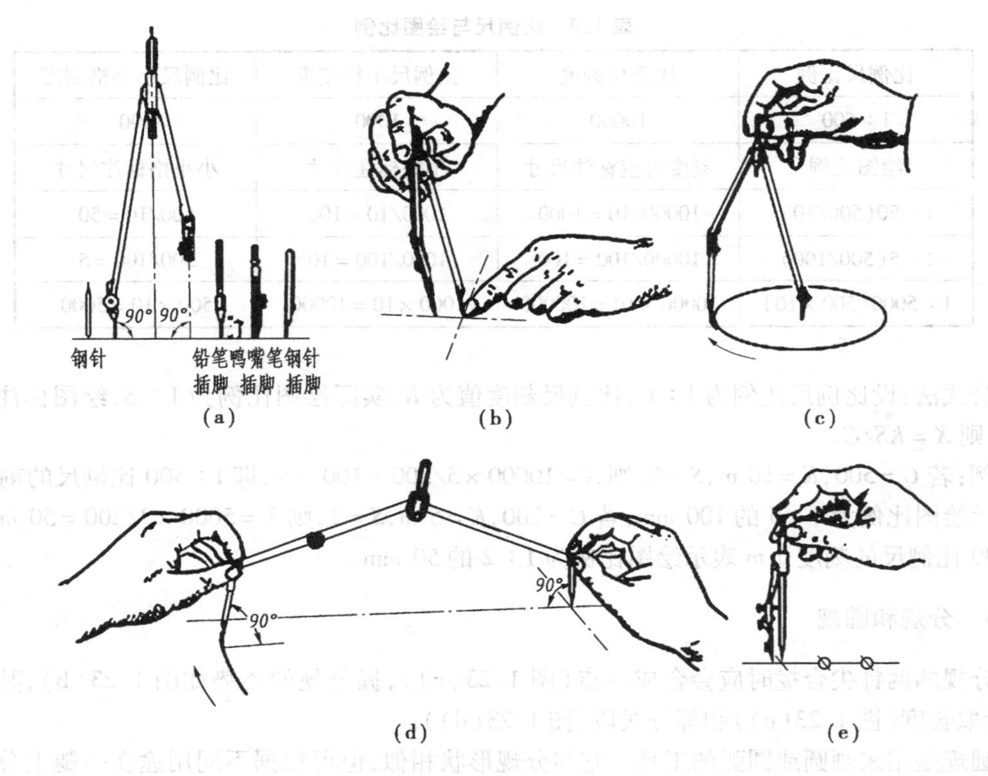

图 1.24　圆规

(a)组成;(b)圆心就位;(c)画圆;(d)画大圆;(e)画小圆

4　铅笔

铅笔的铅芯软、硬用拉丁字母 B、H 表示。"B"前的数越大表示越软,"H"前的数越大表示越硬。常用 H、2H 铅笔画工程图底稿,用 B、2B 加深粗线,HB 加深细线和写字。铅笔头削成圆锥状,并应保留有铅笔标号的一端,以方便识别(图 1.25(a)),铅芯尖端可削磨成圆锥形

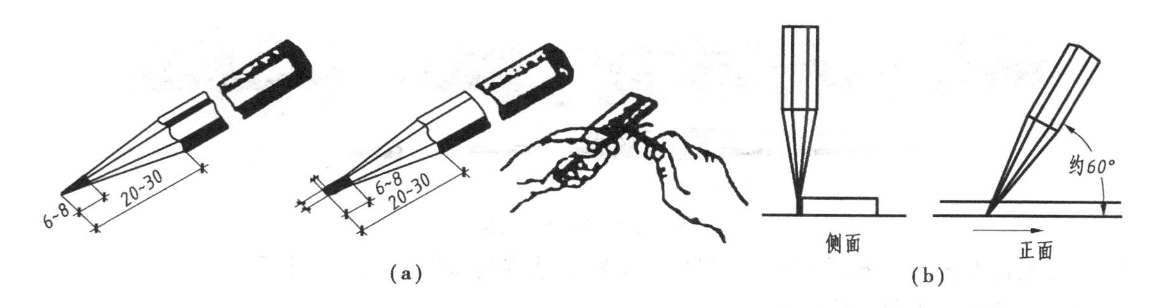

图1.25　铅笔
(a)削磨;(b)用法

(图1.25(a)左),画粗实线也可削磨成矩形(图1.25(a)中),通常用砂纸打磨铅芯(图1.25(a)右)。铅笔绘图时,笔身和所画图线确定的平面应垂直于图纸面(图1.25(b)左),笔身应向走笔方向倾斜约60°(图1.25(b)右)。画线用力要均匀,用圆锥状铅笔头画长线时,要边画边徐徐转动笔杆。从而使图线画得平直准确,使线条各设定宽度和色泽深浅始终保持一致。

5　直线笔、绘图墨水笔和绘图小钢笔

5.1　直线笔(图1.26)

直线笔又称鸭嘴笔,是用来画墨线图的。直线笔的笔头由两叶形似鸭嘴的钢片构成(图1.26(a)),用螺钉调整钢片间距来满足各设定线宽的要求。用直线笔画线时,螺钉向外(图1.26(b)),使两叶钢片尖端同时接触图纸,且应保持笔杆与拟画图线所确定的平面垂直于图纸(图1.26(c)),走笔速度要均匀。

用直线笔绘墨线图要使用专用的绘图墨水,用吸管或绘图小钢笔蘸取,灌注于两叶钢片中间,笔头内外侧不得沾染墨水,更不得将直线笔插入墨水瓶直接蘸取。画线时,直线笔含墨水高度不宜大于5 mm。直线笔在使用完毕后,应把墨汁揩拭干净,并放松螺母。

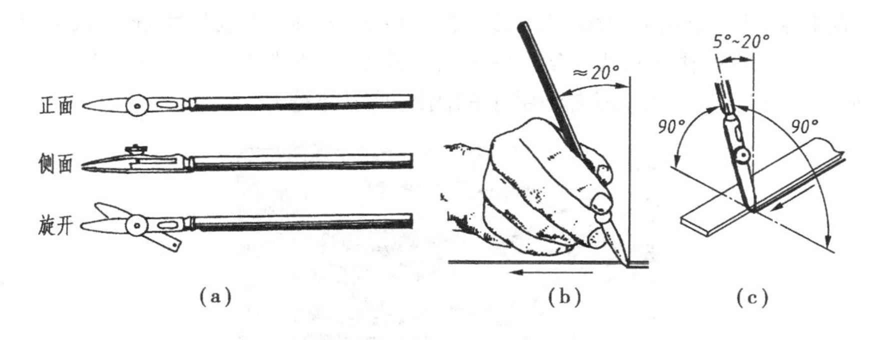

图1.26　直线笔及其用法

5.2　绘图墨水笔(图1.27)

绘图墨水笔又称针管笔,其笔尖是一支细的针管,并附有一个吸墨管。它能像钢笔一般吸、储墨水,针管有0.1~2 mm等多种孔径,可按设定的图线宽度选用。

用针管笔绘墨线图要求使用碳素墨水。画线时,针管外壁也不得沾染墨水。运笔时速度

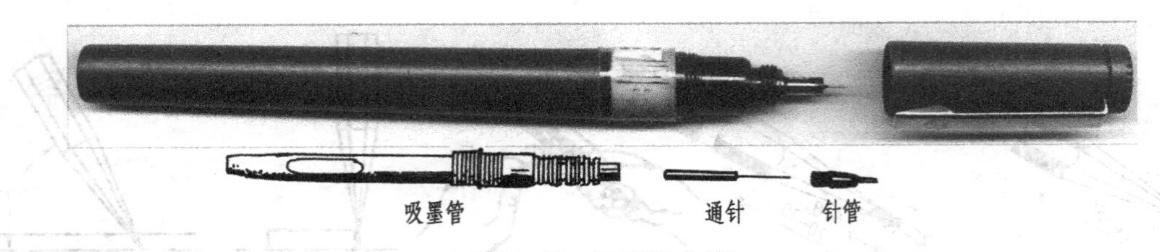

图 1.27　绘图墨水笔

要均匀，笔杆要竖直。较长时间不用时，应将针管笔内的余留墨水冲洗干净。

5.3　绘图小钢笔(图 1.28)

绘图小钢笔是用来在工程图纸中写字、修饰图线、画箭头用的，用完后应将笔尖揩拭干净。

图 1.28　绘图小钢笔

6　曲线板、擦线板和建筑绘图模板

曲线板是用来画非圆曲线的，其式样很多，曲率大小各异，如图 1.29。其用法如图 1.29 所示，先定出曲线上若干点，用铅笔徒手依次连成曲线，如图 1.29(a)，然后，找出曲线板与曲线吻合的部位，从起点到终点依次分段画出，如图 1.29(b)～(d)所示。每画下一段时，注意应有小段与上段曲线重合。

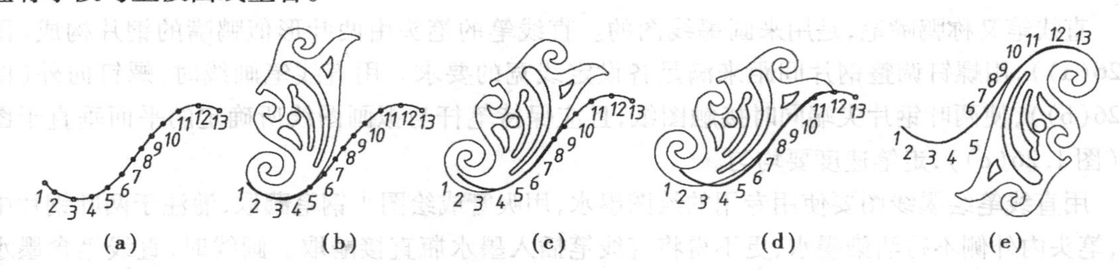

图 1.29　曲线板用法

(a)徒手轻连曲线；(b)画曲线板与曲线吻合段 1～5；(c)画曲线板与曲线吻合段 4～8；
(d)画曲线板与曲线吻合段 7～11；(e)画曲线板与曲线吻合段 10～13

擦线板如图 1.30，专门用来擦去画错了的图线或字与符号。

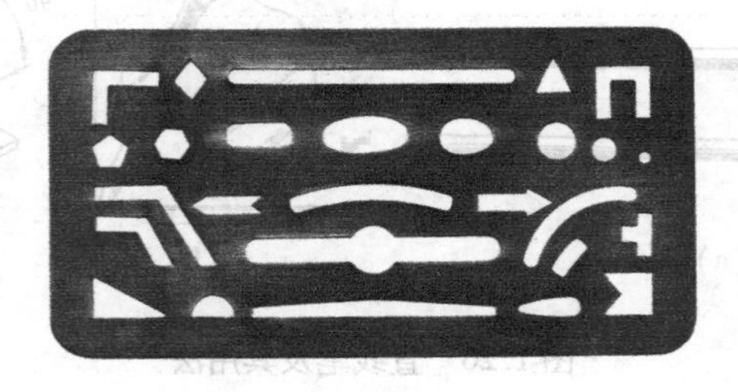

图 1.30　擦线板

建筑模板如图 1.31，主要用于画各种建筑图例和建筑图的常用符号。

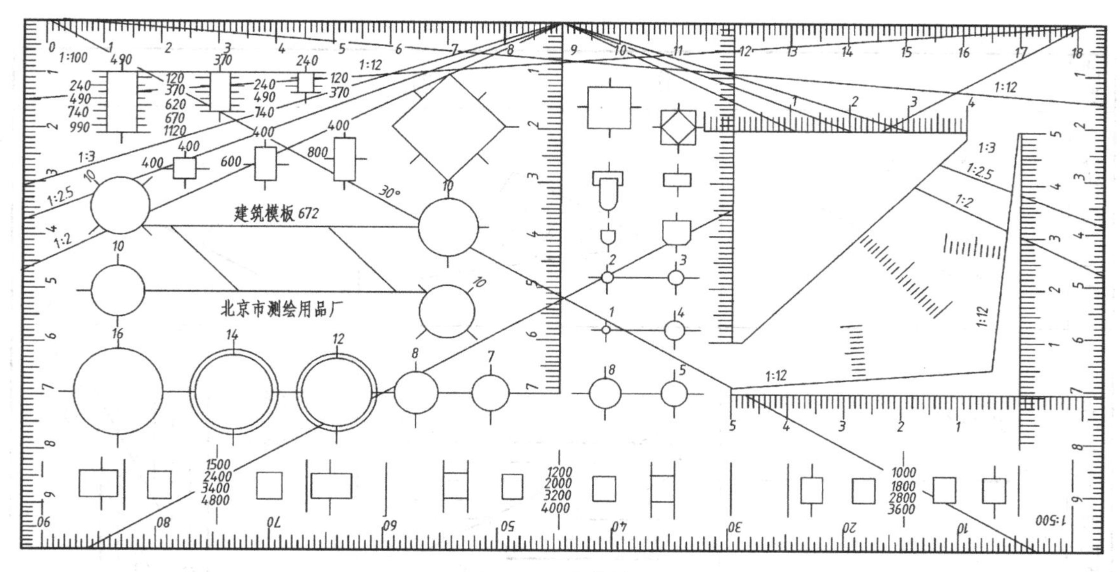

图1.31　建筑模板

7　其他制图工具

除上述制图工具外，绘图时还应具备下列制图用品：粘贴图纸的胶带纸、橡皮、绘图墨水或碳素墨水、削铅笔的小刀和修饰墨线图的刀片、清洁图纸用的排笔或毛刷及打磨铅笔芯用的细砂纸等。

第3节　几何作图

任何工程体，表示在图纸上的轮廓或细部形状，一般都是由各种位置的直线、圆弧和其他非圆曲线所组成的几何图形。因此，应根据已知条件，运用几何学的原理及作图方法，正确使用制图工具和仪器来绘制工程图形。

作直线的平行线、垂直线等基本作图，在学习几何和介绍绘图工具时已经涉及，此处主要讲述等分直线段、等分圆周、椭圆及圆弧连接等常用的几何作图方法。关于直线段等分、两平行线间的距离等分、分直线段成定比、直线段的黄金分割及矩形等分，如表1.10所示。圆周等分及正多边形作图见表1.11。椭圆、抛物线及卵圆的作图如表1.12所示。用指定半径的圆弧连接两直线、直线和圆、两圆弧的几何作图见表1.13。

表1.10　分直线段及直线段的黄金分割等几何作图

种类	作　　图
等分直线段	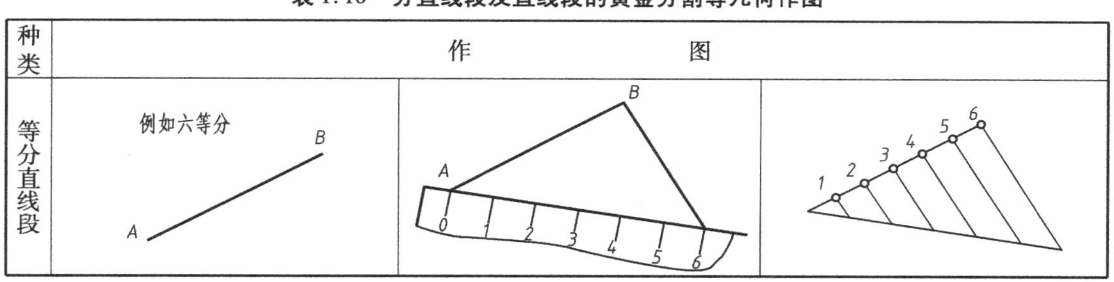

续表

种类	作图		
分线段成定比	例如内分为2:3 A B	B A	AC:CB=2:3 A C B
等分两平行线间的距离	例如五等分 A B C D	A B 0 1 2 3 4 5 6 C D	等分两竖直平行线间的距离 0 1 2 3 4 5 6
等分矩形	二、四等分	三、六等分	九等分
黄金分割	例如黄金分割直线段(内分) A B	45° 45° A B	AC:AB=0.618 A C B

表 1.11　圆周等分及正多边形的几何作图

种类		作图		
等分圆周作正多边形	三六十二等分	三等分及正三角形 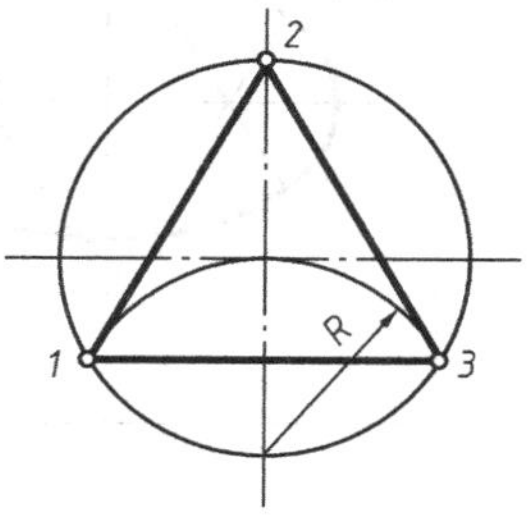	六等分及正六边形 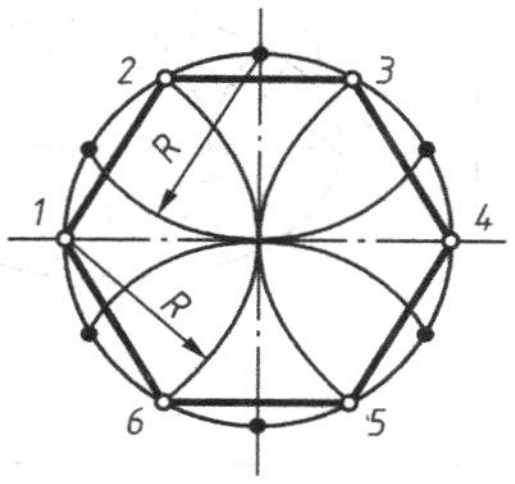 ○ 表示六等分点，再加6个 ● 等分点，即十二等分点	用60° 三角板作正六边形 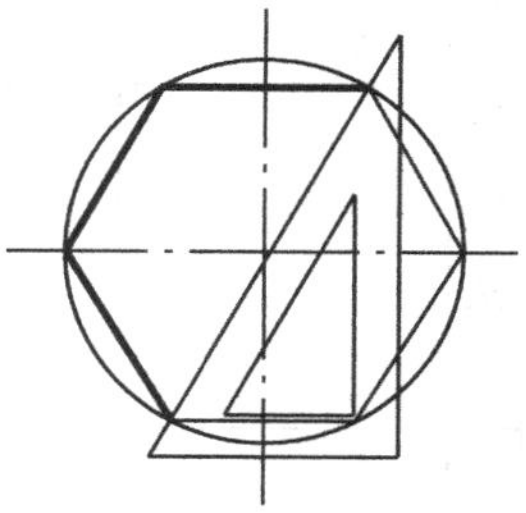
	五等分	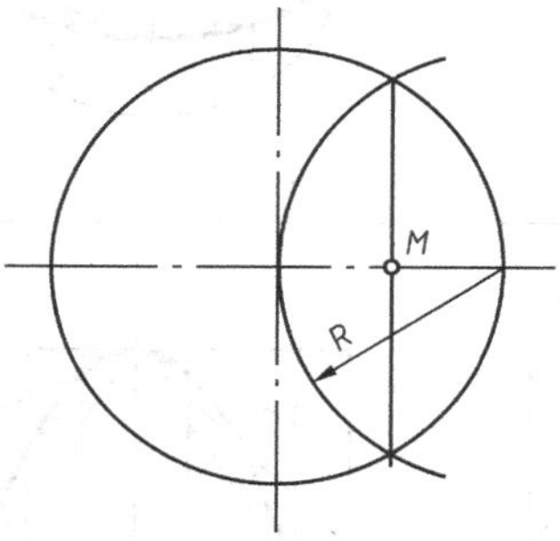	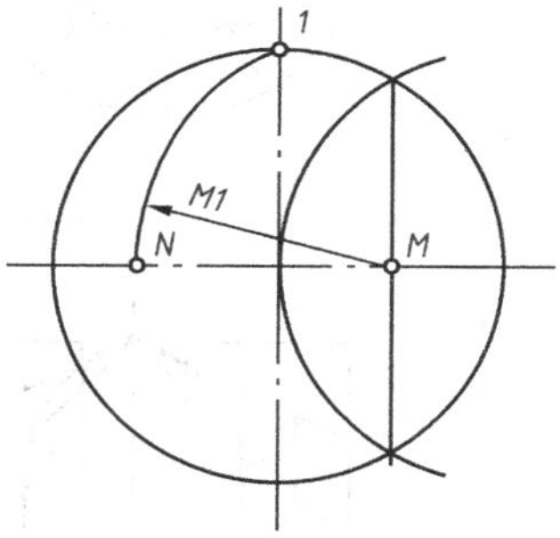	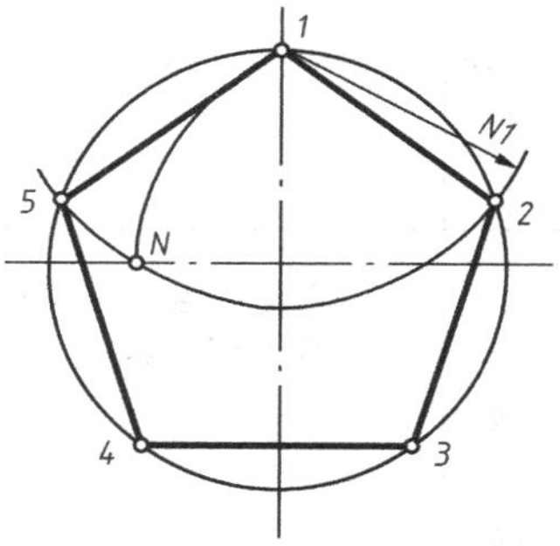
	七等分	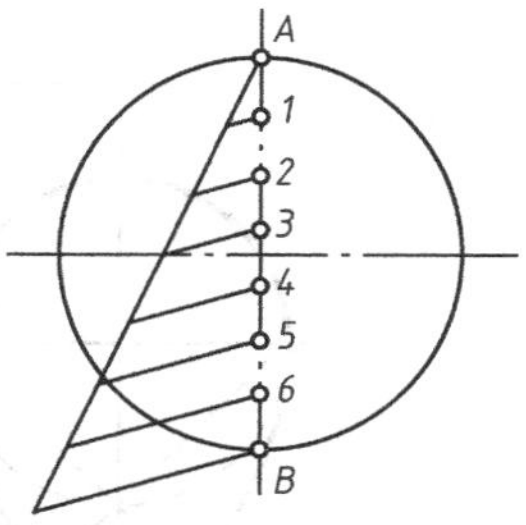 适用于任意正多边形的近似法	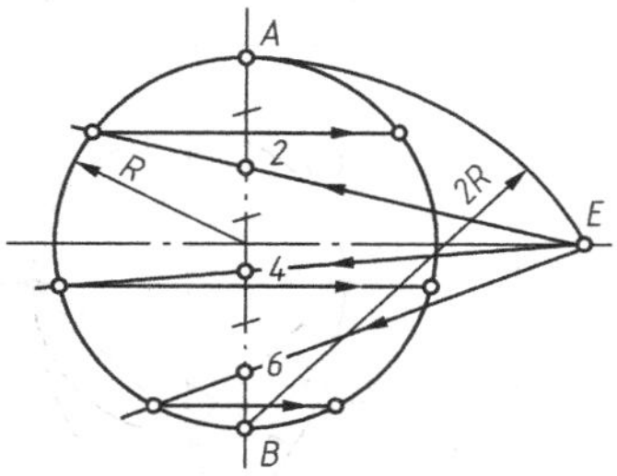	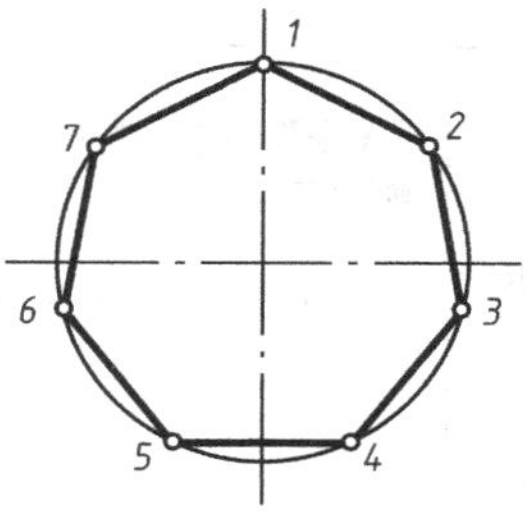

表 1.12　椭圆、抛物线及卵圆的几何作图

<table>
<tr><th colspan="2">种类</th><th colspan="3">作　　　图</th></tr>
<tr><td rowspan="2">椭圆</td><td>四心近似法</td><td>已知椭圆长、短轴
</td><td>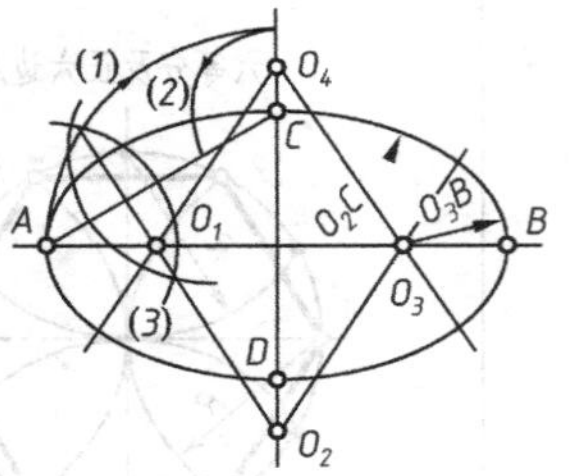</td><td>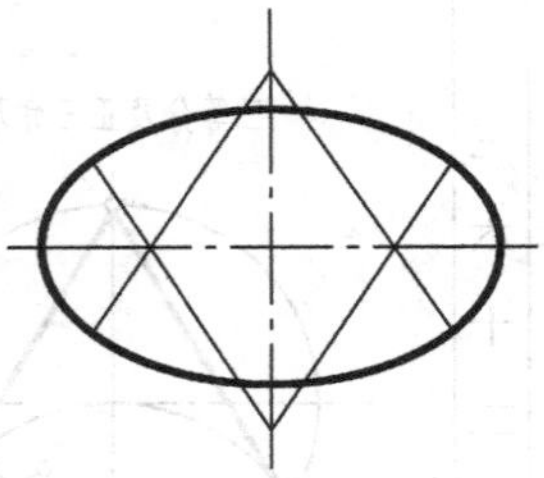</td></tr>
<tr><td>同心圆法</td><td>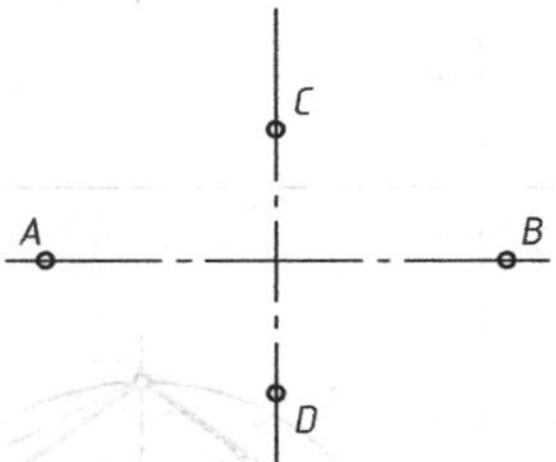</td><td>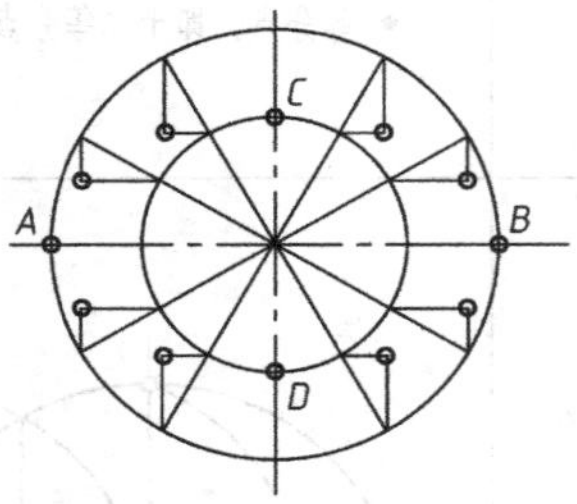</td><td>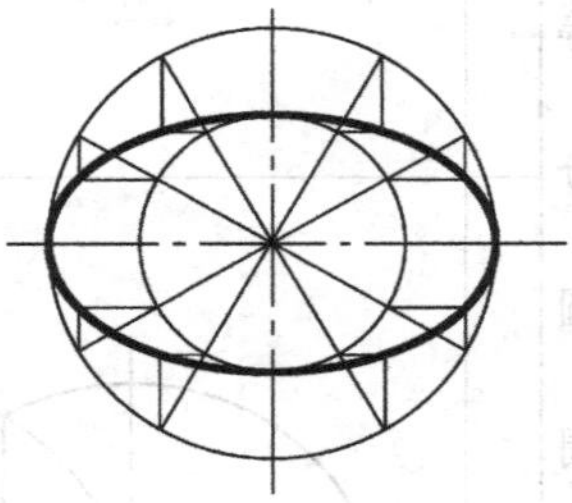</td></tr>
<tr><td colspan="2">抛物线</td><td>已知抛物线的轴、顶点和抛物线上一点
</td><td>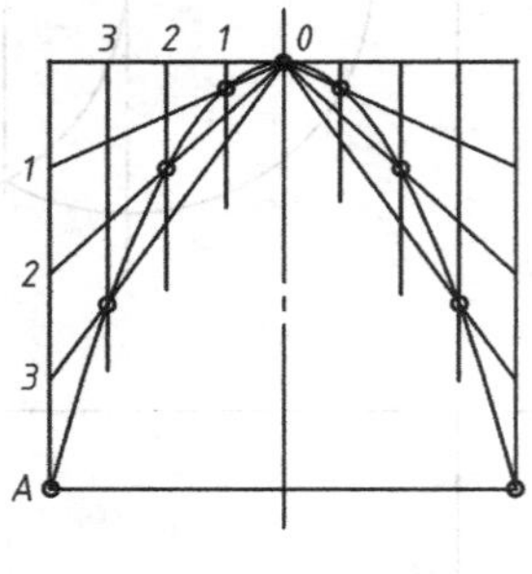</td><td>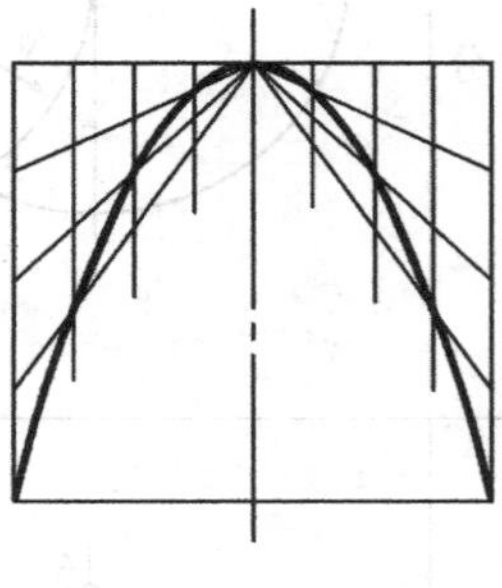</td></tr>
<tr><td colspan="2">蛋形</td><td>已知蛋形(具有一个对称轴的弧成曲线)的宽度
</td><td>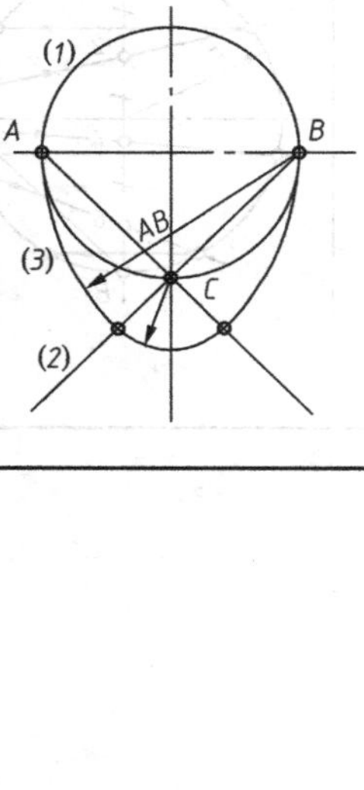</td><td>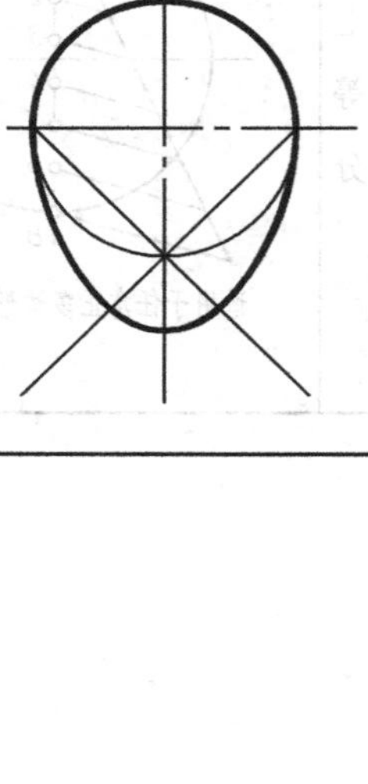</td></tr>
</table>

表1.13　圆弧连接的几何作图

种类		作图		
		已知条件	求连接圆弧的圆心 O 和切点 A、B	画连接圆弧
圆弧连接两已知直线	两斜交直线	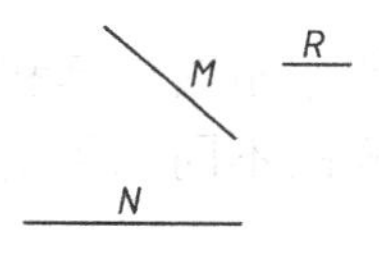 M R N	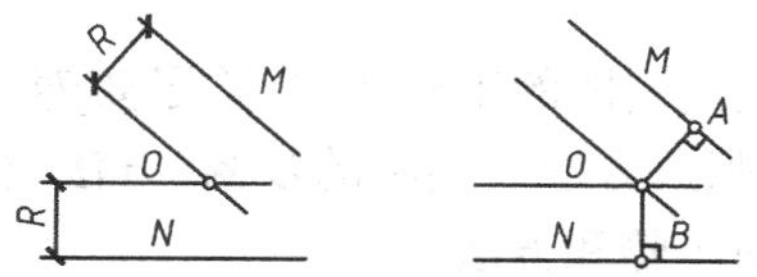 R M O R N；M A O N B	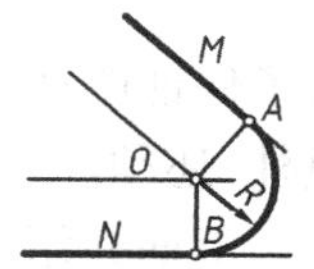 M A O R N B
	两正交直线	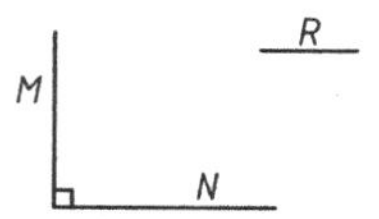 R M N	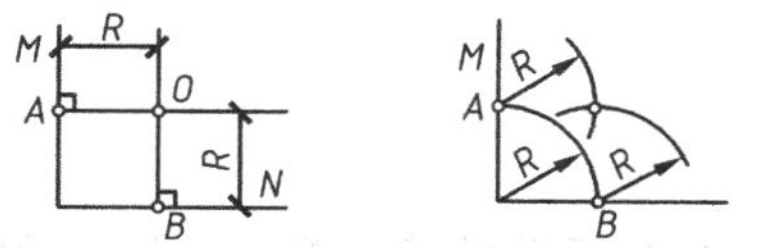 M R A O R N B；M R A R R B	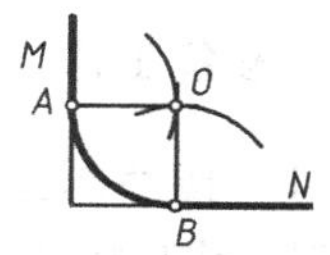 M A O N B
圆弧连接已知圆弧和直线	与已知圆弧外接	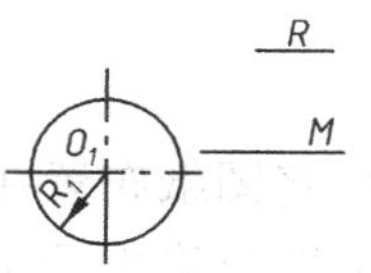 R M O_1 R_1	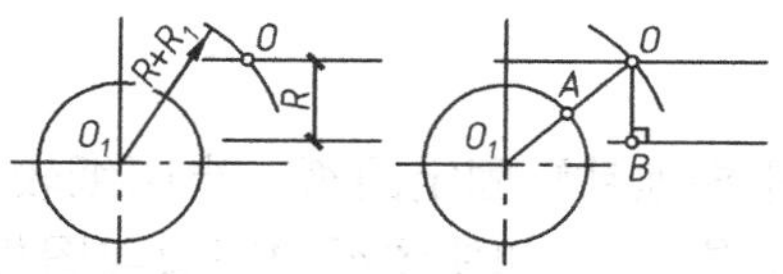 $R+R_1$ O R O_1；O A O_1 B	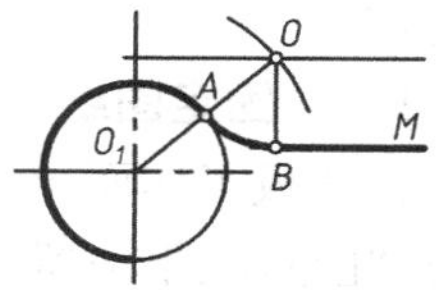 O A O_1 M B
	与已知圆弧内接	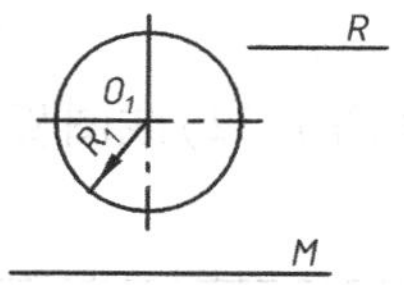 R O_1 R_1 M	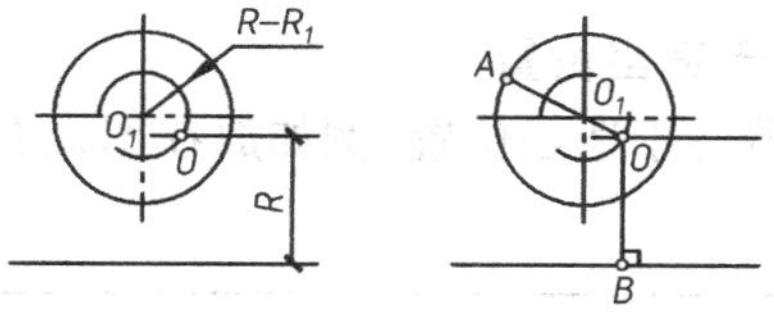 $R-R_1$ O_1 O R；A O_1 O B	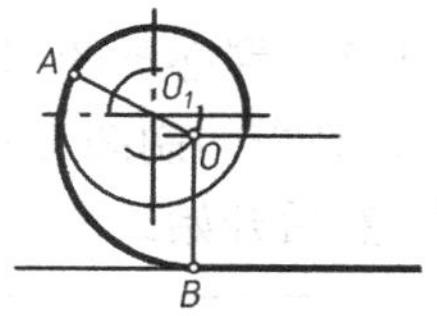 A O_1 O B
圆弧连接两已知圆弧	与两已知圆弧外接	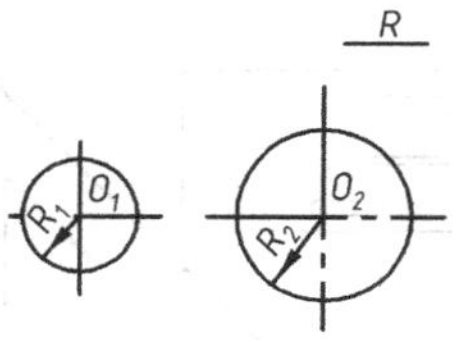 R R_1 O_1 O_2 R_2	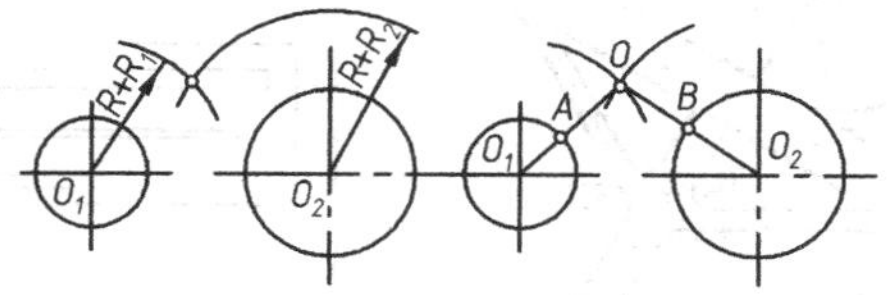 $R+R_1$ $R+R_2$ O_1 O_2；O A B O_1 O_2	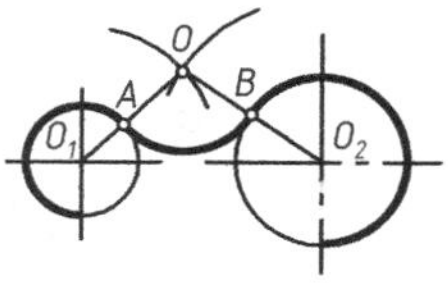 O A B O_1 O_2
	与已知圆弧内接	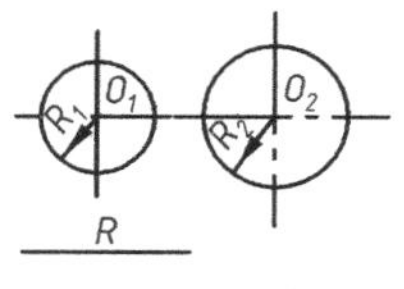 R_1 O_1 O_2 R_2 R	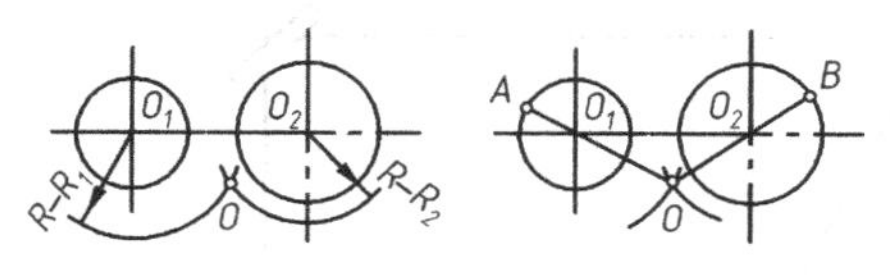 O_1 O_2 $R-R_1$ O $R-R_2$；A O_1 O_2 B O	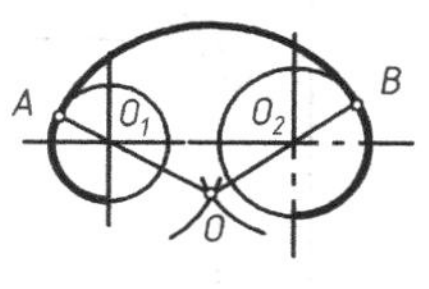 A O_1 O_2 B O
	与已知圆弧内外接	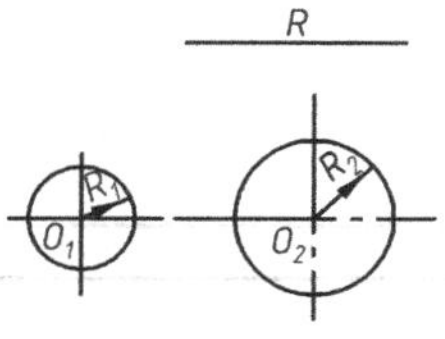 R R_1 R_2 O_1 O_2	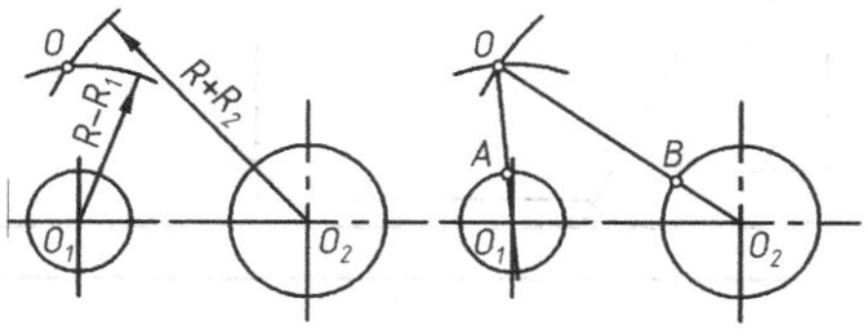 O $R+R_2$ $R-R_1$ O_1 O_2；O A B O_1 O_2	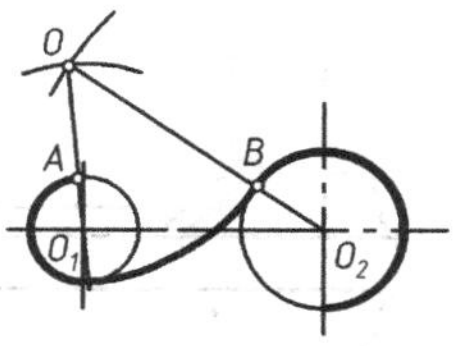 O A B O_1 O_2

第4节　手工仪器图一般的绘图步骤及方法

为了保证图样的质量和提高制图的工作效率，除了要养成正确使用制图工具和仪器的良好习惯外，还须注意绘图的步骤及方法。绘图的步骤、方法，相应图样的不同和各制图者的习惯而异。下面介绍一般的绘图步骤和方法。

1　准备工作

1.1　擦净制图工具

把制图工具、仪器、制图桌及图板等揩擦干净。绘图过程中要随时注意擦净工具，经常保持清洁。

1.2　固定图纸

在图板工作面用胶带纸平整地粘贴固定图纸。当图纸较小时，应将图纸布置在图板的左下方，注意左、下边留足工具的位置，例如使图纸的底边与图板下边的距离略大于丁字尺的宽度(图1.32)。

1.3　置必需的制图工具于适当位置

将必需的制图工具和仪器置于适当位置，例如放在图板右上部(图1.32)或图板右外侧的桌上，然后开始绘图。

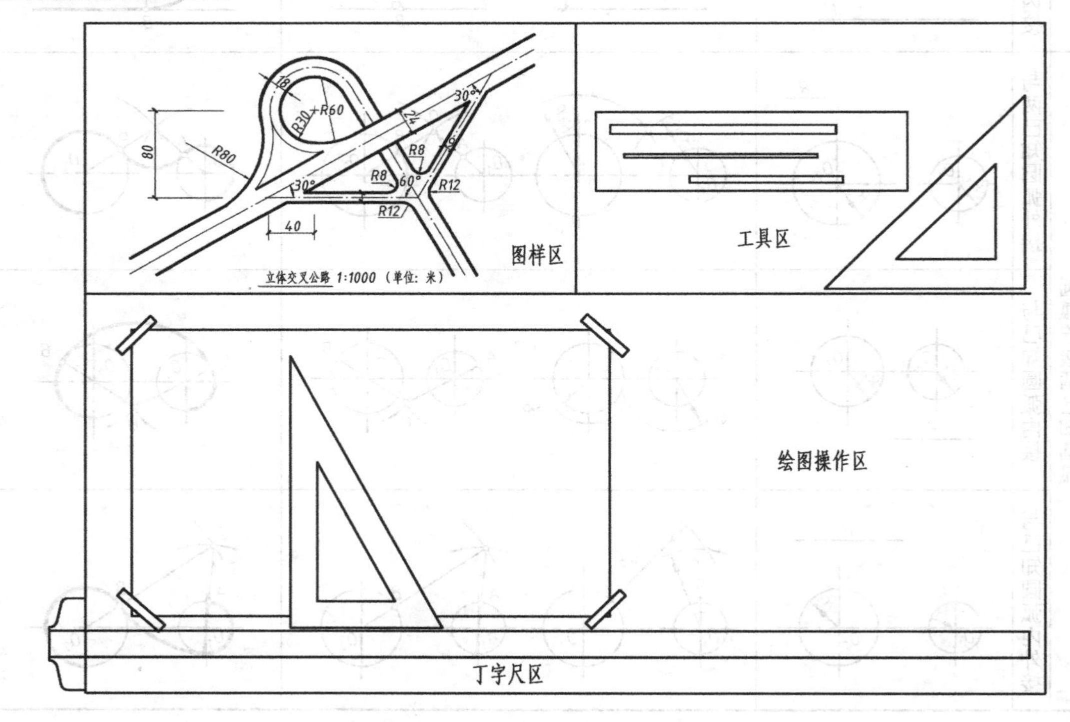

图1.32　图板、图纸、工具等的参考布置

2　画底稿图

一般用H或2H铅笔，轻轻淡淡地画底稿图线。一般作图步骤如下：

2.1　确定画图范围

画图纸幅面线（裁边线）、图框线、标题栏外框线等（图1.33(a)）。

2.2　布置图面

按各图采用的比例和预留标注尺寸、文字注释、各图样间距等，安排整张图纸中应画各图样的位置，通常用中心线、轴线或边线等来表示，疏密匀称，布置要合理。

2.3　根据需画图的类别和内容确定先画某一图形

一般应先画轴线或中心线，如图3.33确定按依据已知条件可直接作出的圆弧、直线公路的中心线（图1.33(a)）。再画主要轮廓线，然后画细部图线。如图3.33中先画按依据已知条件可直接作出的圆弧、直线公路（图1.33(a)），而后作圆弧连接相关的直线和圆弧、圆弧与圆弧，以及其余相交的直线和圆弧、直线和直线等（图1.33(b)）。

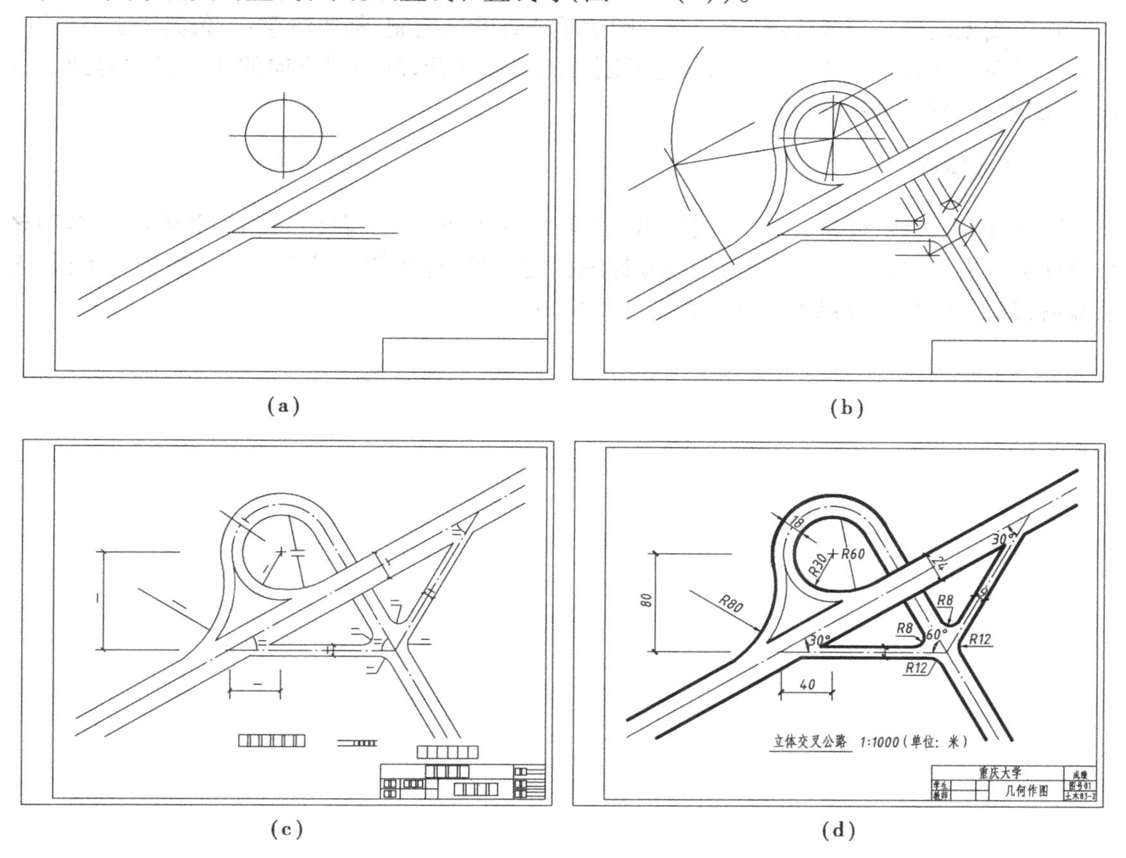

图1.33　作图步骤

(a)画已知直线和圆弧；(b)作连接圆弧及其他细部；

(c)检查图形底稿，布置尺寸标注并轻画字格及数字导线；

(d)检查底稿无误后按要求加深图线、写字

2.4 检查图形底稿

布置标注尺寸界线、尺寸线、尺寸起止符号及图例等，凡是图中的细线，均可按图所需进行布置，只确定位置，不画底稿线（图1.33(c)中为显示布置标注而画出），均可在铅笔加深或画墨线时一次完成。但是底稿图中应先按字号要求，轻画汉字的字格、字母和数字的字高导线（图1.33(c)）。

3 检查底稿及加深图线

铅笔加深，一般用2B铅笔画粗线，用B铅笔画中粗线，用HB铅笔画细线、写字和画箭头。加深圆或圆弧时，圆规的铅芯应比画直线所用铅笔的铅芯软一级。

图线的铅笔加深和画墨线的加深顺序，原则上是由上而下，从左到右；通常先画曲线，再画直线。直线加深一般又先画水平、垂直方向，而后画倾斜方向；就线宽而言，可以先画粗线、后画细线；也可以先画细线、后画粗线，各有利弊。先画图中轴线或中心线，后画其他图线；若图中有折断线或波浪线，通常也先画。对于圆或圆弧，应先画表示圆心位置的相交中心线。

画墨线无论是上墨或描图，无论是用鸭嘴笔或针管笔绘制，都要注意：一条墨线画完后，应将笔立即提起，同时将丁字尺、三角板避开刚画的墨线移开，画不同方向的线条必须等到干后再画，加墨水要在图板外进行。

4 完成图样

图线、图表框线、分格线、尺寸线等铅笔加深或画墨线后，书写尺寸数字、注释文字、各图名称及标题栏内文字，再铅笔加深或墨线画标题栏的分格、标题栏框及图框等。经校对无误、无遗漏后，裁下图边（沿图纸幅面线裁截整齐），完成全图。

第2章 组合体

在讲述形体相贯的表面交线时，实际上已经涉及由两个基本几何体相交组合而成的简单组合体了。一般所说的简单几何体，如棱锥、棱柱、圆锥、圆柱、圆球、圆环等，即基本几何体。所谓的组合形体是由多个基本几何体经组合而成的形体，简称组合体。它们是抽象化的或者说是几何化的工作物体。组合体的画图和读图，是从简单的基本几何体到复杂的工程物体，投影图表达的中间过渡，并在此过程中肩负承上启下的作用。利用投影原理来提高形象构成能力，为专业图的绘制和阅读奠定空间想象的基础。本章主要讲述组合体投影图的画法、尺寸标注及其阅读，重点是阅读投影图。

第1节　组合体投影图的画法

组合体投影图的画图方法，一般是先形体分析；再进行投影选择；然后画其投影图。

1　形体分析法

概括地讲，为画图或读(看)图把组合体分解成若干基本几何体或简单形体的分析方法，称为形体分析法。

1.1　组合体的组合形式

1.1.1　叠加式

由基本几何体叠加成组合体的组合形式，如图2.1(a)所示的组合体是由六棱柱、圆柱和圆锥叠加而成。

1.1.2　截割式

由基本几何体被一些面(平面、曲面)截割后而成组合体的组合形式，如图2.1(b)所示组合体是由长方体被一个正垂面和两个侧垂面截割后再开孔而成。

1.1.3　综合式

由基本几何体经叠加和截割两种组合形式而形成组合体的组合形式，如图2.1(c)所示。它是组合体形成最常见的组合形式。

同一组合体，其空间形状是唯一的，无论采用哪种组合形式分析的，只要分析正确，最后确

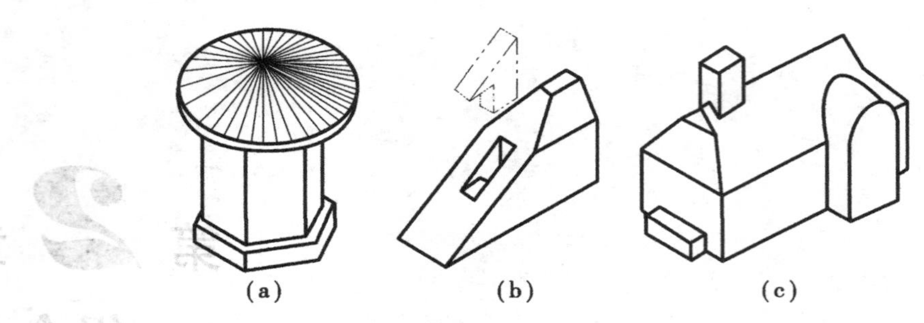

图 2.1　组合体的组合形式

(a)叠加式;(b)切割式;(c)综合式

定的组合体形状都是一样的。见图 2.2(a),此组合体可分析为图 2.2(b)所示的由Ⅰ、Ⅱ、Ⅲ三部分叠加而成;也可分析为由长方体经过多次切割而成,如图 2.2(c)所示。至于分析为何种形式组合成组合体及由多少个基本几何体或简单形体组合,均无定论,常与形体的具体形状、复杂程度以及个人的空间想象能力有关。分析形体的组合方式首先是要正确,其次才是力

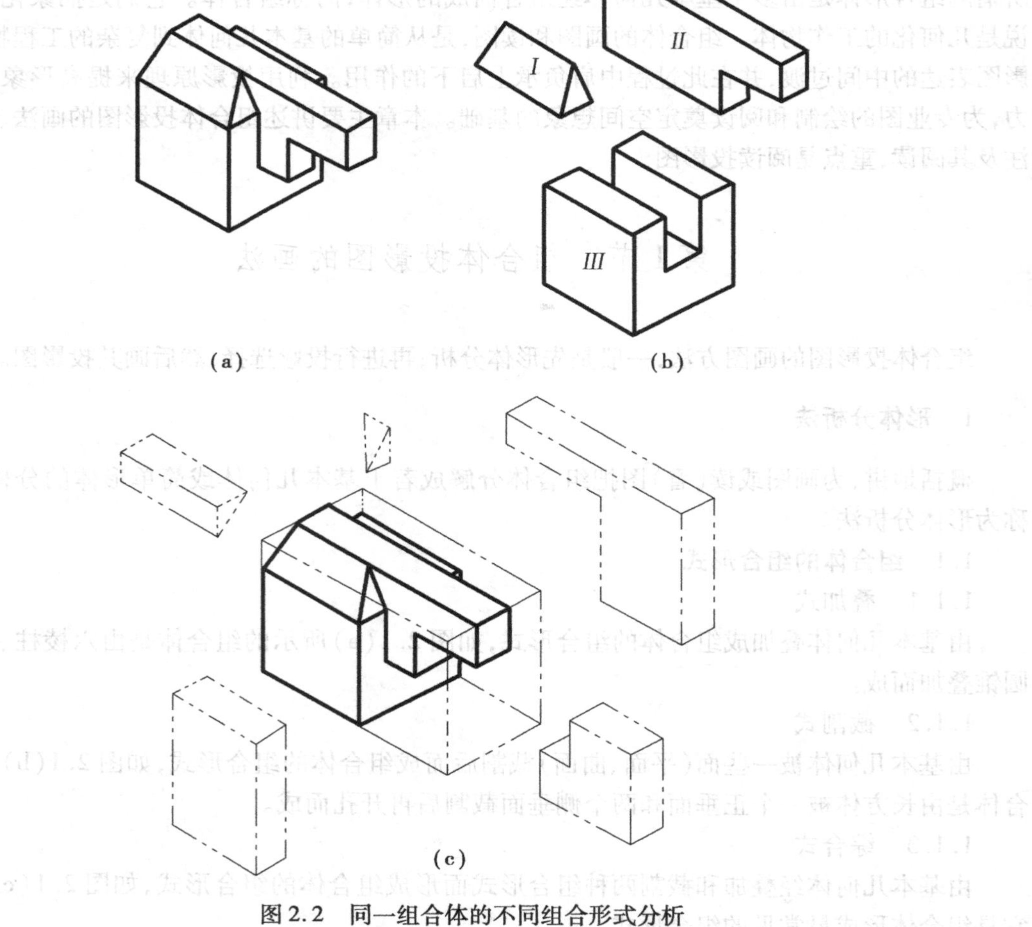

图 2.2　同一组合体的不同组合形式分析

(a)同一组合体;(b)叠加式分析;(c)切割式分析

求简便，所以在保证结论正确的前提下，分解的组数越少越好。

1.2　**形体分析的内容**

首先分组合体为若干基本几何体或简单形体（较熟练后，可根据空间想像能力把组合体分为尽可能少的几部分），然后逐一分析他们的组合形式、相对位置、表面衔接情况以及与其投影图的对应关系，如表 2.1 所示。

表 2.1　组合形式、相对位置、表面衔接处及其投影图的关系

组合形式	相对位置	表面衔接	投影图	备　注
叠加式	对齐但不共面	有交线	画交线投影	如图 2.3 所示
	对齐且共面	无线	不能画线	如图 2.3 所示
	相切	切线位置分界，无切线光滑过渡	不能画切线投影	如图 2.4 所示
	相交	交线	画交线投影	如图 2.3 所示
切割式	相交	交线	画交线投影	如图 2.2 所示
综合式	分别按上述叠加、切割各项对应分析			如图 2.3 所示

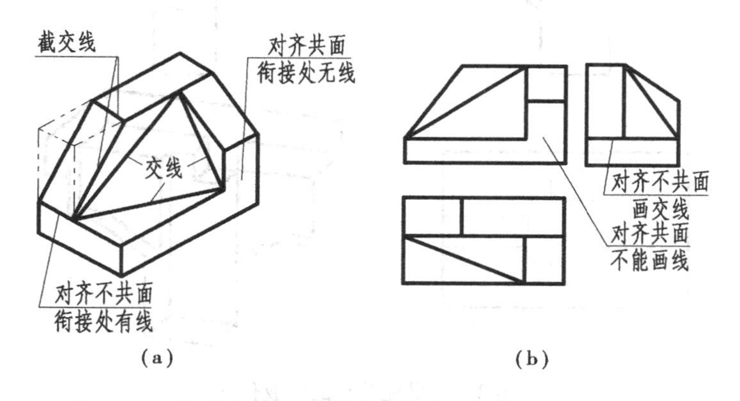

图 2.3　平面体相邻组成部分间的表面衔接与投影图关系

(a)轴测图；(b)三视图

需强调指出的是：因为形体分析法是假想把形体分解为若干基本几何体或简单形体，只是将复杂形体化繁为简的一种分析方法，以便理解空间形体与其投影图之间的对应关系，实际上形体并未被分解，所以要注意整体组合时的表面交线。

2　投影选择

投影选择主要包括选择形体的安放位置、正面投影方向及投影图数量三方面的问题。

2.1　**选择安放位置**

形体的安放位置通常指将形体的哪一个方向的表面置于水平投影面上，或者说确定形体的上下。对于明确功能要求的形体，一般按正常工作位置安放；对于无功能要求或者其功能要求不明的形体，按稳定要求放置形体即可，当然这都要遵循使形体表面尽可能多地平行于投影面等基本要求。如图 2.5 所示梁柱节点，上部为楼板，下部为主梁、次梁及支柱。假如将此形体上下翻转，板居下，柱居上，如图 2.6 所示的形体就不是梁柱节点，而可能是柱支撑及其基础。

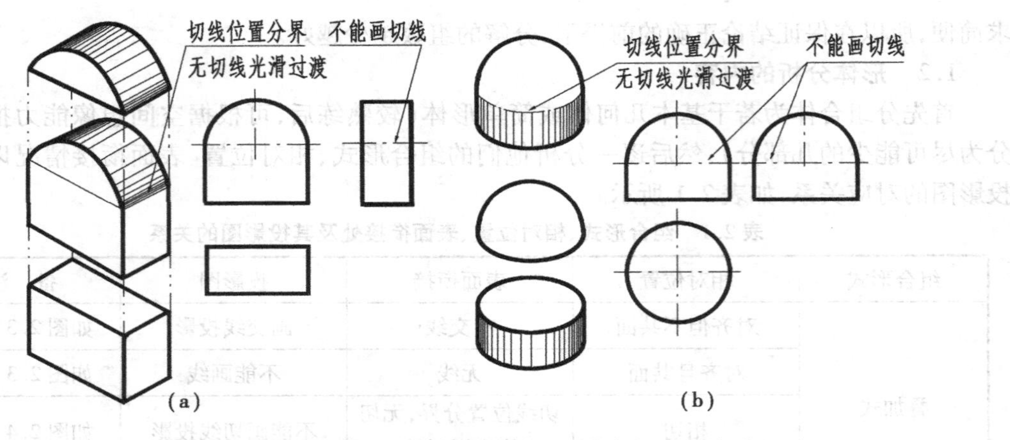

图 2.4　曲面体相邻组成部分间的表面衔接与投影图关系
(a)半圆柱与四棱柱;(b)半圆球与圆柱

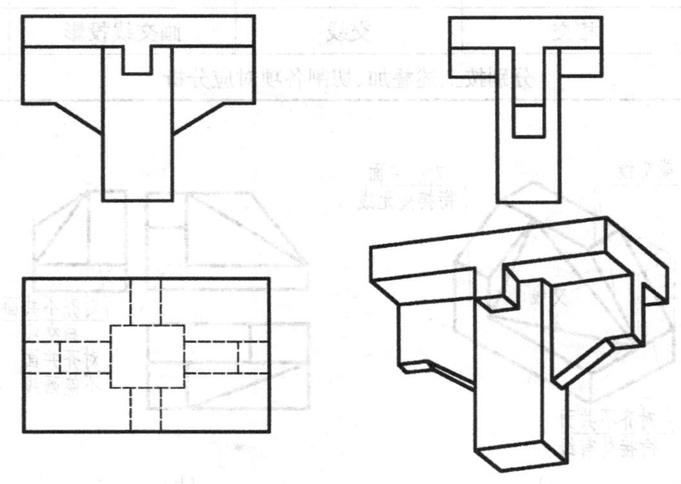

图 2.5　梁柱节点的安放位置

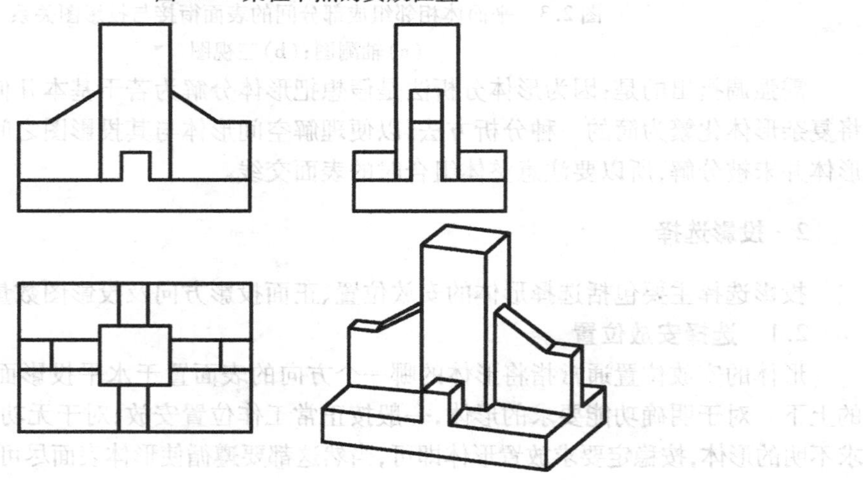

图 2.6　柱支撑及其基础的安放位置

2.2　选择正面投影

形体的正面投影图通常在一组投影图中视为主要的投影图,选择正面投影一般有三个方面的问题需要考虑。

2.2.1　尽量反映出形体各个组成部分的形状特征及其相对位置关系

图2.7(a)所示形体,从箭头方向投射的正面投影比较明显地反映出形体各组成部分的相对位置。不仅能显示组成榫头几部分的上下、左右的相对位置关系,而且还反映榫齿的形状特征。

2.2.2　尽量减少投影图中虚线

图2.8为上述同一形体从反方向投射的投影图。比较图2.7(b)和图2.8(b),前者投影图中的虚线比较少,所以应选A方向为正面投影方向。

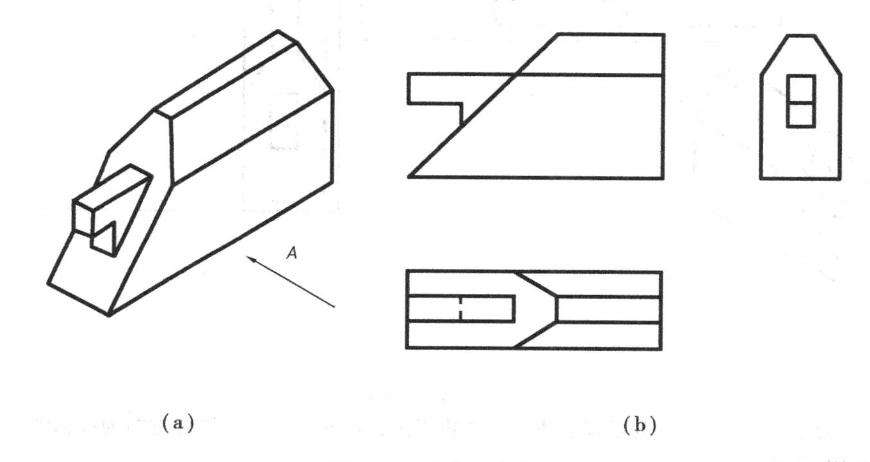

图2.7　反映组成特征
(a)轴测图;(b)三视图

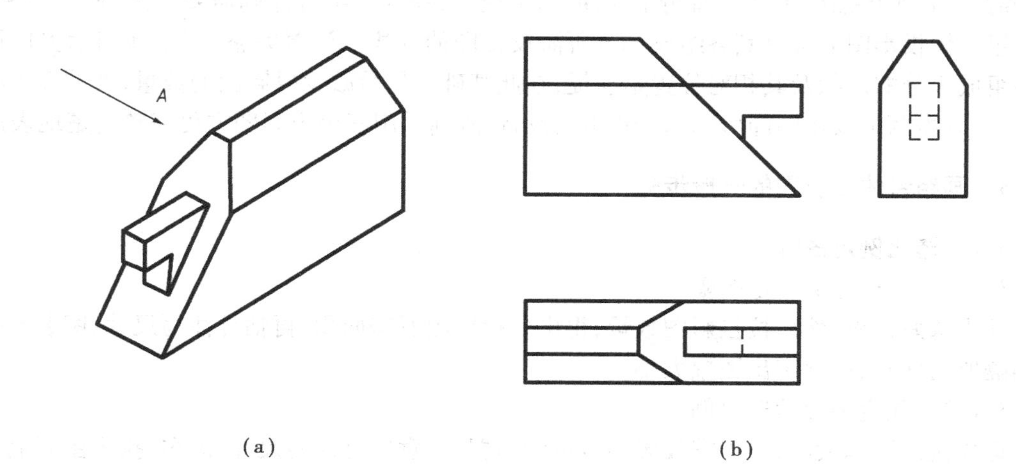

图2.8　投影图中虚线较多
(a)轴测图;(b)三视图

2.2.3 尽量合理利用图幅

图2.9(a)所示组合体,分别以A和B两个方向为其正面图投影方向画投影图,比较(b)和(c),因为形体的长向尺寸大于宽向尺寸,显然前者利用图幅、布置图面均较合理。

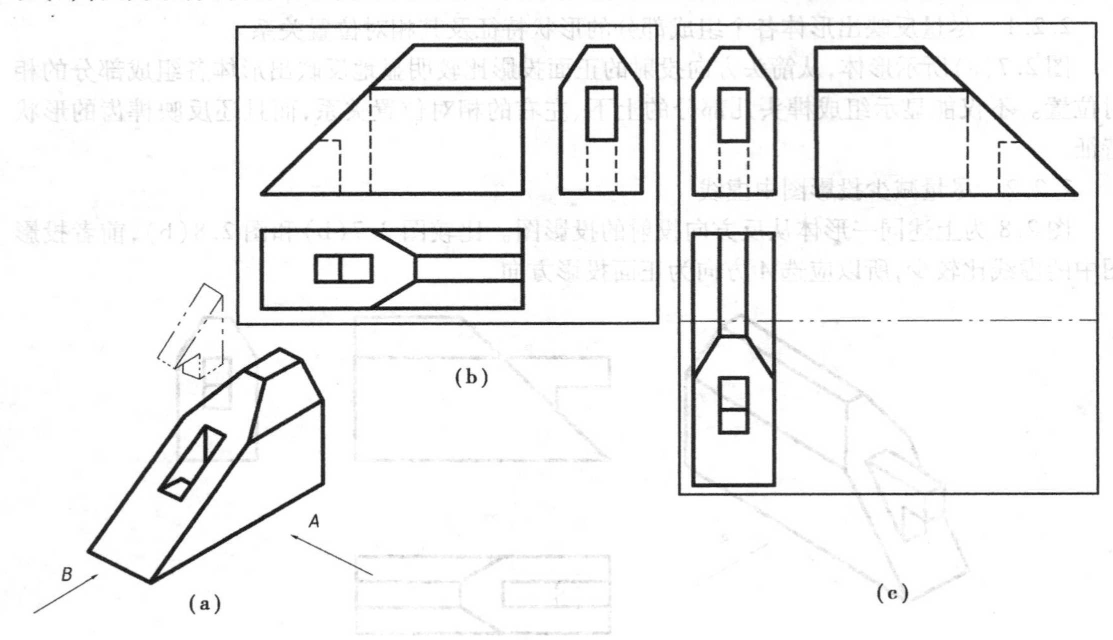

图2.9 合理用图幅选正面投影

(a)组合体;(b)A向为正面投影方向的投影图;(c)B向为正面投影方向的投影图

2.3 选择投影图数量

选择投影图数量的基本原则是用最少的投影图把形体表达得完整、清楚。若组合体的一部分需V、H两个视图,其另一部分需V、W两个视图,那么此组合体则需要V、H、W三个视图,所以组合体投影图数量是其各组成部分所需投影图的并集。注意完整、清楚地图示整体形状和各组成部分的形状及其相对位置是前提,在此基础上尽量减少投影图的数量,如图2.10(a)管接头,只需两个投影图即可,而2.10(b)所示台阶则需用三个投影图方可完整清楚地表达。

3 画组合体投影图的一般步骤

3.1 选比例定图幅

3.1.1 先选比例后定图幅

即先选好比例,然后按投影图数量,得出各投影图所需面积,再估计注写尺寸、图名和投影图间隔所需面积,由此定出图幅大小。

3.1.2 先定图幅后选比例

即先选定图幅大小,再根据投影图数量和布置,注意留足注写尺寸、图名、投影图间隔等位置,最后定出比例。如比例不合适,则要重新调整比例。

这两种确定图幅和比例的方法都与投影图的数量有关。

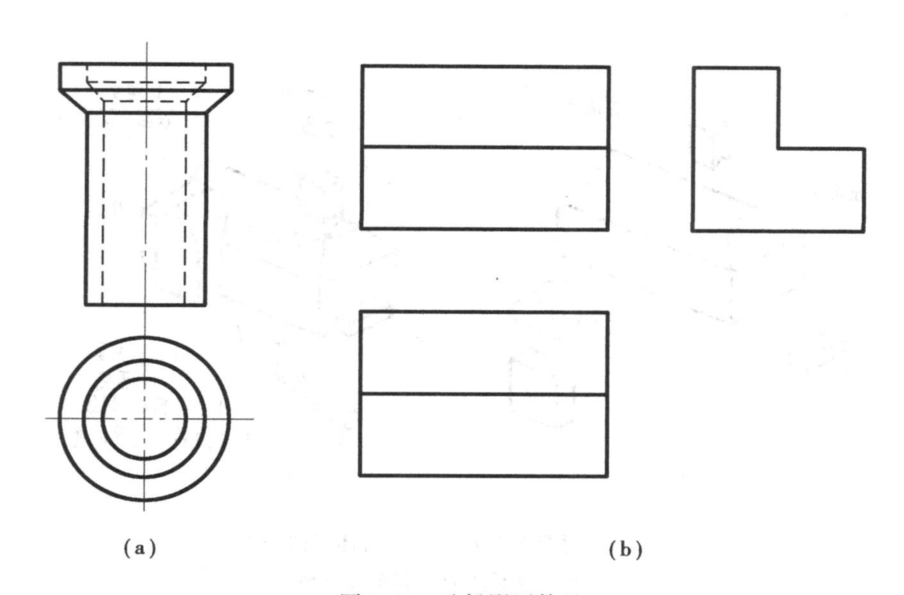

图2.10　选投影图数量
(a)用两个投影图表达管接头;(b)用三个投影图表达台阶

3.2　**画底稿图**

3.2.1　布置图面

即确定各投影图在图纸上的位置,参考例2.1中图2.12(a)。每个投影图用两条基准线定位,每两个投影图都有一个共同基准。注意投影图间留足适当的空挡,以便标注尺寸和书写必要的文字。

3.2.2　画底稿线

由形体分析,先主后次、先大后小、先可见后不可见,逐个画出组合体各组成部分的投影图,从而得到整个组合体的投影图。画图中应注意不但每一组成部分的几个投影要符合投影规律,而且各组成部分的相对位置也必须符合投影关系。画每一个组成部分时,宜先画其最具形状特征的投影,而后画其他对应投影。

3.2.3　检查并整理底稿图

特别要注意形体分析仅仅是一种假想的分析方法,相邻两部分表面共面、相切处不能画分界线,也不能画出组成组合体后消失的基本形体轮廓线,同时注意不要遗漏不可见的投影,应将其画成虚线。擦去多余图线,整理图面,准备加深。

3.3　**加深图线**

3.4　**书写文字 再次检查 裁去图边 完成全图**

例2.1　画出图2.1(c)所示组合体的投影图。

(1)形体分析

将组合体拆整分零后进行相对位置、表面衔接分析,如图2.11所示。把此组合体假想分成五个基本体,即左右被切的五棱柱(Ⅰ)、下带截槽的四棱柱(Ⅱ)、四棱柱板(Ⅲ)、四棱柱块(Ⅳ)以及后侧被斜截的半圆柱(Ⅴ)。它们的相对位置是:Ⅰ、Ⅱ、Ⅲ三部分前后共对称面,Ⅱ居Ⅰ左上,Ⅲ在Ⅰ正左面,Ⅳ、Ⅴ位于Ⅰ的右前面,如图2.11(a)所示。上述基本体组合成图2.1(c)所示的组合体之后,注意Ⅳ、Ⅴ的前面平齐共面,其结合处不能画线,半圆柱面Ⅴ与四

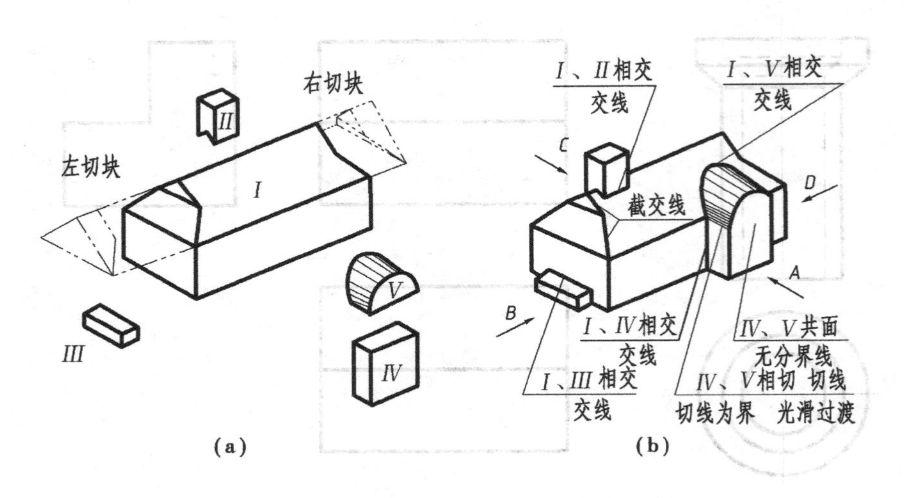

图2.11　对图2.1(c)所示组合体形体分析

(a)拆整分零;(b)相邻衔接分析

棱柱块(Ⅳ)的左右侧面相切,其结合处不能画线。Ⅰ左右被切的截交线、Ⅰ的前后两斜面与Ⅱ的四个侧面、半圆柱面Ⅴ的交线以及Ⅰ与Ⅲ的交线均要画出,见图2.11(b)。

(2)投影选择

①选择安放位置　按正常位置安放形体,将Ⅰ的底面平行于*H*,Ⅱ在Ⅰ上面,Ⅰ的前后面或左右面平行于Ⅴ来放置,如图2.11(b)所示。

②选择正面投影　按使正面投影图最能反映形体各部分的形状特征及其相对位置、使各投影图中虚线较少及能合理利用图幅这三个原则综合确定。如图2.11(b)所示的*A*、*B*、*C*、*D*四个方向进行分析比较,*A*、*C*向:均能反映Ⅴ的形状特征和Ⅰ到Ⅴ五部分间左右、上下相对位置。但若取*C*向,则Ⅳ、Ⅴ为不可见,应画虚线,显然*A*向比*C*向好。*B*、*D*向:均能反映Ⅰ体的形状特征和Ⅰ至Ⅴ五部分间的前后、上下相对位置,但反映Ⅴ的形状特征较差。*B*向:Ⅳ、Ⅴ在*W*投影图中应画虚线。*D*向:Ⅲ在主视图中应画虚线。而且形体的长向尺寸大于宽向尺寸,所以*A*向比*B*向的投影图排列较紧凑,能合理利用图幅。综合上述考虑主视图投影方向应采用*A*向。

③选择投影图数量　如图2.11(b)所示,组成此组合体的Ⅰ、Ⅱ以及半圆柱Ⅴ和与之相切的四棱柱Ⅳ块均只需要*V*、*W*两个投影图,而四棱柱板Ⅲ却需要*V*、*H*、*W*三个投影图才能定形,其并集是*V*、*H*、*W*,故此组合体需要用*V*、*H*、*W*三个投影图。

(3)画组合体投影图

完成形体分析、投影选择、确定图幅并选好比例以后,开始画组合体的底稿图。具体作图步骤如图2.12所示。

①布置图面　画*V*、*H*、*W*矩形轮廓,如图2.12(a),此图未考虑标注尺寸、文字。

②画投影图底稿线如图2.12(b)~(e)所示。

- 画五棱柱　先画其*W*投影,再画*V*、*H*投影,如图2.12(b)所示。
- 画用左右两侧平面和两正垂面与五棱柱的截交线　先画其*W*投影,再画*V*、*H*投影,即获Ⅰ的投影图,如图2.12(c)所示。
- 画Ⅳ、Ⅴ的投影图　先画*V*投影,再画其*W*、*H*投影,如图2.12(d)所示。

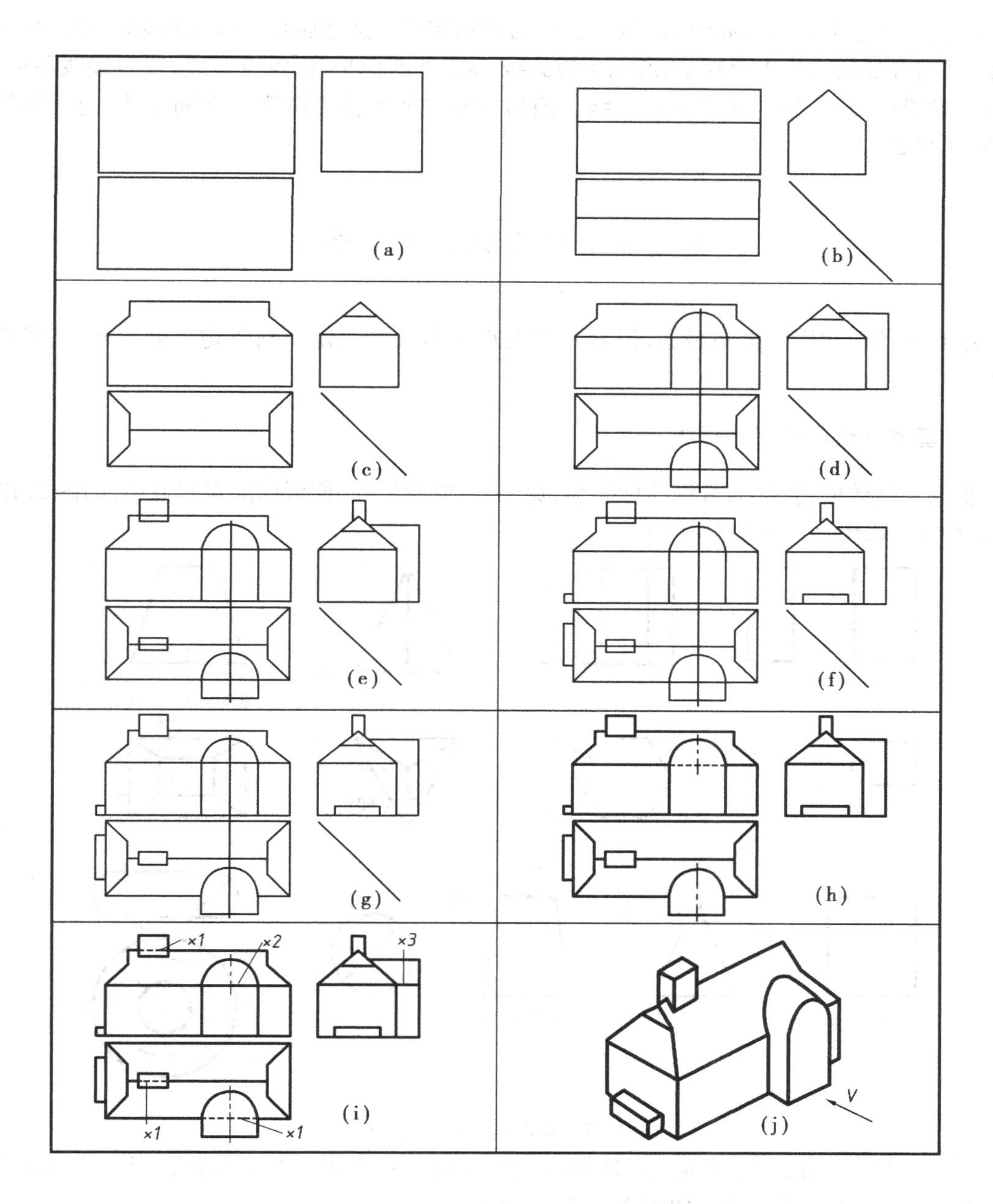

图2.12 画组合体投影图的步骤

(a)布置图面;(b)画五棱柱的投影图;(c)画左右两侧平面和两正垂面切五棱柱的截交线;
(d)画Ⅳ、Ⅴ的投影图;(e)画Ⅱ的投影图;(f)画Ⅲ的投影图;
(g)检查、整理投影图底稿;(h)加深图线;(i)错误作图;(j)对照已知形体

- 画Ⅱ的投影图 先画其 *W* 投影,再画 *V*、*H* 投影,如图2.12(e)所示。
- 画Ⅲ的投影图 先画 *H* 投影,再画其 *V*、*W* 投影,如图2.12(f)所示。

③检查、整理投影图底稿 擦去多余的作图线,如图2.12(g)所示。

④加深图线 按规定的线型及图线交接要求加深图线,如图2.12(h)。

特别要注意不要出现如图 2.12(i)所示的作图错误。其错误是：×1 处因基本体结合成一整体，其结合处的棱线不存在了，所以不应画线；×2 处前面平齐，没有实线，背后棱线不可见，应画为虚线；×3 处相切，不应画分界线。最后宜根据所画投影图想象空间形体，与已知形体对照，如图 2.12(j)。

第 2 节　组合体的尺寸标注

组合体的形状用投影图表达，但其真实大小要由尺寸决定。制作物体的图样，二者缺一不可。

1　基本几何体的尺寸标注

根据几何体的特征，通常都要标注长、宽、高三向的尺寸，便可以决定其大小，如图 2.13 所示，其中 S—球代号，ϕ—直径代号。

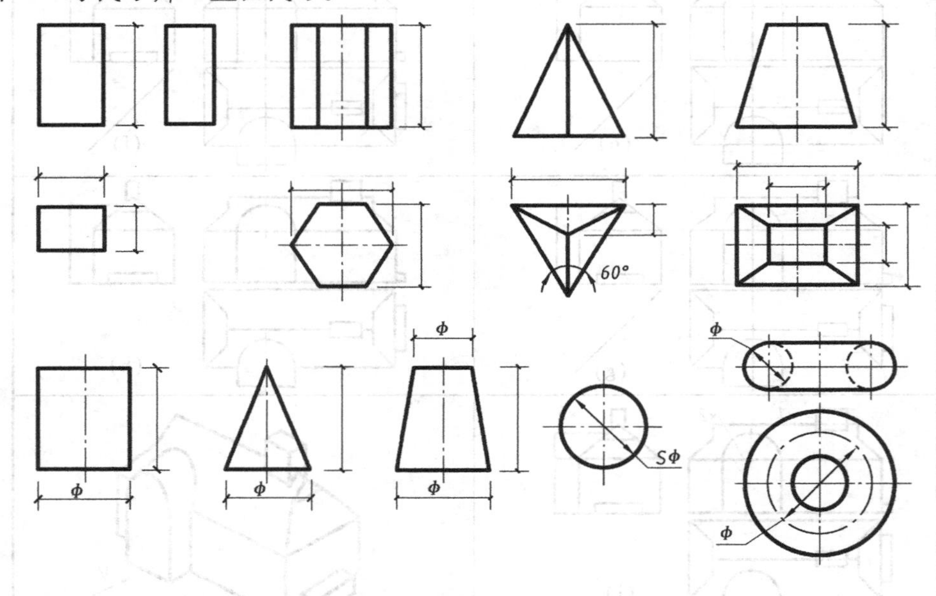

图 2.13　基本几何体的尺寸标注

对于旋转体(如圆柱、圆锥及圆球等)，均可以仅用一个正面投影和标注尺寸来确定其形状及大小，可省去 H、W 投影，如图 2.13 所示。

2　带切口基本几何体的尺寸标注

标注带切口基本几何体的尺寸，不但要标注基本几何体的长、宽，高三向尺寸，而且还要标注确定截割面位置的尺寸，但不标注确定截交线形状的尺寸。如图 2.14(a)所示，图中打“×”的尺寸，均不应标注。因为其截平面的位置一经确定，则截交线的形状大小就已确定，如图 2.14(b)所示，图中打“×”的尺寸就是依据截平面的位置就能确定的尺寸。图 2.14(c)又列出一些带切口基本几何体的尺寸标注及依据截平面的位置确定截交线的作图，供参考。

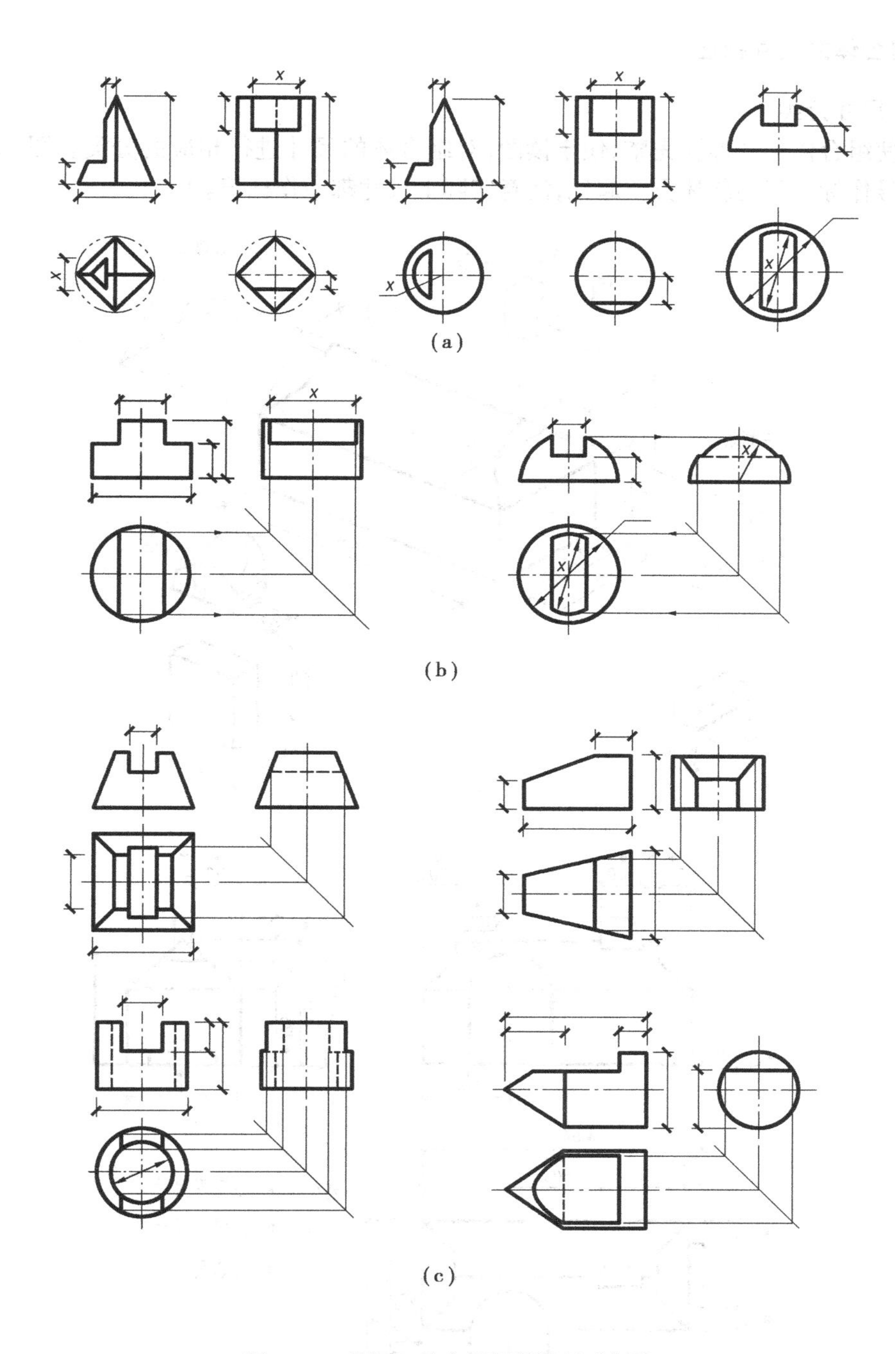

图2.14　带切口基本几何体的尺寸标注

(a)带切口基本几何体的尺寸标注;(b)标注截平面的位置并依据截平面的位置确定截交线;(c)带切口形体的尺寸标注及其截交线的确定

3　组合体的尺寸标注

3.1　尺寸分类

为了使组合体尺寸标注完整，便于读图，对组合体的尺寸进行相应的分类。图 2.15 中用了不同符号作标记仅为叙述方便起见，注意实际上尺寸都不作标记。

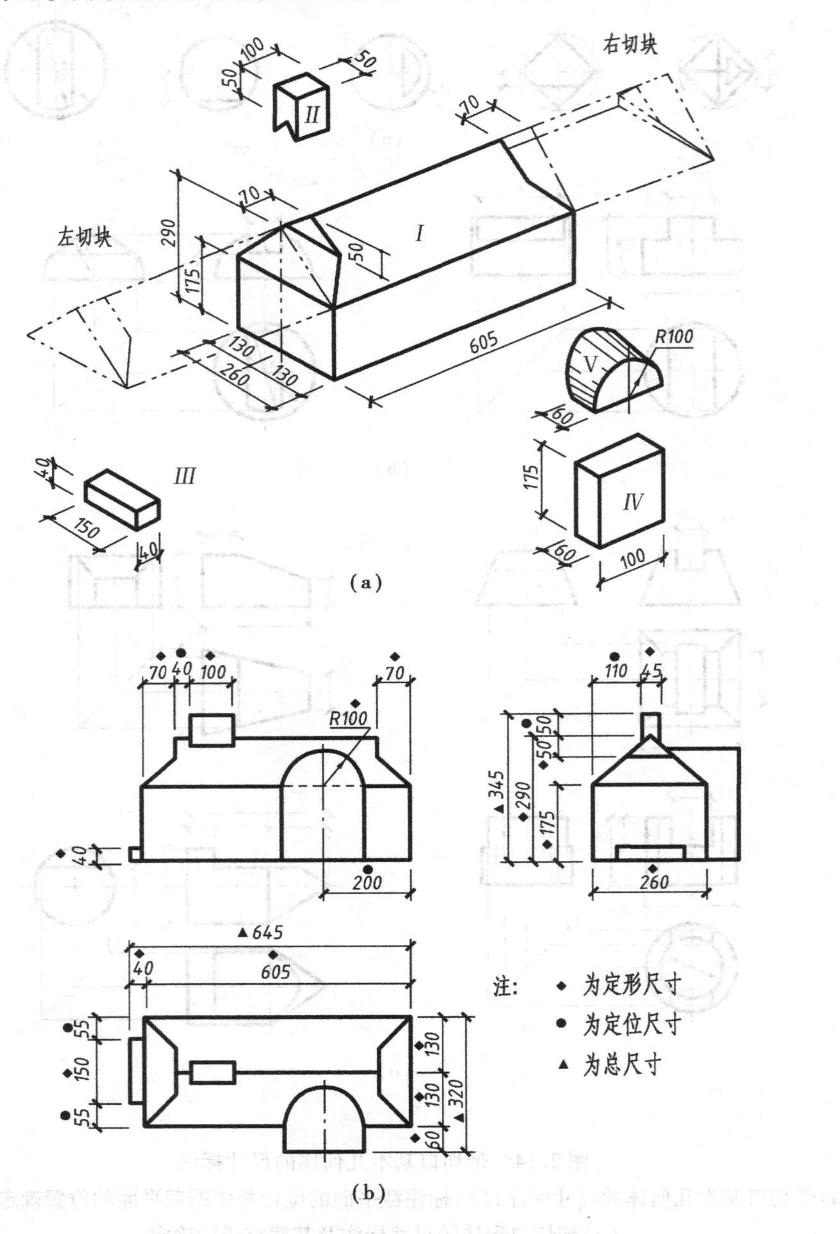

图 2.15　组合体的尺寸标注

(a)轴测图；(b)投影图及其尺寸标注

3.1.1　定形尺寸

所谓定形尺寸指确定组成组合体的各组成部分的形状大小的尺寸。如图2.15(a)所示组合体各组成部分的形状大小的尺寸。图2.15(b)中标有◆的尺寸即定形尺寸。

3.1.2　定位尺寸

(1)定位的含义　所谓定位尺寸指确定组成组合体的各组成部分之间相对位置的尺寸。图2.15(b)中标有●的尺寸即定位尺寸。

(2)定位的基准　即定位尺寸的起点。如图2.15(b)中的Ⅱ前后定位尺寸110的定位基准是形体的后面。

• 以平行于投影面的形体表面为定位的基准　如左(右)侧面作 X 向的定位基准;前(后)侧面作 Y 向的定位基准;底(顶)面作 Z 向的定位基准。

• 以平行于投影面的形体对称面为定位的基准　如左(右)对称面作 X 向的定位基准;前(后)对称面作 Y 向的定位基准;底(顶)对称面作 Z 向的定位基准。

• 以旋转体的轴线为定位基准　如图2.14中圆柱(锥、球)确定截割面在 X、Y 向的位置的定位尺寸均轴线为定位基准。

(3)基本几何体定位　平面体多用表面定位,旋转体则多以其轴线定位。如图2.15(b)半圆柱Ⅴ的 X 向定位。

3.1.3　总体尺寸

所谓总体尺寸指组合体总长、总宽及总高的尺寸。图2.15(b)中标有▲的尺寸即所示形体在 X、Y、Z 方向的总尺寸。

如前所述,组合体尺寸分类仅仅为了尺寸标注完整,是相对的,不是绝对的。因为组合体是由各个组成部分组合而成的整体,所以有些尺寸既是定形尺寸,也可能还是定位尺寸或者总尺寸。例如图2.15(b)水平投影图中的40既是Ⅲ的长度,也是Ⅰ的 X 向的定位尺寸;60既是Ⅳ、Ⅴ的宽度,也是Ⅰ在 Y 向的定位尺寸。同样 W 投影图中,竖向至上而下的第一个50既是Ⅱ的高度,也是Ⅰ的 Z 向的定位尺寸。所以实际上标注组合体尺寸时并不注明尺寸类别。

3.2　尺寸标注布置的一般原则

组合体尺寸标注布置的基本原则是便于读图。因此尺寸布置要尽可能明显、集中、整齐、清晰。

3.2.1　尺寸标注要明显

(1)尺寸标注在反映形状特征最明显的投影图上　如半径注在反映圆弧实形的图上。见图2.15中R100。

(2)与两个投影图有关的尺寸,应注在两个投影图之间的一个投影图旁,如图2.15(b)中高度方向尺寸注在 W 投影图上,与 V 投影图相邻的一侧。

(3)尽量避免在虚线上标注尺寸　如图2.15(b)中不要在 V 投影图虚线处标注高175。

3.2.2　尺寸标注要集中

同一组成部分的定形、定位尺寸尽量集中标注　如图2.15(b)Ⅴ部分的定形(R100)、定位(200)尺寸集中标注在 V 面投影图上。

3.2.3　尺寸排列要整齐　平行的尺寸线的间隔大致相等;尺寸数字的大小要一致,并尽量写在尺寸线的上方中间位置;同一方向的尺寸,小尺寸布置在内(靠近投影图),大尺寸布置在外,以免尺寸线和尺寸界线交叉。如图2.15(b)中多排尺寸标注的布置。

3.2.4　保持投影图清晰　尺寸尽量布置在投影图之外，少布置在投影图之内，一般只把个别因引出图外而影响清晰的小尺寸布置在投影图内。

3.3　尺寸标注的一般步骤

检查投影图无误后，进行尺寸标注的布置。一般先标注定形尺寸，再标注定位尺寸，然后标注总尺寸，最后检查尺寸标注。

3.4　尺寸标注需注意的问题

3.4.1　必须符合国家制图标准中尺寸标注的相关规定。

3.4.2　尺寸完整但无多余　有些尺寸既是定形尺寸，又是定位尺寸或者总尺寸，不能作为定形尺寸标注一次，再作为定位尺寸或总尺寸再标注。如图2.15(b)水平投影图中的40虽然既是Ⅲ的长度，又是Ⅰ在*X*向的定位尺寸，但是只标注一次。

3.4.3　定形、定位三向齐全不遗漏　组合体各个组成部分在*X*、*Y*、*Z*三个方向都必须既能定形又能定位。

3.4.4　再强调一点，尺寸数字与画图的比例无关。

第3节　组合体投影图的阅读

制图是由空间形体画其投影图的过程。读图又叫看图、识图，是由形体投影图想出其空间形状的过程，也是培养和提高空间想象能力的过程，既是重点，又是难点。读图的规律必须通过多画图、多读图的反复实践才能掌握。

1　读图的基本方法

1.1　形体分析法

运用各种基本体投影特征及投影图之间数量和方位的关系，特别是"长对正、高平齐、宽相等"的对应关系，对组合体的投影图进行形体分析。如同组合体画图一样，把组合体分解成若干基本体或简单形体，并想象其形状和对投影面的位置，再按各组成部分之间的相对位置，像搭积木那样将其拼装成整体。

例2.2　根据组合体投影图（图2.16），想象其空间形状。

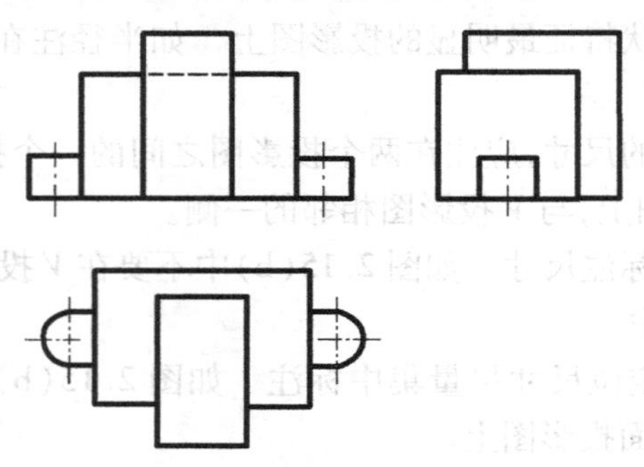

图2.16　形体分析法读组合体投影图举例

依据投影图的投影对应关系可以将该形体分解成三部分。Ⅰ为两小块，各由一个半圆柱和与之相切的四棱柱组成；Ⅱ是由四棱柱前侧开上下矩形槽而形成；Ⅲ就是一个四棱柱，图2.17(a)、(b)、(c)分别表示从组合体整体中隔离出来的Ⅰ、Ⅱ、Ⅲ三部分的投影图及其轴测图。根据图2.16可知三部分的相对位置，X方向：Ⅰ在左右两侧，Ⅱ、Ⅲ居中；Y方向：Ⅰ和Ⅱ的前后对称中心重合，Ⅲ位于Ⅱ前侧槽口处；Z方向：Ⅰ、Ⅱ、Ⅲ的底面均在同一水平面上。综合三部分的形状及其相对位置，想象出图示组合体的空间形状，如图2.17(d)所示。

当然可以另外的形式来分解此形体，但无论如何分析，其最后结论都是一样的，如图2.18所示。

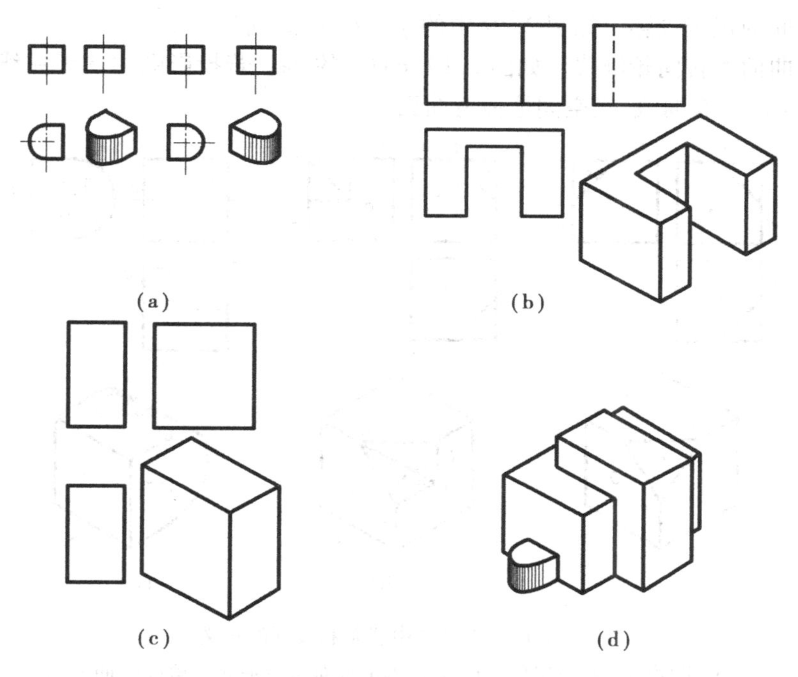

图2.17 形体分析法读组合体投影图举例分析

(a)左右两侧部分；(b)中间部分；(c)前侧部分；(d)组合体整体轴测图

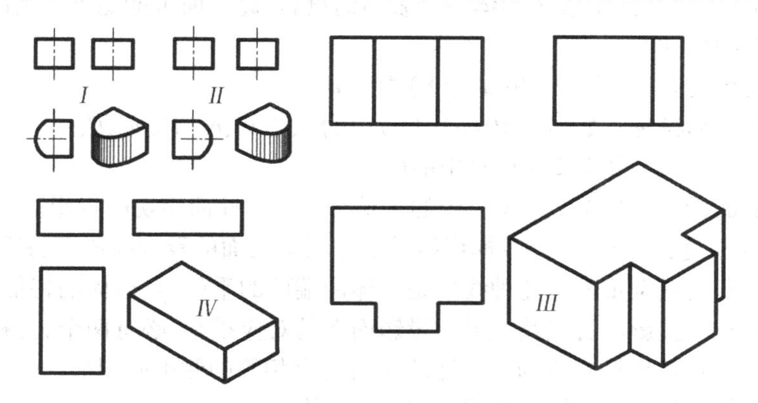

图2.18 形体分析法阅读组合体投影图同一例的不同分析

1.2 线面分析法

运用各种位置直线、平面的投影特性(实形性、积聚性、类似性等)及截交线、相贯线的投影特点,对组合体内、外表面投影中的线条和线框(由线条围成的封闭图形)的意义进行分析,想象其形状及位置。

1.2.1 线条的意义　投影图中的线条可能是下述三种情况之一。

(1)表示两面的交线　如图 2.19(a)、(b)中的 ab、$a'c'$、$b''c''$。

(2)表示面的积聚投影　如图 2.19 中的 q、r、p'、r'、p''、q''。

(3)表示曲面的转向轮廓线　如图 2.19(c)中 的 de。若投影图中均无曲线,则空间形体无曲面;若投影图中有曲线,则空间形体有曲面。

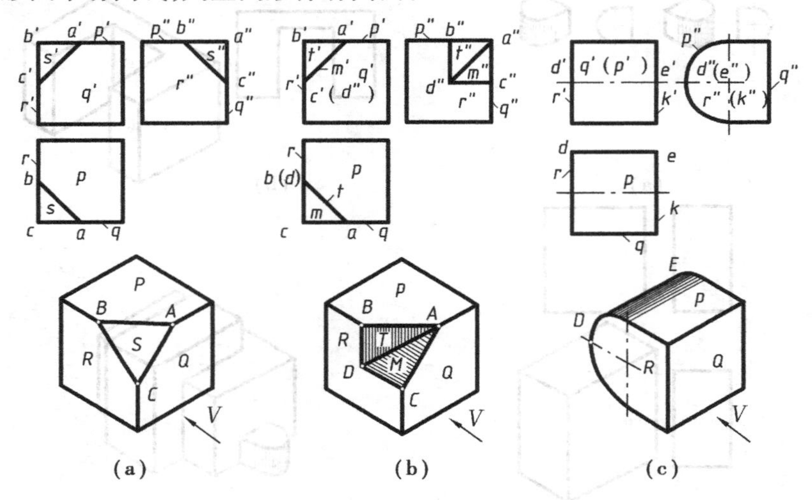

图 2.19　投影图中线条和线框的意义

(a)平面体一般面切角;(b)平面体正垂面及铅垂面切角;(c)曲面体

1.2.2 线框的意义

(1)一般情况　一个线框表示形体一个表面的投影,此表面可能是下述情况之一。

①一个平面的投影

- 平面的实形投影　如图 2.19(a)、(b)中的 p、q'、r''。
- 平面的非实形投影　如图 2.19(a)、(b)中的 s、s'、s''、m、t'、m''、t''。

②一个曲面的投影　如图 2.19(c)中的(p')。

③相切表面的投影　如图 2.19(c)中的 p 是平面与圆柱面相切的投影。

(2)特殊情况　投影图中一个线框可能是形体两个表面的重合投影等特殊情况。

①两个相等面的完全重影　此种线框是形体两端面的重影,是形体的特征投影,它的各边线是形体表面的积聚投影。若找其在另一投影面上的对应投影,必有两个,且相互平行。如图 2.19(c)中的 $r''(k'')$,该线框对应的 r、k 及 r'、k'为两个相等的侧平面图形。

②两个不相等面的完全重影　如图 2.19(c)中的 $q'(p')$。

③两个不相等重影面未重合部分　如图 2.20 中的线框 r,此处并不表示组合体某一表面,而是表面 R 和 S 在 H 投影图中,由于只有一部分重影(r)(s)致使未重影部分形成了线框 r。注意此种情况与图 2.20 中的线框 t''不同,虽然 $p''(k'')$也是部分重影,未重影部分形成了线框

t'',但是组合体确有表面 T,见图 2.20 中的轴测图。

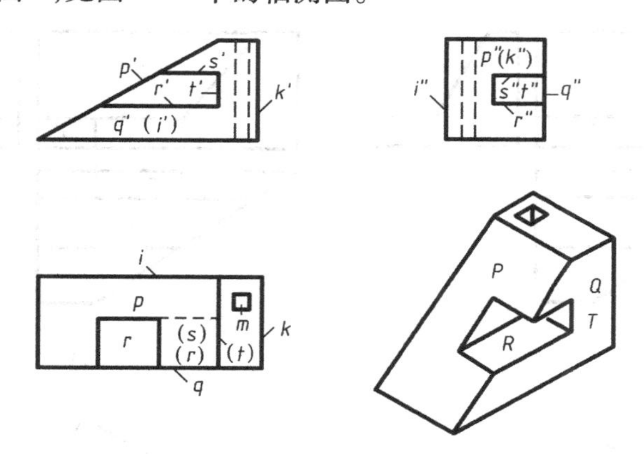

图 2.20　投影图中线框的特殊意义

④一个孔洞　如图 2.20 中 m 并不表示形体有这样一个四边形表面,而是表示有一个四棱柱孔。

⑤任意曲率的曲面　这种情况导致答案无限多,本书不述及。

(3)相邻两线框

①两线框的分界线是线的投影　表示毗邻相交的两个面,交线即此分界线,如图 2.19(a)中 s 与 p、s'和 q'、s''与 r'',表示 S 与 P、Q、R 连接相交。

②两线框的分界线是面的积聚投影　表示不连接相交的两个面。

- V 投影图中表示前后不同的两个面。如图 2.19(b)中相邻线框 t'与 q'。
- H 投影图中表示上下不同的两个面。如图 2.19(b)中相邻线框 m 和 p 。
- W 投影图中表示左右不同的两个面。

1.2.3　线面分析法读图　按投影关系确定线框的对应投影时,一般情况相应投影图中若不积聚,必然类似,分析思路如图 2.21 所示。依据对投影图中线框的分析,再构想形体的空间情况。

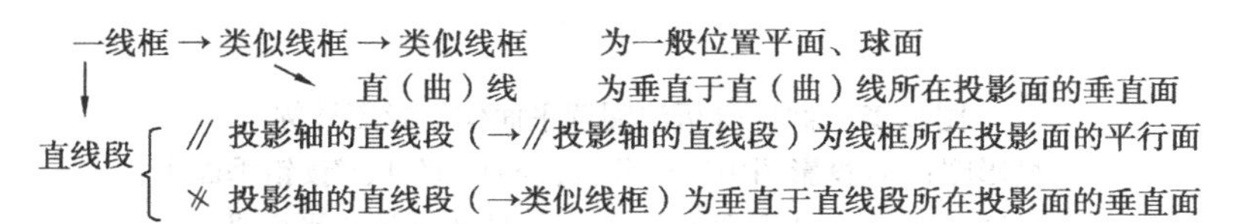

图 2.21　按投影关系确定线框的对应投影

例 2.3　已知图 2.22 所示投影图,用线面分析法想象此组合体的空间情况。

看图 2.22(b),V 投影图中有三个线框。从较大的六边形线框 1′开始,沿“长对正”的“通道”在 H 投影图上找到其对应投影 1,为一倾斜于 X 投影轴的直线段,由此可以判定 Ⅰ 必为铅垂面,1″和 1′是类似形,可勾画其轴测图,如图 2.22(c)。再从直角梯形线框 2′开始,沿“长对正”的“通道”在 H 投影图上找到其对应投影 2,是其类似形,就有两种可能:侧垂面或一般面,需进一步分析 2′和 2,符合投影关系的梯形底边均平行于同一投影轴,故为侧垂线,所以 2″为与 2′“高平齐”的、倾斜于 Z 投影轴的直线段,添画侧垂面 Ⅱ,如图 2.22(d)所示。由矩形线框 3′按“长对正”的投影关系得到一条平行于 X 投影轴的直线段 3,以此判定Ⅲ必为正平面,画正

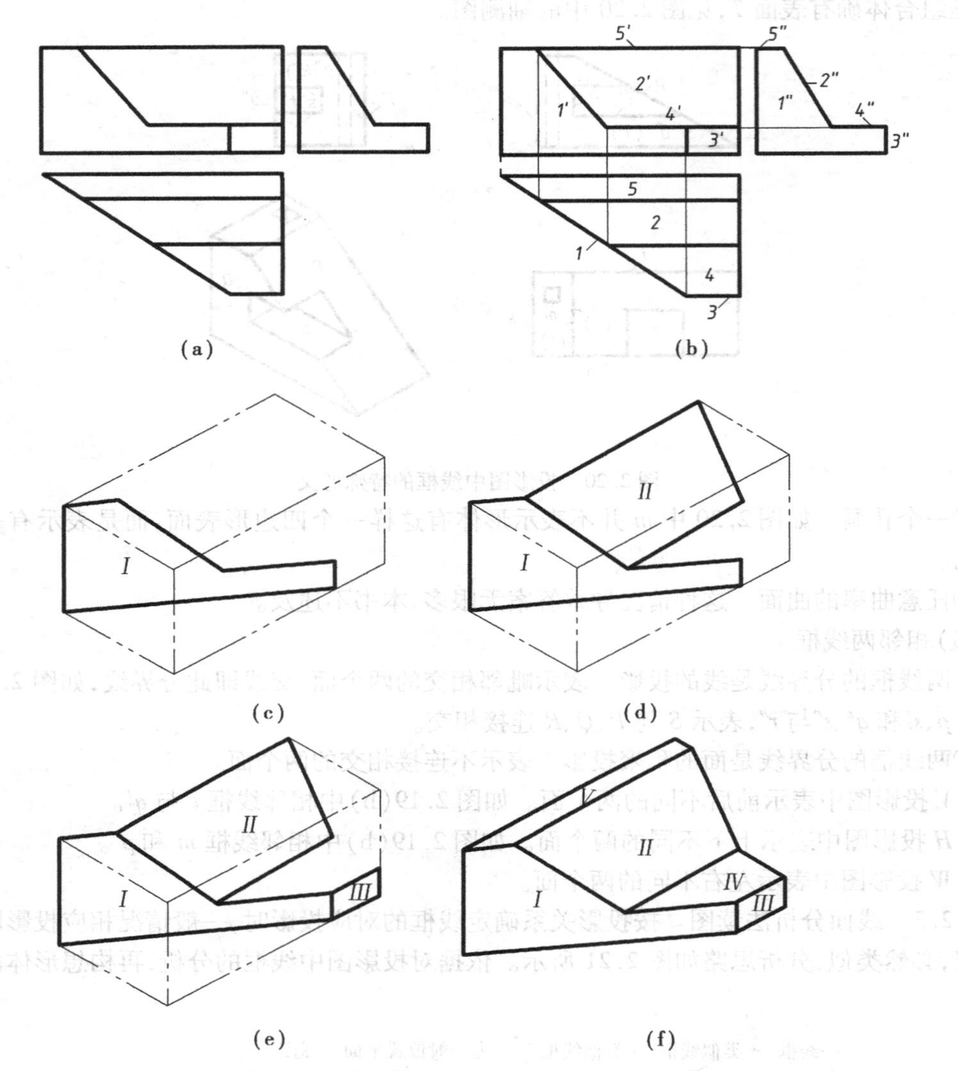

图 2.22　线面分析法阅读平面体投影图举例
(a)投影图;(b)投影图中线框分析;(c)由 1′、1、1″读铅垂面Ⅰ;
(d)由 2′、2、2″读侧垂面Ⅱ;(e)由 3′、3、3″读正平面Ⅲ;
(f)由 4′、4、4″读水平面Ⅳ、由 5′、5、5″读水平面Ⅴ

平面Ⅲ,如图 2.22(e)。

至此还有 H 投影图中 4、5 两线框待分析,分别从直角梯形线框 4、5 出发,沿“长对正”的“通道”在 V 投影图上找其对应投影 4′和 5′,均为平行于 X 投影轴的直线段,由此可以判定Ⅳ、Ⅴ是两个高低不同的水平面。想象由上述平面围成的组合体空间情况,如图 2.21(f),完成读图。

例 2.4　已知组合体的投影图,见图 2.23(a),用线面分析法想象其空间情况。

看图 2.23(b),组合体 V 面投影图有三个线框。从带有积聚性的同一圆周上、两间断圆弧的异形线框 p'出发,沿“长对正”的“通道”在 H 投影图上找到其对应投影 p,为一倾斜于 X 投影轴的直线段。

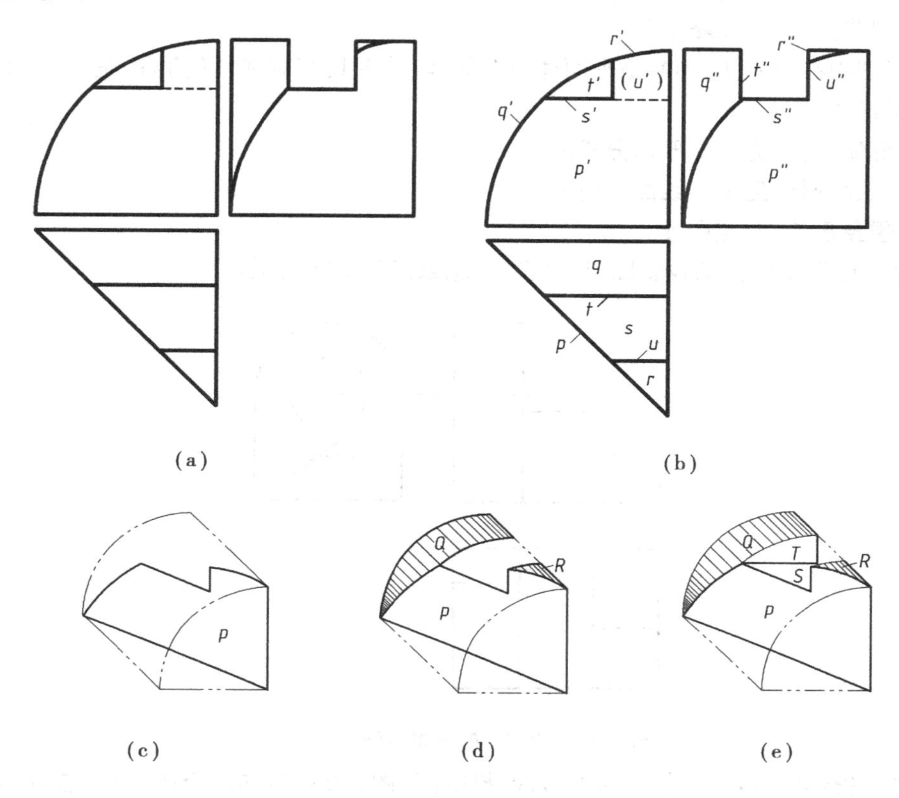

图2.23 用线面分析法读曲面体投影图

(a)投影图;(b)分析投影图中的线框;(c)由 p'、p、p''读铅垂面 P;

(d)由 q、$q'q''$和 r、$r'r''$读被切圆柱面 Q 和 R;(e)由 t'、t、t''读正平面 T 及由 s、s'、s''读水平面 S 完成读图

由此可判定 P 必为铅垂面,故 p''与 p'是类似形,见图2.23(c)。需指出的是 p''上的两段弧线虽然也居同一圆周上,但在空间是椭圆,因 P 面与圆柱轴线夹角成45°所致。

H 投影图中也有三个线框。线框 q 及 r 按“长对正”的投影关系在 V 投影图上找到其对应投影 q'和 r'属于具有积聚性的同一圆周,即二者均属于同一圆柱面,根据 q 和 q'、r 和 r',便可确定 q''、r'',如图2.23(d)所示。

由线框 s 长对正可知,s'积聚为平行于 X 投影轴的直线段,故 S 是水平面。线框 t'不仅仅是指可见的平曲组合线框,而且还包含与 u'重合的不可见部分的平曲组合线框,如前所述,可见的平曲组合线框只不过是两个不相等重影面 T 和 U 的 V 投影未重合部分。T 和 U 均为正平面,U 的 V 投影图 u'不可见。从而由 S、T、U 形成侧垂槽口。综上分析想象出该形体的空间情况,如图2.23(e)所示。

2 读图的一般步骤

对于叠加式组合体较多采用形体分析法,而对截割式组合体较多采用线面分析法,当然对于综合式组合体,二者都用。一般优先选用形体分析法,必要时再用线面分析法。所以读图时通常先用形体分析法获得整个形体的大致形象后,再对该形体各组成部分进行分析,只对投影图中个别比较复杂的局部,进行线、面分析。初学时,可辅以轴测图帮助从投影图到空间形体的想象。有时还可以利用所注尺寸帮助分析。

2.1 浏览投影图,概略了解

看投影图中有无曲线,判断是平面体或曲面体;是否具有对称性(前后、左右、上下)等,概略了解图示形体。

2.2 形体分析,见1.1形体分析法。

2.3 线面分析,见1.2线面分析法。

2.4 想象形体,对照印证

例2.5 已知组合体的投影图(图2.24),想象出其空间情况。

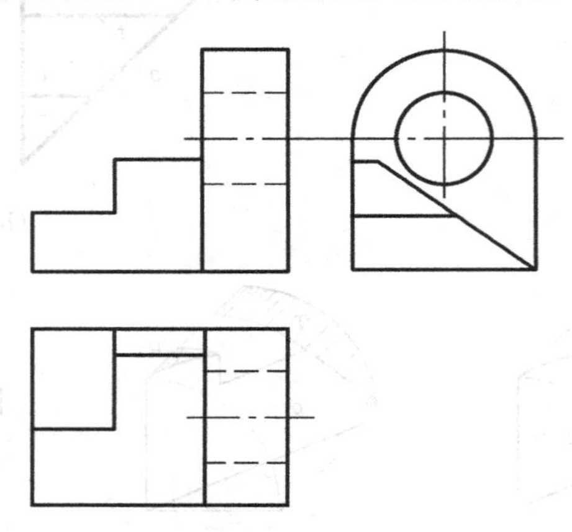

图2.24 读图一般步骤举例的投影图

(1)浏览投影图,概略了解 从V、H、W投影图(图2.24)得知组合体左右、前后、上下均不对称。且由W投影图可知图示组合体是曲面体。

(2)形体分析 将投影图分成两部分,想象组合体由两部分叠加而成。即:左部是被切割的平面体,右部为带圆柱孔的半圆形板。可一边分析,一边勾画轴测图,帮助想象其空间形状。如图2.25。

(3)线面分析 组合体左部可依据投影图粗略想象成四棱柱被切割而成,再用线面分析法进一步分析投影图中的线框,以确定其表面形状及位置。

看图2.25(a),组合体左部V投影图中只有1个线框,自线框1′出发,"长对正"到H投影图,左前有边数相等的类似线框与之对应,又从线框1′"高平齐"到W投影图,只有倾斜于投影轴的直线段1″与之对应,表明Ⅰ是侧垂面,见图2.25(b)、(c);

H投影图中还有两个线框需要分析,从线框2出发,按"长对正"到V投影图只有平行于X轴的直线段2′与之对应,显然Ⅱ是水平面,见图2.25(b)、(c),其对应的W投影也是平行于Y轴的直线段2″;用同样的方法可确定Ⅲ也是水平面,见图2.24(b)、(c);

W投影图中还有两个线框尚未分析,自线框4″出发,按投影关系到V、H投影图,找到其对应投影均为竖直的的直线段4′、4与之对应,表明Ⅳ是侧平面,见图2.25(b)、(c);同样可确定Ⅴ也是侧平面,见图2.25(b)。

(4)想象形体 对照印证 至此可想象组合体左部由四棱柱被侧垂面Ⅰ、水平面Ⅱ和侧平面Ⅴ切除左上角而形成。将左部与带孔半圆形板的右部共底拼合,综和想象出的组合体形状如图2.25(e)。最后与已知投影图(图2.24)对照,二者相符。

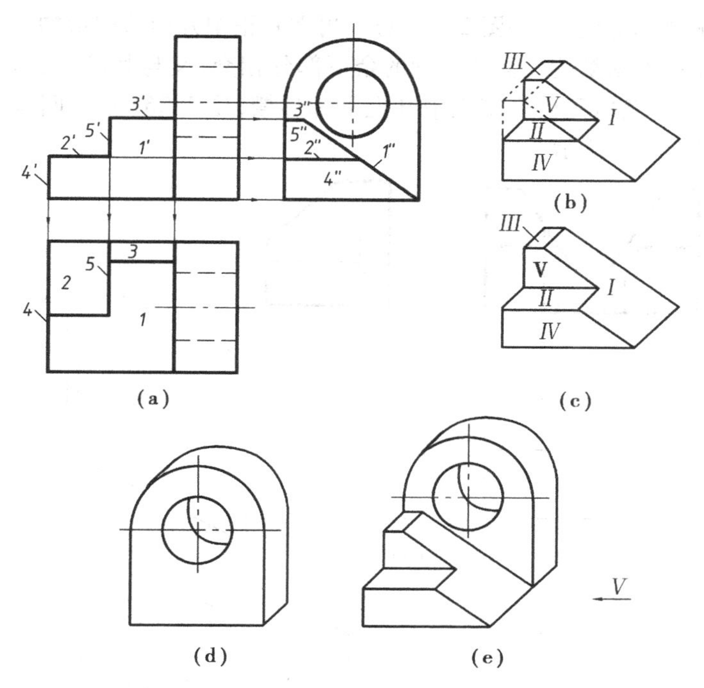

图2.25　读图一般步骤举例的分析
(a)分析线框；(b)左部形成示意；(c)左部形体；
(d)右部带孔半圆柱板；(e)轴测图

实际上分析形体要注意观察一些有特殊意义的表面，尤其是特殊位置面对形体具有重要的特别意义，如2.25中1′、1、1″，1″积聚为一斜线，1和1′均为边数相同的类似形，即Ⅰ为侧垂面。若形体分析后能从侧垂面Ⅰ入手，便可以比较快地想象出形体左部是四棱柱被侧垂面Ⅰ斜截后切除左上角而成，可以有效地提高读图速度。

3　已知组合体的两个投影图补画第三个投影图

简称“二补三”，是进行读图训练，提高读图能力和检验读图效果的一种重要手段，也是本课程培养分析问题并解决问题能力的一个重要方法。

作“二补三”首先要能正确地读懂投影图，再根据所想象的空间形体补画出第三投影图，最后检查所补投影图与已知两个投影图是否符合投影关系。

例2.6　已知组合体的 V、W 投影图，补画其 H 投影图(图2.26)。

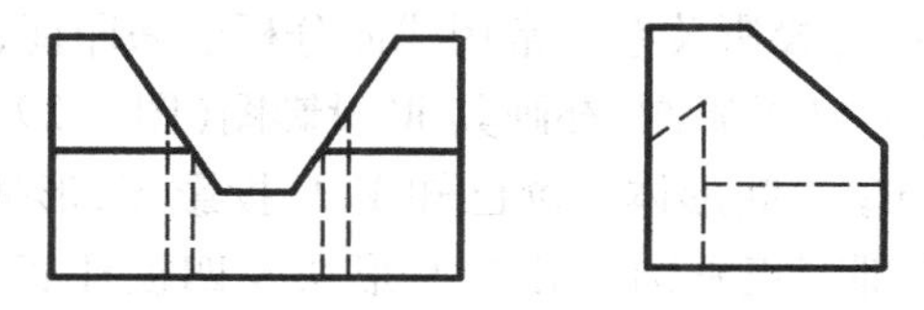

图2.26　已知 V、W 投影图，补画 H 投影图

(1)根据已知投影图想象空间形体

形体分析　由于已知的 V、W 投影整体较方正，局部凹缺，可初步确定是由四棱柱被切割而形成的。

四棱柱首先被侧垂面切割,如图2.27(a)。再在其正中开前后梯形槽口,注意前后梯形槽既与四棱柱最前正平面未被侧垂面切割到的余下部分相交,又与其已被侧垂面切割的截交线相交,见图2.27(b)。然后又在后侧正中开上下梯形槽,见2.26(c)。四棱柱经切割、开槽后的空间情况如图2.27(c)所示。

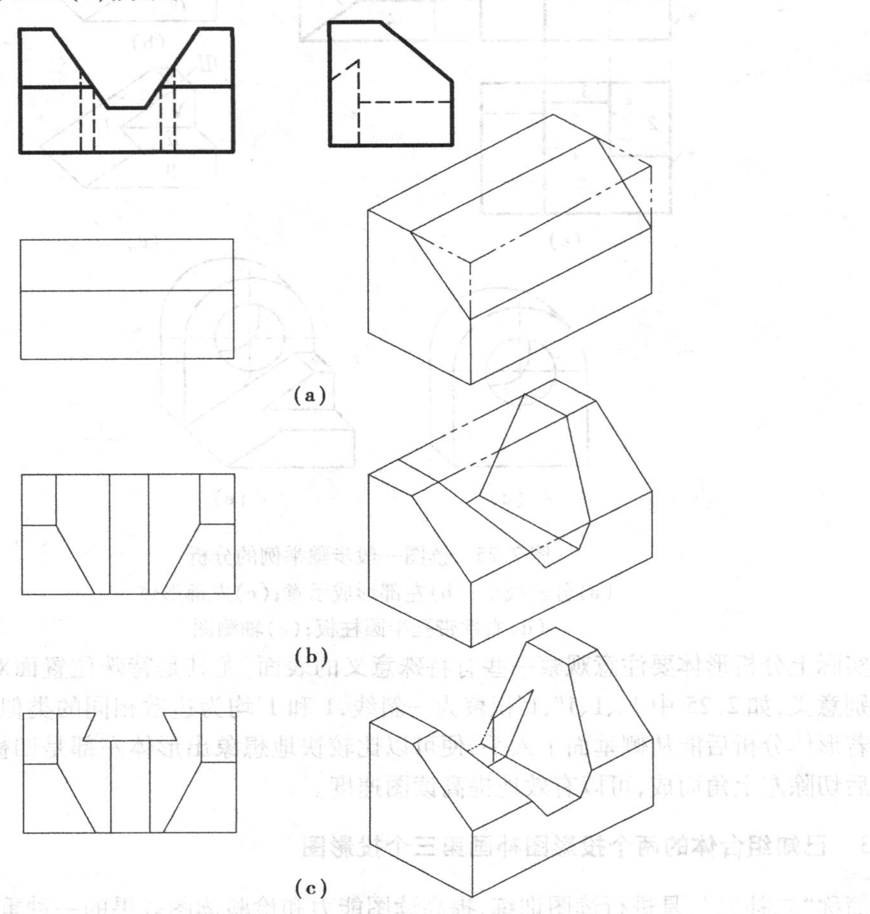

图2.27 二补三读图分析

(a)侧垂面切四棱柱;(b)正中开前后梯形槽;(c)后侧正中开上下梯形槽

(2)补画 H 投影图　按上述分析,绘出 H 投影图底稿图,见图2.27(c)。

(3)对照检查,按要求加深图线　所补画的 H 投影图和已知投影图以及所想象的空间形体进行对照,检查它们是否符合投影关系。常用线面分析法来印证,如图2.28所示。

例2.7　已知组合体的 V、H 投影图,补画其 W 投影图(图2.29)。

(1)根据已知投影图,想象空间形体　读已知 V、H 投影图,形体大致由两部分叠加而成,即左前部的正垂三棱柱和后部带正垂圆柱孔的L形块及四棱柱底板。而前者有一个与L块同轴线、等半径的圆弧槽,见图2.30(a)、(b)。由于上述两部分前侧共面,故 V 投影中无分界线,如图2.30(c)所示。至此进一步分析铅垂矩形孔的详细情况,右部矩形孔的左(侧平面)、前(正平面)、后壁(正平面)均与三棱柱的正垂面相交,想象该形体,如图2.30(d)所示。

(2)补画 W 投影图　按上述分析,按“长对正、高平齐、宽相等”及其方位的投影关系补画

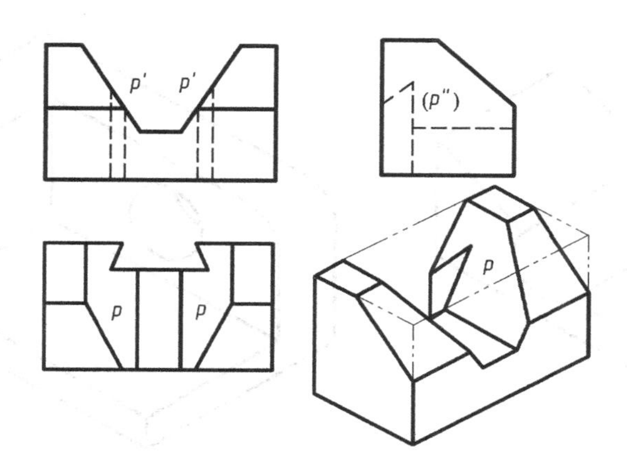

图2.28　读图印证，完成二补三

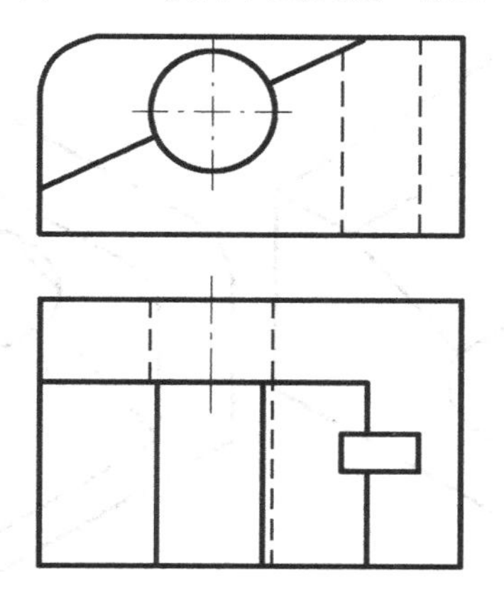

图2.29　已知 V、H 投影图，补 W 投影图

出 W 投影图，见图2.31。

(3)对照检查　所补画的 W 投影图和已知的 V、H 投影图以及所想象的空间形体进行对照，检查它们是否符合投影关系，对照图2.30(d)和图2.31。

请注意，读图分块的组数以及如何分块，完全按照各自的具体情况来决定。即使没有要求画轴测图，读图初期或疑难部分最好能徒手勾画相应轴测图。直到读图有一定基础后，可边想边补画。若补 W 投影，如图2.31那样，从已知的 V 投影各线引水平横线到补 W 的空白处，再把形体及各自对应的宽度转移到相应的水平横线上，注意相对位置和方位，同时想象空间形体并对照已知投影图检查，最后加深图线，注意不漏线、不多线。

4　读图注意

4.1　至少必须联系两个投影图读图

4.1.1　联系两个投影图读图

任何情况，仅从无任何标注的一个投影图不能确定形体的空间形状。如图2.32中图示了三个形体的 V、H 投影图，它们的 V 投影图都是相同的，只有结合各自的 H 投影图，才能确定它们是不同的空间形体，如图2.32中的轴测图所示。

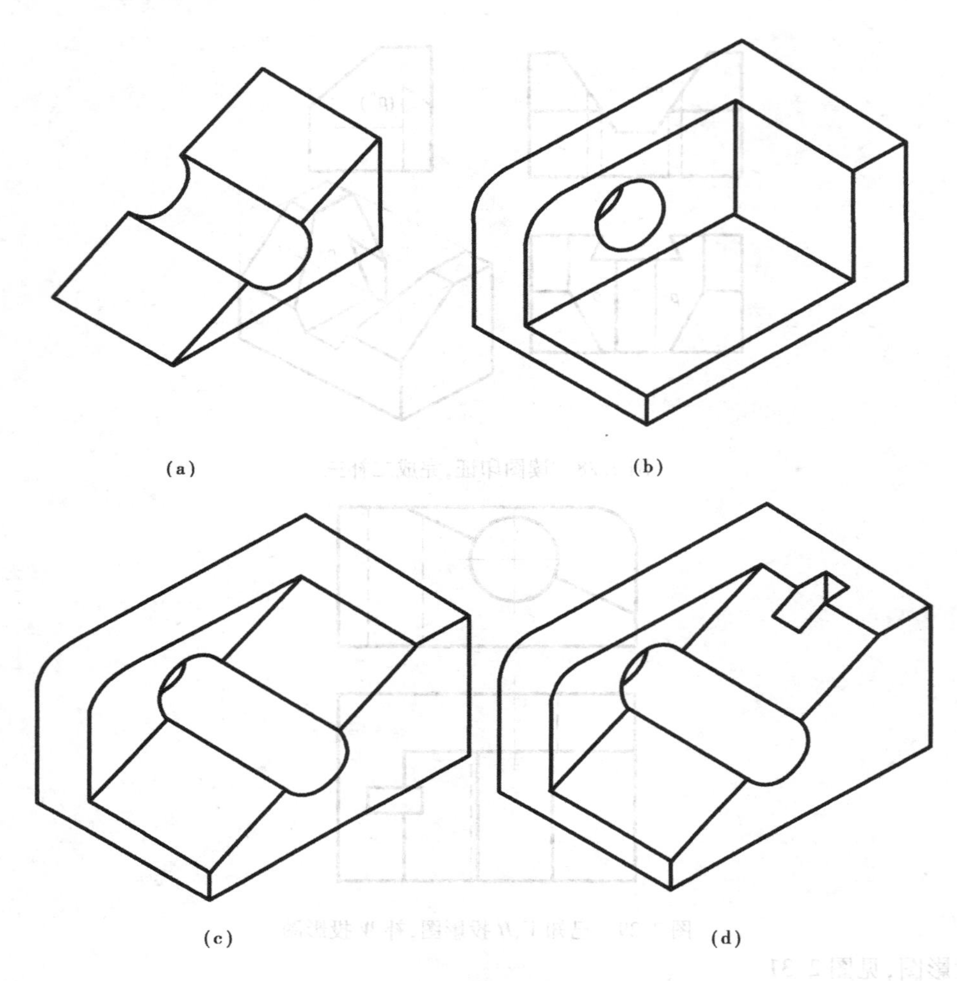

图 2.30　已知 V、H 投影补 W 例读图分析
(a)左前部的正垂三棱柱；(b)后部带正垂圆柱孔的 L 形块及四棱柱底板；
(c)两部分叠加；(d)开铅垂矩形孔

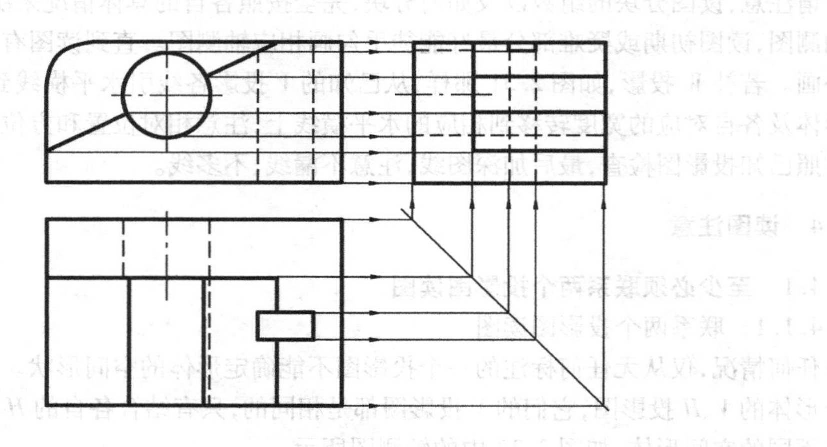

图 2.31　补画图 2.29 的 W 投影图

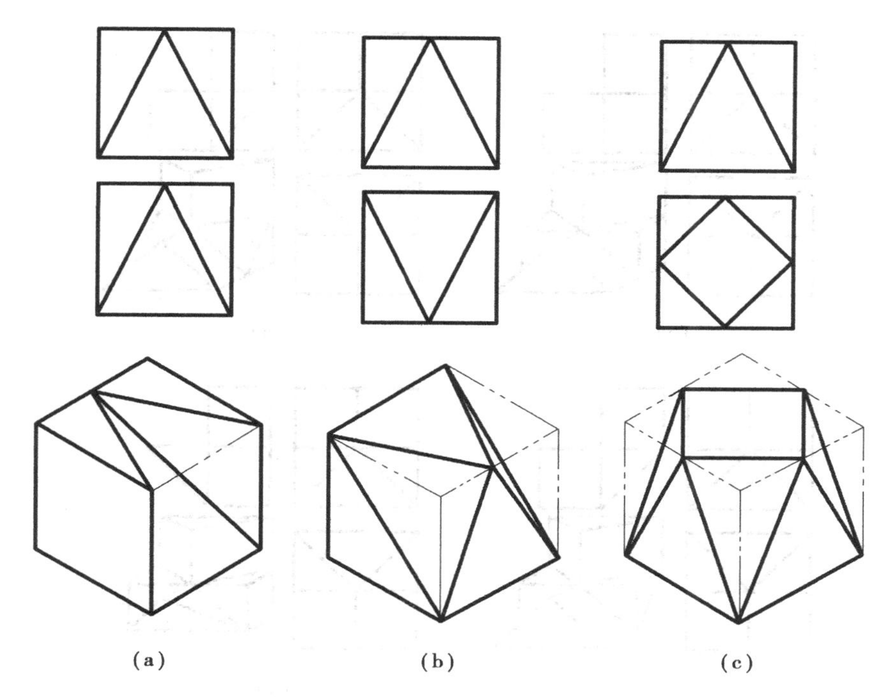

图2.32 具有相同V投影图的不同形体

(a)切前上部;(b)切前侧左右顶角;(c)切上部四个顶角

4.1.2 联系三个投影图读图

有时由两个投影图仍不能确定其空间形状,如图2.33中,给出了三个形体的投影图,它们的V、H投影图均相同,只有联系各自的W投影图(特征投影图),才能确定它们是不同的空间形体,如图2.33中各自轴测图所示。

4.1.3 联系四个投影图读图或者特定的三面投影图

个别情况下,V、H、W三个投影图都相同,但却不表示相同的空间形体。例如图2.33(b)V、H、W投影图所示的形体就不是唯一的,对照图2.34(a)和(b),前者只切掉左侧一个角,而后者就是2.33(b),切掉了左、右两个角,只有联系自右投影的W_1投影或者给出V、H、W_1三面投影图才能确定其空间形状,如图2.34中各自的轴测图所示。若将上述形体旋转,例如把图2.34中形体分别旋转为如图2.35和图2.36所示的位置,形体的V、H、W三面投影图同样不具有唯一性,应分别再给出V_1、H_1投影或者分别V_1、H、W和H_1、V、W特定的三面投影图,方可完全确定空间形体的形状。

4.2 形体分析和线面分析

形体分析和线面分析是从不同的两个角度研究空间形体及其投影图,前者是从“体”的角度出发,后者是 从“面”的角度出发,殊途同归。就读图的速度而言,由“体”到体比从“面”到体速度要快一些。例如图2.37,形体分析立即确定为正方体;线面分析图中线框1′、2、3″才能获得围成形体的前面、顶面和左侧面,再以此想象围成形体的后面、下面和右侧面。所以一般优先选用形体分析,当投影图不易分成若干部分或部分投影较复杂时,才用线面分析。

其实读图的方法和步骤不是一成不变的,可以根据各自的具体情况,灵活掌握。

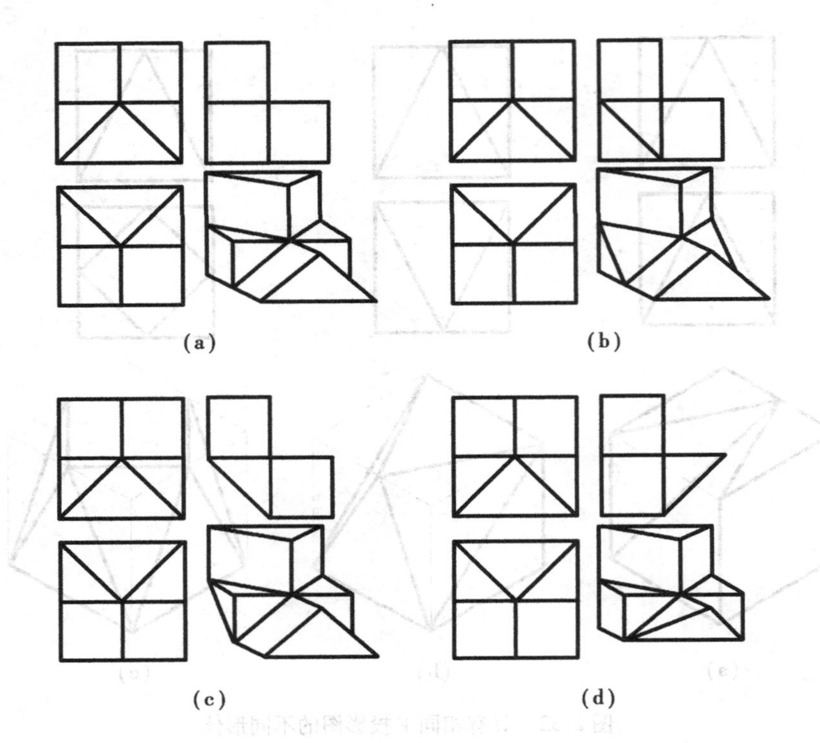

图 2.33　具有相同 V、H 投影图的不同形体

(a)未切角;(b)切左右顶角;(c)切后下部;(d)切前下部

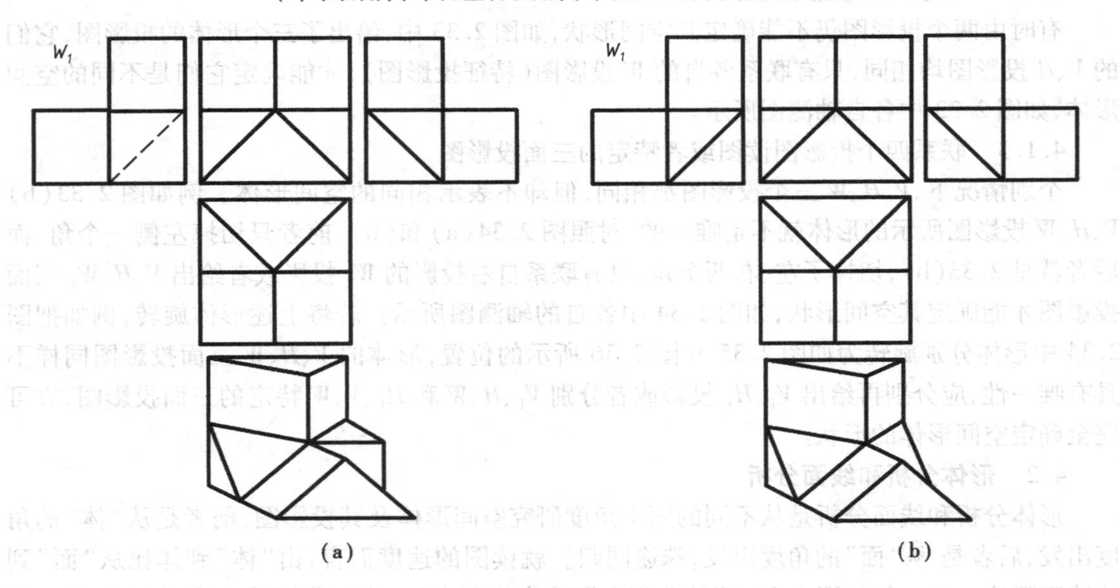

图 2.34　具有相同 V、H、W 投影图的不同形体

(a)只切左侧一个角;(b)切左、右两侧两个角

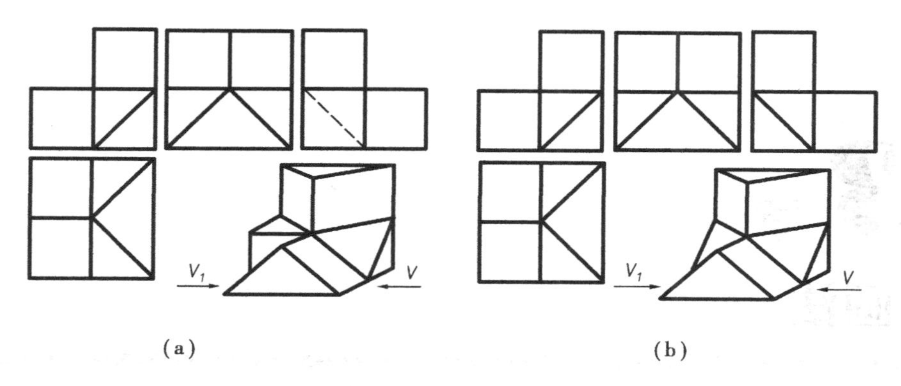

图2.35　形体 V 投影图不确定，需 V_1 投影图

(a)只切去前侧一个顶角；(b)切去前、后侧两个顶角

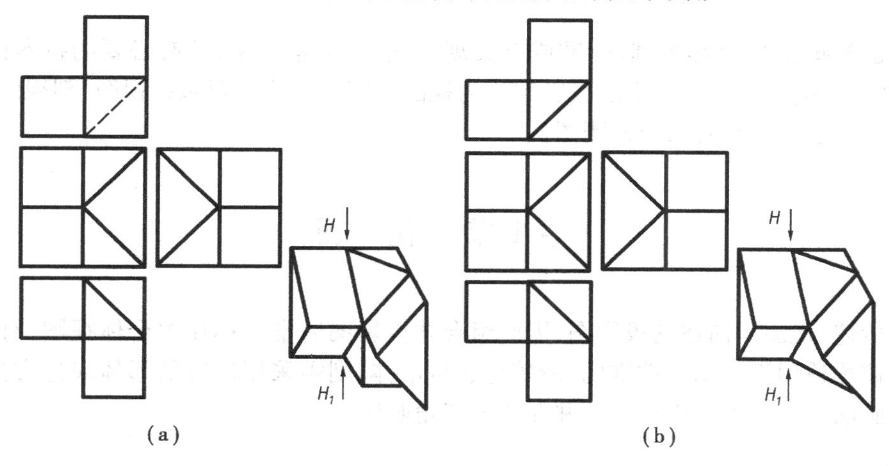

图2.36　形体 H 投影图不确定，需 H_1 投影图

(a)只切去上部一个顶角；(b)切去上下两个顶角

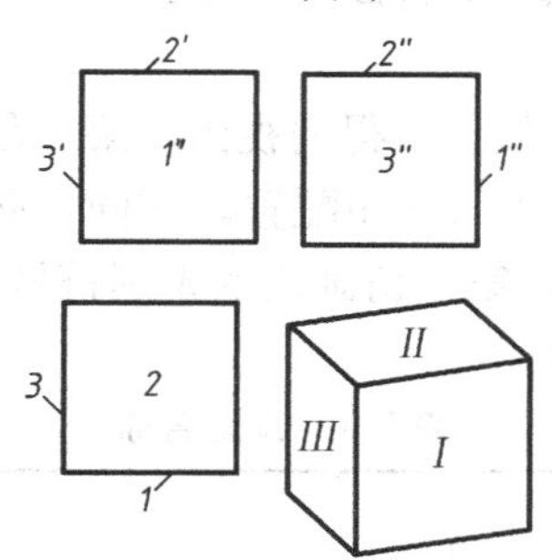

图2.37　形体分析和线面分析

第3章 图样画法

所谓图样即根据投影原理、标准或有关规定，表示工程对象，并有必要的技术说明的图。在技术制图中，把画法几何学中的投影图称为视图。图样画法主要包括视图、剖视图和断面图及若干简化画法。必要时采用轴测图。

第1节 视 图

如上所述，视图即前述的投影图，因此组合体投影图通常也称作组合体视图，有关投影的方法和规律均适用于视图。欲准确、清楚地表达形体，则需采用适宜的形体表达方法，选择恰当的图样画法。本节主要讲述视图并介绍第三角画法。

1 视图

视图通常有基本视图、向视图、局部视图和斜视图。

1.1 基本视图

基本视图是形体向基本投影面投影所得的视图。第一角画法六个基本视图的展开方法见图3.1。一般情况下尽可能按图3.2的顺序配置。在同一张图纸内按图3.2配置视图时，可不标注视图的名称。必要时，可画出第一角画法的识别符号，如图3.3所示。

按图3.2，各视图名称见表3.1。

表3.1 视图名称

投影方向 / 制图类别	*A*	*B*	*C*	*D*	*E*	*F*
建筑类	正立面图	平面图	左侧立面图	右侧立面图	底面图	背立面图
机械类	主视图	俯视图	左视图	右视图	仰视图	后视图

注：建筑和土木工程等技术制图，简称建筑类；机械和电气等技术制图，简称机械类（以下不再说明）。

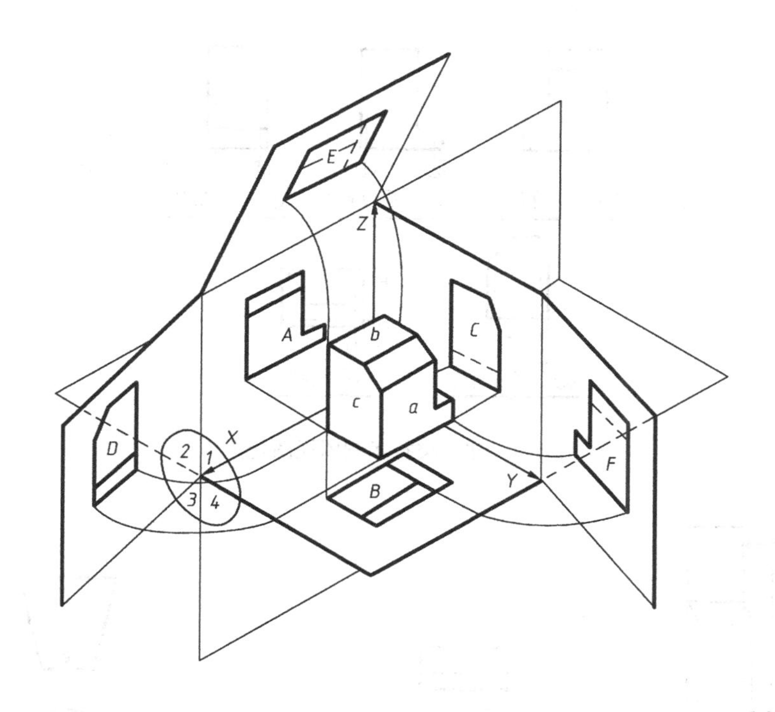

图3.1 第一角画法基本视图展开方法

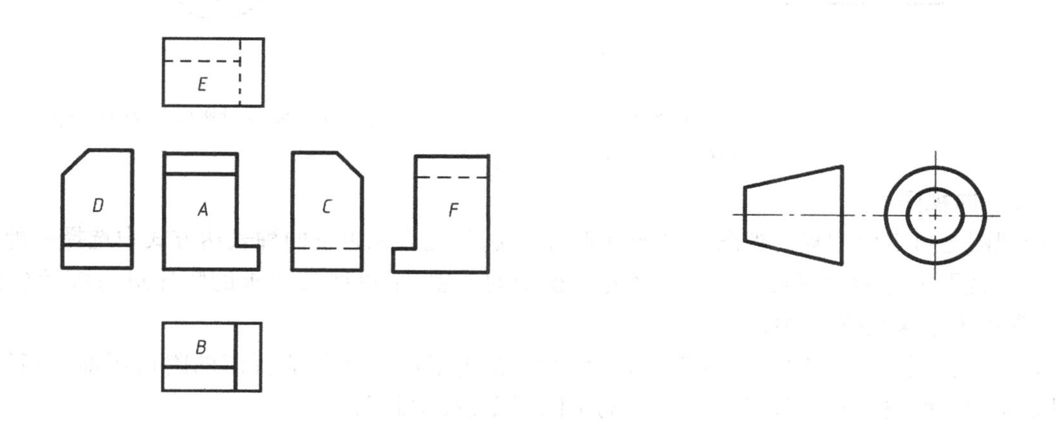

图3.2 基本视图配置

图3.3 第一角画法识别符号

但在建筑类技术制图中,如在同一张图纸内上绘制若干个视图时,各视图的位置宜按图3.4的顺序,尽量遵循投影关系进行配置。而且一般应在视图下方标注图名,并在图名下用粗实线绘一条横线,其长度应以图名所占长度为准(图3.4)。若为房屋建筑图,平面图、立面图应有轴线及其编号,并在图名前加编号区分同一种视图的多个图样,详见第4章。

此外,某些特殊位置(如房间顶棚)的工程构造,当直接正投影法不易表达时,虚线太多,可用镜像投影法绘制(图3.5(a))。绘制镜像投影图时应按图3.5(b)所示方法在图名后注写"镜像"二字,或者按图3.6所示方法画出镜像投影画法识别符号。注意区别镜像投影与底面图或仰视图。

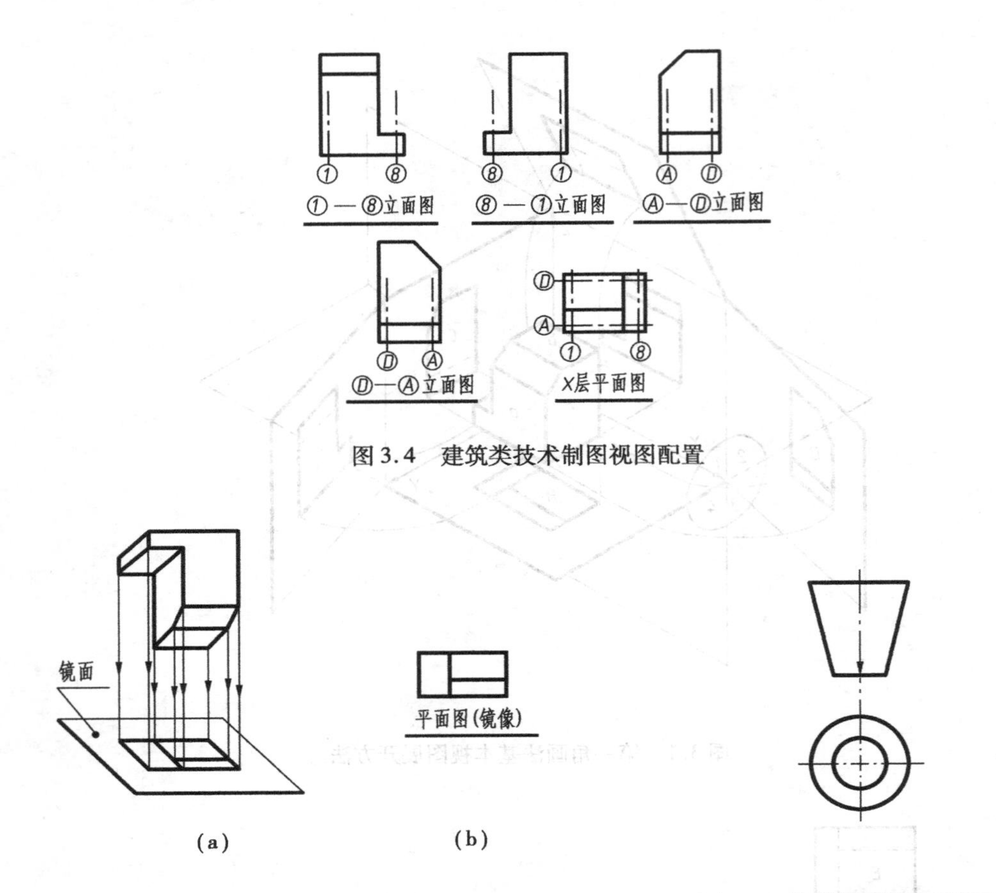

图 3.4　建筑类技术制图视图配置

图 3.5　镜像投影
(a)形成;(b)投影图

图 3.6　镜像投影画法识别符号

1.2　向视图

向视图是可自由配置的视图。根据专业的需要,只允许从以下两种表达方式中选择一种。

a)在视图下方标注图名。标注图名的各视图的位置,尽可能按要求的顺序进行配置(图 3.4),常用于建筑类技术制图。

b)在向视图中的上方标注"×"("×"为大写拉丁字母),在相应视图的附近用箭头指明投射方向,并标注相同的字母(图 3.7),常用于机械类技术制图。

1.3　局部视图

局部视图是将形体的某一部分向基本投影面投影所得的视图。可按基本视图的配置形式配置(图 3.8 的俯视图、图 3.9 的 *A* 向局部视图)。也可按向视图的配置形式配置并标注(图 3.9 的 *B* 向局部视图)。

1.4　斜视图

斜视图是形体向不平行于基本投影面投影所得的视图。通常按向视图的配置形式并标注(图 3.8 的 *A*)。必要时允许将斜视图旋转配置,表示该视图名称的大写拉丁字母应靠近旋转符号的箭头端。局部的斜视图旋转配置,如图 3.10 中旋转后的局部 *A* 向视图。也允许把旋转角度标注在字母之后,斜视图旋转配置如图 3.11 所示。旋转符号如图 3.12 所示。

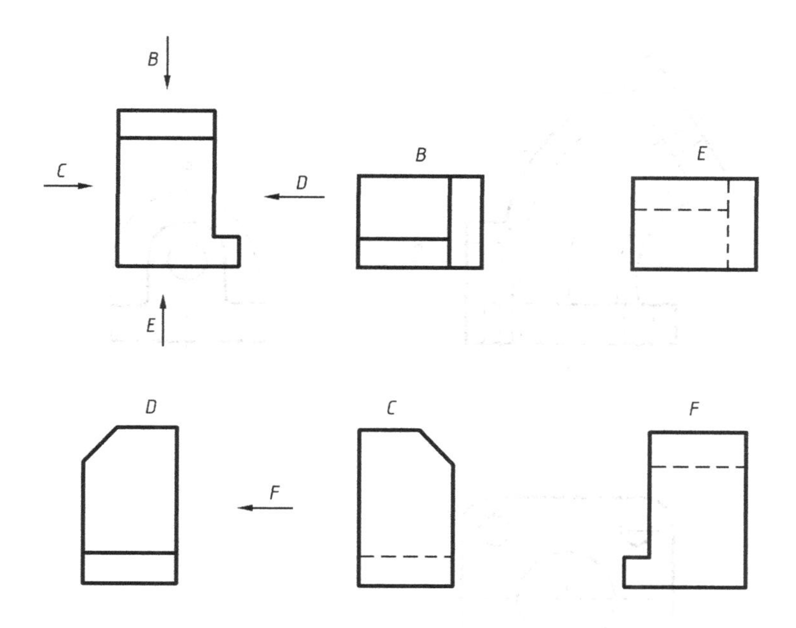

图3.7　向视图上方标注大写拉丁字母方式

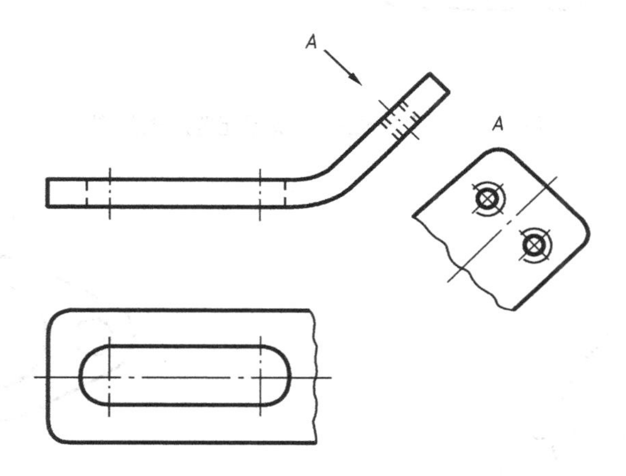

图3.8　局部视图按基本视图配置形式配置

2　第三角画法

三个基本投影面将空间分为八个分角(图3.13),我国技术制图较多采用第一角画法(图3.1),有的国家如美国、澳大利亚等国家较多采用第三角画法,即将形体置于第三分角内,投影面则处于观察者与形体之间进行投影,按规定展开投影面(图3.14)。视图配置见图3.15(a),同一张图纸内按此配置视图,一律不注视图名称。但是采用第三角画法时,必须在样中画出第三角投影的识别符号,见图3.15(b)。

第一角画法和第三角画法均采用正投影法,投影原理是相同的,所以两者所得的三视图,均保持"长对正、高平齐、宽相等"的三等投影关系。不同的是由于形体处于空间不同的分角,

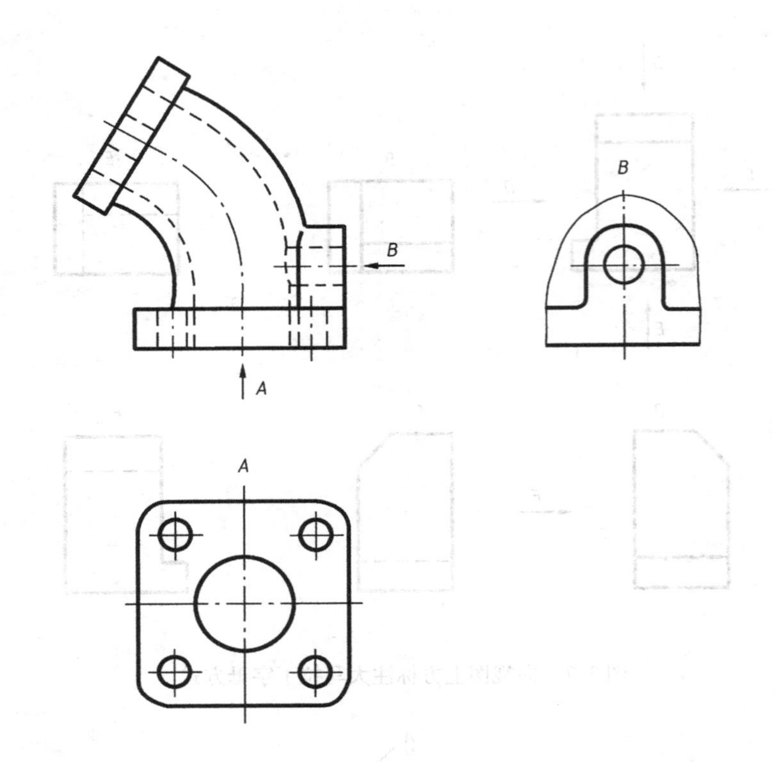

图 3.9　局部视图按向视图配置形式配置

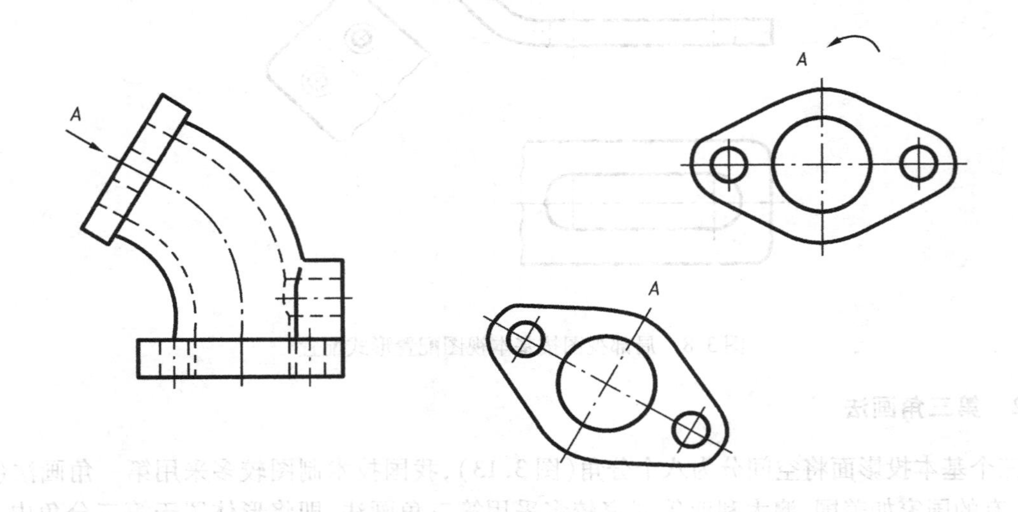

图 3.10　局部的斜视图旋转配置

致使二者的投射过程等有所不同，见表 3.2。

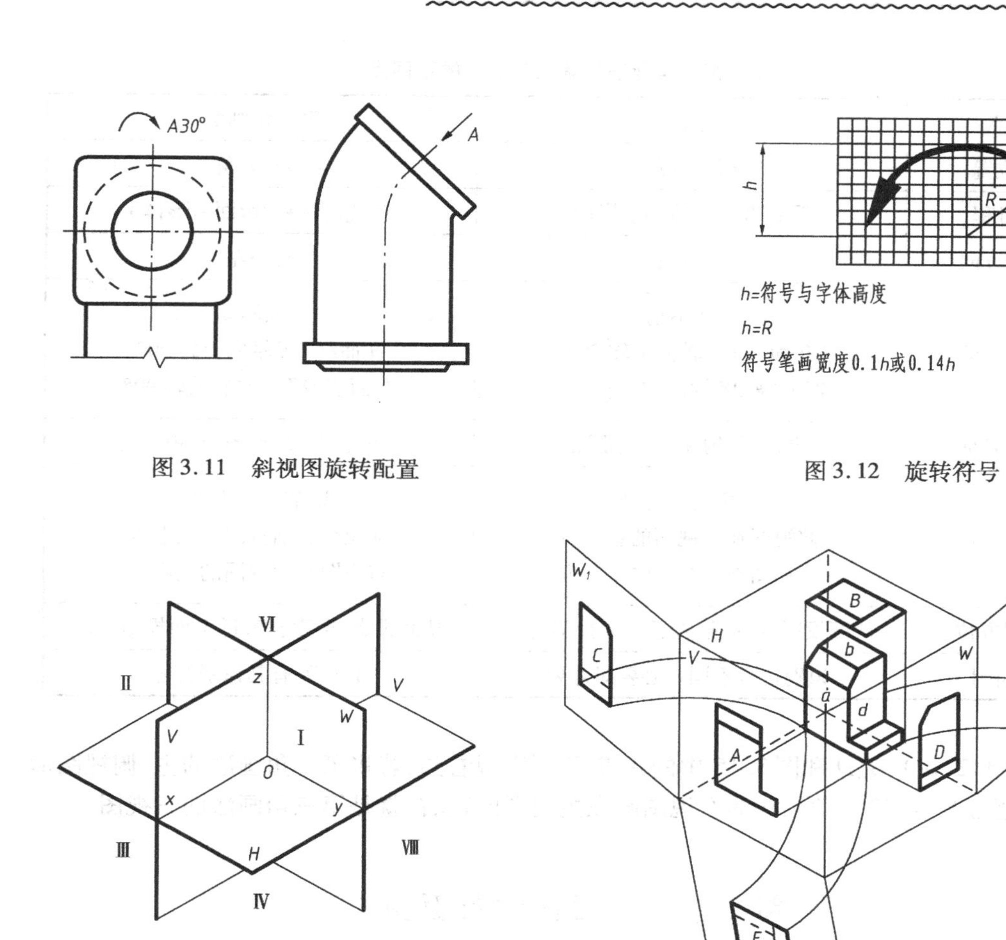

图3.11　斜视图旋转配置

图3.12　旋转符号

图3.13　空间八个分角

图3.14　第三角画法基本视图的展开方法

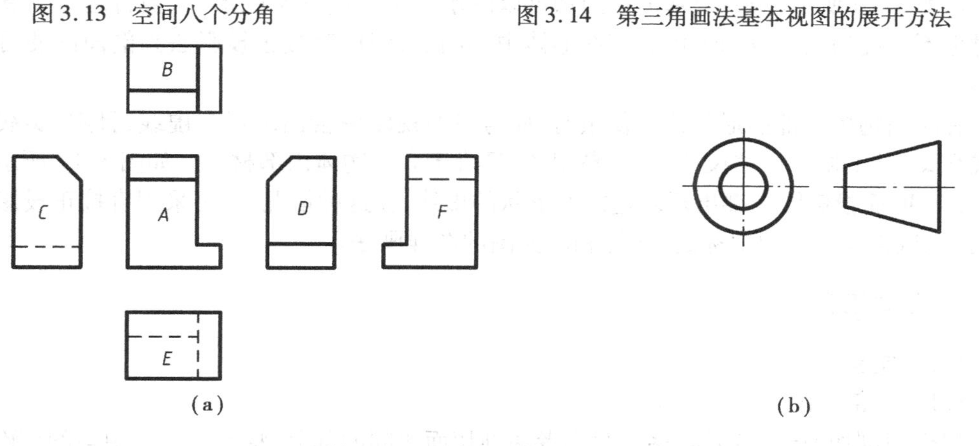

(a)

(b)

图3.15　第三角画法
(a)六个基本视图配置;(b)第三角投影的识别符号

表 3.2　第一角画法和第三角画法的不同点

不同点	第一角画法	第三角画法
形体位置	第一分角	第三分角
投影过程	观察者→形体→投影面	观察者→投影面→形体
W 投影方向	左→右	右→左
展开投影面	*V* 面不动 *H* 面绕 *OX* 轴向下转 90° *W* 面绕 *OZ* 轴向右后转 90°	*V* 面不动 *H* 面绕 *OX* 轴向上转 90° *W* 面绕 *OZ* 轴向右前转 90°
三视图名称	主视图、俯视图、左视图	前视图、顶视图、右视图
三视图位置	以主视图为准 俯视图在主视图的正下方 左视图在主视图的正右方	以前视图为准 顶视图在前视图的正上方 右视图在前视图的正右方
H、*W* 图方位	*H* 面投影、*W* 面投影近 *V* 面投影为后	*H* 面投影、*W* 面投影近 *V* 面投影为前
识别符号	识别符号不同。必要时才要	必须要有其识别符号

对比图 3.2 中 *A*、*B*、*D* 和图 3.15 中的 *A*、*B*、*D* 可直观看到，若将第一角画法的主、俯视图形状不变，位置互换，将第一角画法的右视图画在主视图的正右，就是第三角画法的三视图。

第 2 节　剖面图和断面图

在画物体的视图时，运用基本视图和特殊视图，虽然大多数情况可以清楚地表达物体内、外部形状和大小。但是有时基本视图却不能确切地或者难以清晰地表达形体。

如图 3.16 所示，同一组基本视图却可以图示两个不同的空间形体，换言之六个基本视图有时也不能确切表达空间形体。若在形体中部剖切，即用直接正投影法画剖面图便可区分此二形体。

有时当物体内部的形状比较复杂时，如房屋的视图中会出现很多虚线，且虚、实线相互重叠或交叉，既不便于标注尺寸，也不易识图，且难于表达物体内部材料。如图 3.17 所示砖砌水池，其 *V*、*W* 面投影图中都出现表达内部形状的虚线，在这种情况下，可采用直接正投影法画剖面图（机械类技术制图中称剖视图）和断面图的图样画法。

1　基本概念

1.1　定义

1.1.1　剖面图

假想用剖切面剖开物体，移去观察者和剖切面之间的部分，将剩余部分中与剖切面接触的区域内画上剖面线或材料图例后向投影面投射所得的图形，称为剖面图，可简称剖面。

如图 3.18（a）所示，假想用一个正平面 *P* 作为剖切平面，通过水池的前后对称平面将其剖

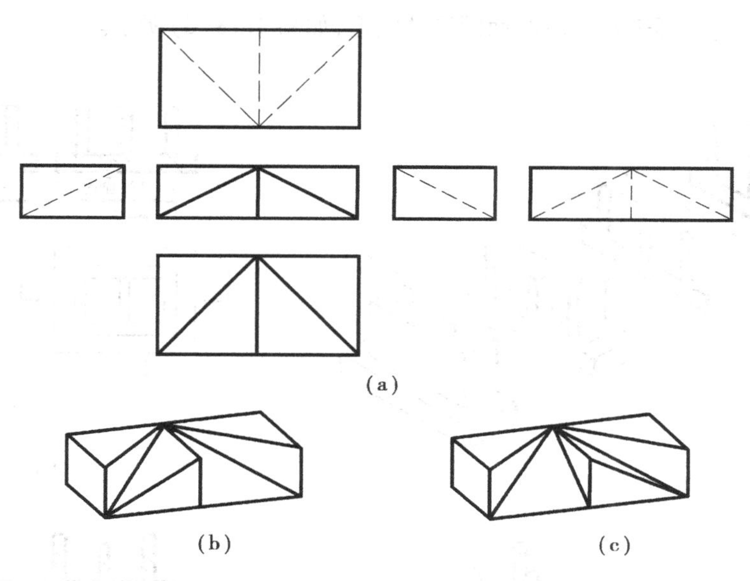

图3.16　相同的基本视图表达不同的空间形体
(a)相同的六个基本视图;(b)左前有上突块;(c)右前有上突块

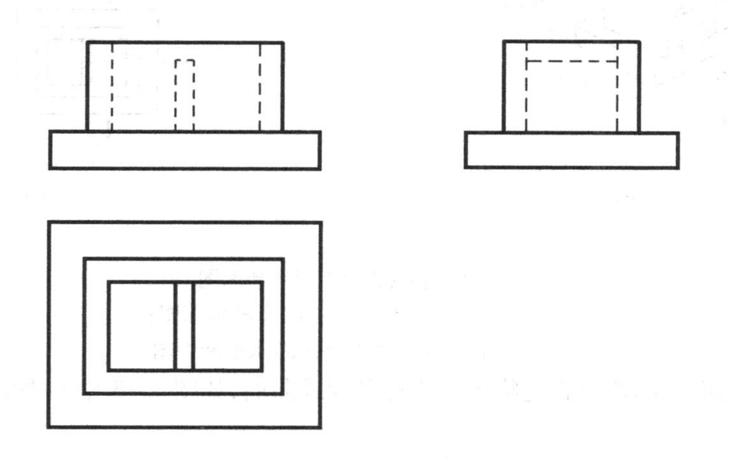

图3.17　水池三视图

开,把位于观察者和剖切平面 P 之间的部分水池移去,将剩余部分水池向 V 投影面进行投射,并在水池与剖切平面 P 接触的部分画上剖面线,所得到的水池剖面图见图3.18(b)。

假如用一个侧平面 Q 作为剖切平面,如图3.18(c)所示,通过水池的左格的左右对称平面将其剖开,把位于观察者和剖切平面 Q 之间的部分水池移去,将剩余部分水池向 W 投影面进行投射,并在水池与剖切平面 Q 接触的部分画上剖面线,所得到的水池剖面图如图3.18(b)所示。

1.1.2　断面图

假想用剖切面将物体某处切断,仅画出该剖切面与物体接触部分(接触的区域内画上剖面线或材料图例)向投影面投射所得的图形,即剖切面截割物体的截断面图形,称为断面图,可简称断面。

如图3.18(a)、(c)所示,假想只把水池经剖切面 P、Q 切断后的截断面图形分别向 V、W

投影面投射,所得的投影表示相应断面图形的实形,如图3.18(d)所示。

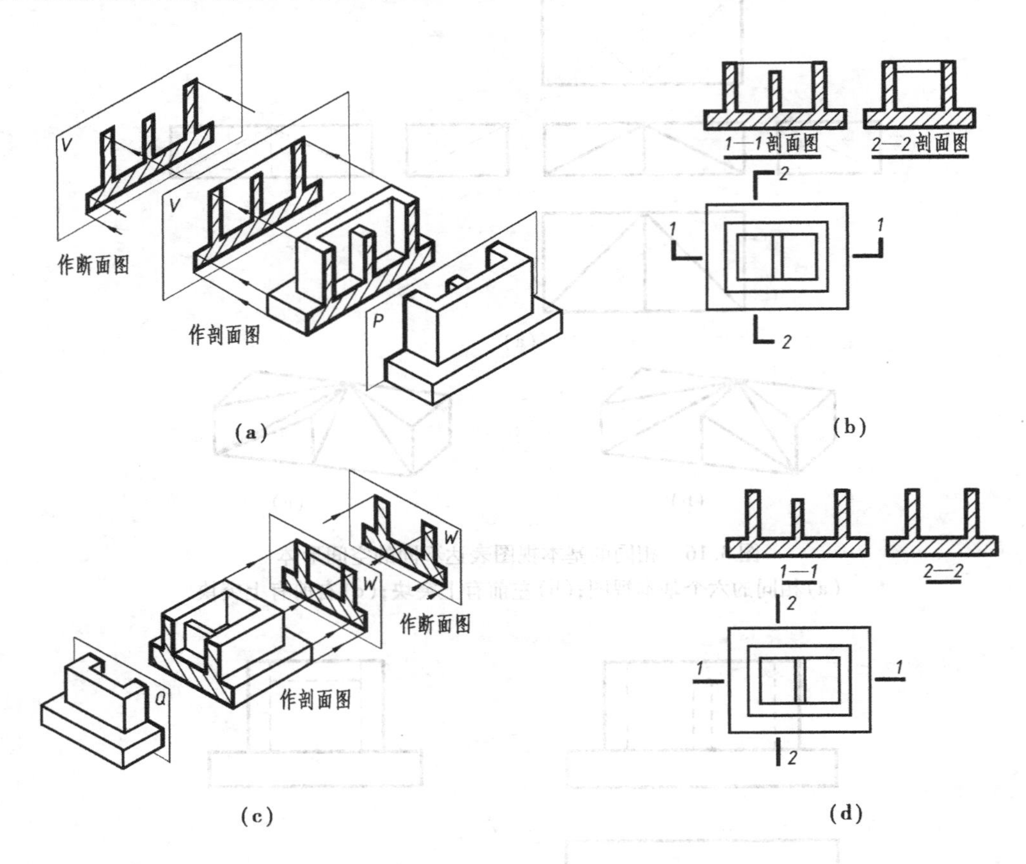

图3.18 水池的剖面图和断面图

(a)用正平面 P 剖切水池;(b)水池剖面图;

(c)用侧平面 Q 剖切水池;(d)水池断面图

1.1.3 剖切面 剖切被表达物体的假想平面或曲面,如图3.18中的平面 P、Q。

1.2 标注

为了明确剖面图、断面图与其配合的视图之间的投影关系,便于看图,对所画剖面图、断面图出于何处,要用剖切线、剖切符号注明剖切位置、投射方向以及与相应剖视图、断面图一致的编号。

1.2.1 剖切符号 为指示剖切面的起、迄和转折位置及投射方向的符号,尽量不与图上的线条接触。

(1)剖切位置线 在剖切面的起、止和转折位置处各画长度宜为6~10 mm的粗实线(即与相应投影面垂直的剖切面的积聚投影的位置)表示剖切位置。如图3.18(b)、(d)所示。

(2)投射方向线

①剖面图 于剖切位置线的两端,作沿投射方向一侧并与剖切位置线垂直的短线,长度应短于剖切位置线,宜为4~6 mm的粗实线,如图3.18(b)所示。

②断面图 无投射方向线。

(3)编号 宜采用阿拉伯数字,按顺序由左至右、由上至下连续编排。剖面图、断面图如与被剖切图样不在同一张图内，可在剖切位置线的另一侧注明其所在图纸的编号。

①剖面图　剖视剖切符号的编号应注写在投射方向线的端部。

②断面图　不画用作投射方向线的粗实线，将断面剖切符号编号，注写在剖切位置线表示该断面投射方向的一侧，如图3.18(d)所示。

1.2.2　剖面图、断面图名称与剖切符号的编号

剖面图、断面图的名称应与其相应的剖切符号编号一致。剖面图、断面图的名称“×—×剖面图”中，“×”在建筑类技术制图中“×”为阿拉伯数字，注写在所画剖面图、断面图的下方，并在图名下画一段相应长度的粗实线（在机械类技术制图中“×”为大写的拉丁字母，习惯注写在图样的上方，且不画粗实线）。注意断面图下方通常只注写相应的断面图编号，不写“断面图”三个汉字。

1.2.3　剖面区域图示

剖面区域指剖切面与物体的接触部分，即剖切面切到的实体部分。在剖面区域内应画出通用剖面线或材料图例。如图3.18(b)、(d)所示，通用剖面线为间隔相等、适当角度的细实线，通常与主要轮廓或剖面区域的对称线成45°。

(1)常用建筑材料图例　常用建筑材料图例见表3.3。

表3.3　常用建筑材料图例

序号	名　称	图　例	备　注	序号	名　称	图　例	备　注
1	自然土壤		包括各种自然土壤	9	空 心 砖		指非承重砖砌体
2	夯实土壤			10	饰 面 砖		包括铺地砖、马赛克、陶瓷锦砖、人造大理石等
3	砂、灰土		靠近轮廓线绘较密的点	11	焦渣、矿渣		包括与水泥、石灰等混合而成的材料
4	砂砾土、碎砖三合土			12	混 凝 土		1. 本图例指能承重的混凝土及钢筋混凝土。包括各种强度等级、骨料、添加剂的混凝土 2. 在剖面图上画出钢筋时，不画图例线。断面图形小，不易画出图例线时，可涂黑
5	石　　材						
6	毛　　石						
7	普 通 转		包括实心砖、多孔砖、砌块等砌体，断面较窄不易绘出图例线时，可涂红	13	钢筋混凝土		
8	耐 火 砖		包括耐酸砖等砌体				

续表

序号	名 称	图 例	备 注	序号	名 称	图 例	备 注
14	多孔材料		包括水泥珍珠岩、沥青珍珠岩、泡沫混凝土、非承重加气混凝土、软木、蛭石制品等	21	网状材料		1. 包括金属、塑料网状材料 2. 应注明具体材料名称
				22	液 体		应注明具体液体名称
15	纤维材料		包括矿棉、岩棉、玻璃棉、麻丝、木丝板、纤维板等	23	玻 璃		包括平板玻璃、磨砂玻璃、夹丝玻璃、钢化玻璃、中空玻璃、加层玻璃、镀膜玻璃等
16	泡沫塑料材 料		包括聚苯乙烯、聚乙烯、聚氨酯等多孔聚合物类材料	24	橡 胶		
17	木 材		1. 上图为横断面，上左图为垫木、木砖或木龙骨 2. 下图为纵断面	25	塑 料		包括各种软、硬塑料及有机玻璃等
18	胶合板		应注明为×层胶合板	26	防水材料		构造层次多或比例大时，采用上面图例
19	石膏板		包括圆孔、方孔石膏板、防水石膏板等	27	粉 刷		本图例采用较稀的点
20	金 属		1. 包括各种金属 2. 图形小时，可涂黑	注：序号1、2、5、7、8、13、14、16、17、18、22、23图例中的斜线、短斜线、交叉线等一律为45°			

(2)一般规定

①制图标准只规定图例的画法，其尺寸比例视所画图样大小而定；可自编与表3.3不重复的其他建筑材料图例，并加以说明。

②图例线应间隔均匀，疏密适度，图例正确，表示清楚。

③不同品种的同类材料使用同一图例时（如某些特定部位的石膏板必须注明是防水石膏板时），应在图上附加必要的说明。

④两个相同的图例相接时，图例线宜错开或倾斜方向相反，如图3.19所示。

⑤两个相邻的涂黑图例（如混凝土构件、金属件）之间，应留有空隙。其宽度不得小于

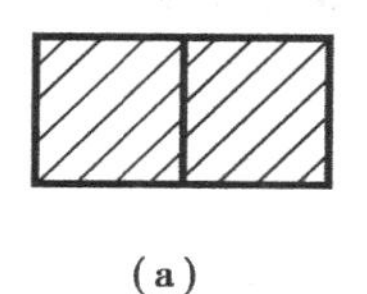
(a)

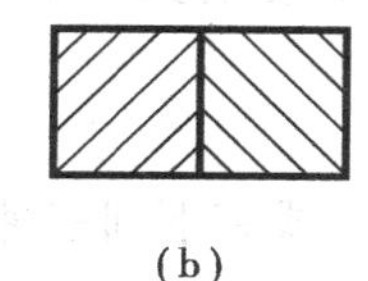
(b)

图3.19 相同图例相接时的画法
(a)图例线错开;(b)图例线倾斜方向相反

图3.20 相邻涂黑图例的画法

0.5 mm(图3.20)。

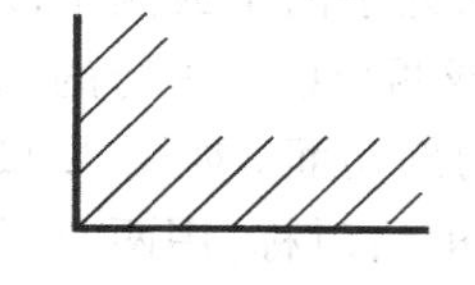

图3.21 局部表示图例

⑥需画出建筑材料面积过大时,可在断面轮廓线内,沿轮廓线作局部表示(图3.21)。

⑦当一张图纸内的图样只用一种图例或图形较小无法画出建筑材料图例时,可不画图例,但应加文字说明。

1.2.4 省略标注

(1)用对称平面剖切,并且剖面图位于基本视图的相应位置,如图3.18(b)中1—1剖面图、2—2剖面图字样就可省略不标注。

(2)习惯的剖切位置,如房屋建筑图中的平面图就是通过门窗洞口的水平面剖切而成的。

1.3 图线

1.3.1 一般不画虚线。只有当缺此虚线就不能正确反映物体特征时,才画出个别虚线;

1.3.2 被剖切面切到部分的断面轮廓线用粗实线绘制;

1.3.3 剖切面没有切到、但沿投射方向可以看见的部分,用中实线绘制(机械类技术制图中将剖切面切到部分的断面轮廓及被剖切后的可见部分均用粗实线绘制)。

1.4 剖面图、断面图的一般画法步骤

1.4.1 确定剖切面的位置

(1)剖切面要尽量通过物体隐蔽的孔、洞、槽的中心线;

(2)为尽量反映截断面的实形,剖切面一般要平行于基本投影面,至少要垂直于一个基本投影面。如将主视图即正立面图(V面投影)画成剖面图、断面图,剖切平面应平行于正立投影面V,且如图3.18中平面P所示。如果要将侧视图即侧立面图(W面投影)画成剖面图、断面图时,剖切平面应平行W面,如图3.18中的平面Q。当然,如将俯视图即平面图(H投影)画成剖面图、断面图,剖切平面应平行于水平面H。

1.4.2 画剖面图、断面图

(1)所选剖切面剖开物体后,移走遮住视线的那部分物体和剖切面,如图3.18(a)、(c)中移走了P、Q及其与观察者之间的物体。

(2)画断面图:用粗实线画出物体被剖切面剖切后所形成的截交线,向适宜投影面投射的投影图,如图3.18(a)、(c)。

(3)画剖面图:不但用粗实线画出物体被剖切面剖切后所形成的截交线,向适宜投影面投射的投影图,而且用中实线画出未剖切到、但沿投射方向却能看到的那部分物体的投影。看不见部分投影的虚线,一般省略不画,如图3.18(a)、(c)。

(4)分清剖切到的与未剖切到的、实体部分与非实体部分。并在剖切到的实体部分即截断面区域内画出通用剖面线或材料图例,如图3.18(a)、(c)。

(5)标注剖切符号及其编号、图名,详见本节1.2,其他有关规定将在相应部分说明。

2　剖切方式

不同的剖切面适合于不同形状特点的物体,剖切方式有下列三种。

2.1　用一个剖切面剖切

用1个剖切面剖开物体的剖切方式适用于物体需要表达的隐蔽部分的中心均属于同一平面,如图3.18中的水池左右两小池前后对称中心均属同一正平面,故采用1个剖切面P剖切。

2.2　用两个或两个以上平行的剖切面剖切

适用于当将物体需要表达的隐蔽部分的中心虽不属于同一平面,但却处于两个或两个以上相互平行的平面内,用一个剖切平面不能将其内部都显示时,需用两个或两个以上平行的剖切面剖切物体,以不与视图轮廓线重合的直角转折来联系几个相应平行的剖切面。如图3.22所示物体内部有三个圆柱孔,它们的轴线不在同一正平面内,左侧两小孔前后对称,用两个正平面P、Q剖开,于是得到平行于V面的剖面图。这样就能同时反映出右部大圆柱孔和左前部位小孔内部的形状来。

用两个或两个以上平行的剖切面剖切时,不能省略剖切标注,必须在起、迄和转折位置标注剖切符号。若图中只有一个剖面编号,习惯上可省略转折位置处的剖切符号编号,如图3.22中“1”。

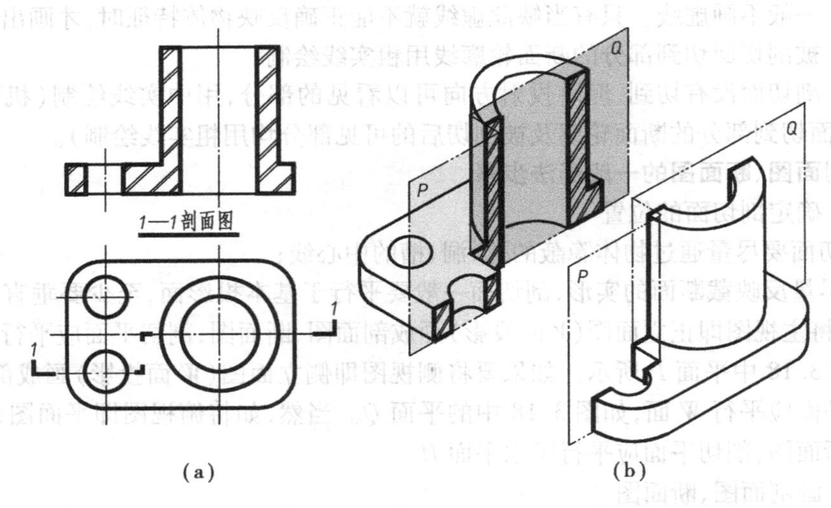

图3.22　用两个或两个以上平行的剖切面剖切
(a)视图和剖面图;(b)轴测示意图

2.3　用两个相交的剖切面剖切

用两个相交的剖切面剖开物体,并将不平行于投影面的截断面旋转展开成平行于投影面后再投射。适用于物体需要表达的隐蔽部分的中心既不属于同一平面,又不处于相互平行的平面内,而是在交线垂直于投影面的两个相交平面内,需用两个相交的剖切面剖开物体。如图3.23所示圆池,需要表达左部方孔及右前部圆孔,前者对称中心面为正平面P,后者对称中心面为铅垂面Q,二者相交于圆池的铅垂轴线,以P、Q作剖切面剖开圆池,并将倾斜于V面的剖切面Q所截得的断面,绕其相交的池轴线旋转至与P处于同一正平面内,再向V面投射,如图

3.23(a)中“1—1剖面图展开”,(b)为其轴测示意图。

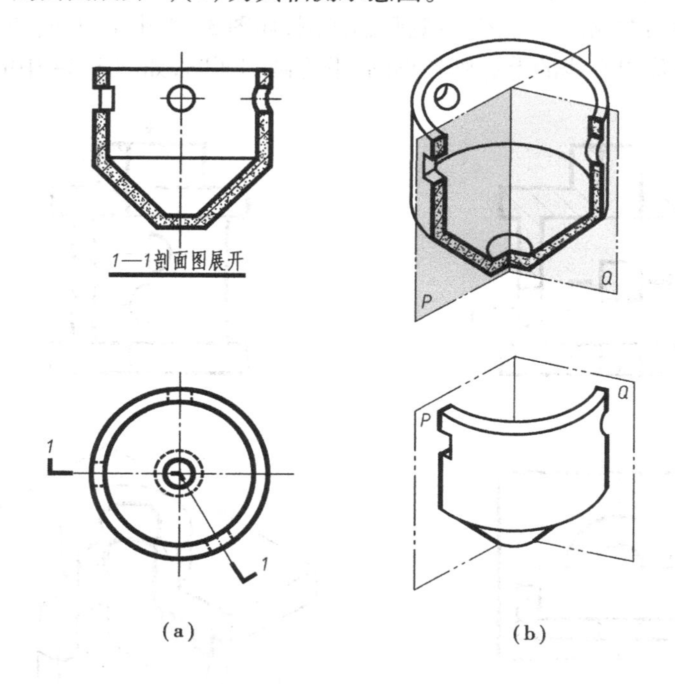

(a)　　(b)

图3.23　用两个相交的剖切面剖切
(a)视图和剖面图;(b)轴测示意图

用两个相交的剖切面剖切时,也不能省略剖切标注,必须在起、迄和转折位置标注剖切符号,并在剖面图下方图名后加注“展开”。若图中只有一个剖面编号,习惯上可省略转折位置处的剖切符号编号,如图3.23所示。

3　剖面图的种类

根据物体不同的构成特点,剖面图有三种表现形式,即:全剖面图、半剖面图和局部剖面图。其剖切面可以是单一剖切面,也可以是两个或两个以上平行的平面,还可以是两个相交的平面。

3.1　全剖面图

全剖面图即用剖切面完全剖开物体所得的剖面图。适用于不对称物体,或物体虽然对称但外形比较简单,或者其他视图已经将其外形表达清楚的物体。如图3.18、图3.22、图3.23及3.24中*V*面的剖面图都是将物体完全剖开,均属全剖面图。

3.2　半剖面图(GB/T 50001—2010中将其归入“简化画法”)

所谓半剖面图是一半为剖面图、另一半为视图的外形图。当物体具有对称平面时,向垂直于对称平面的投影面投射时所得的图形,以对称符号为界,一半画成剖面图,另一半画成视图,但一般不画虚线,所以画视图实际上画的是外形投影图。对称符号的规定画法见本教材第一章图1.17注(2)。半剖面图适用于物体具有与投影面垂直的对称平面,且其内、外部均需表达的情况。如图3.24中的1—1剖面图,是通过左右池壁两个圆孔及前后池壁两个方孔的三个水平面剖切池体而形成。由于池体前后的对称面为正平面,水平面剖开池体后,向下投射的剖面图便可画成半剖面图。剖面部分通常置于对称中心线的右方或下方，即当对称中心线是竖直的，对称中心线的左侧画外形图，右侧画剖面图，如图 3.21 中的 W 面的半剖面图；若对称中心线是水平的，对称中心线的上边画外形图，下边画剖面图，如图 3.24 中的 1—1 剖面图。

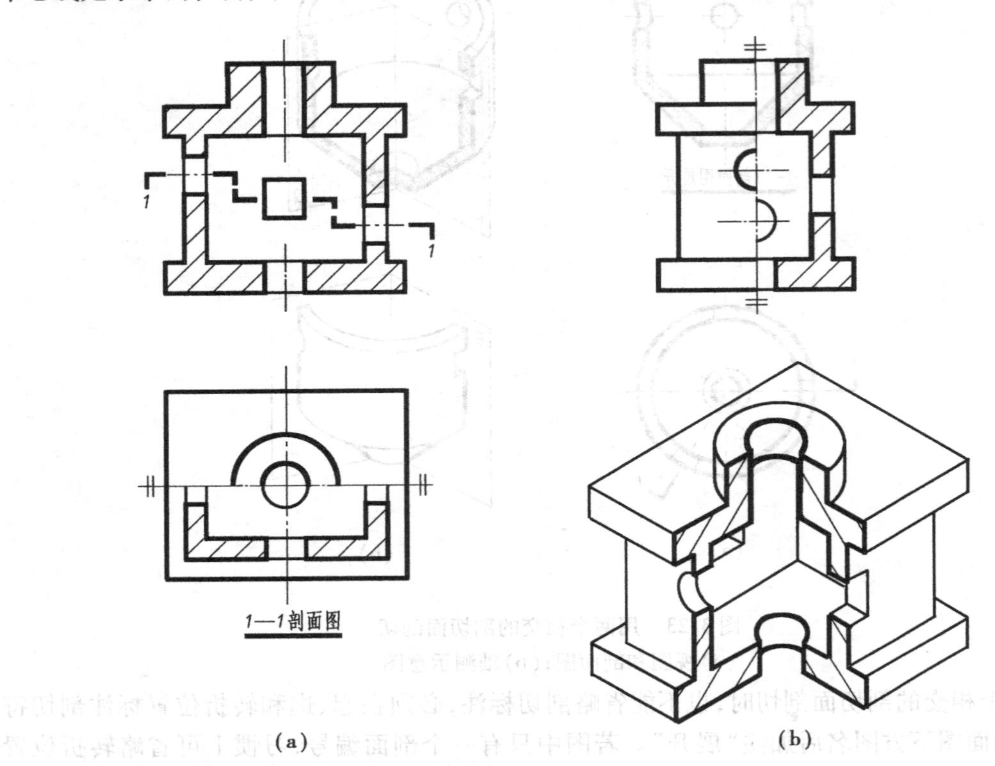

图 3.24　半剖面图

(a)剖面图；(b)轴测示意图

3.3　局部剖面图及分层局部剖面图

顾名思义，局部剖面图就是用剖切面局部地剖开物体所得的剖面图。当物体只需要显示其局部构造，同时保留原物体其余部分外形时(图 3.25)，或者需要显示物体多层次构造时(图 3.26)，较适宜采用局部剖面图。其外形与剖面图或者不同层次剖面图之间，以徒手画的波浪线为界，如图 3.25(a)所示。为方便计算机绘图，局部断裂处可用折断线为界，如图 3.25(c)所示。

在多层次构造(如楼、地面和滤层等)中，建筑类技术制图常常采用分层局部剖面图，如图 3.26 所示，按层次用波浪线将各层隔开，波浪线不与任何图线重合。

注意当物体轮廓线与对称中心线重合，应该画局部剖面图，而不是半剖面图，如图 3.27 所示。

4　断面图的种类

断面图可分为移出断面图、重合断面图和中断断面图。

4.1　移出断面图

移出断面图将断面图的图形置于视图之外的适当位置，可用较大比例画出，杆件的断面图

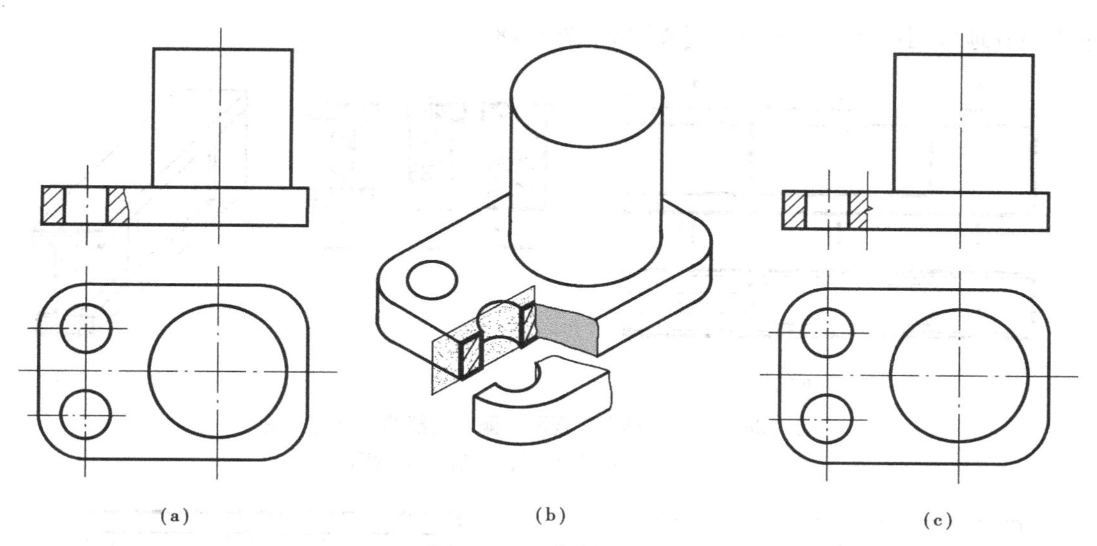

图3.25　局部剖面图

(a)视图和波浪线分界的局部剖面图;(b)轴测示意图;(c)折断线分界的局部剖面图

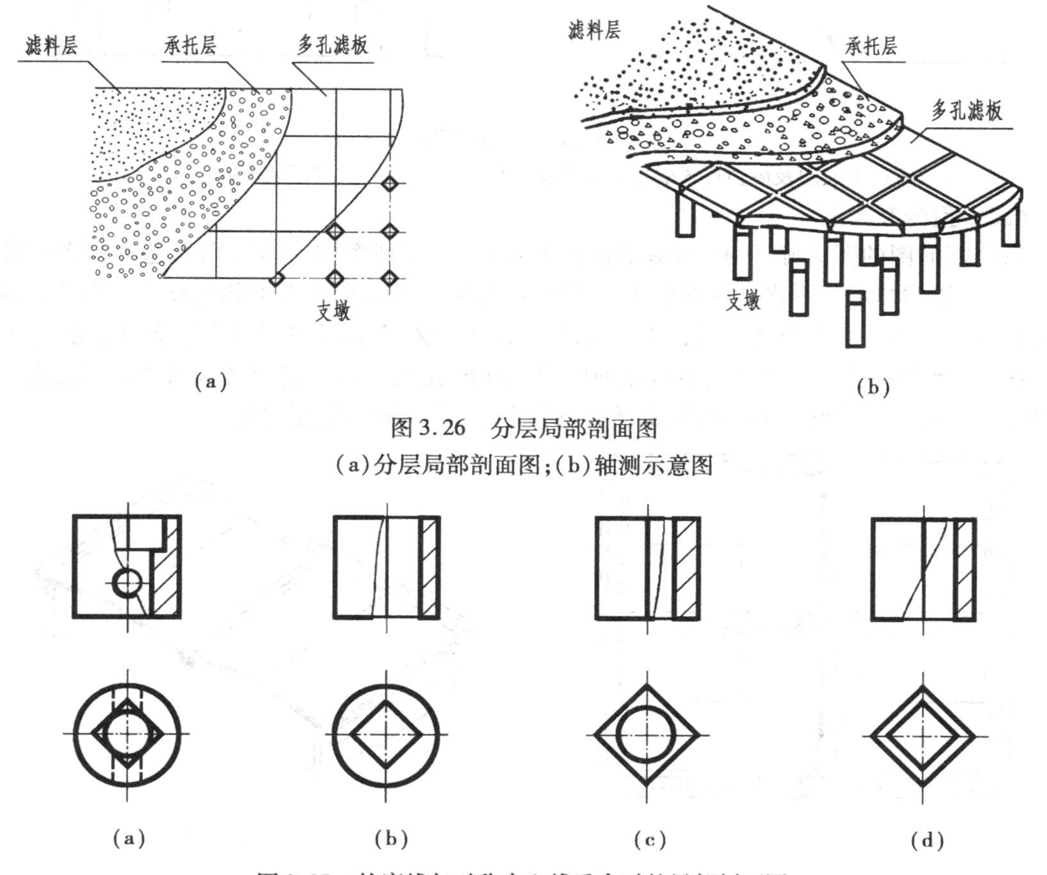

图3.26　分层局部剖面图

(a)分层局部剖面图;(b)轴测示意图

图3.27　轮廓线与对称中心线重合时的局部剖面图

(a)有内轮廓线和外壁孔;(b)只有内轮廓线;(c)只有外轮廓线;(d)有内、外轮廓线

依次整齐地排列在杆件视图的一侧或端部(图3.28)

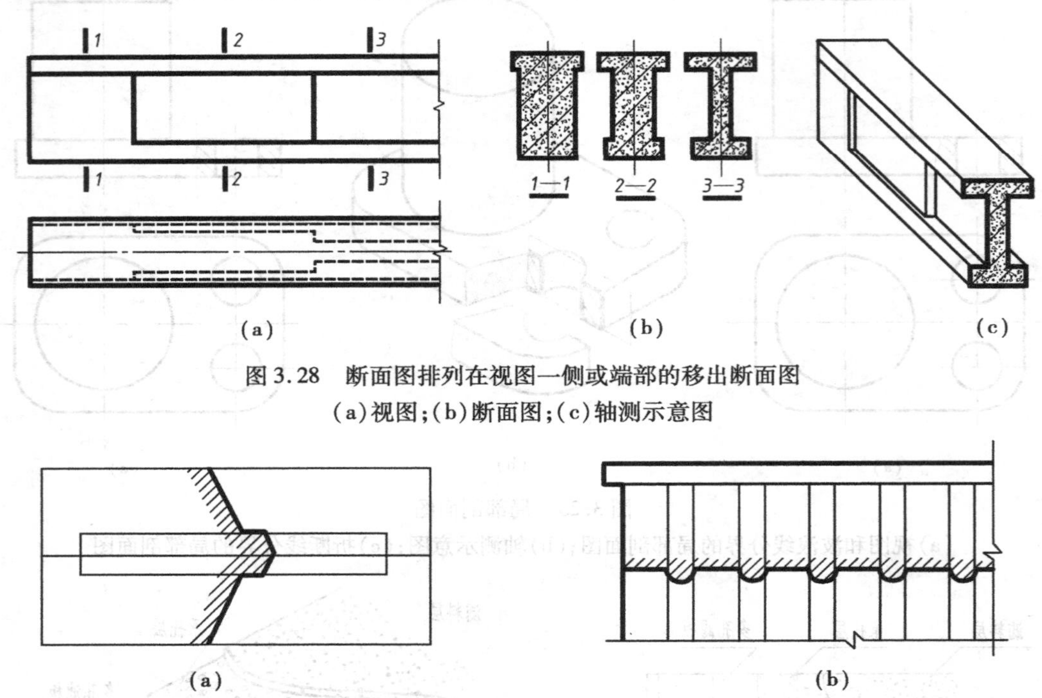

图3.28 断面图排列在视图一侧或端部的移出断面图

(a)视图;(b)断面图;(c)轴测示意图

图3.29 重合断面图

(a)屋顶平面图及屋顶形式的重合断面图;(b)房屋立面图及墙面装饰的重合断面图

4.2 重合断面图

重合断面图的图形旋转90°与基本视图重合后,画在视图内。为区别于基本视图中原有的图线,建筑类技术制图将断面图轮廓线用粗实线绘制,并在断面图的轮廓线之内沿轮廓线的边缘加画剖面线。重合断面图的比例须与基本视图一致,不必标注剖切符号及编号等,图3.29(a)是屋顶平面图及屋顶形式的重合断面图,3.29(b)是表示墙面装饰线脚的重合断面图。机械类技术制图用细实线绘制重合断面图,以区别于基本视图中的粗实线。

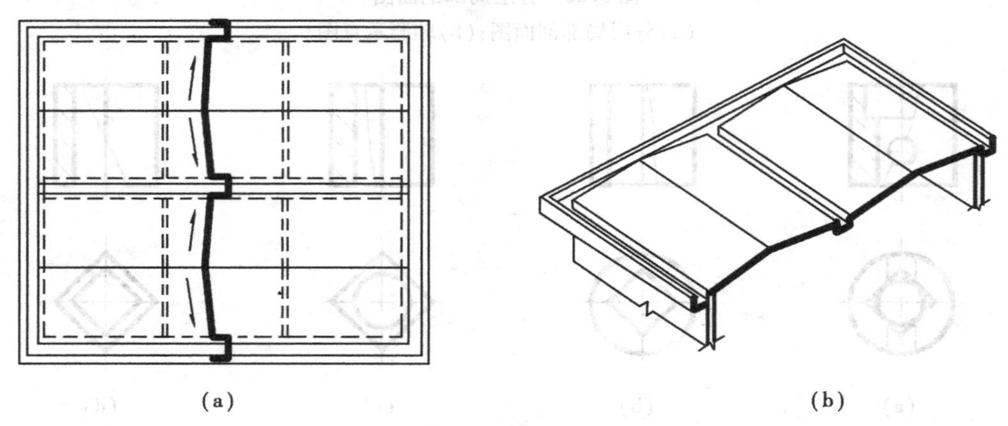

图3.30 断面图画在结构布置图上

(a)结构梁板平面图及其重合断面图;(b)结构梁板轴测示意图

结构梁板断面图可将断面涂黑画在结构布置图上(图3.30)。

4.3　**中断断面图**

断面图画在杆件视图中断处(图3.31),这种断面图不必标注剖切符号、编号及图名等。

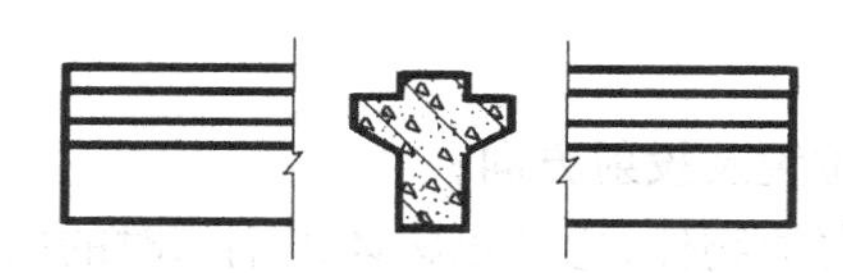
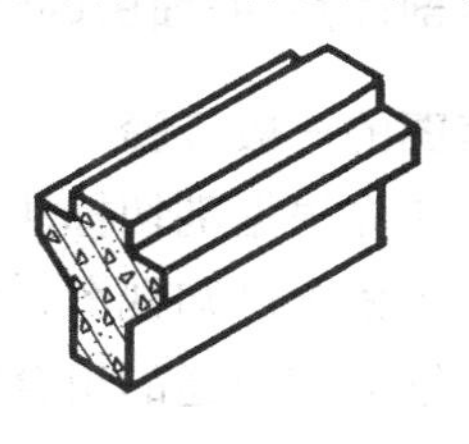

图3.31　断面图画在杆件视图断开处

5　**需注意的几个问题**

5.1　**剖切是假想的**

剖面图、断面图仅为表达物体内部形状的一种形体表达的方法,物体并没有真的被剖开取走一部分,故除了所画剖面图和断面图外,其他视图或作另外的剖面图和断面图时,仍按原来未剖切时完整地画出。一个物体无论被剖切多少次,每次剖切时均应按照完整的物体进行剖切。

5.2　**剖面图与断面图的区别**

5.2.1　概念的区别　剖面图是剖切后余下部分形体的投影,而断面图仅仅是剖切所得断面的投影,前者是体的投影,后者是面的投影;

5.2.2　标注的区别　剖面图的剖切符号由表示剖切位置和表示投射方向的相互垂直的粗实线及其编号组成;断面图的剖切符号却无表示投射方向的粗实线,用剖切符号的编号书写的位置来表示其投射方向。

5.3　**尺寸标注**

5.3.1　剖面图中一些内部结构尺寸标注时,因为不画虚线而致使无法画出尺寸界线和尺寸起止符号,只有一边的尺寸界线和尺寸起止符号,此时尺寸线要稍微超过对称线(不能在此画尺寸起止符号),尺寸数字仍然是完整结构的尺寸,如图3.32中"24"。

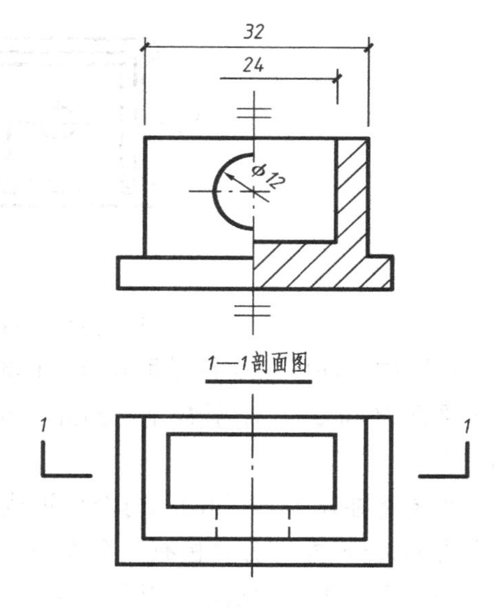

图3.32　剖面图尺寸标注

5.3.2　因作剖面图而将圆画成半圆,应标注圆的直径,尺寸线一端的起止符号仍为箭头,指至半圆弧,尺寸线的另一端略超过圆心,不画包括箭头在内的任何起止符号,如图3.32中"φ12"。

5.4　**用2个或2个以上平行的剖切面剖切转折处不画分界线但一般要标注剖切符号**

5.5　**用2个相交剖切面剖切须标注剖切符号并在剖面图的图名后加注"展开"字样**

5.6　同一断面内的不同材料应以粗实线为界

5.7　同一形体多次剖切所得的各个剖面图、断面图中的剖面线方向、间距应一致

6　带有剖面图、断面图的组合体视图的阅读

6.1　读图的一般步骤

6.1.1　首先根据剖切标注判断剖切平面位置及投射方向；

6.1.2　再依据已知视图、剖面图、断面图复原物体，想象该物体未剖切时的内外形状；

6.1.3　继而按前述的组合体视图的读图方法进行阅读。

6.2　读图举例

例 3.1　阅读带有 1—1 剖面图的底板多孔的倒槽板视图(图 3.33)，并补绘其 2—2 剖面图。

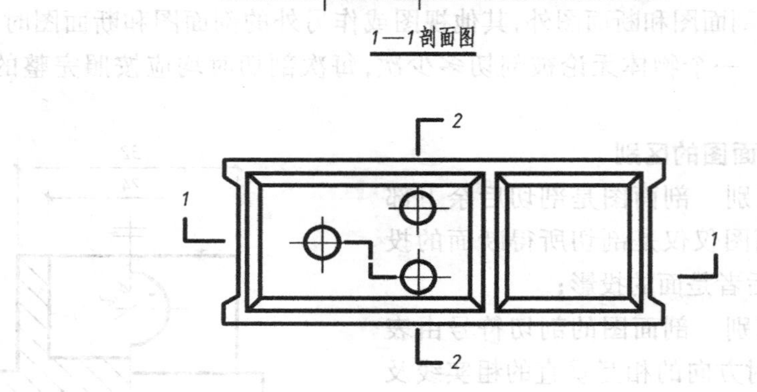

图 3.33　带有剖面图的多孔倒槽板视图

从图中标注的剖切符号可知，1—1 剖面图是由通过前后对称面和通过前方圆孔轴线的两个正平面 P 和 Q，从左至右完全剖开多孔倒槽板，自前向后投影而形成的全剖面图，如图 3.4(a)所示。

想象将在作 1—1 剖面图时挡住视线而被拿走的前部分倒槽板返回原处。此倒槽板可分成左右两部分，左部分底板有三个大小相同的圆孔，整个底板厚度均相同，两端均有由二铅垂面和一侧平面组成的缺口，如图 3.34(b)所示。

要作的 2—2 剖切面通过前后对称的两圆柱孔的轴线，是一个侧平面。所以按“高平齐、宽相等”的投影关系，将 2—2 剖面图画成半剖面图，画在 W 投影的位置，如图 3.34(c)所示。

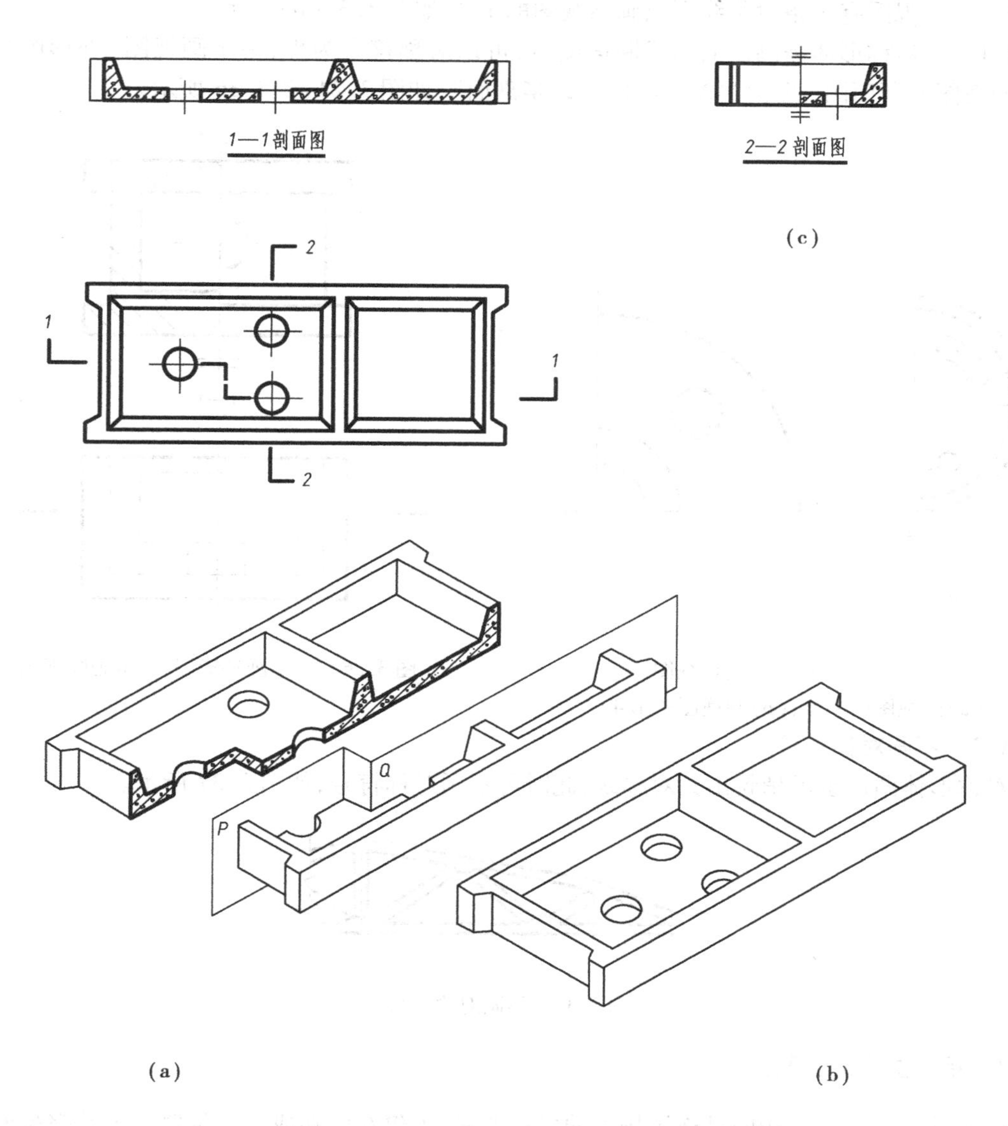

图3.34 带有剖面图的多孔倒槽板的视图阅读
(a)两平行的剖切面剖开多孔倒槽板;
(b)复原未剖切的多孔倒槽板;(c)补画2—2剖面图

第3节 简化画法

1 对称形体简化画法

1.1 画对称符号

1.1.1 视图有1条对称线可只画该视图的一半,如图3.35(a)所示。

1.1.2 视图有2条对称线可只画该视图的1/4,如图3.35(b)所示。

1.1.3 对称形体需画剖面图或断面图时,可以对称符号为界,一半画视图(外形图),一半画剖面图或断面图,见本章第1节中3.2“半剖面”,如图3.24、图3.36所示。

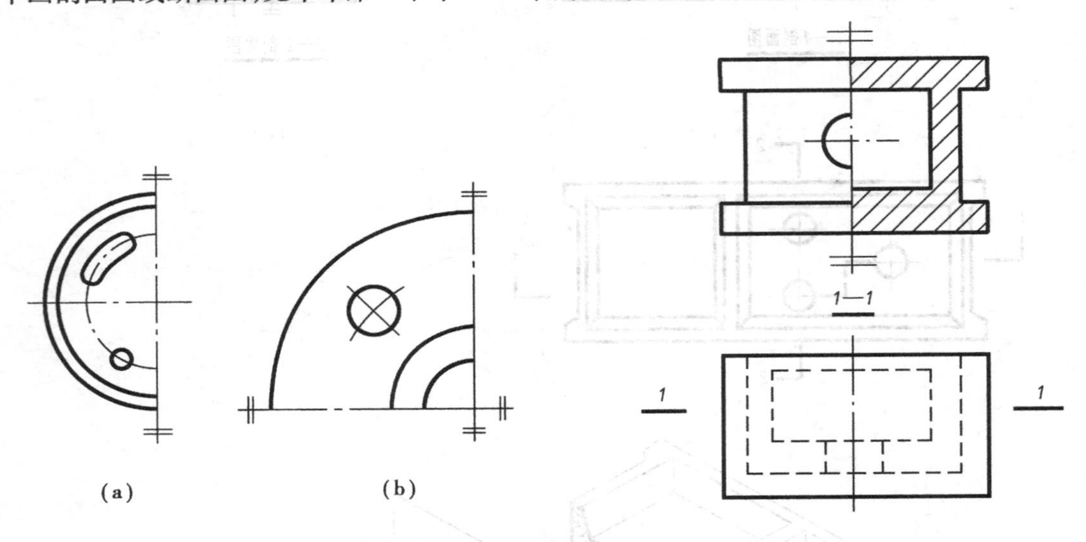

图3.35 对称符号简化视图
(a)画视图的一半;(b)画视图的1/4

图3.36 一半画外形图,一半画断面图

1.2 不画对称符号

对称形体图形也可稍超出其对称线,此时可不画对称符号,如图3.37所示。

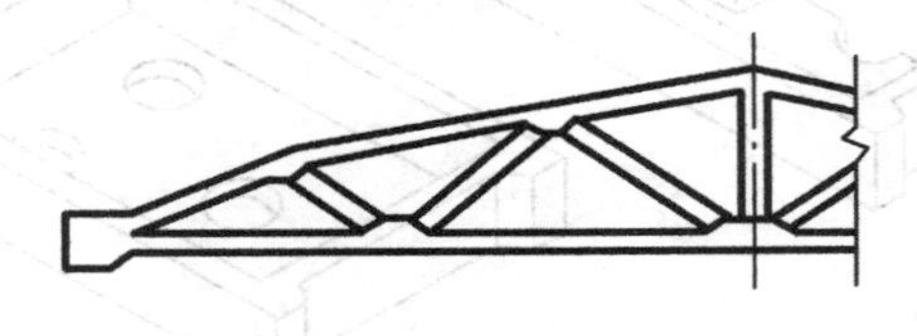

图3.37 不画对称符号

2 相同要素简化画法

构配件内多个完全相同且连续排列的构造要素,可仅在两端或适当位置画出其完整形状,其余部分以中心线或中心线交点表示,如图3.38(a)所示;若相同构造要素数量少于中心线交点数目,其余部分应在相同要素位置的中心线交点处用小圆点表示,如图3.38(b)。

3 折断简化画法

较长的构件,如沿长度方向的形状相同,如图3.39(a),或者按一定规律变化,如图3.39(b),可断开省略绘制,断开处应以折断线表示。

一个构件,若绘制位置不够,可分成几部分绘制,须以连接符号表示相连,如图3.40(a)所示。一个构配件,若与另一构配件仅部分不同,该构配件可只画不同部分,但在两个构配件的相同部分与不同部分的分界线处,分别绘制连接符号,如图3.40(b)所示。

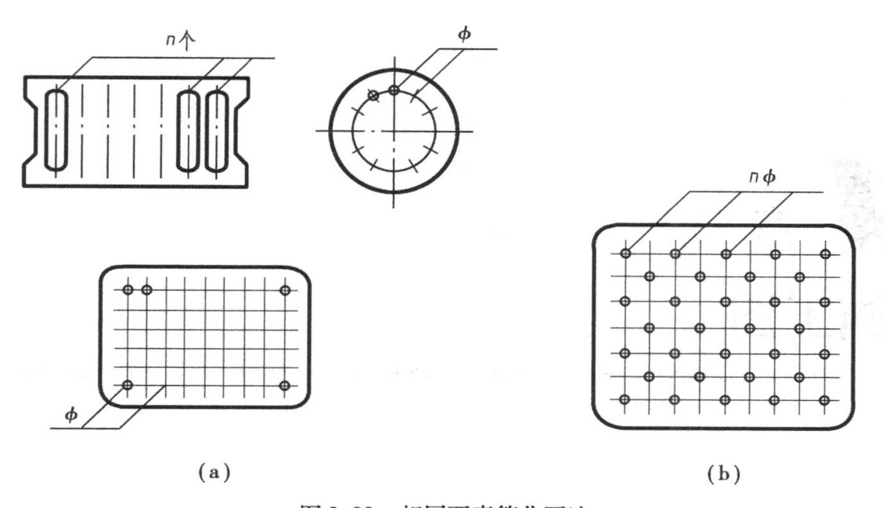

图3.38　相同要素简化画法

(a)多个连续排列的相同要素;(b)相同要素数量少于中心线交点数目

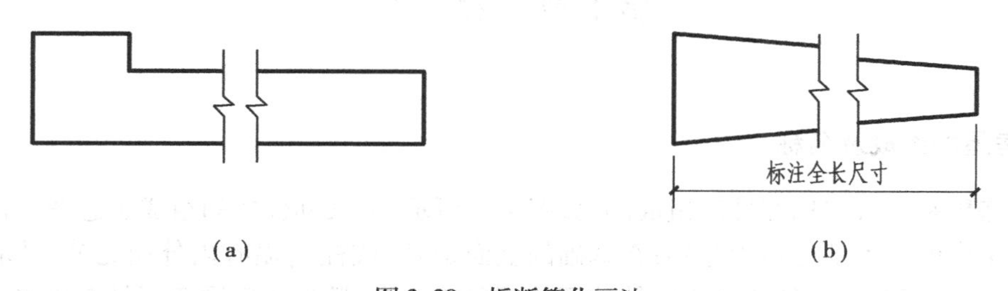

图3.39　折断简化画法

(a)沿长度方向形状相同的较长构件;

(b)沿长度方向按一定规律变化的较长构件

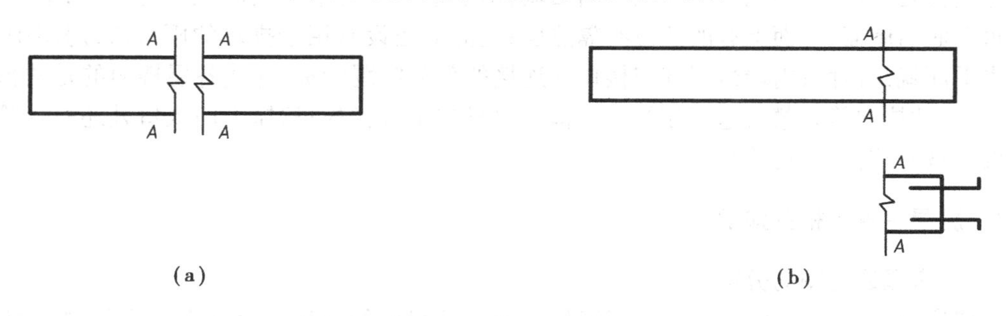

图3.40　用连接符号的简化画法

(a)连接同一构件的不同部分;(b)表示两构件局部不同

第 4 章 房屋施工图

第1节　概　述

1　房屋的组成及名称

一幢房屋是由很多构配件所组成的，如图4.1所示，为某办公楼的组成示意图。该房屋最下面埋在土中的扩大部分称为基础；在基础的上面是墙（或柱）；墙有内外墙之分，外墙靠近室内地坪处设有一防潮层；外墙靠近室外地坪的部分叫勒脚；勒脚下房屋四周具有排水坡度的室外地坪叫散水；外墙上还有窗台、阳台、雨篷、门窗；门窗洞的上面有过梁；外墙最上部高出屋面的部分叫女儿墙；房屋两端的横向外墙叫山墙；房屋最下部的水平面叫室内地坪面；最上部临空的水平面叫屋面，屋面上有的还设有隔热层；屋面上还设有用于排水的雨水口；房屋中间的若干水平面就是楼面；内墙最下部与楼地面连接的部分叫踢脚板；连接各层楼面的是楼梯（还有电梯、自动扶梯等），楼梯包括了平台、梯段、栏杆扶手或栏板；房屋大门入口处还有台阶（有的还设有室外花台、明沟等）。

2　房屋建筑的相关知识

2.1　房屋建筑图的分类

修建房屋必须先要按使用要求进行设计，而一幢房屋的设计是由许多专业共同协调配合完成的，如建筑、结构、水电、暖通等专业，它们按各自的要求用投影的方法，并遵照国家颁布的制图标准及建筑专业的习惯画法，完整、准确地用图样表达出建筑物的形状、大小尺寸、结构布置、材料和构造作法，这就是施工图，它是房屋施工的重要依据，也是企业管理的重要技术文件。

按建筑物的设计过程，建筑图可分为：方案图、初步设计图（简称初设图）、扩大初步设计图（简称扩初图）和施工图。

房屋施工图按其专业的不同可分为：

1）建筑施工图（简称建施图），它主要表示房屋建筑设计的内容，如建筑群的总体布局，房

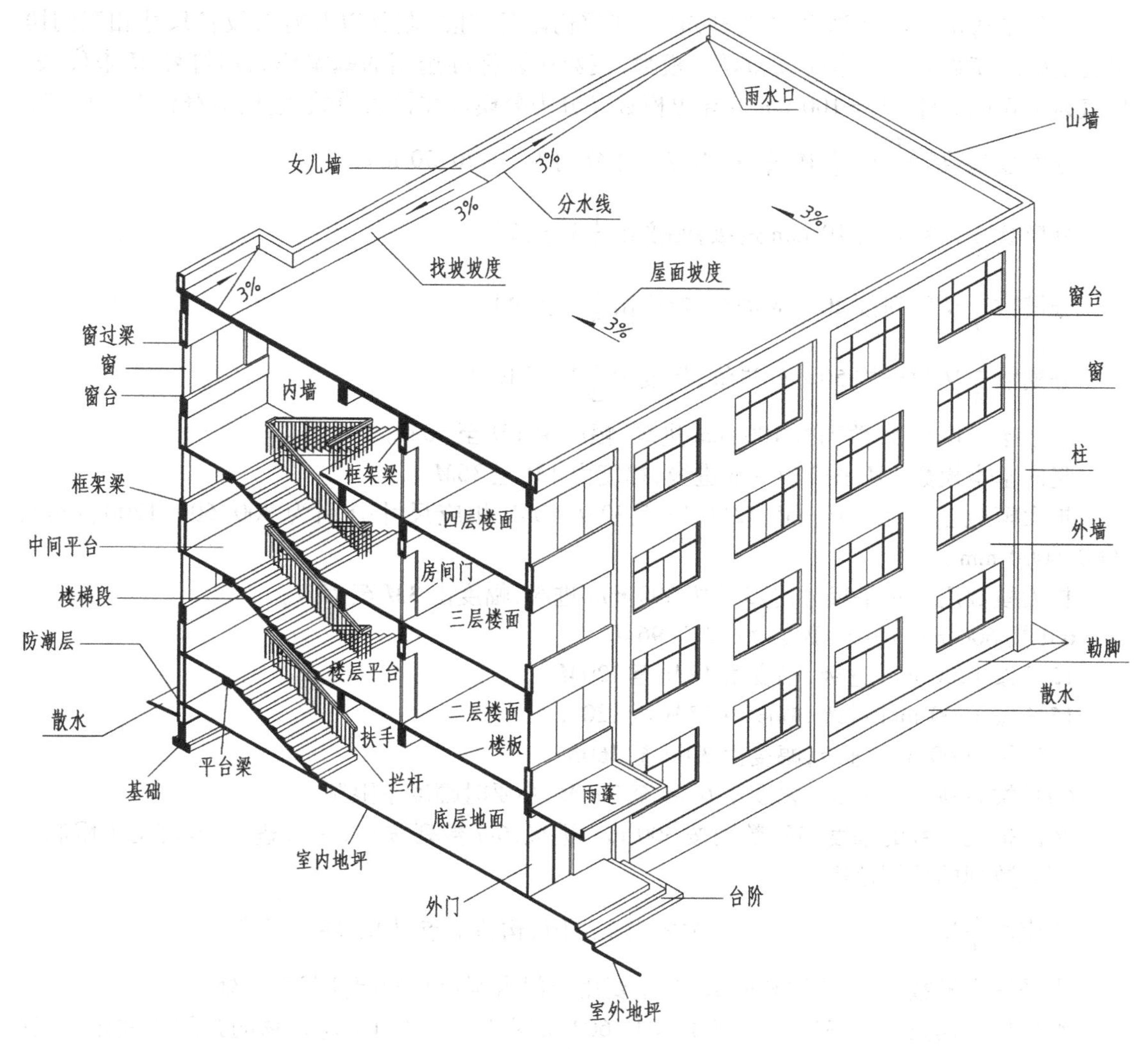

图 4.1　房屋的组成

屋内部各个空间的布置、房屋的外观形状、房屋的装修、构造作法和所用材料等。一般包括施工图首页(含设计说明、目录等)、总平面图、建筑平面图、立面图、剖面图和详图。

2)结构施工图(简称结施图),它主要表示房屋结构设计的内容,如房屋承重结构的类型、承重构件的种类、大小、数量、布置情况及详细的构造作法等。一般包括结构设计说明、结构布置平面图、各种构件的构造详图等。

3)设备施工图(简称设施图),它主要表示房屋的给排水、采暖通风、供电照明、燃气等设备的布置和安装要求等。一般包括平面布置图、系统图与安装详图等内容。

2.2　模数

为了建筑物的设计、构件生产以及施工等各方面的尺寸协调,使建筑物的构配件、组合件能用于不同地区和各种类型的建筑物中,使不同材料、不同形式和不同制造方法的建筑构配件、组合件有最大的通用性和互换性,从而提高建筑的工业化水平,提高房屋设计和建造的速度和质量,并降低造价,必须遵照国家颁布的《建筑模数协调统一标准(GBJ 2—86)》。

模数是选定的尺寸单位，作为建筑物、建筑构配件、建筑制品以及有关设备尺寸相互间协调的基础。模数分为基本模数和导出模数，模数协调标准选用的基本模数用符号 M 来代表，其值为 100 mm，即 $1M=100$ mm。导出模数又分为分模数和扩大模数，它们应符合下列规定：

分模数基数为$\frac{1}{10}M$、$\frac{1}{5}M$、$\frac{1}{2}M$，相应尺寸分别为 10、20、50 mm。

分模数$\frac{1}{10}M$ 数列按 10 mm 进级，幅度由$\frac{1}{10}M$ 至 $2M$。

分模数$\frac{1}{5}M$ 数列按 20 mm 进级，幅度由$\frac{1}{5}M$ 至 $4M$。

分模数$\frac{1}{2}M$ 数列按 50 mm 进级，幅度由$\frac{1}{2}M$ 至 $10M$。

水平基本模数 M 数列按 100 mm 进级，幅度由 $1M$ 至 $20M$。

竖向基本模数 $1M$，按 100 mm 进级，幅度由 $1M$ 至 $36M$。

扩大模数基数为 $3M$、$6M$、$12M$、$15M$、$30M$、$60M$，相应尺寸分别为 300、600、1200、1500、3000、6000 mm。

扩大模数用于水平尺寸时，$3M$ 按 300 mm 进级，幅度由 $3M$ 至 $75M$。

6M 按 600 mm 进级，幅度由 $6M$ 至 $96M$。

$12M$ 按 1200 mm 进级，幅度由 $12M$ 至 $120M$。

$15M$ 按 1500 mm 进级，幅度由 $15M$ 至 $120M$。

$30M$ 按 3000 mm 进级，幅度由 $30M$ 至 $360M$。

$60M$ 按 6000 mm 进级，幅度由 $60M$ 至 $360M$，必要时幅度不限制。

竖向扩大模数的幅度，$3M$ 数列按 300 mm 进级，$6M$ 数列按 600 mm 进级，幅度均不限制。

模数数列的适用范围：

分模数$\frac{1}{10}M$、$\frac{1}{5}M$、$\frac{1}{2}M$ 的数列，主要用于缝隙、构造节点、构配件截面等处。

水平基本模数 1 M 至 $20M$ 的数列，主要用于门窗洞口和构配件截面等处。

水平扩大模数 $3M$、$6M$、$12M$、$15M$、$30M$、$60M$ 的数列，主要用于建筑物的开间或柱距、进深或跨度，构配件尺寸和门窗洞口等处。

竖向基本模数 $1M$ 至 $36M$ 的数列，主要用于建筑物的层高、门窗洞口和构配件截面等处。

竖向扩大模数 $3M$ 数列，主要用于建筑物的高度、层高和门窗洞口等处。

2.3 砖及砖墙

砖的类型多种多样，依其材料的不同，有粘土砖、灰砂砖、炉渣砖、粉煤灰砖和混凝土砌块等。依形状的不同，有实心砖、空心砖及多孔砖等。它们外观尺寸有的也不相同，如实心粘其高×宽×长为 53×115×240 mm，三者之比约为 1∶2∶4，这种砖也叫做标准砖。又如混凝土砌块，其外观尺寸也多种多样，如一种小型砌块其高×宽×长就为 90×190×380 mm，如下图 4.2 所示。砖墙由砖和砂浆砌成，砂浆的厚度规定为 8～12 mm，当取其平均值 10 mm 时，用标准砖砌筑的墙体厚度，其标志尺寸就为 120 mm、180 mm、240 mm、370 mm、490 mm 等，习惯上将它们称为 12 墙、18 墙、24 墙、37 墙、49 墙等。当用混凝土砌块砌墙时，其墙体厚度的标志尺寸就为 100 mm、200 mm，此时也称为 10 墙、20 墙等。

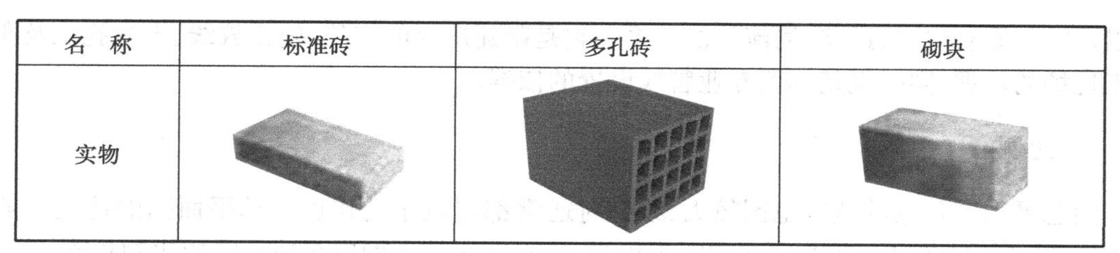

名　称	标准砖	多孔砖	砌块
实物			

图4.2　砖及砌块

2.4　标准图与标准图集

一种具有通用性质的图样，就叫标准图或通用图，将标准图装订成册，即为标准图集。标准图有两种，一种是整栋房屋的标准设计；另一种是适用各种房屋的、大量性的构配件的标准图，后一种是目前大量使用的。根据专业的不同，用不同的字母和数字来表示它们的类型，如建筑标准图集就用字母“J”来表示；结构标准图集就用字母“G”来表示；也有直接用文字“建”或“结”来表示的。

标准图有全国通用的，有各省、市、自治区通用的，一般使用范围都限制在图集封面所注的地区，由于同一种构配件有多种形式，因此根据其某种特性，将其归类分编成多本图集并以不同代号来表示，例如图集封面上注有国家标准图集《钢筋混凝土过梁》03G322—1，表示图集为全国范围内通用，03G322—1为钢筋混凝土过梁其中一种图集的代号；又如西南地区（云、贵、川、藏、渝）的标准图集，适用地区范围就为“西南”，如它的《预应力混凝土空心板》标准图集，其中一种图集的代号就为“西南04G231”。

使用标准图，是为了加快设计与施工的速度，提高设计与施工的质量。各地标准图的定名和编号不一样，在使用标准图时，先看其说明，掌握其表示的方法，了解标准图的内容，这样才有助于迅速而准确地满足自己的需要。

3　房屋施工图的图示特点

1）房屋施工图主要是用正投影法绘制的，一般在H面上作房屋的平面图，在V面上作正、背立面图，在W面上作侧立面和剖面图。在适当的比例及图幅大小允许的条件下，可将房屋的平、立、剖面三个图按三面投影关系放在同一张图纸上，这样便于阅读；如房屋较大，以适当的比例在一张图纸上放不下房屋的三个图，则可将平、立、剖面图分别画在不同的图纸上。

2）由于房屋形体较大，一般施工图都是用较小的比例来绘制，但这种小比例绘制的图对房屋各部分的构造作法又无法表达清楚，所以，施工图中又配有大量的用较大比例绘制的详图，这是一种用“以少代多”的方式详细表达房屋构成的图示方法。

3）房屋一般由多种材料所组成，且构配件种类较多，为了作图时表达简便，“国标”规定了一系列的图形符号来代表建、构筑物及其构配件、卫生设备、建筑材料等，这种图形符号称为图例。房屋施工图中，就画有大量的各种图例。

第2节　总平面图

在画有等高线的地形图上，用以表达新建房屋的总体布局及它与外界关系的平面图，叫总平面图。从总平面图上可以了解到新建房屋的位置、平面形状、朝向、标高、新设计的道路、绿化以及它与原有房屋、道路、河流等的关系。它是新建房屋的定位、施工放线、土方施工及布置施工现场的依据，同时也是其他专业管线设置的依据。

1 比例

因总平面图包括的地区范围较大，绘制时通常都用较小的比例。总平面图的比例一般采用1：500、1：1000、1：2000。在实际工程中，总平面图的比例应与地形图的比例相同。

2 图例

在总平面图上，由于要表示出用地范围内所包含的较多内容，如新、旧建筑物、构筑物，道路、桥梁、绿化、河流等，又由于采用的比例较小，所以就用图例来代表它们。“国标”GB/T 50103—2010 列出了常用的一些图例，如表4.1、表4.2、表4.3 所示。在较复杂的总平面图中，若“国标”规定的图例还不够选用，可自行画出某种图形作为补充图例，但必须在图中适当的位置另加说明。

表4.1 总平面图图例(摘自 GB/T 50103—2010)

名 称	图 例	说 明
新建的建筑物	X= Y= ① 12F/2D H=59.00m	新建建筑物以粗实线表示与室外地坪相接处±0.00 外墙定位轮廓线 建筑物一般以±0.00 高度处的外墙定位轴线交叉点坐标定位。轴线用细实线表示，并标明轴线号 根据不同设计阶段标注建筑编号，地上、地下层数，建筑高度，建筑出入口位置(两种表示方法均可，但同一图纸采用一种表示方法) 地下建筑物以粗虚线表示其轮廓 建筑上部(±0.00 以上)外挑建筑用细实线表示 建筑物上部连廊用细虚线表示并标注位置
原有的建筑物		用细实线表示
计划扩建的预留地或建筑物		用中粗虚线表示
拆除的建筑物		用细实线表示
建筑物下面的通道		

续表

名　称	图　例	说　明
铺砌场地		
冷却塔（池）		应注明冷却塔或冷却池
水塔，贮罐		左图为卧式贮罐　右图为水塔或立式贮罐
水池，坑槽		也可以不涂黑
烟　囱		实线为烟囱下部直径，虚线为基础，必要时可注写烟囱高度和上，下口直径
围墙及大门		
挡土墙	5.00 1.5	挡土墙根据不同设计阶段的需要标注 墙顶标高 墙底标高
挡土墙上设围墙		
台阶及无障碍坡道		1. 表示台阶（级数仅为示意） 2. 表示无障碍坡道
坐　标	1. X=213.00 Y=357.00 2. A=185.00 B=226.00	1. 表示地形测量坐标系 2. 表示自设坐标系 坐标数字平行于建筑标注
方格网交叉点标高	-0.50	77.85 78.35	"78.35"为原地面标高 "77.85"为设计标高 "－0.50"为施工高度 "－"表示挖方（"＋"表示填方）

续表

名称	图例	说明
填挖边坡		
截水沟	1 40.00	"1"表示1%的沟底纵向坡度,"40.00"表示变坡点间距离,箭头表示水流方向
排水明沟	107.50 1 40.00 107.50 1 40.00	上图用于比例较大的图面 下图用于比例较小的图面 "1"表示1%的沟底纵向坡度,"40.00"表示变坡点间距离,箭头表示水流方向 "107.50"表示沟底变坡点标高(变坡点以"+"表示)
拦水(闸)坝		
室内地坪标高	151.00 (±0.00)	数字平行于建筑物书写
室外标高	142.00	室外标高也可采用等高线
盲道		
地下车库入口		机动车停车场
地面露天停车场		
露天机械停车场		露天机械停车场

表4.2 道路与铁路图例（GB/T 50103—2010）

名 称	图 例	说 明
新建的道路	0.30% 100.00 R=6.00 107.50	“R=6.00”表示道路转弯半径；“107.50”为道路中心交叉点设计标高，两种表示方式均可，同一图纸采用一种方式表示；“100.00”为变坡点之间距离，“0.30%”表示道路坡度，→表示坡向
原有道路		
计划扩建的道路		
拆除的道路		
人行道		

表4.3 园林景观绿化图例（GB/T 50103—2010）

名 称	图 例	说 明
落叶阔叶乔木		
落叶阔叶灌木		
落叶阔叶乔木林		
草 坪	1. 2. 3.	1. 草坪 2. 表示自然草坪 3. 表示人工草坪

续表

名　称	图　例	说　明
竹丛		
花卉		

3　标高

总平面图上等高线所注数字代表的高度为绝对标高,我国将青岛附近黄海的平均海平面定为绝对标高的零点,其他各处的绝对标高就是以该零点为基点所量出的高度,它表示出了各处的地形以及房屋与地形之间的高度关系。在总平面图上房屋的平面图形中要标注出底层室内地面的绝对标高,由此根据等高线和底层地面的标高可看出施工时是挖方或是填方。"国标"规定总平面图上的室外标高符号,宜用涂黑的三角形"▼"表示,涂黑三角形的具体画法如图4.3所示。室内标高符号,以细实线绘制,具体画法如图4.4所示。标高尺寸单位为米,标注到小数点后两位。若将某点的绝对标高定为零点,由此量出的高度叫相对标高,则该点写为 ▽±0.00 低于该点时,要标上"-"号,如 ▽-0.30 高于该点时,不标任何符号。

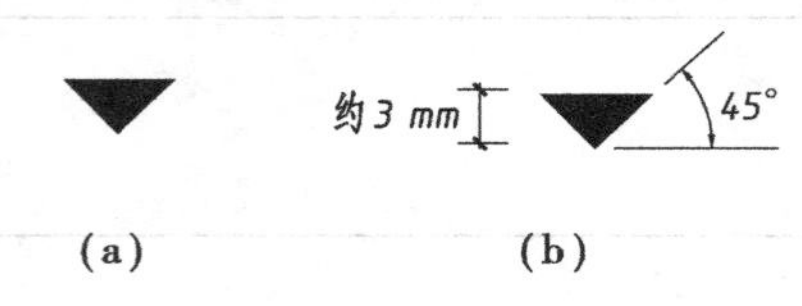

图4.3　总平面标高符号的画法

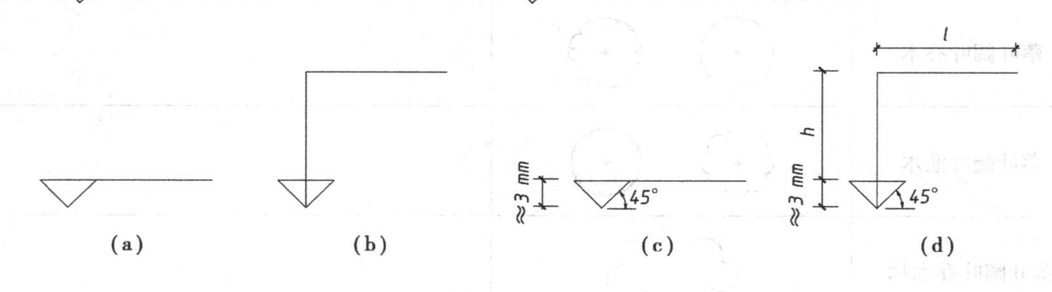

l:注写标高数字的长度,以注写后均称为准　　h:视需要而定

图4.4　个体建筑标高符号

4　房屋的定位

确定建筑物、构筑物在总平面图中的位置可采用坐标网,坐标网分为测量坐标网和建筑坐标网,并以细实线表示。

在地形图上,测量坐标网采用与地形图相同的比例,画成交叉十字线形成坐标网络,坐标代号用"X、Y"表示,X为南北方向轴线,X的增量在X轴线上;Y为东西方向轴线,Y的增量在

Y 轴线上。

当建筑物、构筑物的两个方向与测量坐标网不平行时，可增画一个与房屋两个主向平行的坐标网，叫建筑坐标网。建筑坐标网画成网络通线，在图中适当位置选一坐标原点，并以“A、B”表示，A 为横轴，B 为纵轴，如图 4.5 所示。

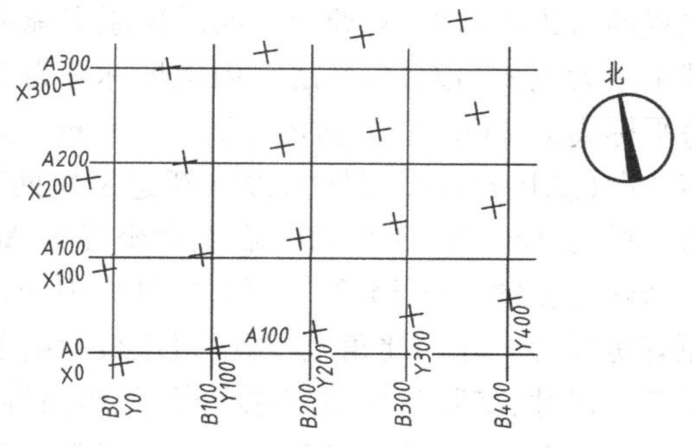

图 4.5　坐标网格

一般确定建筑物、构筑物位置的坐标，宜注其三个角的坐标，如建筑物、构筑物与坐标轴线平行，可注其对角坐标。

总平面图上有测量和建筑两种坐标系统时，应在附注中注明两种坐标系统的换算公式。如无建筑坐标系统时，应标出主要建筑物的轴线与测量坐标轴线的交角。

在建筑物不大且数量较少的总平面图中，一般不画坐标网，只要注出新建房屋与邻近现有建筑物间在两个方向的尺寸距离，便可确定其位置。

5　房屋的尺寸标注

在总平面图上，应标注出新建房屋的总长、总宽的尺寸，还应标出新建房屋之间、新建房屋与原有房屋之间以及与道路、绿化等之间的距离。尺寸以米为单位，标注到小数点后两位。

6　指北针与风玫瑰图

在占地较小的总平面图中，图上房屋的朝向由指北针来表示。“国标”规定指北针的画法如图 4.6 所示，用细实线绘制圆，其直径为 24 mm，指针尾部的宽度为 3 mm，指针头部应注“北”或“N”字；如用较大直径绘制指北针时，指针尾部宽度宜为直径的 $\frac{1}{8}$ 。

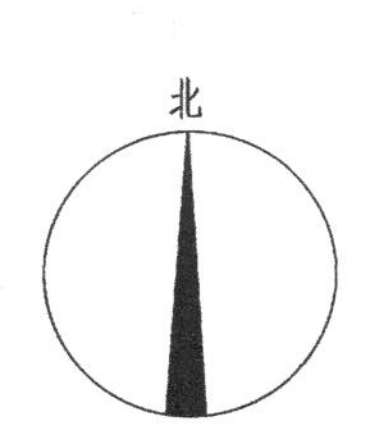

图 4.6　指北针

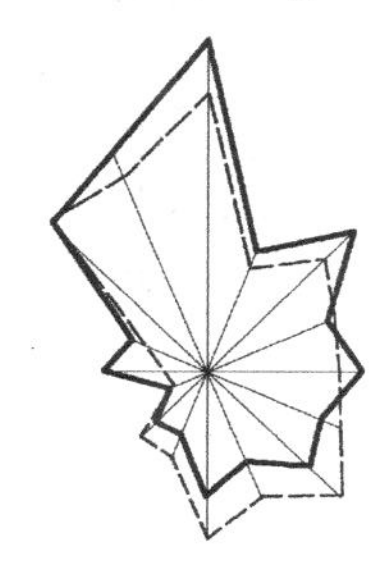

图 4.7　风向频率玫瑰图

在占地较大的总平面图中，为了总体规划的需要，要画出风向频率玫瑰图，如图 4.7 所示。具体画法是将东西南北划分为 16 个(或 8 个)方位，根据气象统计资料计算出多年在 12 个月或夏季三个月内各个方位的刮风次数与刮风总次数之比，定出每个方位的长度，连接各点得一个多边形，其粗实线表示全年的风向，细虚线表示夏季风向，风向由各个方位吹向中心，风向频率最大的方位为该地区的主导风向。由于该图形状像一朵玫瑰花，故叫做风玫瑰图。

图 4.8 为新建办公楼所在小区的总平面图，从图上可看到整个地形从西南方往北方是逐渐升高的(这从等高线及绝对标高可见)。在西南及偏西方向一侧坡度较陡(此处等高线较密)，在该处作有一较长的边坡。在图中东向的一侧，用粗实线画出了新建的办公楼，并在该

位置的后边不远处，对原有一两层房屋实施拆除。新建办公楼为四层，坐北朝南，南面为正面，其正中为主要出入口；底层室内地坪标高为239.00 m(这点也为相对标高的 ±0.00 点)，室外整平标高为238.55 m；房屋总高14.10 m。由于新建房屋主要墙面平行于建筑坐标网，且为正南北向(从风玫瑰图得知)，故在新建房屋两对角处用建筑坐标就确定了房屋的位置，其左下角坐标为 A67.20、B156.70，右上角坐标为 A80.00、B192.00 以及该点的纵、横轴线，另还标出了新建房屋的总长35.30 m和总宽12.80 m；此外，图中还画出了新建房屋周围的绿化、道路、原有房屋等。在西北角上，用中粗虚线画出了计划后期兴建的预留地。为看图清晰，本图省掉了若干尺寸，如新建房屋与原有房屋、道路等之间的尺寸。

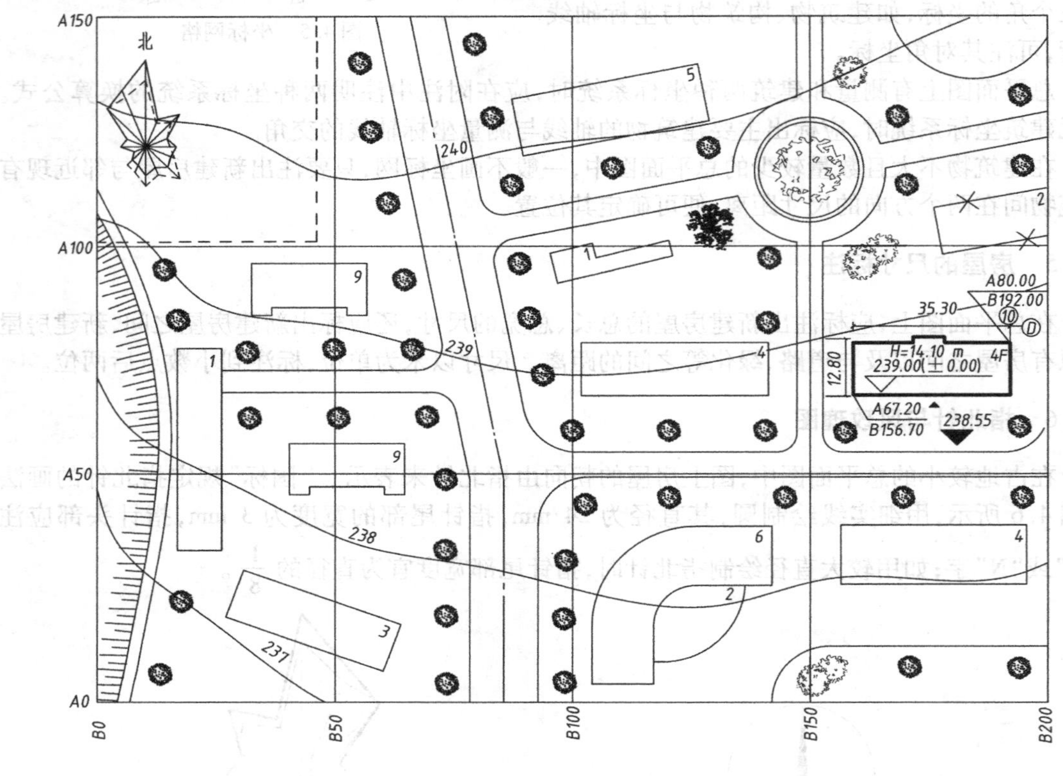

总平面图 1:500

图4.8 总平面图

8 **总平面图图示的主要内容**

①图名、比例。

②用等高线表示出的地形地貌。

③用图例表示出新建或扩建区域的总体布局，表明各建筑物和构筑物的位置、层数、道路、广场、绿化等的布置情况。

④确定新建或扩建工程的具体位置，标出坐标或定位尺寸。

⑤注明新建房屋底层室内地面和室外整平地面的绝对标高。

⑥画出风玫瑰图或指北针。

第3节　建筑平面图

1　平面图的形成、名称及图示方法

用一假想的水平剖切平面经过房屋的门窗洞口把房屋切开，移去剖切平面以上的部分，将其下面部分向 H 面作正投影所得到的水平剖面图，在建筑图中习惯称为平面图，如图4.9、图4.10所示。

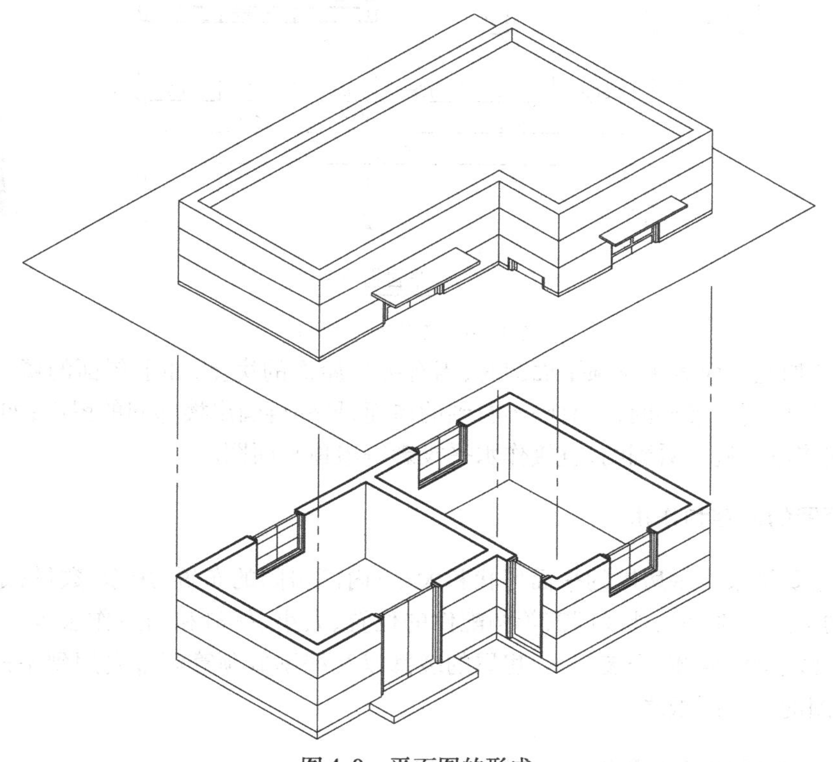

图4.9　平面图的形成

房屋最底层的平面图，叫底层平面图；中间层平面图是过该层门窗洞口的水平剖切面与其下一层过门窗洞口的水平剖切面之间一段的水平投影，中间各层若布局完全相同时，可用一个平面图来代表，这个平面图就叫标准层平面图，当中间有些楼层平面布局不相同时，则只需画出该局部平面图；顶层平面图也是过顶层门窗洞口的水平剖切面与下一层过门窗洞口的水平剖切面之间一段的水平投影。标注时，应在图的下方正中标注出相应的图名，如“底层平面图”、“三层平面图”、“标准层平面图”等。图名下方应画一条粗实线，图名右方用小号字标出注图形的比例。

在平面图的表示中，底层平面图上除画出底层的投影内容外，还应画出所看到的与房屋有关的散水、台阶、花台等内容；二层平面图除表示出二层的投影内容外，还应画出过底层门窗洞口的水平剖切面以上的雨篷、遮阳等内容，而对于散水、台阶、花台等则无需画出；依此类推，画

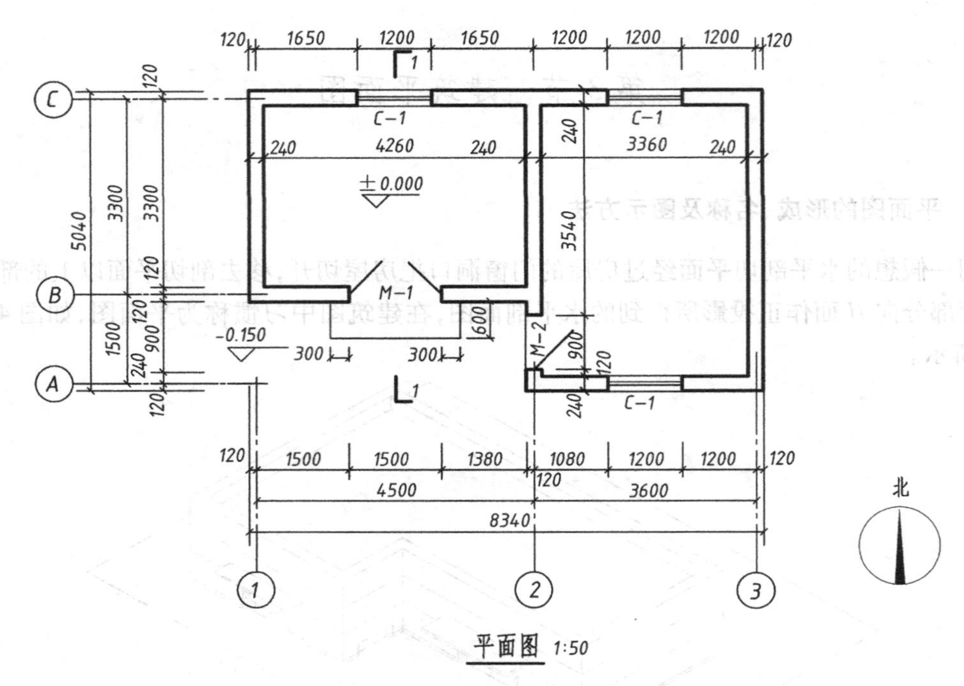

图 4.10　传达室平面图

以上各层都是如此。而表示屋顶平面图时，当有突出屋面的房屋，如上屋面的楼梯间，此时依前述方法表示，即剖到楼梯间，同时画出看到的屋面，另外再画出楼梯间的屋面；如没有突出屋面的房屋，则将屋面视为看到的，直接作水平投影得屋顶平面图。

2　平面图的内容和作用

平面图主要用来表示房屋的平面形状和大小；内部房间的布置、用途、数量；走道、楼梯等上下、内外的交通联系；墙、柱及门窗等构配件的位置、大小、材料和构造作法等。在施工过程中，房屋的放线、砌筑墙体、安装门窗、房屋的装修以及编制概预算等都要用到平面图，平面图是建筑施工图的主要图纸之一。

3　绘制平面图的有关规定

3.1　比例

建筑平面图通常用 1∶50、1∶100、1∶200 的比例绘制，必要时，可增加 1∶150、1∶300 的比例。

3.2　图例

在房屋平面图中，由于所用比例较小，所以对平面图中的建筑配件和卫生设备，如门窗、楼梯、烟道、通风道、洗脸盆、大便器等无法按真实投影画出，对此采用“国标”中规定的图例来表示，见表 4.4。而真实的投影情况另用较大比例的详图来表示。

表4.4　建筑构造及配件图例

名　称	图　例	说　明
墙　体		1. 上图为外墙，下图为内墙 2. 外墙细线表示有保温层或有幕墙 3. 应加注文字或涂色或图案填充表示各种材料的墙体 4. 在各层平面图中防火墙宜着重以特殊图案填充表示
隔断		1. 加注文字或涂色或图案填充表示各种材料的轻质隔断 2. 适用于到顶与不到顶隔断
玻璃幕墙		幕墙龙骨是否表示由项目设计决定
栏杆		
楼梯	下 下 上 上	1. 上图为顶层楼梯平面，中图为中间层楼梯平面，下图为底层楼梯平面 2. 需设置靠墙扶手或中间扶手时，应在图中表示

续表

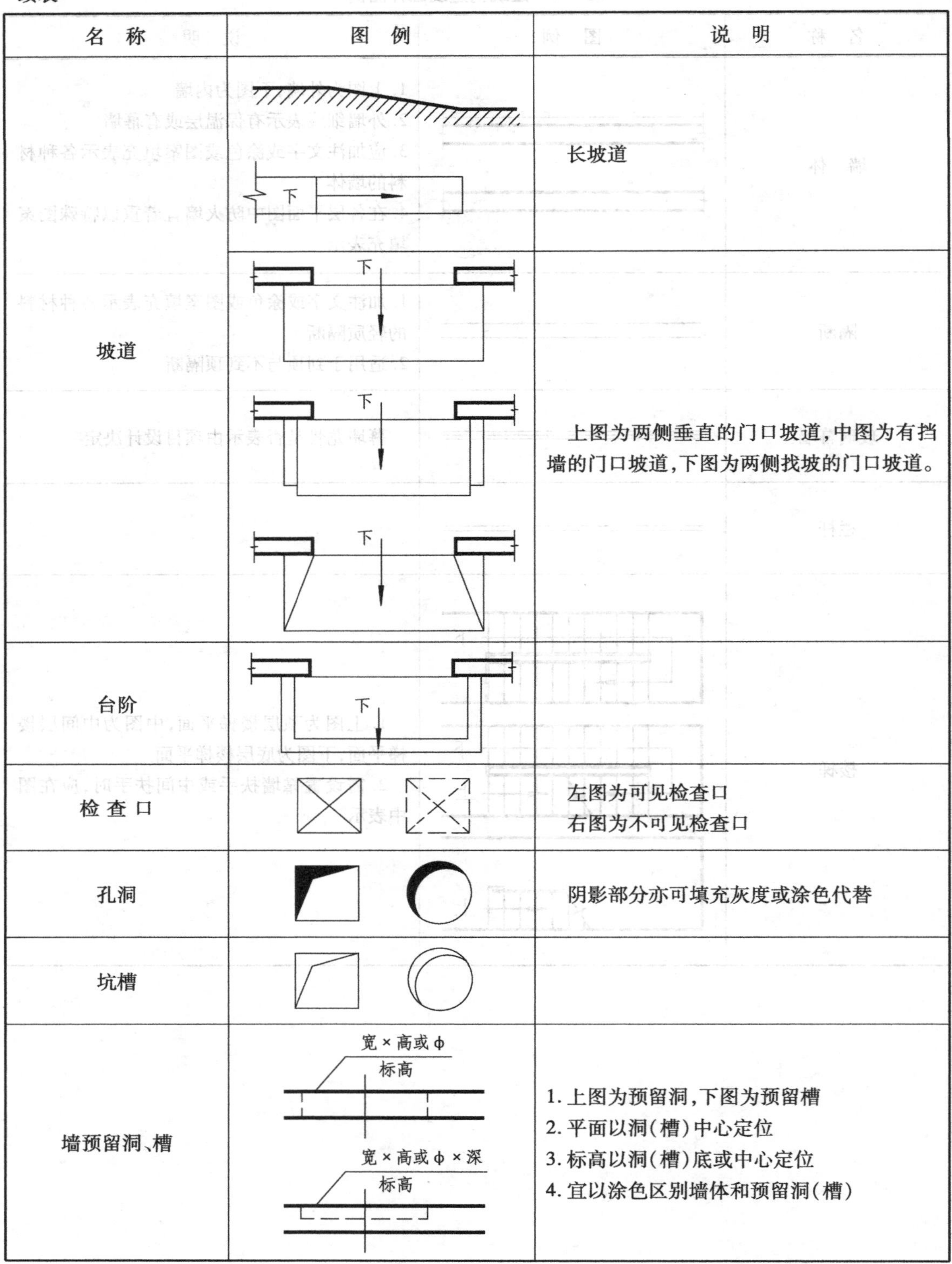

名　称	图　例	说　明
坡道	下	长坡道
	下 下 下	上图为两侧垂直的门口坡道，中图为有挡墙的门口坡道，下图为两侧找坡的门口坡道。
台阶	下	
检 查 口		左图为可见检查口 右图为不可见检查口
孔洞		阴影部分亦可填充灰度或涂色代替
坑槽		
墙预留洞、槽	宽×高或φ 标高 宽×高或φ×深 标高	1. 上图为预留洞，下图为预留槽 2. 平面以洞（槽）中心定位 3. 标高以洞（槽）底或中心定位 4. 宜以涂色区别墙体和预留洞（槽）

续表

名 称	图 例	说 明
地 沟	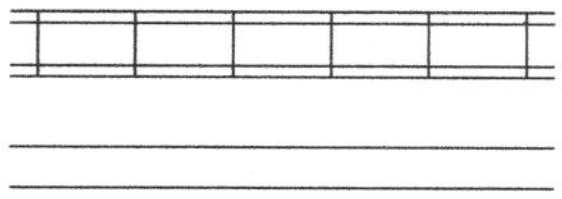	上图为有盖板地沟,下图为无盖板明沟
烟道	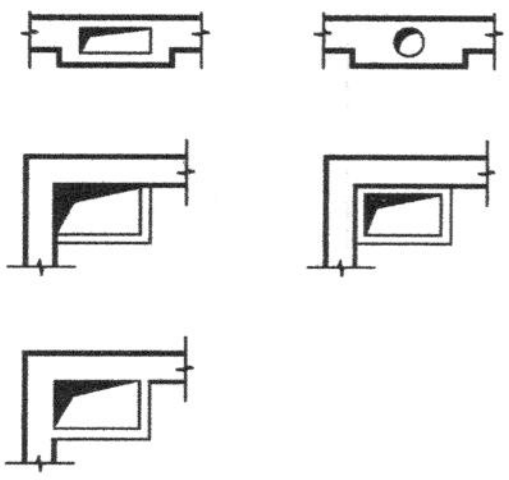	1. 阴影部分亦可填充灰度或涂色代替 2. 烟道、风道与墙体为相同材料,其相接处墙身线应连通 3. 烟道、风道根据需要增加不同材料的内衬
风道	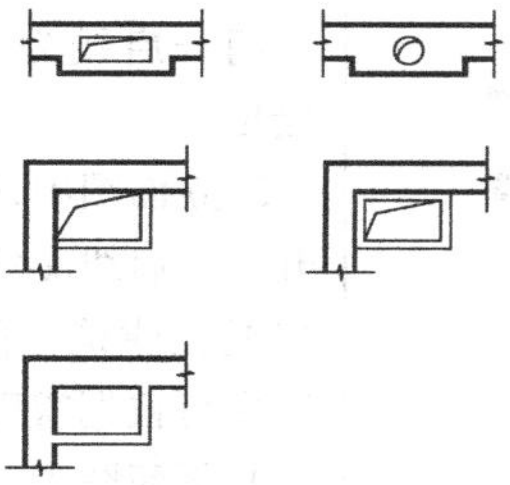	
新建的墙和窗	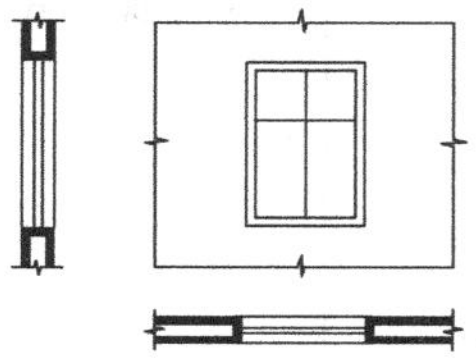	
空门洞	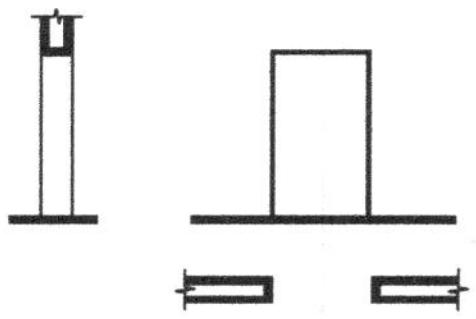 h=	h 为门洞高度

续表

名　称	图　例	说　明
单面开启单扇门（包括平开或单面弹簧）	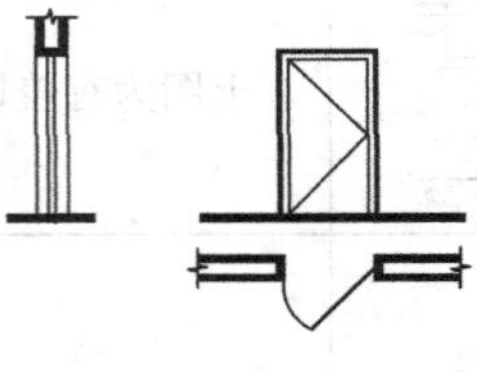	1. 门的名称代号用 M 表示 2. 平面图中，下为外，上为内 门开启线为 90°、60°或 45°，开启弧线宜绘出 3. 立面图中，开启线实线为外开，虚线为内开。开启线交角的一侧为安装合页一侧。开启线在建筑立面图中可不表示，在立面大样图中可根据需要绘出 4. 剖面图中，左为外，右为内 5. 附加纱窗应以文字说明，在平、立、剖面图中均不表示 6. 立面形式应按实际情况绘制
双面开启单扇门（包括双面平开或双面弹簧）		
双层单扇平开门		
单面开启双扇门（包括平开或单面弹簧）		
双面开启双扇门（包括双面平开或双面弹簧）		
双层双扇平开门		

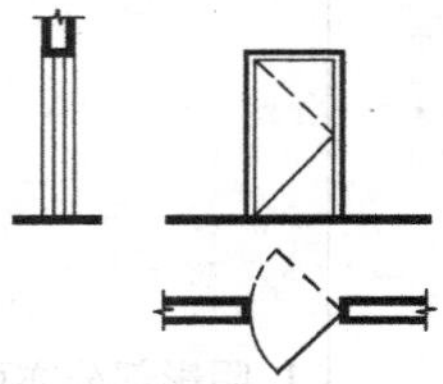

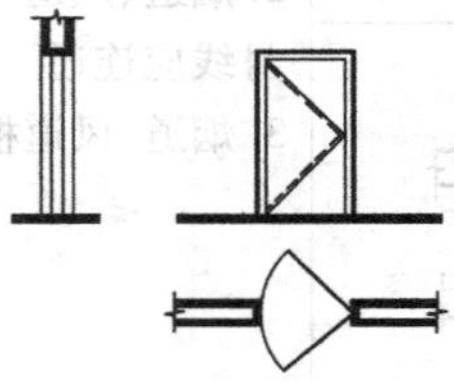

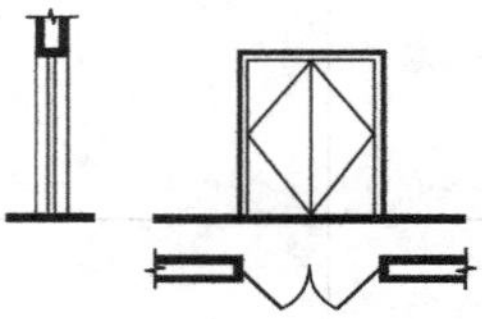

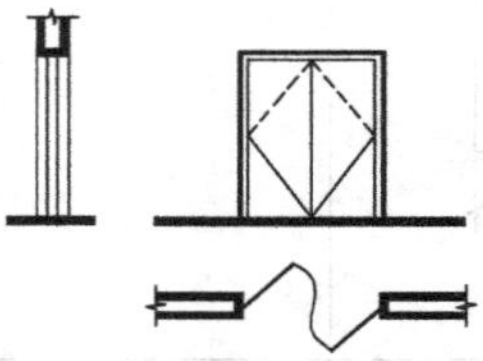

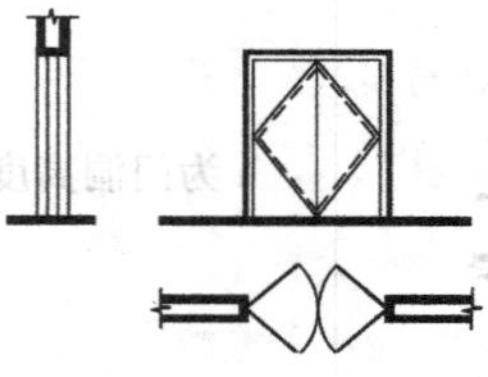

续表

名　称	图　例	说　明
折叠门	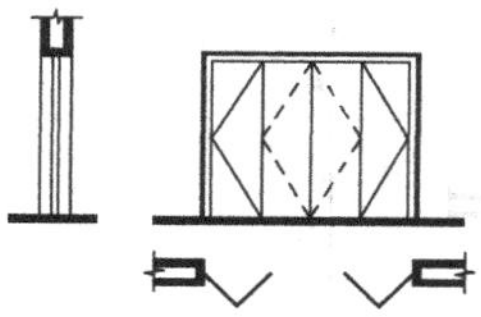	1. 门的名称代号用 M 表示 2. 平面图中，下为外，上为内 3. 立面图中，开启线实线为外开，虚线为内开。开启线交角的一侧为安装合页一侧 4. 剖面图中，左为外，右为内 5. 立面形式应按实际情况绘制
推拉折叠门	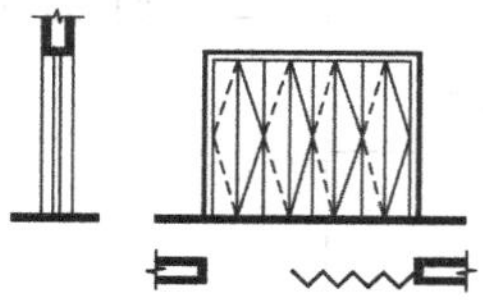	
墙洞外单扇推拉门	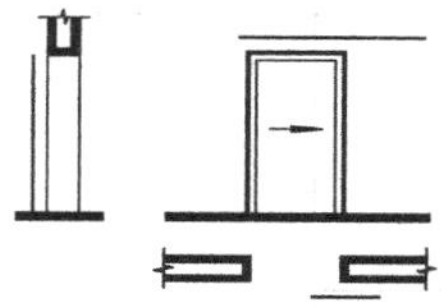	1. 门的名称代号用 M 表示 2. 平面图中，下为外，上为内 3. 剖面图中，左为外，右为内 4. 立面形式应按实际情况绘制
墙洞外双扇推拉门	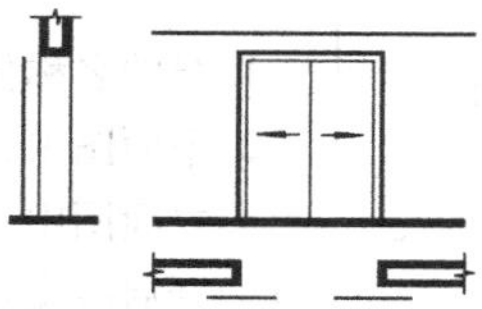	
墙中单扇推拉门	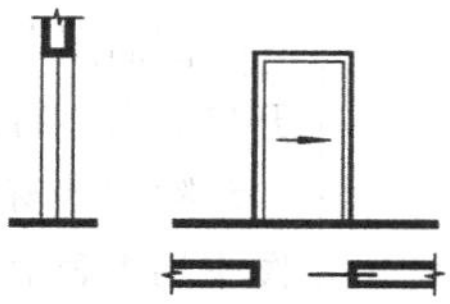	1. 门的名称代号用 M 表示 2. 立面形式应按实际情况绘制
墙中双扇推拉门	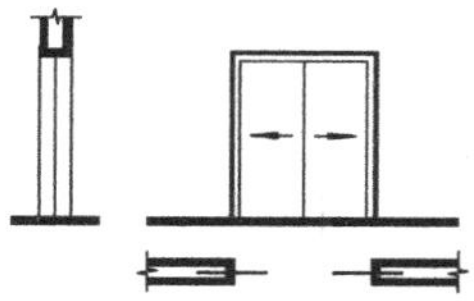	

续表

名 称	图 例	说 明
旋转门	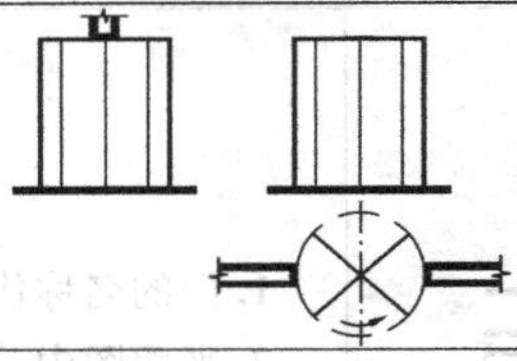	1. 门的名称代号用 M 表示 2. 立面形式应按实际情况绘制
自动门	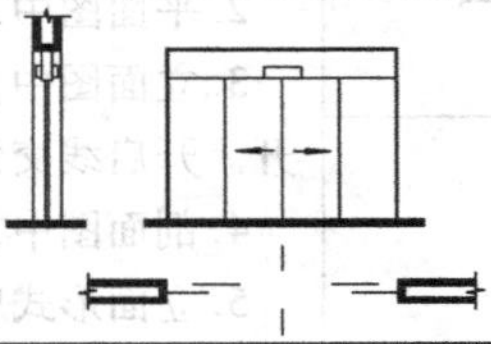	
竖向卷帘门	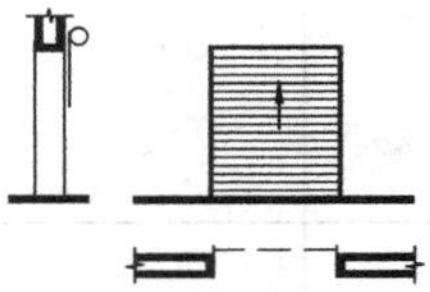	
固定窗	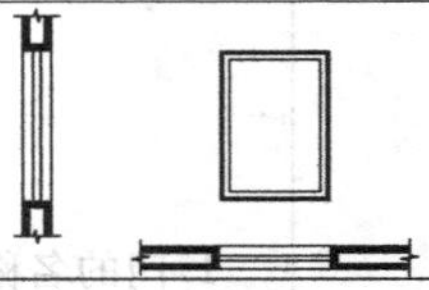	1. 窗的名称代号用 C 表示 2. 平面图中,下为外,上为内 3. 立面图中,开启线实线为外开,虚线为内开。开启线交角的一侧为安装合页一侧。开启线在建筑立面图中可不表示,在门窗立面大样图中需绘出 4. 剖面图中,左为外,右为内。虚线仅表示开启方向,项目设计不表示 5. 附加纱窗应以文字说明,在平、立、剖面图中均不表示 6. 立面形式应按实际情况绘制
上悬窗	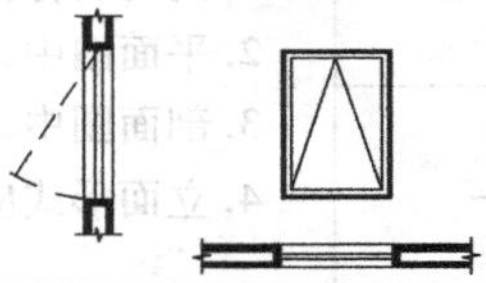	
中悬窗	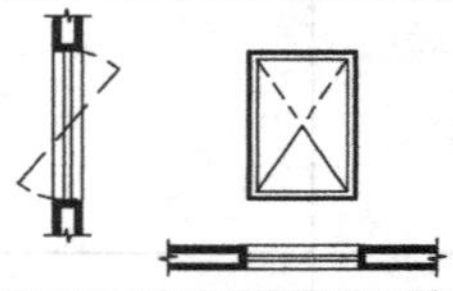	
下悬窗	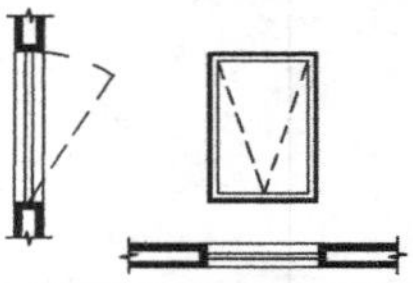	
立转窗	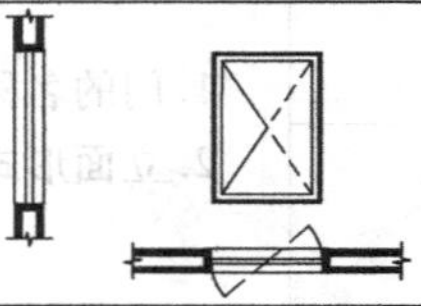	
单层外开平开窗	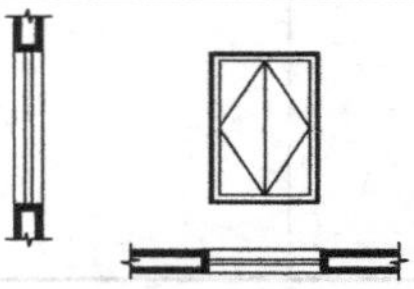	

续表

名称	图例	说明
单层内开平开窗	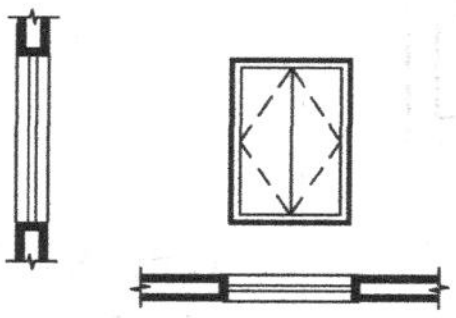	1. 窗的名称代号用C表示 2. 平面图中,下为外,上为内 3. 立面图中,开启线实线为外开,虚线为内开。开启线交角的一侧为安装合页一侧。开启线在建筑立面图中可不表示,在门窗立面大样图中需绘出 4. 剖面图中,左为外,右为内。虚线仅表示开启方向,项目设计不表示 5. 附加纱窗应以文字说明,在平、立、剖面图中均不表示 6. 立面形式应按实际情况绘制
双层内外开平开窗		
单层推拉窗	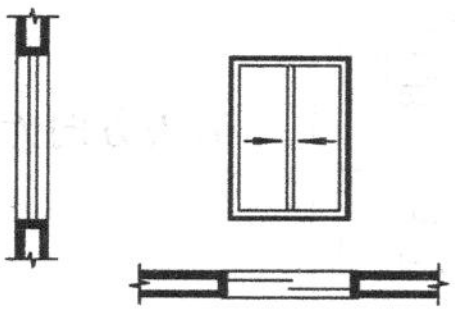	1. 窗的名称代号用C表示 2. 立面形式应按实际情况绘制
上推窗		
百叶窗		
高窗	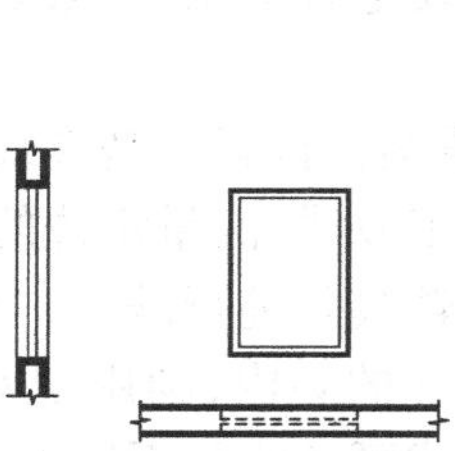 h=	1. 窗的名称代号用C表示 2. 立面图中,开启线实线为外开,虚线为内开。开启线交角的一侧为安装合页一侧。开启线在建筑立面图中可不表示,在门窗立面大样图中需绘出 3. 剖面图中,左为外,右为内 4. 立面形式应按实际情况绘制 5. h表示高窗底距本层地面高度 6. 高窗开启方式参考其他窗型

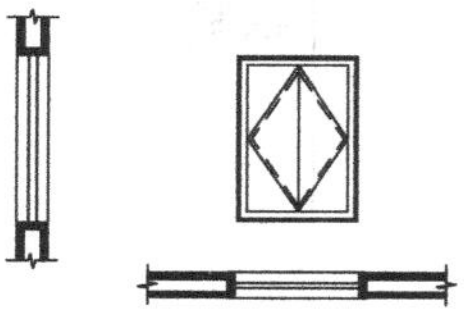

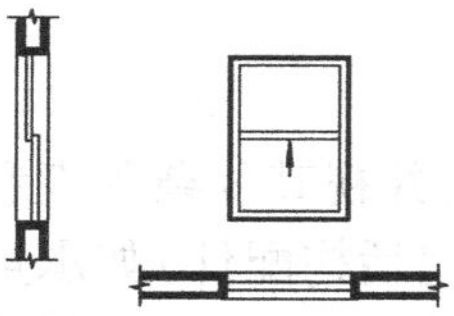

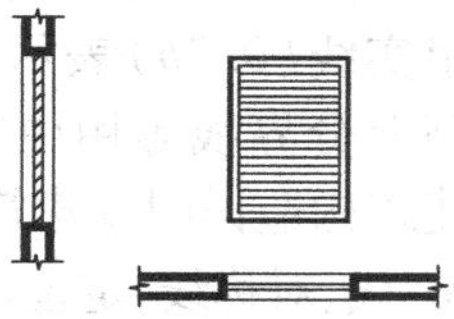

水平及垂直运输装置图例

名 称	图 例	说 明
电 梯		1. 电梯应注明类型,并按实际绘出门和平衡锤或导轨的位置 2. 其他类型电梯应参照本图例按实际情况绘制
杂物梯、食梯		
自动扶梯	下 上 上	箭头方向为设计运行方向

3.3 图线

建筑平面图上,为清晰表示出视图的内容,并视其复杂程度和比例,需选用不同的线宽和线型。“国标”规定:被剖到的主要建筑构造(包括构配件)如承重墙、柱的断面轮廓线用粗实线(b);被剖切到的次要建筑构造(包括构配件)的轮廓线、建筑构配件的轮廓线、建筑构造详图及建筑构配件详图中的一般轮廓线等用中粗实线($0.7b$)表示;尺寸线、尺寸界线、索引符号、标高符号、引出线、粉刷线、保温层线、地面高差分界线等用中实线($0.5b$)表示;图例填充线、家具线、纹样线等用细实线($0.25b$)表示。建筑构造详图及建筑构配件不可见的轮廓线、拟扩建的建筑物轮廓线用中粗虚线($0.7b$)表示;中心线、对称线、定位轴线用细单点长画线($0.25b$)表示。绘制较简单的图样时,可采用粗、细两种线宽的线宽组,其线宽比宜为 $b:0.25b$。

3.4 定位轴线及编号

确定房屋中的墙、柱、梁和屋架等主要承重构件位置的基准线,叫定位轴线,它使房屋的平面划分及构件统一趋于简单。是结构计算、施工放线、测量定位的依据。

房屋的施工图中,对承重结构要画出定位轴线并进行编号,“国标”规定:定位轴线应用细点画线绘制;定位轴线的编号应注写在轴线端部的圆内,圆用细实线绘制,直径为 8 ~ 10 mm。定位轴线圆的圆心,就在定位轴线的延长线上或延长线的折线上。平面图上,定位轴线的编号宜标注在图样的下方与左侧。横向编号应用阿拉伯数字 1、2、3、…从左至右顺序编写,竖向编号应用大写拉丁字母 A、B、C、…从下至上顺序编写,但拉丁字母中的 I、O、Z 不得用于轴线编号,以免与数字 1、0、2 相混淆,如图 4.11 所示。

如字母数量不够使用,可增用双字母或单字母加数字注脚,如 A_A、B_A…Y_A 或 A_1、B_1…Y_1。

当房屋平面形状较复杂时,为使标注和看图简单、直观,可将定位轴线采取分区编号,如图

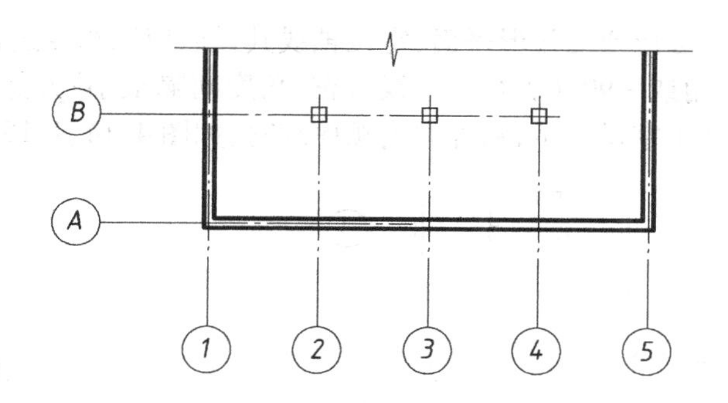

图4.11　定位轴线的编号顺序

4.12所示。编号的注写形式为“分区号—该分区编号”。分区号采用阿拉伯数字或大写拉丁字母表示。

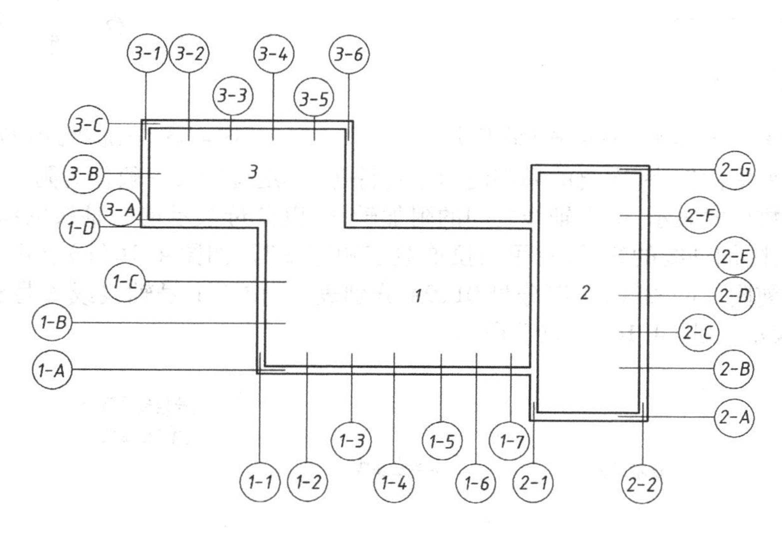

图4.12　定位轴线的分区编号

若房屋平面形状为折线型,定位轴线可按图4.13的形式编写,如图4.13所示。

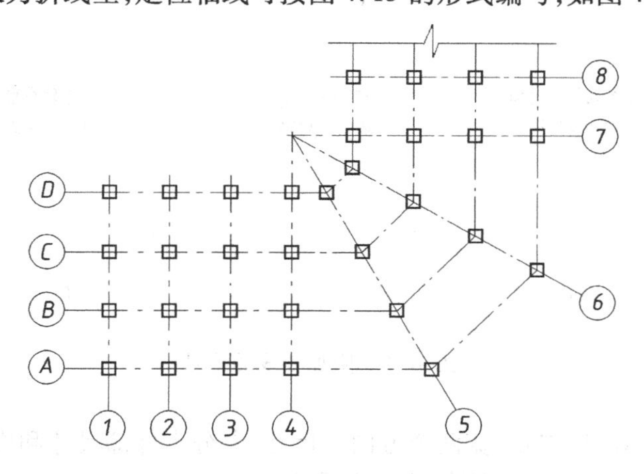

图4.13　折线形平面定位轴线的编号

若房屋平面形状为圆形或圆弧形平面，定位轴线其径向应以角度进行定位，其编号宜用阿拉伯数字表示，从左下角或 -90°（若径向轴线很密，角度间隔很小）开始，按逆时针顺序编写；其环向轴线宜用大写拉丁字母表示，从外向内顺序编写，如图 4.14、4.15 所示。

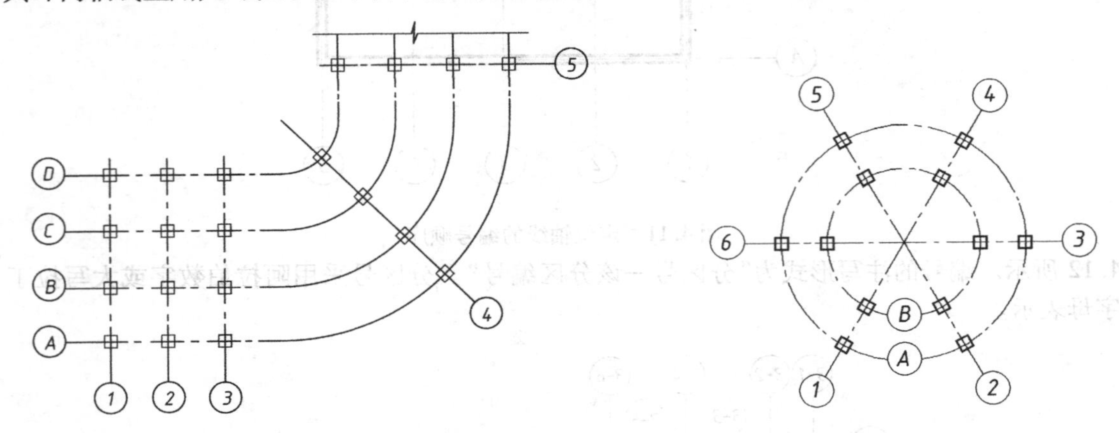

图 4.14　圆弧形平面定位轴线的编号　　　图 4.15　圆形平面定位轴线的编号

对某些非承重构件，和次要的局部的承重构件等，其定位轴线一般作为附加轴线。附加轴线的编号用分数形式表示，两根轴线之间的附加轴线，以分母表示前一轴线的编号，分子表示附加线的编号，附加轴线的编号，宜用阿拉伯数字顺序编写，如图 4.16(c)、(d)所示。1 号轴线或 *A* 号轴线前附加的轴线，应以分母 01、0*A* 分别表示，位于 1 号轴线或 *A* 号轴线之前的轴线，用分子来表示，如图 4.16(e)、(f)所示。

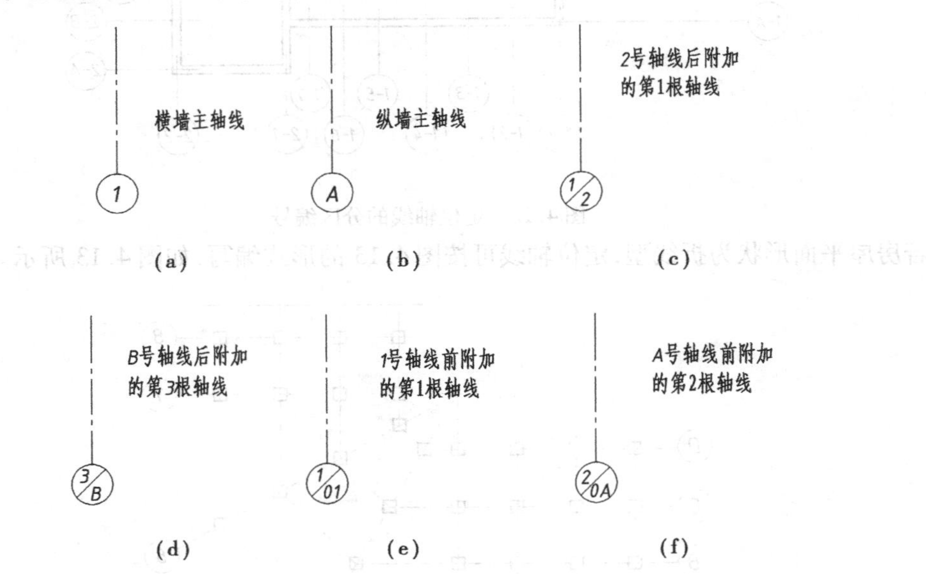

图 4.16　附加轴线的编号

3.5　尺寸标注

平面图上，主要标注房屋长、宽两个方向的尺寸，它分为外部尺寸和内部尺寸来标注。

(1)外部尺寸：在外墙上一般要标注三道尺寸。

最外一道尺寸，标注的是房屋的总长和总宽，它是指从房屋的一端外墙的外边到另一端外墙的外边之间的距离(不含外粉刷或外墙贴面的厚度),它叫总尺寸,也叫外包尺寸。如图4.10中房屋的总长为8,340 mm,总宽为5,040 mm。

中间一道尺寸,叫定位尺寸,也叫轴线尺寸,即标注的是两轴线间的距离。一般情况下,指的是“开间”和“进深”的尺寸,两横向轴线间的尺寸叫“开间”尺寸;两纵向轴线间的尺寸叫“进深”尺寸。如图4.10中,传达室的开间尺寸为①、②轴线间的距离4,500 mm;进深尺寸为Ⓑ、Ⓒ轴线间的距离,3,300 mm。

最里边一道尺寸,标注的是外墙上门窗洞口、墙段、柱等细部的位置和大小的尺寸,叫细部尺寸,以及与轴线相关的尺寸。

除这三道尺寸外,还应标注外墙以外的花台、台阶、散水等尺寸,这些叫局部尺寸。以上尺寸均不包括粉刷厚度。

当房屋外墙前、后或左、右一样时,宜在图形的左边、下边标注尺寸;当不一样时,则在图形的各边都标注尺寸;局部一样时,标注不同部分。

(2)内部尺寸:

主要标注房屋室内的净空、内墙上门窗洞口、墙垛的位置和大小、内墙厚度、柱子的大小及与轴线的关系(不考虑内粉刷和内墙贴面厚度),还有某些固定设备,如搁板、洗池、壁橱等的位置和大小也应标注尺寸。

在平面图中,还应标注室内各层楼地面的标高(它是装修后的完成面标高),一般都是以底层室内地坪为±0.000,然后相对于它标出其他各层的标高。

3.6　门窗编号

在平面图中,门窗是按“国标”规定的图例画出的,为了区别门窗类型和便于统计,应将不同大小、型式、材质的门窗进行编号,常用字母M作为门的代号,C作为窗的代号(即为汉语拼音的第一个字母);将编号写成“M_1”、“M_2”、“C_1”、“C_2”等;也可采用标准图集上的门窗代号来编注,如“X—,924”、“B—1,515”等,但各地的编号不统一,应选择本地区的门窗标准图中的编号方法来标注。

门窗编号应标注在门窗洞口旁,这样看图方便。

对图中各编号所代表的门窗类型、尺寸、数量另外列表说明。

3.7　剖切符号、指北针、详图索引及房屋名称的标注

在底层平面图上,应标注出剖切符号,其位置应选择能反映房屋全貌、构造特征及有代表性的部位剖切。

指北针应绘制在建筑物±0.000标高的平面图上,以表示房屋的朝向,如图4.10所示。所指的方向应与总图一致。

在建筑平面图中,在需要进一步说明的地方,须标注出详图索引符号。

在图中还应标注出各房间的名称。

3.8　抹灰层、材料图例

在平面图中,对抹灰层、保温隔热层和材料图例根据不同的比例采用不同的画法:当比例大于1∶50时,应画出抹灰层、保温隔热层等面层线,并宜画出材料图例;当比例等于1∶50时,宜绘出保温隔热层,抹灰层的面层线应根据需要而定;当比例小于1∶50时,可不画抹灰层;当比例为1∶100~1∶200时,可画简化的材料图例(如砖墙涂红、钢筋混凝土涂黑,如图4.16钢筋混凝土构造柱);当比例小于1∶200时,可不画材料图例。

3.9　平面图的阅读

(1)图4.17(a)为一新建办公楼的底层平面图,从图上可看到该办公楼平面基本上为一字

型，内廊式布局即前后两排为房间，中间为走廊。从其定位轴线来看，横墙轴线编号从①到⑩；纵墙轴线编号为Ⓐ到Ⓔ。在ⒶⒷ轴线间的房间中，除中间⑤⑥轴线间的门厅外，其两边都为办公室；在ⒸⒹ轴线间的后排房间中，①～③轴线为两间厕所，其余为办公室。在⑤⑥轴线与ⒹⒺ轴线间的范围内是楼梯间；门厅前面为主要出入口，走廊两端为次要出入口。

房屋外标有三道尺寸，最外一道为总尺寸，即办公楼总长35300 mm、总宽12800 mm；第二道尺寸为轴线尺寸，即办公室和厕所开间都为3600 mm，进深都为4500 mm，门厅和楼梯间的开间都为6000 mm，门厅进深为4500 mm；楼梯间进深为5700 mm；走廊轴线距离2100 mm。最里边一道尺寸为外墙上墙柱相对于轴线的尺寸和所开门窗洞口的尺寸；另外还标有局部尺寸，如室外台阶、散水等尺寸。此外，室内也标注了纵、横两方向的尺寸。在楼梯间处，还标出了上行第一梯段的净宽 2700 mm 及与两边墙体的距离 1550 mm、第一步踢面距柱外边的尺寸900 mm。

由于是底层平面，故室内主要用房地坪标高为±0.000；厕所标高为－0.060；房屋大门外设有三步台阶，每步高150 mm，三步高450 mm所以室外地坪标高为－0.450；楼梯为双分式平行楼梯，每层为22步。

房屋内还标出了不同的门窗类型，入口大门为M_1，办公室及厕所的门为M_2，走廊两端出入口的门为M_3；办公室的窗为C_1，厕所的窗为C_3，对这些不同类型的门、窗，另列表说明。

对房间内的固定设备，如厕所内的蹲位、洗手池等都要画出。

在底层平面上，还要标出剖切符号和指北针。

(2)图4.17(b)为标准层平面图，因为二、三、层完全相同，故将它们合为一张图来表示。为了表示出该图代表的层数，仅在标注标高时，将其各层标高标出即可，如楼梯中间平台处标高为1.650和(4.950)；楼层标高为3.300和(6.600)；厕所的标高为3.240和(6.540)。括号内标高为该图所代表的其他层的标高。另还可看到，楼梯按中间层的方式表达出，楼梯间两边为办公室与厕所，即与底层相同。前排房屋的正中为会议室，其两边都为办公室。对底层平面上画出的室外台阶、散水等，图上不再画出，而应画出二层上可见的雨蓬(由于三层平面上不应画出该雨蓬，故标出该雨蓬仅二层有)。

尺寸标注上，室外除局部尺寸不同(由室外台阶换成了雨蓬)外，其余都与底层相同；室内除会议室与楼梯处的尺寸不同外，其余也与底层相同。

门窗代号标注上，增加了会议室门的代号M4，会议室窗的代号C2，楼梯间窗的代号C4。

图4.17(c)为四层平面图，由于楼梯不再上屋面，故楼梯的楼层平台处，与其他楼层相比要多设一个水平栏杆，其他均相同。

(3)图4.17(d)为办公楼的屋顶平面图，从图上看到，该屋顶为平屋顶，设有一上人检查孔；单坡排水，排水坡度为3%，设有四处排水口。由于整个屋顶平面都是可见的，故全画成细实线。由于屋顶平面图较简单，所以可局部标出轴线和尺寸，比例也可缩小。

4 平面图图示的主要内容

①图名、比例。

②定位轴线及编号。

③各种房间的布置、交通联系情况 及它们的形状、尺寸等。

④墙、柱断面形状及尺寸等。

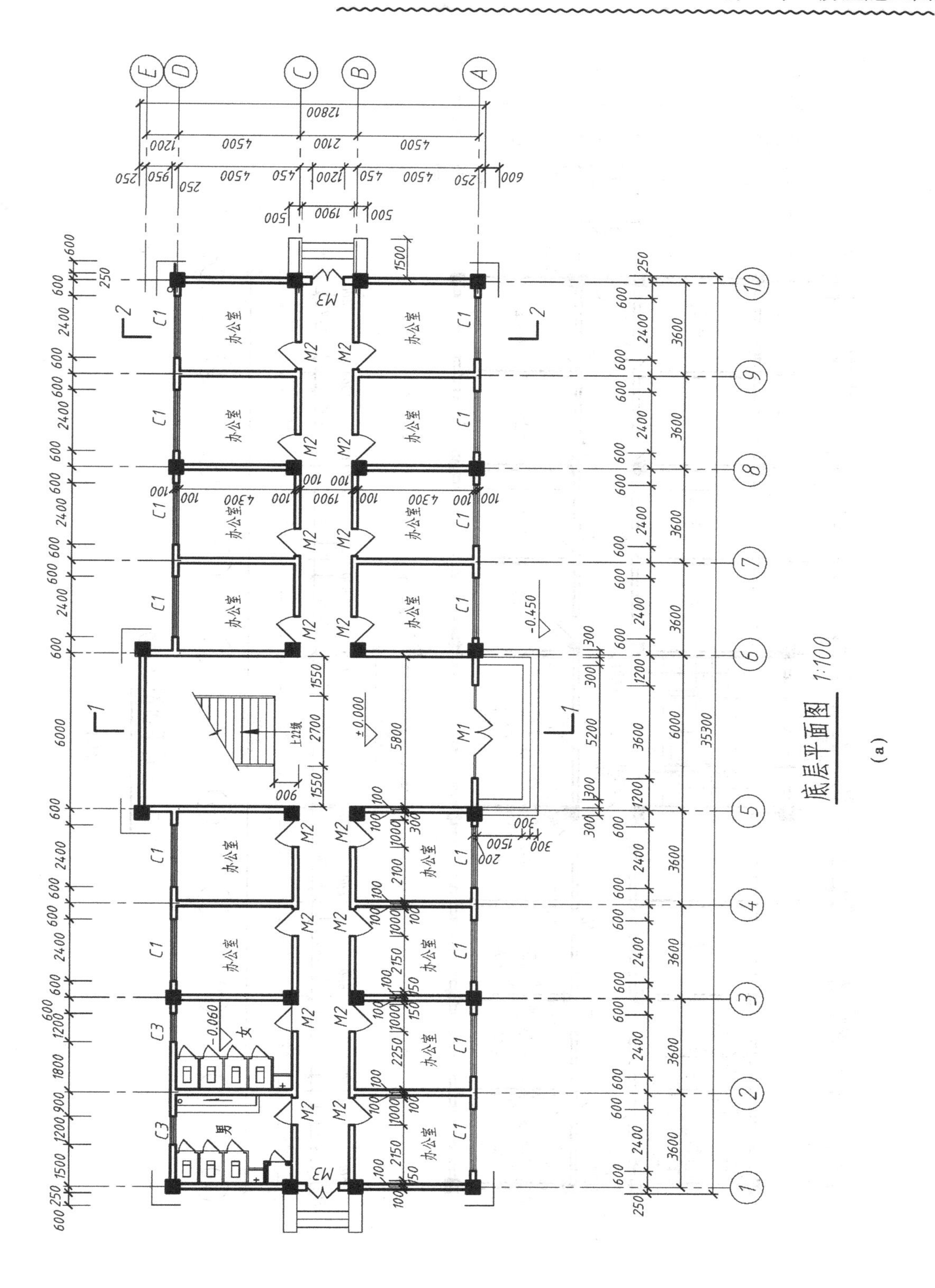
A
B
C
D
E
1
2
3
4
5
6
7
8
9
10
12800
35300
办公室
M1
M2
M3
C1
C3
男
女
上22级
±0.000
-0.450
-0.060

底层平面图 1:100

(a)

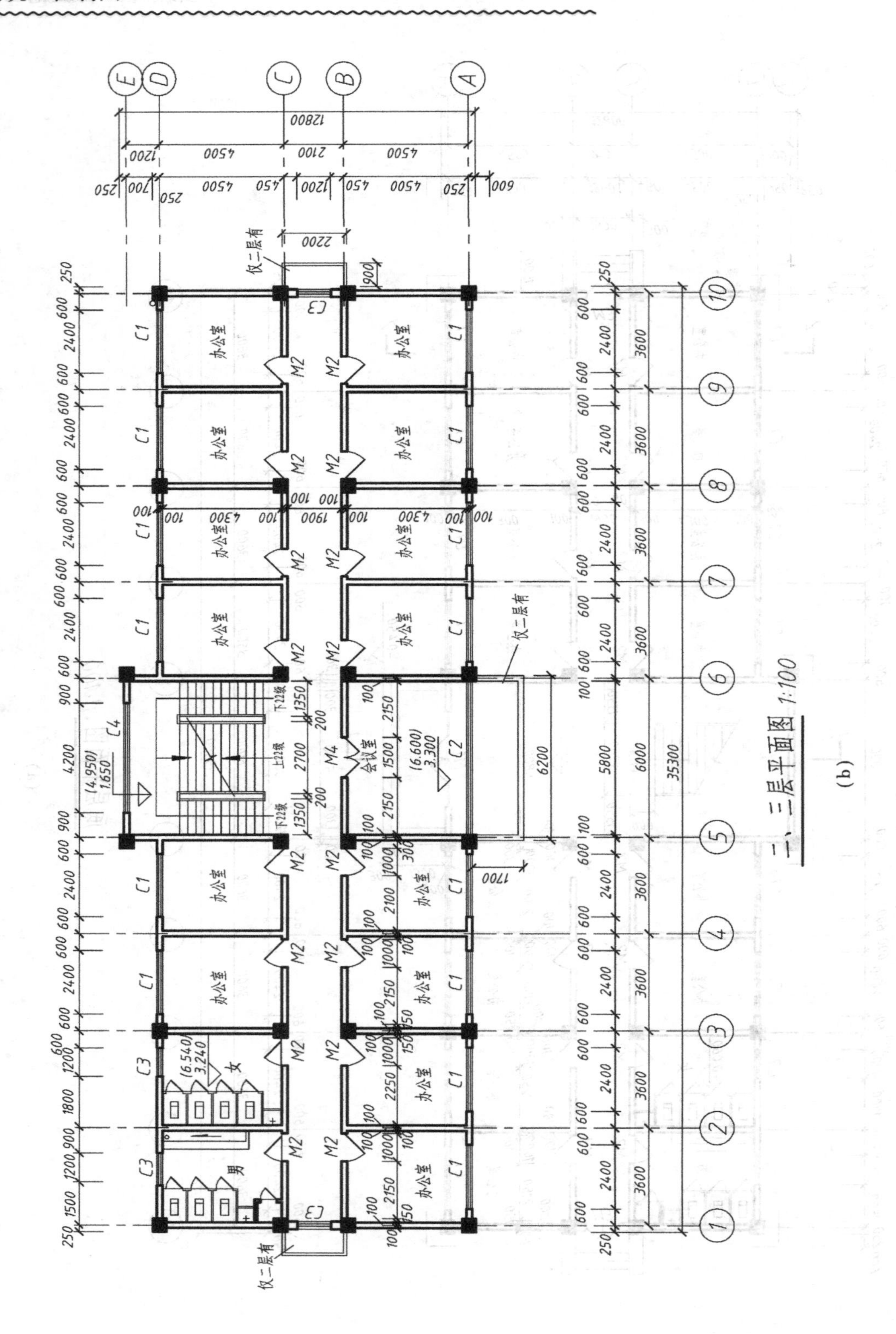

二、三层平面图 1:100

(b)

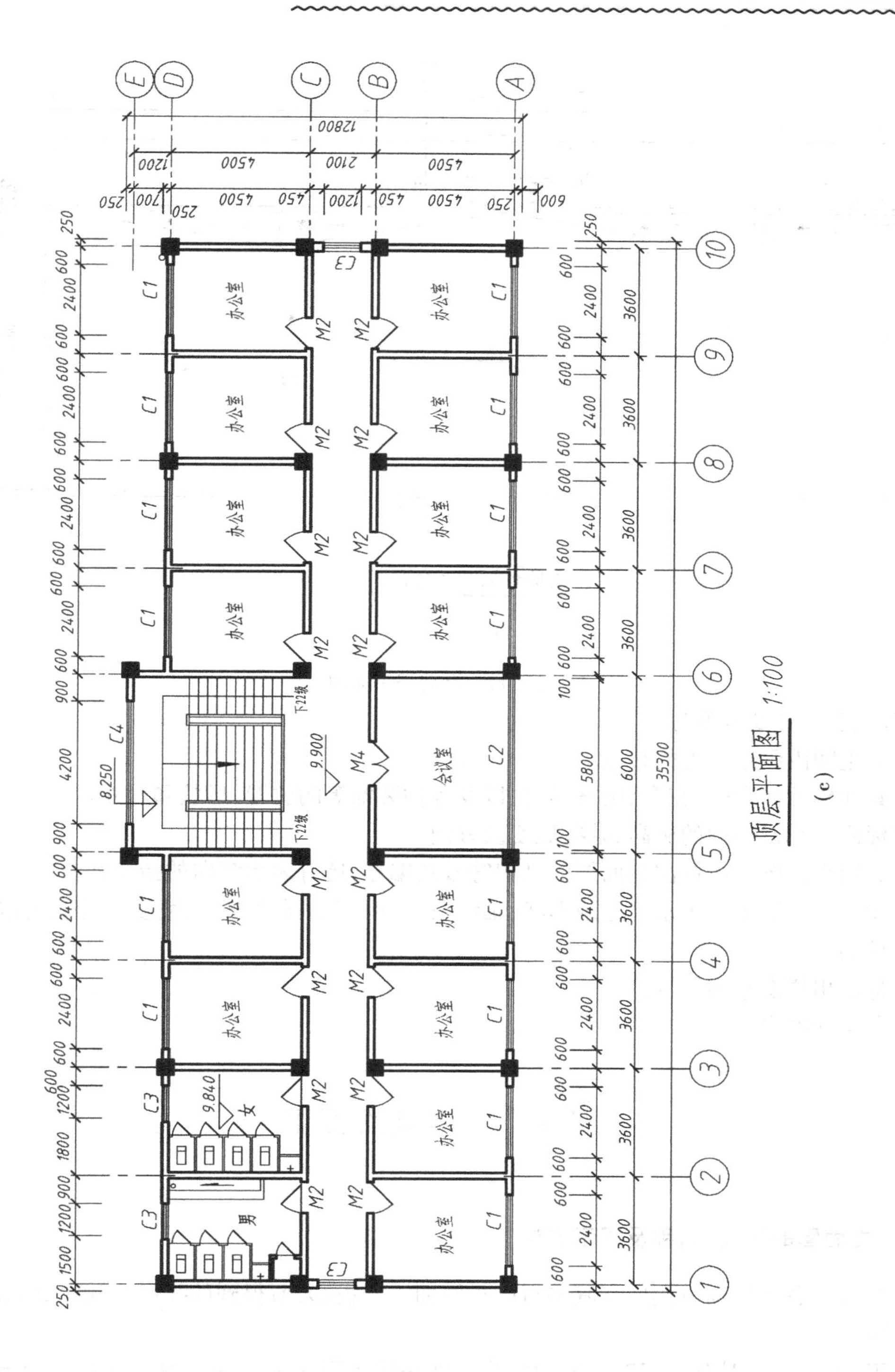
顶层平面图 1:100
(c)
办公室
会议室
男
女
C1
C2
C3
C4
M2
M4
9.900
8.250
9.840
下22级
12800
35300

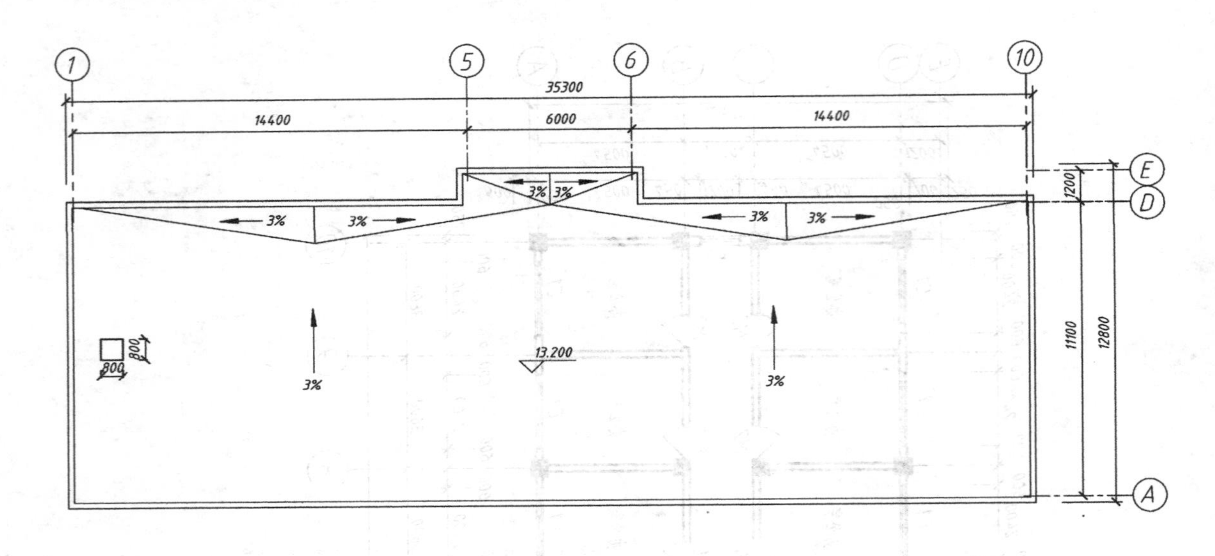

(d)

图 4.17 办公楼平面图

⑤门、窗布置及其型号。

⑥卫生间内固定设施的布置。

⑦其他构件如台阶、花台、雨篷、阳台以及各种装饰等的位置、形状和尺寸。

⑧标注出平面图中的标高、某些坡度及方向。

⑨底层平面图中应标注剖面图的剖切符号及编号，还有表示朝向的指北针。

⑩屋顶平面图中应表示出屋顶形状、轴线及尺寸、屋面排水方向、坡度、天沟、落水管及其他构配件的位置等。

⑪标注出详图索引符号。

⑫各房间的名称。

第 4 节 建筑立面图

1 立面图的形成、名称及图示方法

将房屋的各外墙面分别向与其平行的投影面进行投影，所得到的投影图就叫立面图，如图 4.18 所示。

立面图反映了房屋的外貌特征，通常将反映房屋主要出入口或较显著地反映房屋特征的那个立面图，称为正立面图，以此为准，其余外墙面的投影分别称为背立面图、左侧立面图、右侧立面图；也可用房屋外墙面的朝向来命名，如东立面图、西立面图、南立面图、北立面图等；还可用轴线来表示房屋的各外墙立面，“国标”规定：有定位轴线的建筑物，宜根据两端定位轴线号编注立面图名称，如① ~ ③立面图，Ⓒ ~ Ⓐ立面图等，如图 4.19 所示。

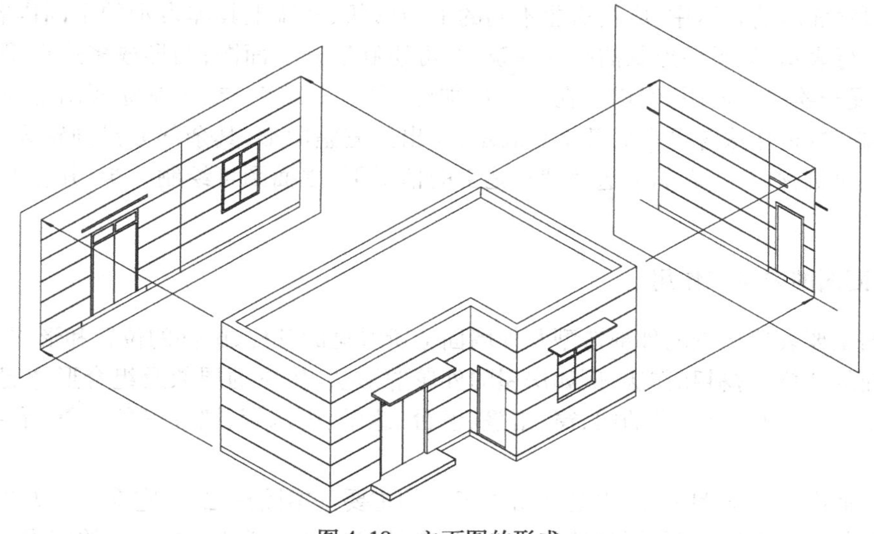

图4.18 立面图的形成

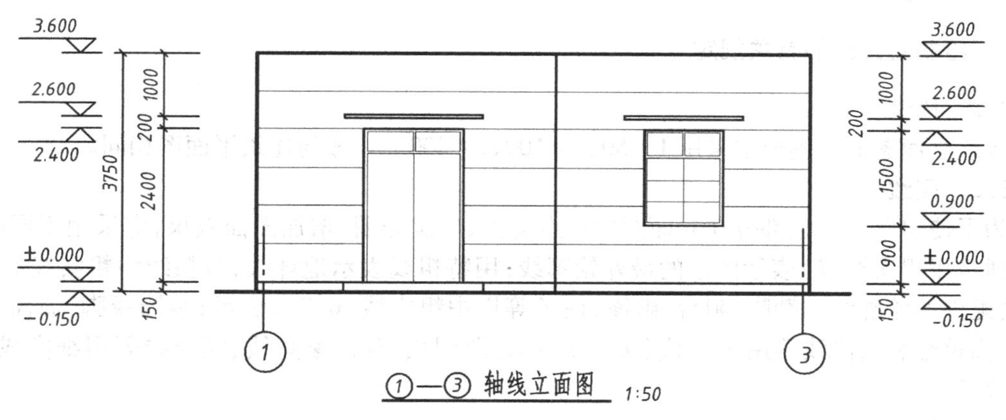

(a)

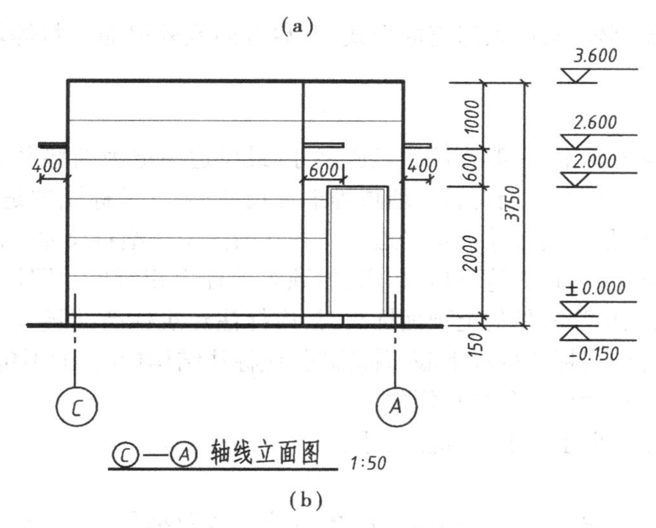

(b)

图4.19 立面图

在房屋立面图的表示中，应视房屋不同的平面形状、外墙上具体表示的不同内容，用不同的方法来进行表示，如平面形状曲折的建筑物，可绘制展开立面图；圆形或多边形平面的建筑物，可分段展开绘制立面图，但均应在图名后加注“展开”二字。在房屋立面图上，相同的门、窗、外檐装修、构造作法等可在局部重点表示，绘出其完整图形，其余部分只画轮廓线；对较简单的对称式建筑物，在不影响构造处理和施工的情况下，立面图可绘制一半，并在对称轴线处画对称符号。

2 立面图的内容和作用

立面图主要表达房屋的外部造型及外墙面上所看见的各构、配件的位置和形式，有的还表达了外墙面的装修、材料和作法，例如房屋的外轮廓形状、房屋的层数及组合形体建筑各部分体量的大小、外墙面上所看见的门、窗、雨篷、窗台、遮阳、雨水管、墙垛等的位置、形状、尺寸和标高。

建筑立面图与平面图一样，也是建筑施工图的主要基本图样之一，它在高度方向上反映了建筑的外貌与装修作法，它是评价建筑的依据，也是编制概预算及进行施工的依据。

3 绘制立面图的有关规定

3.1 比例

建筑立面图的比例通常采用1：50、1：100、1：200。一般与建筑平面图相同。

3.2 图线

为了使房屋各组成部分在立面图中重点突出、层次分明、增加图面效果，应采用不同的线型。通常用粗实线(b)表示图形的最外轮廓线；用特粗线表示地坪线，特粗线为粗实线的1.4倍；构配件的轮廓线如勒脚、阳台、雨篷、柱子等用中粗实线($0.7b$)表示；装饰线脚、墙面分格线、标高符号和引出线等用中实线($0.5b$)表示；图例填充线、家具线、纹样线等用细实线($0.25b$)表示。

3.3 图例

由于立面图的比例较小，所以门窗的形式、开启方向及外墙面材料等均应按“国标”规定的图例画出，见表4.2。

3.4 尺寸标注

在立面图的竖直方向上，一般要标注三道尺寸，最里边一道为细部尺寸，标注的是外墙上的室内外高差、门窗洞口、窗下墙、檐口、墙顶等细部尺寸；第二道标注的是定位尺寸亦即层高尺寸；最外一道标注的是总高尺寸。这三道尺寸在立面图中是绝对尺寸。此外，还应在室内外地坪、台阶顶面、窗洞上下口、雨篷下口、层高、屋顶等处标出相对尺寸即标高，此时，有建筑标高和结构标高之分，当标注构件的上顶面标高时，应标注建筑标高，即包括粉刷层在内的完成面标高，如女儿墙顶面；当标注构件下底面标高时，应标注结构标高，即不包括粉刷层的结构底面，如雨篷；门窗洞口尺寸均不包括粉刷层。

在立面图的水平方向上一般不标注尺寸。

3.5 其他标注

立面图上需标注出房屋左右两端墙(柱)的定位轴线及编号；在图的下方应标注出图名、比例；在立面图上适当的位置用文字标注出其装修(也可不标注，另外单独在建筑总说明中列表说明)。

4 立面图的阅读

(1)如图4.20所示为一新建办公楼的正立面图,从图上可看到办公楼层数为四层,平屋顶;正面上六棵柱子将房屋立面划分成五个开间,顶部女儿墙与柱连成一片;正中间底层为大门,大门下方是室外台阶,大门上方是雨蓬;雨蓬上部二到四层都为条形窗,其余两侧都是矩形大窗。

在房屋右边标注有三道尺寸,最里边一道为细部尺寸,它表示了室内外高差、窗洞高度、窗下墙及女儿墙等尺寸。室内外高差为450 mm,窗洞高1800 mm,窗下墙高1500 mm,女儿墙高450 mm;中间一道为层高尺寸,均为3300 mm;最外一道为总高尺寸,即14100 mm。

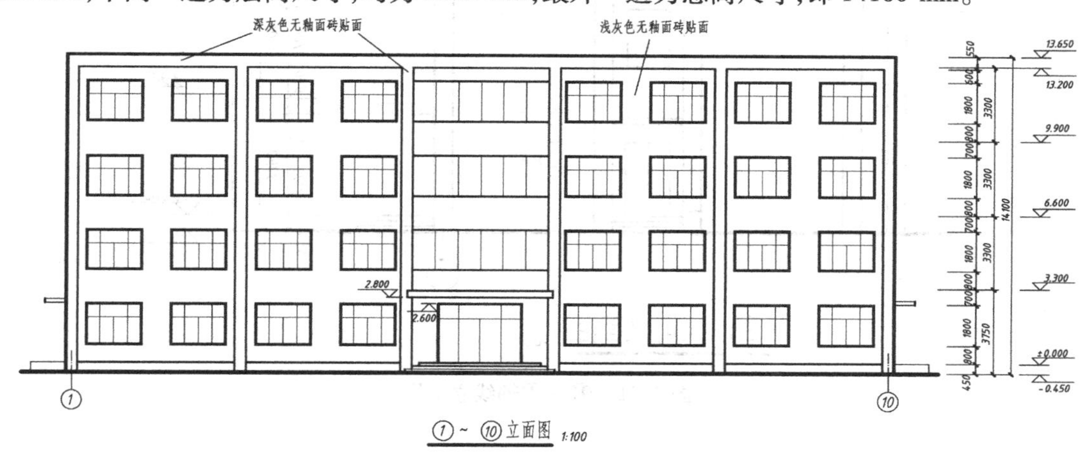

图4.20 ①~⑩轴线立面图

图4.20中还标明了外墙面的装修材料,柱面及女儿墙面贴深灰色外墙砖,其余外墙面贴浅灰色外墙砖。

在房屋左右两端标出了轴线①、⑩,利用轴线标注出了图名。还注明了绘图比例为1:100。

(2)图4.21为新建办公楼的侧立面图,它反映了房屋山墙面上的墙、柱及该面上可见的室外台阶和所开门窗的形式和位置。标出的外墙面上的装修材料和尺寸、标高都与正立面相同。

5 立面图图示的主要内容

①图名、比例。

②房屋外形。

③立面上房屋两端的定位轴线及编号。

④外墙上门窗、雨篷、雨水管、台阶等的形状和位置。

⑤外墙面上各部位的装修材料及作法。

⑥所注尺寸及标高。

⑦详图索引符号。

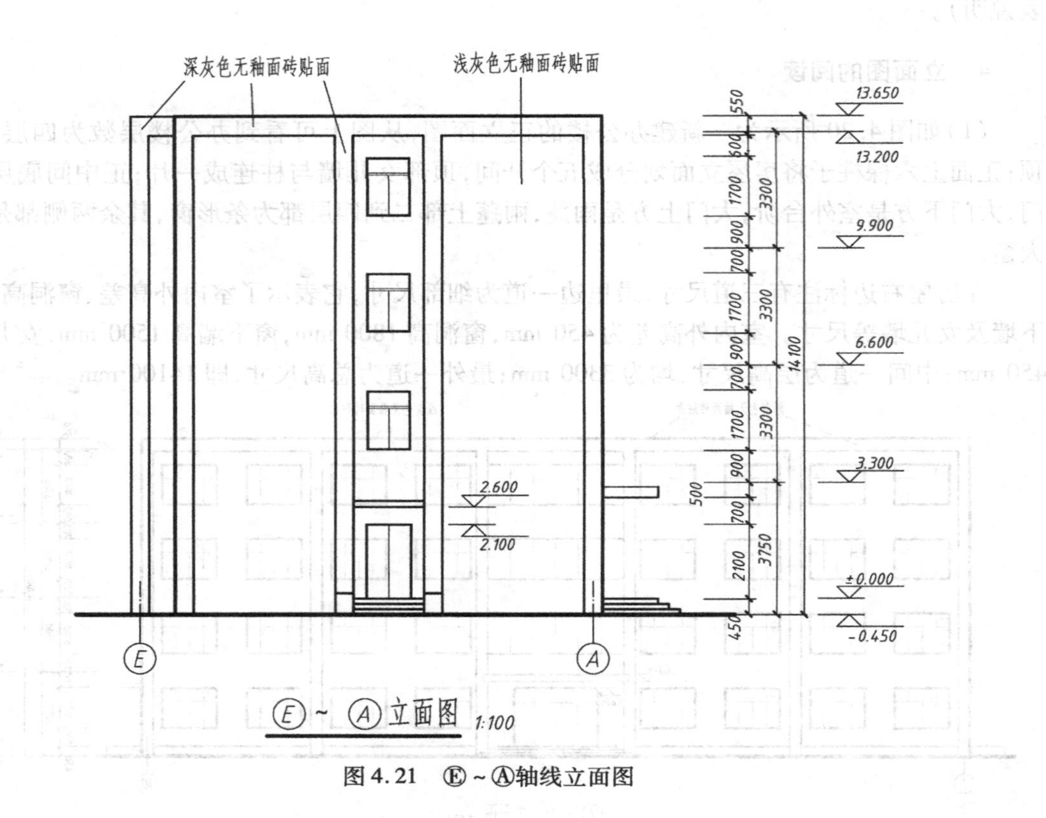

图 4.21　Ⓔ ~ Ⓐ轴线立面图

第 5 节　建筑剖面图

1　建筑剖面图的形成、名称及图示方法

用一个假想的平行于房屋某一外墙轴线的铅垂剖切平面，从上到下将房屋剖切开，将需要留下的部分向与剖切平面平行的投影面作正投影，由此得到的图叫建筑剖面图，如图 4.22 所示。

剖切平面若平行于房屋的横墙进行剖切，得到的剖面图称为横剖面图，若平行于房屋的纵墙进行剖切，得到的剖面图称为纵剖面图。一般在标注剖切符号时，都同时注上了编号，剖面图的名称都用其编号来命名，如 1—1 剖面图、2—2 剖面图等。

房屋剖面图首先是房屋被剖切到的部分应完整、清楚地表达出来，然后自剖切位置向剖视方向看，将所看到的都画出来，不论其距离远近都不能漏画。

在房屋自上而下被剖切开后，地面以下的基础理应也被剖到，但基础属于结构施工图的内容，在建筑剖面图中就不画出，被剖到的墙在地面以下适当的位置用折断线折断，室内其余地方用一条地坪线表示即可。

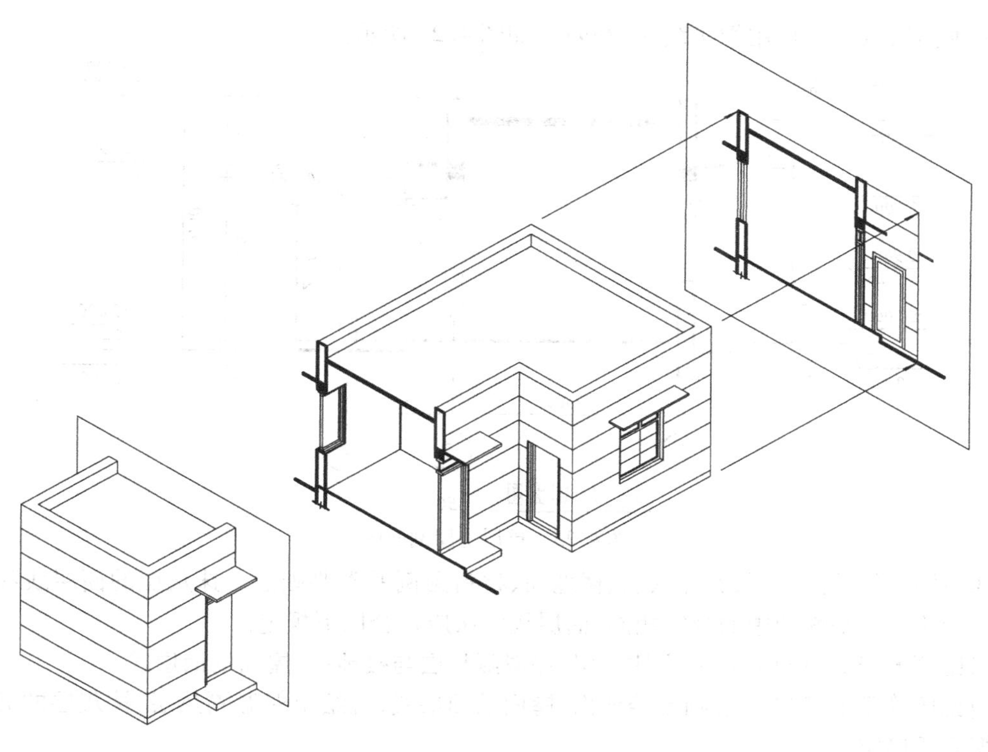

图4.22 剖面图的形成

2 剖切平面的位置及剖视方向

剖面图的剖切位置,是用剖切符号标注在房屋 ±0.000 标高的平面图上。一般剖切部位应根据图纸的用途或设计深度,在平面图上选择能反映房屋全貌、构造特征以及有代表性的部位剖切,例如让剖切平面通过门窗洞口、楼梯间以及结构和构造较复杂或有变化的部位。当一个剖切平面不能满足要求时,可采用多个剖切平面或阶梯剖面,尽量多地表示出房屋各部位如内外墙、散水、楼地面、楼梯、雨篷、屋面等的构造和相互关系。如图4.10所示。

剖面图的剖视方向由平面图中的剖切符号来表示,其剖视方向宜向左、向上。

3 剖面图的内容和作用

剖面图主要表示房屋内部在高度方向上的结构和构造,如表示房屋内部沿高度方向的分层情况、层高、门窗洞口的高度、各部位的构造形式等,是与房屋平、立面图相互配合的不可缺少的基本图样之一。

4 绘制剖面图的有关规定

①比例,剖面图的比例一般与平面图、立面图的比例相同,即采用1∶50、1∶100和1∶200。

②图线。在剖面图中,地平线用特粗实线(1.4b),被剖切的主要建筑构造(包括构配件)如墙身、屋面板、楼板、过梁等轮廓线用粗实线(b);被剖切的次要建筑构造(包括构配件)的轮廓线及可见的建筑构配件的轮廓线用中粗实线(0.7b)。

绘制较简单的剖面图时,可采用两种线宽的线宽组,即被剖切的主要建筑构配件的轮廓线用粗实线(b),其余一律用细实线($0.25b$)。如图4.23所示。

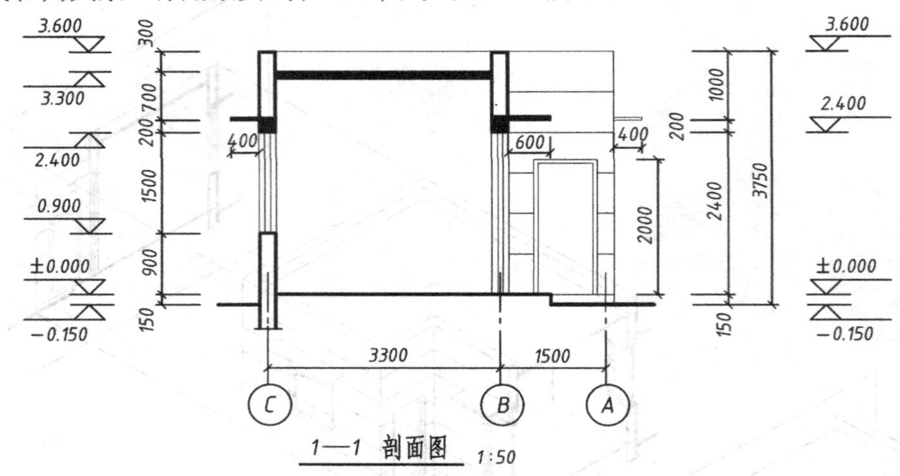

图4.23 单层房屋剖面图

③不同比例的剖面图,其抹灰层、楼地面、材料图例的省略画法。抹灰层的面层线和材料图例的画法与在平面图中的规定相同;面层线画法应符合以下规定:

当比例大于1:50时,应画出抹灰层、保温隔热层与楼地面、屋面的面层线;

当比例等于1:50时,宜画出楼地面、屋面的面层线,宜绘出保温隔热层,抹灰层的面层线应根据需要确定;

当比例小于1:50时,宜画出楼地面、屋面的面层线;

当比例小于1:200时,可不画出楼地面、屋面的面层线;

④尺寸标注,剖面图上应在竖直方向和水平方向都标注出尺寸。尺寸分为细部尺寸、定位尺寸和总尺寸。应根据设计深度和图纸的用途确定所需注写的尺寸。

竖直方向:在外墙上一般应注出三道尺寸,最里边一道为细部尺寸,主要标注勒脚、窗下墙、门窗洞口等外墙上的细部构造的高度尺寸;中间一道为层高尺寸,主要标注楼地面之间的高度,这一道亦为定位尺寸;最外一道为总高尺寸;标注室外地坪至屋顶的距离。

此外,还须标注出室内外标高。建筑剖面图上,标高所注的高度位置应与立面图一样,并也分建筑标高和结构标高。在室外,应标出室外地坪、台阶、门窗洞上下口、遮阳、檐口、女儿墙等处的完成面标高。

如房屋两侧外墙不一样,应分别标注尺寸和标高;如外墙外面还有花台之类的构造,则还需标出其局部尺寸。

在室内,应标出室内地坪、各层楼面、楼梯休息平台、平台梁和大梁的底部、顶棚等处的标高及相应的尺寸,还要标注出室内门窗、楼梯扶手等处的高度尺寸。

水平方向:应标注出剖到的墙或柱之间的轴线、尺寸及两端墙或柱的总尺寸。

5 其他标注

剖面图上应标注出剖到的墙或柱的轴线及编号;应在图的下方写出图名和比例;还应根据需要对房屋某些细部如外墙身、楼梯、门窗、楼屋面、卫生间等的构造作法需放大画成详图的地方标注上详图索引符号。

对某些比较简单的房屋，可在剖面图中对用多层材料作成的楼地面、屋面等处用文字加以说明，其方法是用一引出线指着所要说明的部位，并按其构造层次顺序逐层以文字进行说明，这样可省去对需说明处另画详图或另列“构造作法一览表”。

6　剖面图的阅读

(1)图4.24所示为新建办公楼的1—1剖面图，该图的剖切位置及投视方向在办公楼的底层平面图上注出，见图4.17。1—1剖切平面剖到了房屋的室外三步台阶、入口大门、雨蓬、每层四榀框架梁、楼屋面板、地面、窗下墙、内墙上的分户门及门洞上方的过梁、女儿墙、楼梯间内的梯段平台梁和平台板、地面、窗下墙、内墙上的分户门及门洞上方的过梁、女儿墙、楼梯间内的梯段平台梁和平台板等；看到了房屋左右两边的柱外轮廓线、内廊及其尽端上的窗、楼梯栏杆扶手及没剖到的梯段，还有应看见的女儿墙、雨蓬的轮廓线等。

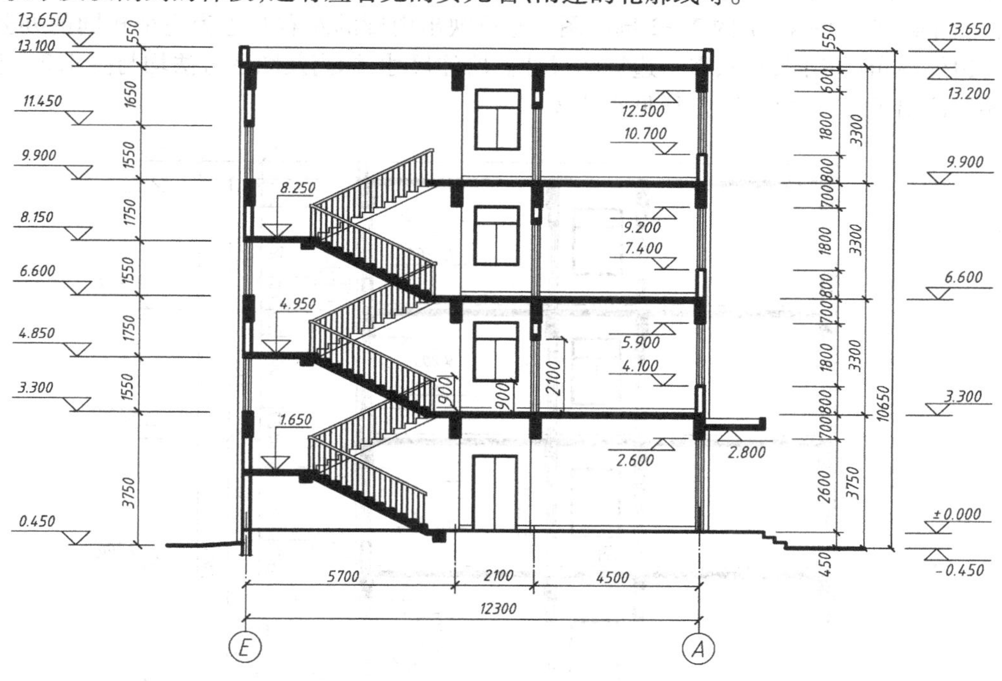

图4.24　多层房屋1—1剖面图

从剖面图上看到，该办公楼为四层，楼梯间不上屋顶，屋顶为平屋顶，屋面板挑出外墙边，其上边砌筑女儿墙，屋面板端部与女儿墙和柱外边都平齐；门窗洞上部直接为框架梁的就没有过梁，否则，其上部还有过梁；此外，还了解到楼梯段和栏杆的形式。

由于图的比例较小，故对剖到的钢筋混凝土构件如楼梯、楼屋面板、平台梁、框架梁、过梁、雨蓬等均涂黑表示；剖到的墙体轮廓线用粗实线表示；其余看到的用细实线表示。

图4.24中，在房屋的横竖向、室内外都标有尺寸，由于图中房屋左右两边外墙不一样，故两边都标注尺寸，竖向室外右边标了三道尺寸，最里边一道为细部尺寸，标出了外墙上室外三步台阶高450 mm，大门高2600 mm，框架梁700 mm，窗下墙高800 mm，窗洞高1800 mm，女儿

墙高 450 mm；第二道为高层尺寸，均为 3300 mm；第三道为总高尺寸 14100 mm。室外左边标出了梯间外墙上各部尺寸，如窗洞高均为 1550 mm，底层窗下墙及梁共高 3750 mm，其上两层窗下墙及梁均高 1750 mm，顶层窗上墙和梁高 1650 mm，女儿墙及挑出的屋面板共高 550 mm。由于其层高和总高均与右边一样，故第二、三两道尺寸均予省去。室内标出了其他图上无法表示的分户门、走廊尽端的窗台及楼梯扶手等处的高度尺寸。

室内外均标出了标高，右边室外标出了从地坪、层高到女儿墙顶的标高；左边室外标出了从室外地坪、梯间窗洞上下口到女儿墙顶的标高；室内标出了办公室每层窗洞上下口的标高（上口标高也为框架梁底部标高）、楼梯间内中间平台标高及每层平台梁下底的标高。

水平方向上标出了二道尺寸，里边一道为办公室、走道、楼梯间的进深尺寸，外边一道为它们的总尺寸。

另外，还标出了轴线及编号、图名和比例。

（2）图 4.25 为图 4.17 的 2—2 剖面图。它反映出内廊的左右两边为完全相同的办公室。由于两边外墙布局相同，故只在一边标注尺寸。所注尺寸、标高及图示方法均与图 4.24 相同，只是还标注出了详图索引符号，详见 4.7.2。

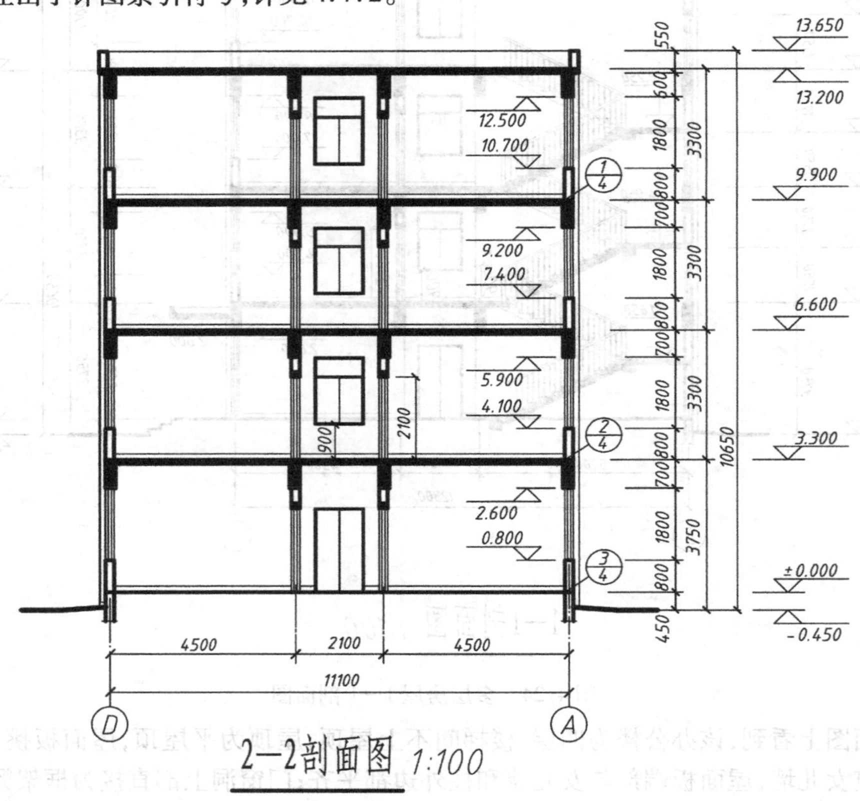

图 4.25　多层房屋 2—2 剖面图

7　剖面图图示的主要内容

①图名、比例。

②剖到的墙（或柱）的定位轴线及尺寸。

③剖到的水平方向室外部分，如地面、散水、明沟、台阶等；室内部分如楼地面层、顶棚、屋顶层等。竖直方向如外墙及门窗和过梁、圈梁、剖到的承重梁和连系梁、楼梯梯段及楼梯平台、雨篷等（地面以下的基础一般不画出）。

④未剖到的可见部分，如看到的墙面、雨篷、门窗、踢脚、勒脚、雨水管及未剖到的楼段、栏杆扶手等的位置和形状。

⑤室内外的尺寸和标高。

⑥详图索引符号。

⑦有的还标注有装修作法。

第6节　建筑平、立、剖面图的读图与绘制

1　建筑平、立、剖面图的读图应具备的基本知识

1）应掌握投影理论及形体的各种图示方法。

2）熟悉“国标”规定的房屋施工图中常用的图例、符号、线型、尺寸和比例。

3）初步了解房屋的组成，熟记房屋常见部位的名称，以便阅读和了解施工图中所涉及的一些专业上的问题。

2　建筑平、立、剖面图的读图步骤

一套房屋施工图，有很多张图纸，读图时应按先总体后局部再细部、先大后小的顺序进行：先看施工图的首页，一般在首页上有图纸目录和总说明，其中包括装修、施工等方面的要求及有关的技术经济指标，这样能对房屋有一大概的了解；有的较简单的建筑没有首页图，但也要先看说明或将全套图纸看一遍，有一大概的印象，然后按“建施”、“结施”、“设施”的顺序逐张进行阅读；看“建施”图时，先看总平面图，了解房屋所在地的地形及周围的环境，再看建筑平、立、剖面图及详图。总平面及房屋平、立、剖面图各自的阅读前面已举例说明，在此从略。

3　建筑平、立、剖面图的绘制步骤

绘制建筑平、立、剖面图是一种技能，它是在初步掌握了建筑平、立、剖面图的内容、图示方法和尺寸标注基础上，通过必需的绘图实践，才能熟练绘制建筑平、立、剖面图。在绘图过程中，要始终保持认真仔细、高度负责的工作作风，做到投影正确、表达清楚、尺寸齐全、字体工整、图样布置紧凑合理、图面整洁，完全满足施工的需要。

绘制建筑平、立、剖面图有一定的步骤，首先应根据图样的内容选择适当的比例，比例过大浪费图纸；其次进行布图，若房屋较小，平、立、剖面图画在一张图上时，应按投影关系排列，并且两图样及尺寸之间和它们与图框线之间的距离应恰当，使整张图上的图样及尺寸布置均匀，不松不紧；若房屋的平、立、剖面图不在一张图纸上时，可分散在多张图纸上画。一张图纸上的空白不能留得太多，当空白较多时，可将不同内容的图样进行组合，如一个平面图画好后，图纸

还剩有较多的空白位置,则可放若干个详图。画图时,应先用较轻淡的铅笔线画底线,顺序是从大到小、从整体到局部、先平面、后立、剖面,逐渐深入;画好底线后,仔细检查有无错误,最后按图线要求进行铅笔加深或上墨。加深或上墨时,一般按习惯其顺序是:同一线型的线条相继绘制,先从上到下画水平线,后从左到右画铅直线或斜线;先画图,后注写尺寸和文字。

下面以前面所示住宅的平、立、剖面图为例,说明其画法和步骤:

3.1 建筑平面图的画法

①根据轴线尺寸,画出房屋的柱网和墙体的定位轴线,如图 4.26(a)所示。

②根据尺寸画出墙柱,如图 4.26(b)所示。

③根据尺寸和图例,画出门窗、楼梯、雨篷、厕所内的设备等细部,如图 4.26(c)所示。

④画出尺寸线、尺寸界线、起止符号、标高符号和轴线编号圆圈等。

⑤按图线要求加深图线,如图 4.26(d)所示。最后注写尺寸数字、门窗编号和文字说明(此处略)。

3.2 立面图的画法

①画出室外地平线,并根据柱、柱间尺寸、外包尺寸、柱顶高度和女儿墙高度画出房屋正立面外形及局部轮廓线,如图 4.27(a)所示。

②根据房屋的室内外高差和层高、外墙上门窗洞、雨篷、窗间墙及女儿墙的尺寸,画出各部轮廓线,如图 4.27(b)所示。

③依据相应标高和竖向尺寸画出台阶、勒脚、门窗分格,如图 4.27(c)所示。

④画出尺寸线、标高符号及轴线编号圆圈。按要求加深图线,并注写尺寸和文字(此处略),如图 4.27(d)所示。

侧立面图的绘图步骤与正立面图相同。

3.3 剖面图的画法

①画出墙、柱轴线、室内外地平线,再画出各层楼面、屋面、楼梯平台面等处标高控制线,如图 4.28(a)所示。

②画出墙、柱、梁的轮廓线、楼、屋面板厚度、楼梯踏步、雨篷、女儿墙及门窗洞的轮廓线,如图 4.28(b)所示。

③画出梯段、栏杆扶手、平台梁、平台板、门窗、踢脚线等细部,如图 4.28(c)所示。

④画出尺寸线、标高符号及轴线编号圆圈等。按要求加深图线,涂黑柱断面,并注写尺寸及文字(此处略),如图 4.28(d)所示。

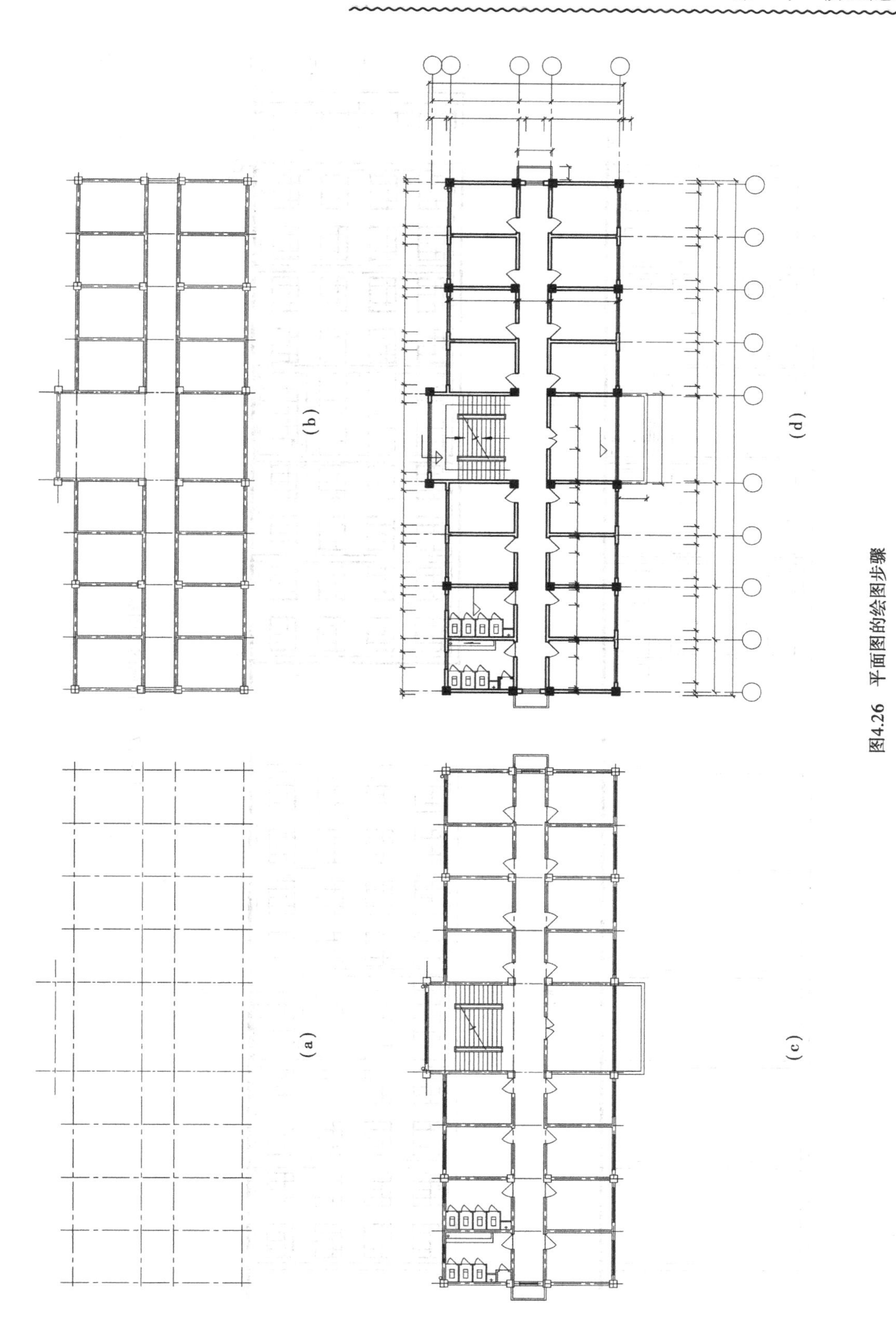

图4.26　平面图的绘图步骤

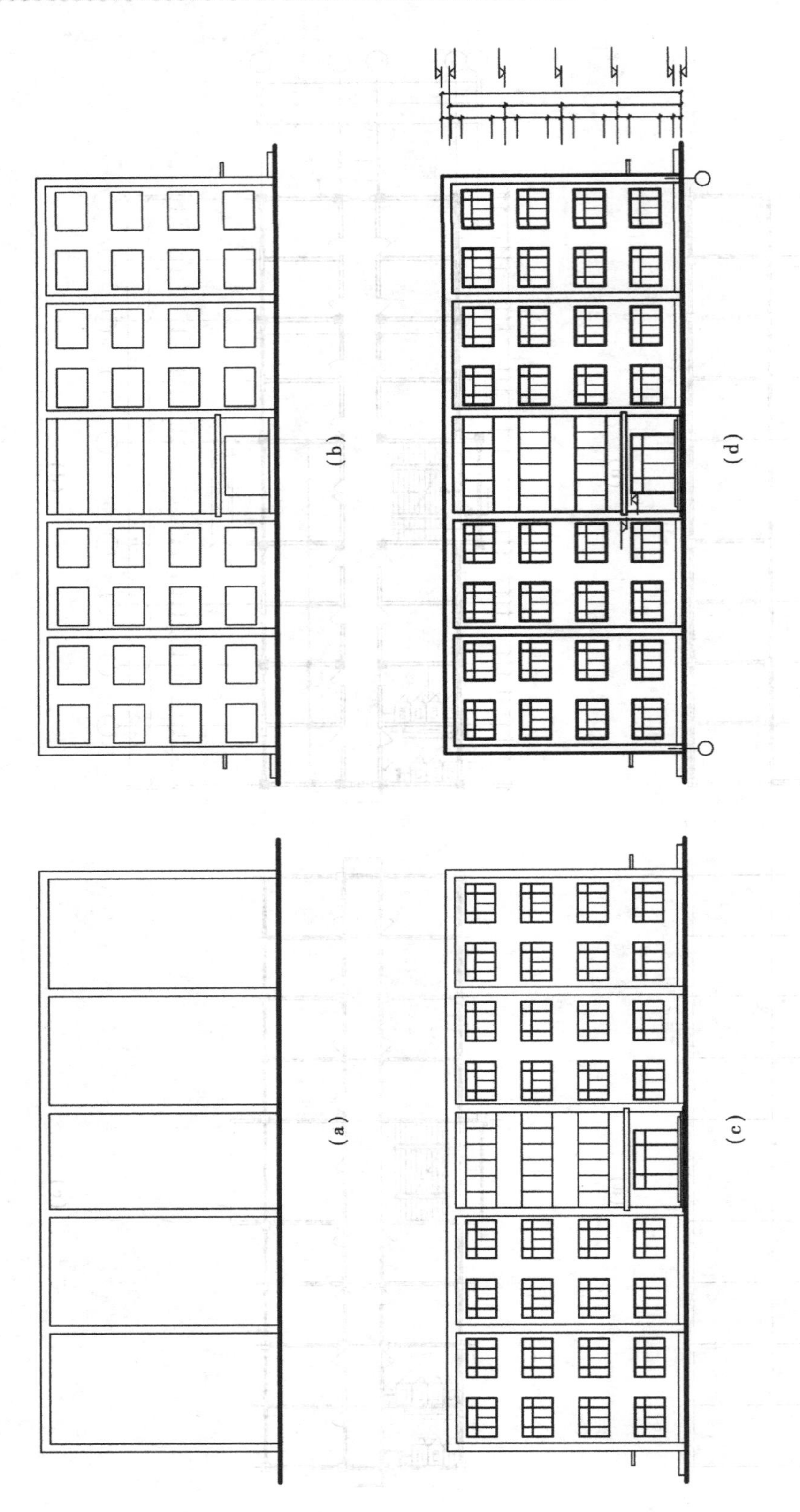

图4.27　立面图的绘图步骤

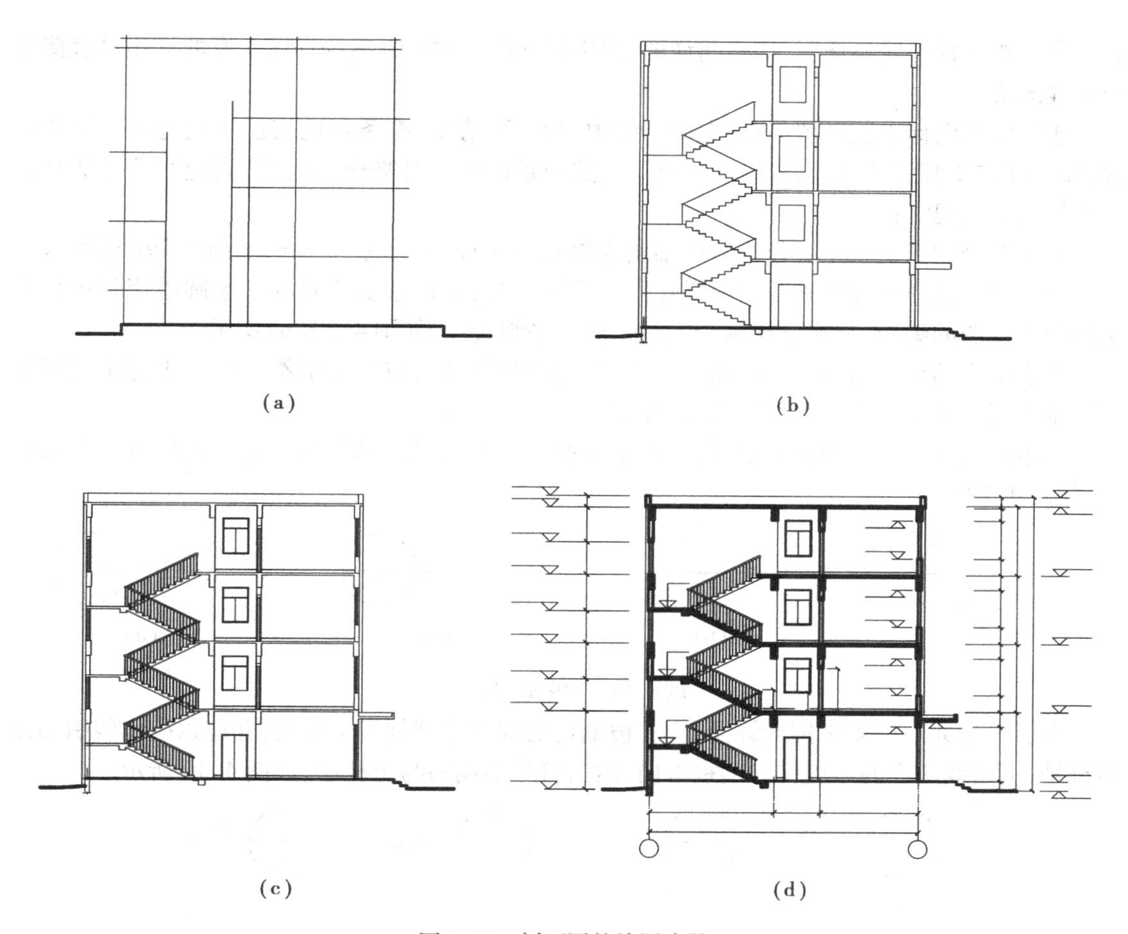

图4.28　剖面图的绘图步骤

第7节　建筑详图

在建筑平、立、剖面图中，由于采用的比例较小，对房屋许多细部（如窗台、明沟、泛水、楼地面层等）和构、配件（如门窗、栏杆扶手、阳台、各种装饰等）的构造、尺寸、材料、做法等都无法表示清楚，因此，为了施工需要，常将房屋有固定设备的地方或有特殊装修的地方或建筑平、立、剖面图上表达不出来的地方等用较大的比较绘制出图样，这些图样就称为建筑详图。

建筑详图可以是平、立、剖面图中某一局部的放大，也可以是某一断面、某一建筑节点或某一构件的放大图。

详图的特点是比例大、尺寸标注齐全、文字说明详尽。

1　绘制详图的若干规定

①比例，绘制详图的常用比例为1∶1、1∶2、1∶5、1∶10、1∶20、1∶50。

②图线，详图的图线与被索引的图样相同。

③数量，建筑详图的数量主要以建筑的复杂程度来确定，以满足完整表达其内容为原则。

其内容一般包括外墙身详图、楼梯间详图、卫生间详图、门窗、雨篷等详图。有的详图可直接引用标准图集。

④详图索引标志及详图标志，在施工图中，为了更清楚、有条理地表达房屋的一些构造做法，通常在需要画详图的地方注出一个标记，这即是详图索引符号，“国标”规定其符号的画法必须符合下述规定：

索引符号的圆及水平直径均应以细实线绘制，圆的直径应为 10 mm，如图 4.29(a)所示。

当索引出的详图与被索引的图样在同一张图内时，应在索引符号的上半圆中用阿拉伯数字注明该详图的编号，并在下半圆中间画一段水平细实线，如图 4.29(b)所示。

当索引出的详图与被索引的图样不在同一张图纸内时，应在索引符号的下半圆中用阿拉伯数字注明该详图所在图纸的图纸号，如图 4.29(c)所示。

当索引出的详图采用标准图时，应在索引符号水平直径的延长线上加注该标准图册的编号，如图 4.29(d)所示。

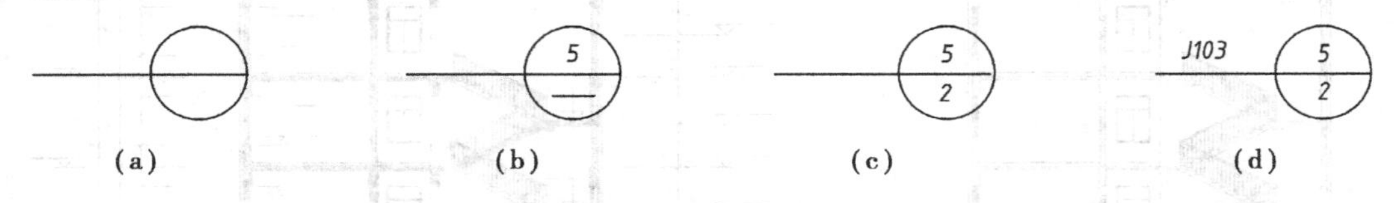

图 4.29　详图索引标志

索引符号如用于索引剖面详图，应在被剖切的部位绘制剖切位置线，并应以引出线引出索引符号，引出线所在的一侧应为剖视方向，索引符号的编写与上相同，如图 4.30 所示。

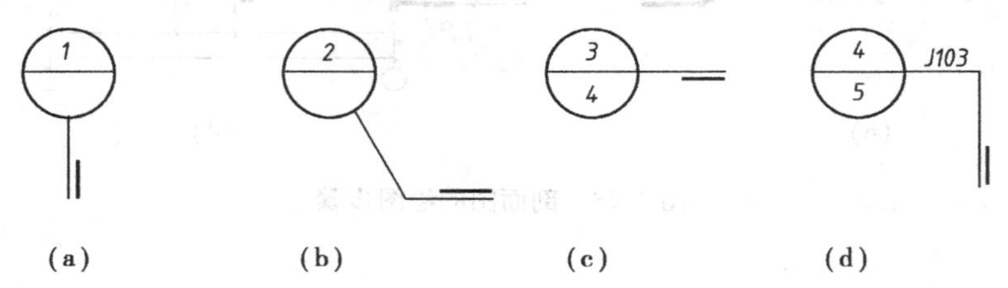

图 4.30　用于索引剖面详图的索引标志

在标注出了详图索引符号后，就有与此相应的详图，为了查阅方便，也给该详图注上标记，即详图符号。“国标”规定详图的位置和编号用详图符号表示，详图符号用粗实线绘制，直径为 14 mm。

当详图与被索引的图纸在同一张图内时，应在详图符号内用阿拉伯数字注明详图的编号，如图 4.31(a)所示。

当详图与被索引的图纸不在同一张图内时，可用细实线在详图符号内画一水平直径，在上半圆中注明详图编号，在下半圆中注明被索引图纸的图纸号，如图 4.31(b)所示。也可不注被索引图纸的图纸号，与图(a)相同。

⑤引出线，在图中需画详图的地方标注索引符号时，都是以引出线来相连接的，即引出线的一端伸向需画详图的部位，另一端就连接索引符号。“国标”规定：引出线应以细实线绘制，宜采用水平方向的直线或与水平方向成 30°，45°，60°，90°的直线，或经上述角度再折为水平的折线。索引详图的引出线应对准索引符号的圆心，如图 4.30 所示。文字说明宜注写在引出线横线的上方，也可注写在横线的端部，如图 4.32 所示。

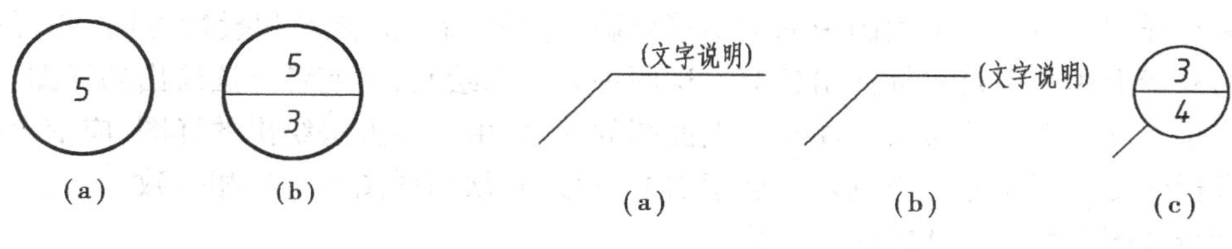

图4.31　详图符号　　　图4.32　引出线

同时引出几个相同部分的引出线，宜相互平行，如图4.33(a)所示；也可画成集中于一点的放射线，如图4.33(b)所示。

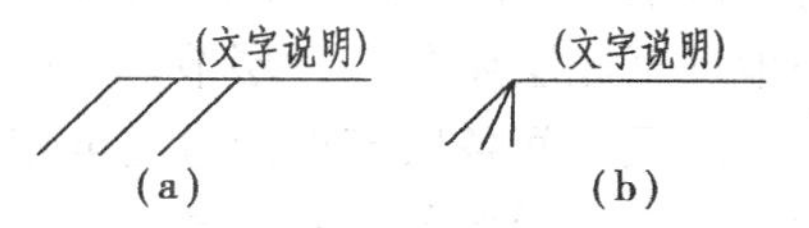

图4.33　共用引出线

房屋的楼地面、屋面、墙面等构造是由多层材料构成的，在详图中，除画出材料图例外，还要用文字加以说明，其方式是将引出线伸向说明部位，通过被引出的各层，并用圆点示意对应各层次。将文字说明注写在水平线上方，或注写在水平线的端部，说明的顺序由上至下，并与被说明的层次相互一致；如层次为横向排列，则由上至下的说明顺序应与由左至右的层次相互一致，如图4.34所示。

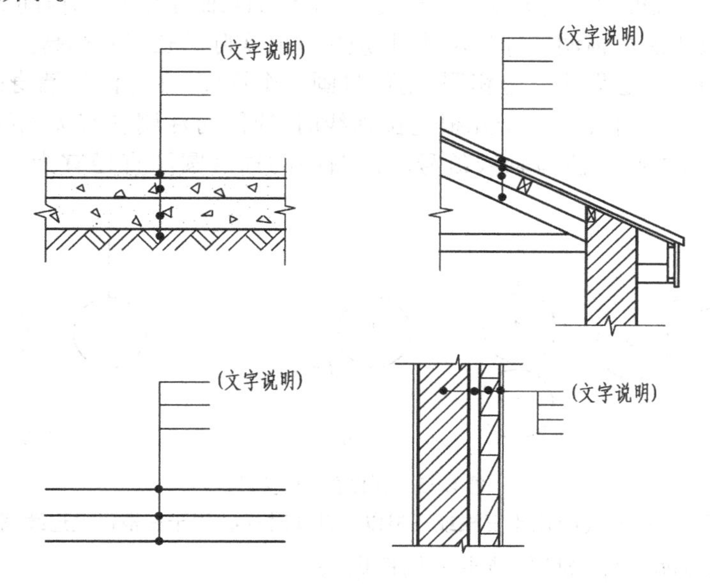

图4.34　多层构造引出线

2　外墙身详图

外墙身详图是用假想的剖切平面把房屋外墙从上到下剖切开，然后用较大的比例画出其剖面图，它是房屋剖面图的局部放大图，详细地表达了基础以上至屋顶的整个外墙身及其相邻的墙内外各部分的构造做法及连接情况，如外墙上的防潮层、勒脚、窗台、窗洞、窗过梁、女儿墙及墙内相邻的地面、楼面、屋面和墙外相邻的散水、勒脚、雨水管等细部的尺寸、材料和构造做法。

外墙身详图是施工图的重要组成部分，它是砌墙、门窗的安置、室内外装修等施工做法及材料估算、施工预算等的重要依据。

外墙身详图可由底层平面图中的剖切符号确定其外墙上的位置和投影方向，亦可在建筑剖面图的外墙上用索引符号标注出各节点这两种方法来绘制，由前者方法绘出的详图，其名称就是底层平面图中剖切符号所标注出的剖面图的编号；由后者方法绘出的详图，应依次在各节点详图旁标注出详图符号。被剖切或被索引的编号，必须与详图的编号相一致。

外墙身详图常用 1∶20 的比例来绘制。

绘制外墙身详图的线型与建筑剖面图的线型相同。

由于绘制外墙身详图采用的比例较大，且外墙上窗洞口中间一般无变化，为了节约图纸常将窗洞缩短，即在窗洞口中间折断，将外墙折断成为几个节点，此时，一般要画出底层节点（室外地坪至底层窗洞）、顶层节点（顶层窗洞到屋顶）；而中间若干个节点视其构造而定，如为多层房屋且中间各层节点构造完全相同时，就只画一个中间节点（相邻两层的窗洞至窗洞）即可代表整个中间部分的外墙身，但在标注标高时，要在中间节点详图的楼面、窗洞等处标注出中间各层的建筑标高，除本层标高外，其他各层标高应画上括弧，这与建筑平面图中的“标准层”同理，如详图 4.36 所示。

详图中，在被剖到的地方应画出其材料图例，并对其多层构造采用共用引出线对其各层进行说明（也可另外列表说明）；对外墙上各部分要标注出详细的尺寸，如窗间墙、窗台、遮阳板、檐口、散水等，对被折断的窗洞口标注尺寸时，应标注其实际的长度和标高。

如几个外墙身的构造做法完全相同，则可只画一个详图，在标注外墙身的轴线时，按“国标”规定进行标注：一个详图适用于几根定位轴线时，应同时注明各有关轴线的编号；通用详图的定位轴线，应只画圆不注写轴线编号。详图中的轴线圆圈直径宜为 10 mm，如图 4.35 所示。

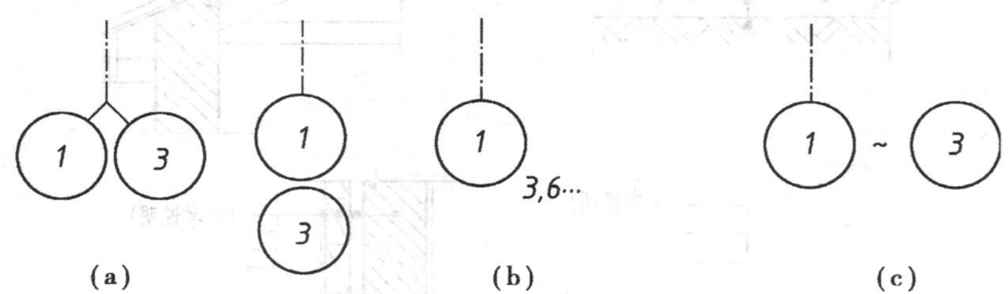

图 4.35　详图的轴线编号

（a）用于两根轴线时；（b）用于三根或三根以上轴线时；（c）用于三根以上连续编号轴线时

图 4.36 详细表明了外墙身各节点的构造做法。

在底层节点上：看到室外勒脚及散水；看到室内地坪及踢脚；室内外地坪设有 −450 mm 的高差；在室内地坪 ±0.000 以下 60 mm 位置处外墙内设有一防潮层；底层窗台标高为 800 mm。

在二层节点上：看到室内楼板层的构造，楼板为现浇钢筋混凝土板，且与墙身内的框架梁连成了整体，在窗洞上面的框架梁还可代替窗过梁；窗洞口实高为 1800 mm；上下窗间墙高 1500 mm。由于二、三、四层在该部位的做法相同，故将三层节点合为一个画出，并在窗洞的上下口及楼面的标高中，标出了三层在相同位置处的标高。

在顶层节点上：看到屋面板也为现浇板，在屋面板上有垫层、防水层等构造作法；女儿墙高 450 mm；在女儿墙与屋面的相交处作有泛水；在屋顶节点各处都标有尺寸和标高。

在室内各层楼面中，还可看到墙体与楼面相交处的踢脚线。

在图中，用构造引出线标出了楼地面层、屋面层、室内外墙面、室外散水的材料、比例、厚度

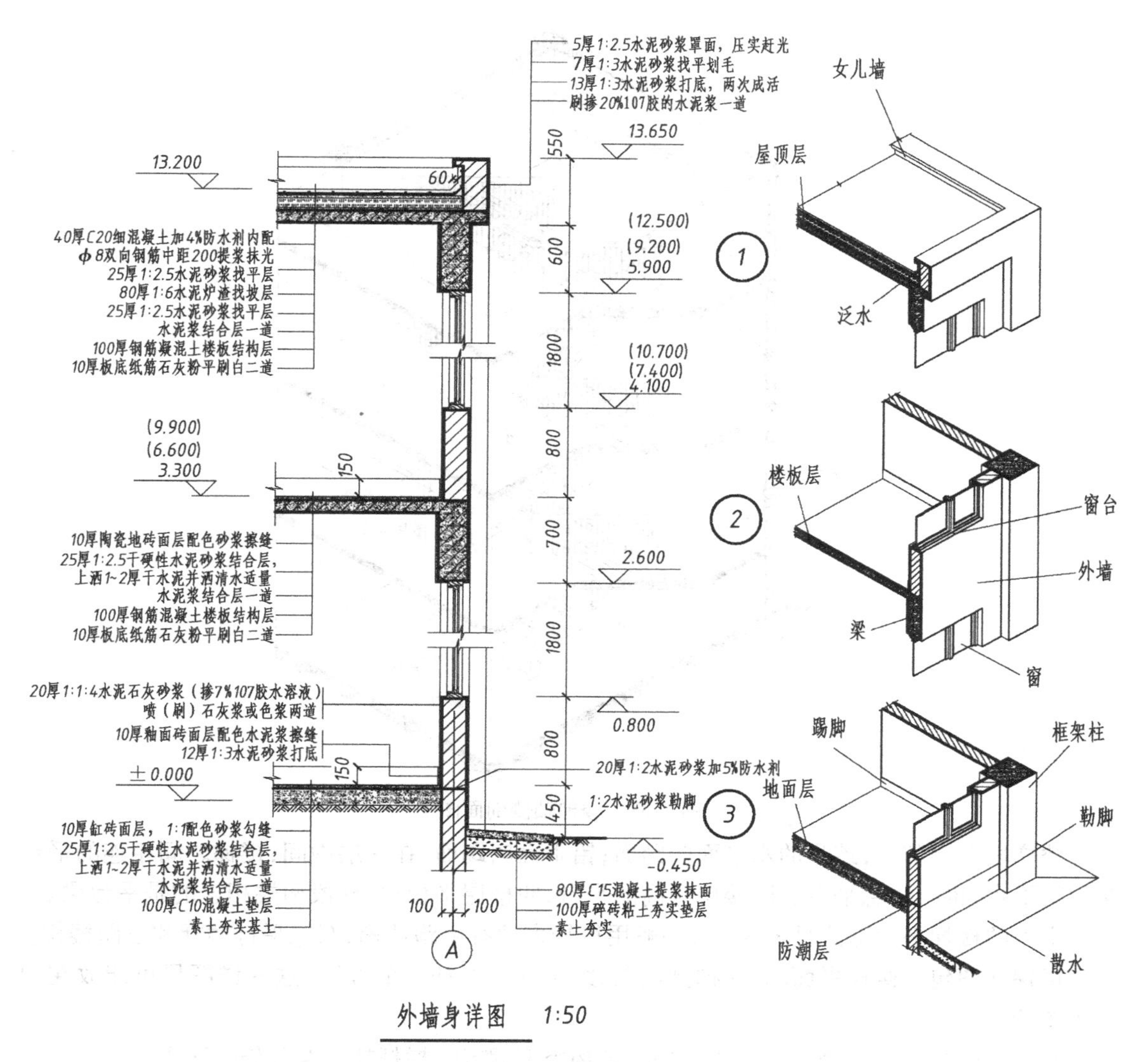

图4.36　外墙身详图

等构造作法。除所标明的材料外，其余均由材料图例所标明。

为便于看图，将三节点上下对齐画出，并按剖面图上所标注的详图索引编号标注出详图编号。还标注了该外墙身的轴线。

建筑的很多构配件现在都出有标准图，如散水、防潮层、勒脚、窗台、楼地面、屋面、檐口等构造详图，直接选用标准图时，只须在图中相应部位的详图索引符号上注明标准图集的代号、页号和详图号就可省去绘制上述墙身详图了。

墙身详图上的尺寸和标高应与剖面图中一致，有关构件如门窗过梁（这里用框架梁代替），楼屋面板等处的详细尺寸均省略不标出，这些可在结构施工图中查到。

3　楼梯详图

楼梯是房屋联接上下空间的主要设施，通常采用现浇或预制钢筋混凝土楼梯。楼梯由梯段、平台、栏杆（或栏板）扶手所组成，见图4.37。

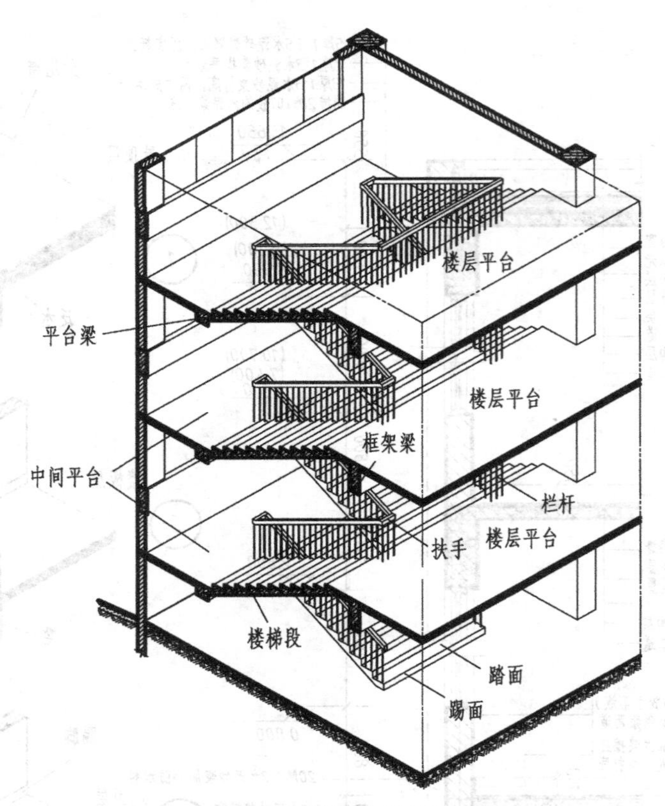

图 4.37 楼梯轴侧剖面图

楼梯段上有踏步，踏步的水平面叫踏面；铅垂面叫踢面；在一层中间，楼梯之间相连的平台叫中间平台，也叫休息平台。同楼层等高的平台，叫楼层平台；与梯段两端相连的是平台梁。

常见的楼梯平面形式见图 4.38，一般用得较多的有单跑楼梯、双跑平行楼梯和三跑楼梯。

楼梯详图包括楼梯平面图、楼梯剖面图、踏步和栏杆扶手的详图，这些详图尽可能放在同一张图纸上。

楼梯详图主要表示楼梯的形式、尺寸、结构类型、踏步、栏杆扶手及装修作法等。

楼梯详图一般分为建筑详图和结构详图，分别编入“建施”和“结施”中，但当一些楼梯构造和装修较简单时，两者可合并绘制，编入“建施”或“结施”均可。

楼梯的建筑详图线型与建筑的平、剖面图相同。

3.1 楼梯平面图

楼梯平面图主要表示楼梯位置、墙身厚度、楼梯各层的梯段、平台和栏杆扶手的布置以及梯段的长度、宽度和各级踏步的宽度等。

楼梯平面图是建筑平面图中楼梯间部分的局部放大图，它实际上也是水平剖面图，它是在除顶层外的各层上行第一跑的中间、顶层是在栏板或扶手之上剖切后向下投影而得，如图4.40所示。在平面图中，上行第一跑的梯段中间被折断后，按实际投影应为一条水平线，为了避免与踏步混淆，特画一条 30°的折断线。

楼梯详图中，底层平面图只有一个被剖到的梯段，与其他各层不一样，如图 4.40(a)所示，一般都要画出；除顶层外其他各层楼梯若完全相同，则只画一个中间层平面图作代表，这叫标

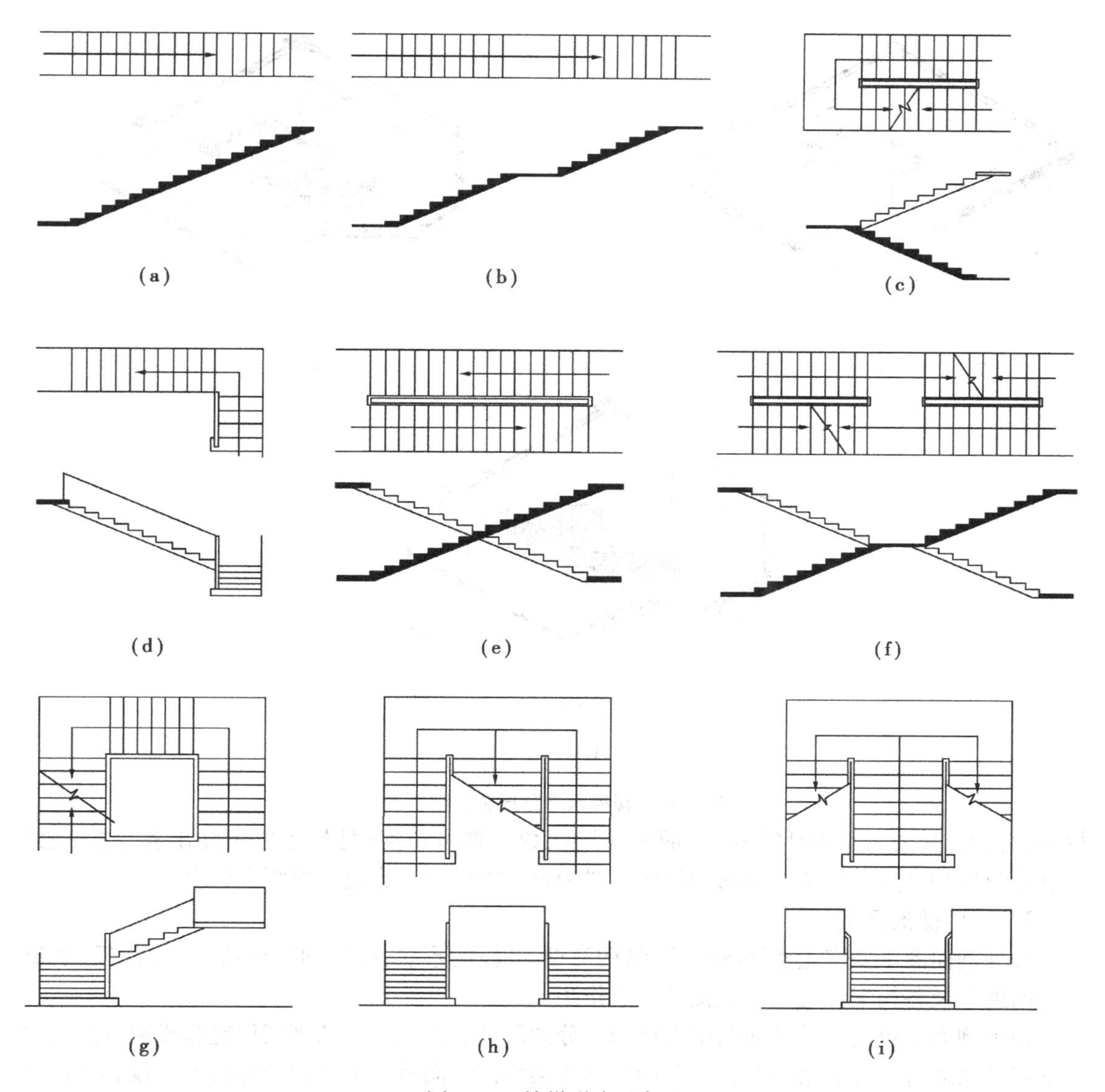

图4.38　楼梯形式示意图

(a)单跑楼梯;(b)双跑直楼梯;(c)双跑平行楼梯;(d)双跑折梯;(e)交叉式楼梯;
(f)剪刀式楼梯;(g)三跑楼梯;(h)双合式平行楼梯;(i)双分式平行楼梯

准层平面图,在图中只将各层标高标出就表明了代表的层数,如图4.40(b)所示;顶层楼梯没有折断,且还有一平台栏杆,所以也应单独画出,如图4.40(c)所示。故楼梯详图通常只画出底层、标准层和顶层三个平面图。

在图中,为了表示楼梯的上下方向,规定以某层的楼(地)面为准,用文字指示线和箭头表示"上"和"下",这里"上"是指到上一层,"下"是指到下一层;顶层楼梯平面图中没有向上的楼梯,故只有"下"。文字应写在指示线的端部,并同时还注明上或下多少步数。

楼梯平面详图中,要用定位轴线及编号表明其在建筑平面图中的位置;还要标注出楼梯间的开间和进深尺寸、梯段的长度和宽度、楼梯平台和其他细部尺寸等。梯段的长度标注其水平

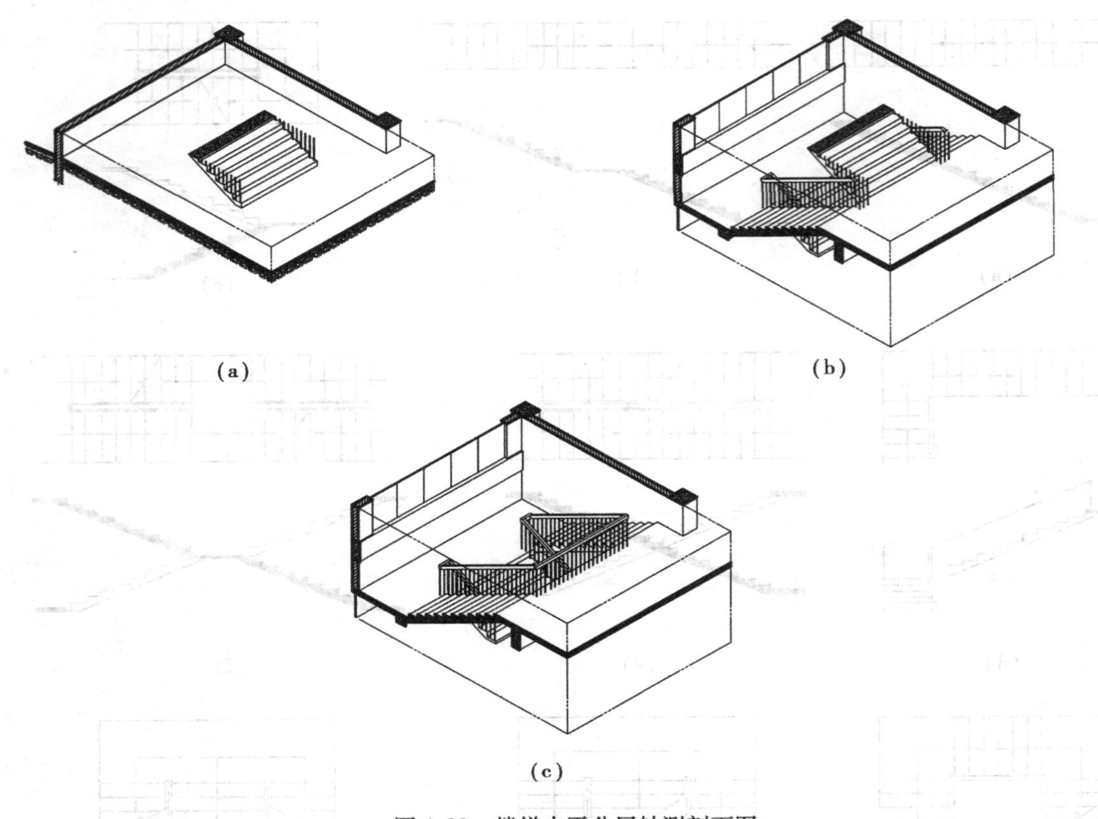

图 4.39　楼梯水平分层轴测剖面图

投影的长度，且要表示为计算式：踏面宽 × 踏面数 = 梯段长度；另外还要标注出各层楼（地）面、中间平台的标高；楼梯剖面图的剖切位置和投影方向只在底层平面图上标出。

3.2　楼梯剖面图

楼梯剖面图主要表达楼梯的形式、结构类型、梯段的形状、踏步和栏杆扶手（或栏板）的形式和高度以及各构配件之间的连接等构造作法。

楼梯剖面图也是建筑剖面图中楼梯间部分的局部放大图。它的剖切位置和投影方向通常是剖切平面通过上行的第一个梯段和门窗洞将楼梯剖开向另一未剖到的梯段方向投影所得到的剖面图。在多层及高层建筑中，如中间各层楼梯构造完全相同，则可只画出底层、一个中间层（即标准层）和顶层的剖面，其间用折断线断开，一般若楼梯间的屋顶没有特殊之处可不画出，如图 4.41 所示。

楼梯剖面图的标注：

在竖直方向应标注出楼梯间外墙的墙段、门窗洞口的尺寸和标高；应标注出各层梯段的高度尺寸，其标注方法同其平面详图，应写出计算式：步级数 × 踢面高 = 梯段高度；应标注出各层楼地面、平台面、平台梁下口的标高；还应标注出扶手的高度，其高度一般为自踏面前缘垂直向上 900 mm。

水平方向应标注出梯间墙身的轴线编号、梯段的水平长度和其轴线尺寸；还应标注出像入口处的雨篷、梯段的错步长度、底层的局部台阶等细部尺寸和标高。

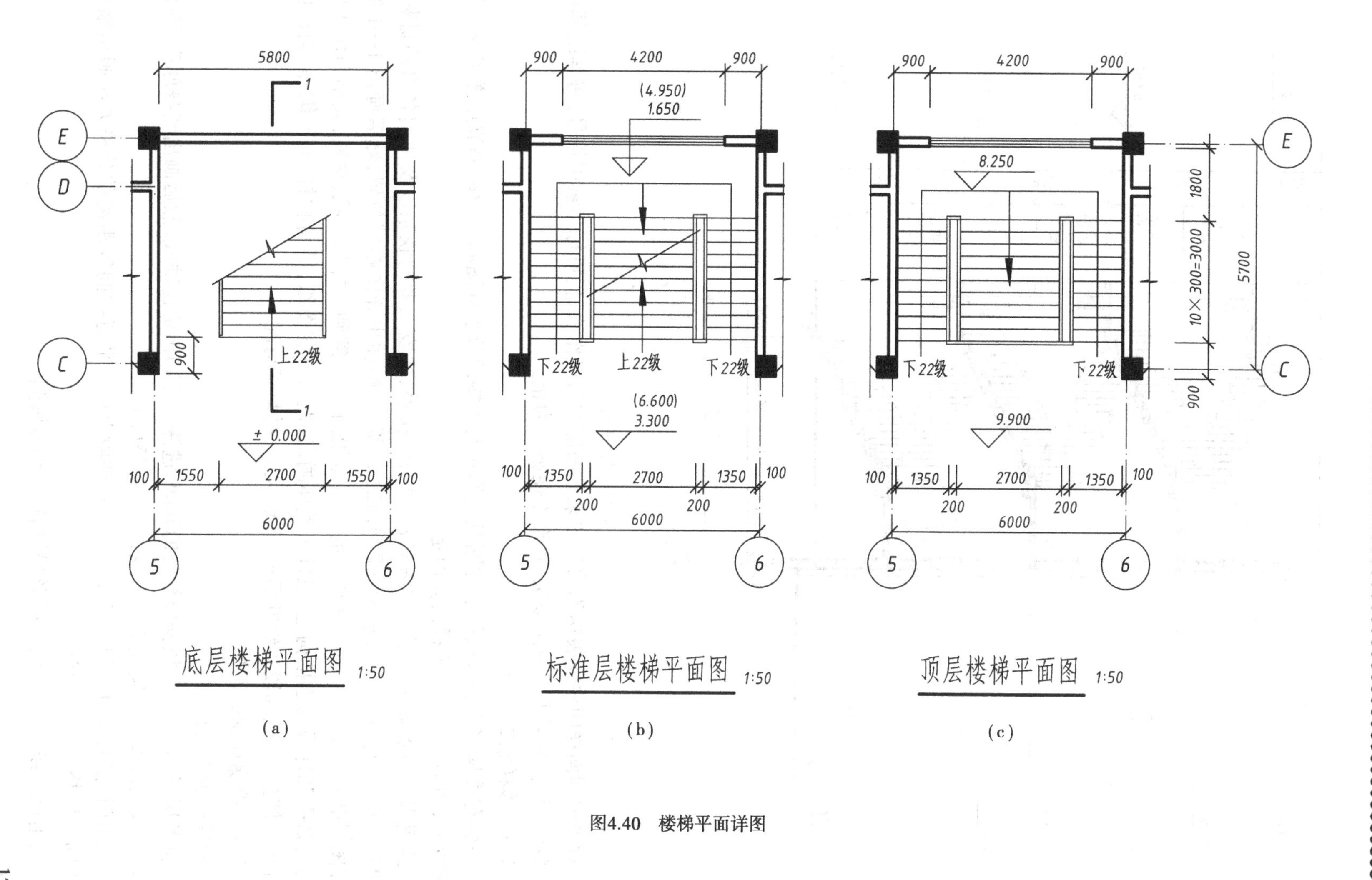

5800
1
E
D
C
900
上22级
1
± 0.000
100
1550
2700
1550
100
6000
5
6
底层楼梯平面图 1:50
(a)
900
4200
900
(4.950)
1.650
下22级
上22级
下22级
(6.600)
3.300
100
1350
2700
1350
100
200
200
6000
5
6
标准层楼梯平面图 1:50
(b)
900
4200
900
8.250
下22级
下22级
9.900
1800
10×300=3000
900
5700
E
C
100
1350
2700
1350
100
200
200
6000
5
6
顶层楼梯平面图 1:50
(c)

图4.40　楼梯平面详图

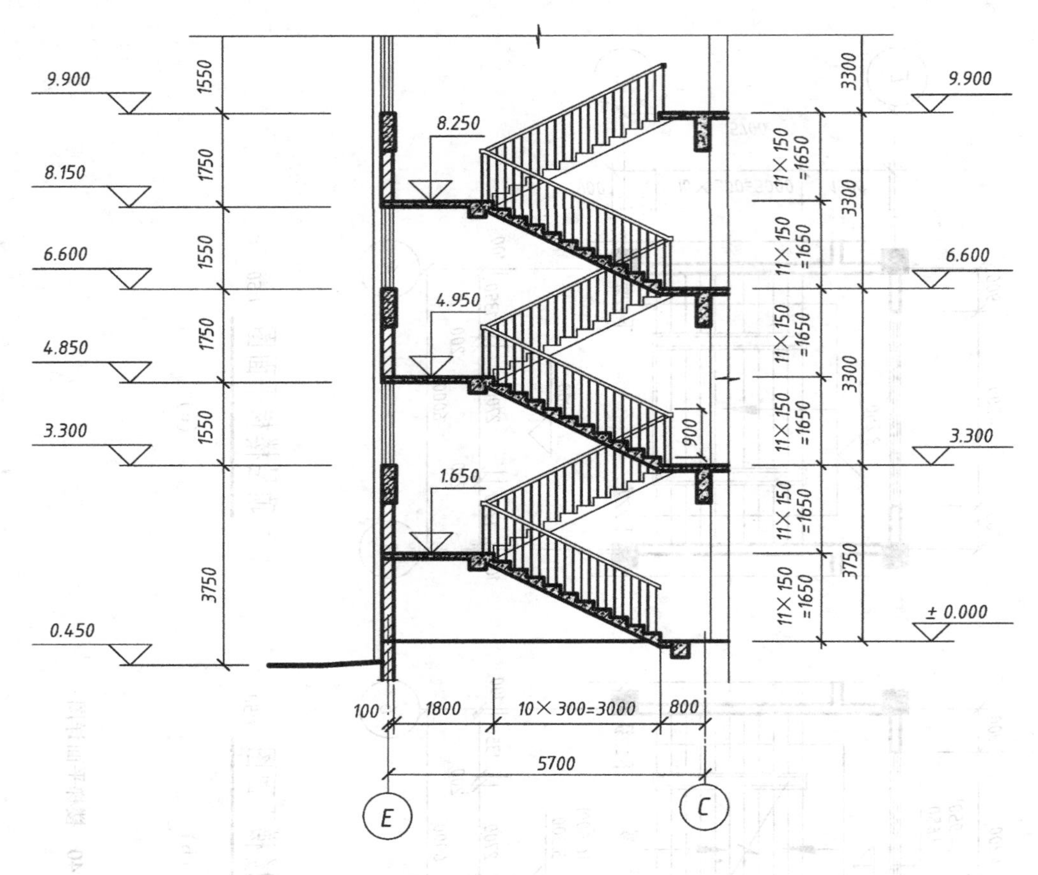

图 4.41　楼梯剖面详图

对楼梯剖面详图中还表达不清楚的某些细部的构造作法，仍可标出索引符号，将其细部再进行放大画出，并可重复使用该法，直至方便施工为止。

3.3　楼梯细部详图

一般有楼梯踏步、栏杆、扶手详图及他们相互连接的节点详图和梯段端部节点详图等。其比例较大，如 1:10、1:20 等视需要而定。

这里以一节点详图和断面详图来表示栏杆、扶手、梯段三者的联系以及他们各自的材料、形状和大小。首先取一小段楼梯如图 4.42(a)所示，标注出详图断面位置，然后画出 1—1 断面详图，如图 4.42(b)所示。从栏杆的立、断面图上可了解到栏杆的形状、材料，大小和作法以及它与扶手和梯段的连接构造，栏杆可整体画出，但为节省图纸，就将栏杆断开，缩短其长度。另外还了解到扶手、梯段边缘断面的形状、尺寸、材料等情况。

3.4　楼梯详图的画法

楼梯平面图的画法：

将各层平面图对齐，根据楼梯间的开间、进深尺寸画出定位轴线，然后画出墙身厚度、平台宽度、梯段长度及栏杆宽度等位置线，如图 4.43(a)。

画出门、窗洞、栏杆，根据踏步级数 n 在梯段上用两平行线间等距离的分格方法画出踏步面数 $(n-1)$ 格，如图 4.43(b)。

画出尺寸线、尺寸界线、标高符号和轴线编号圆圈。

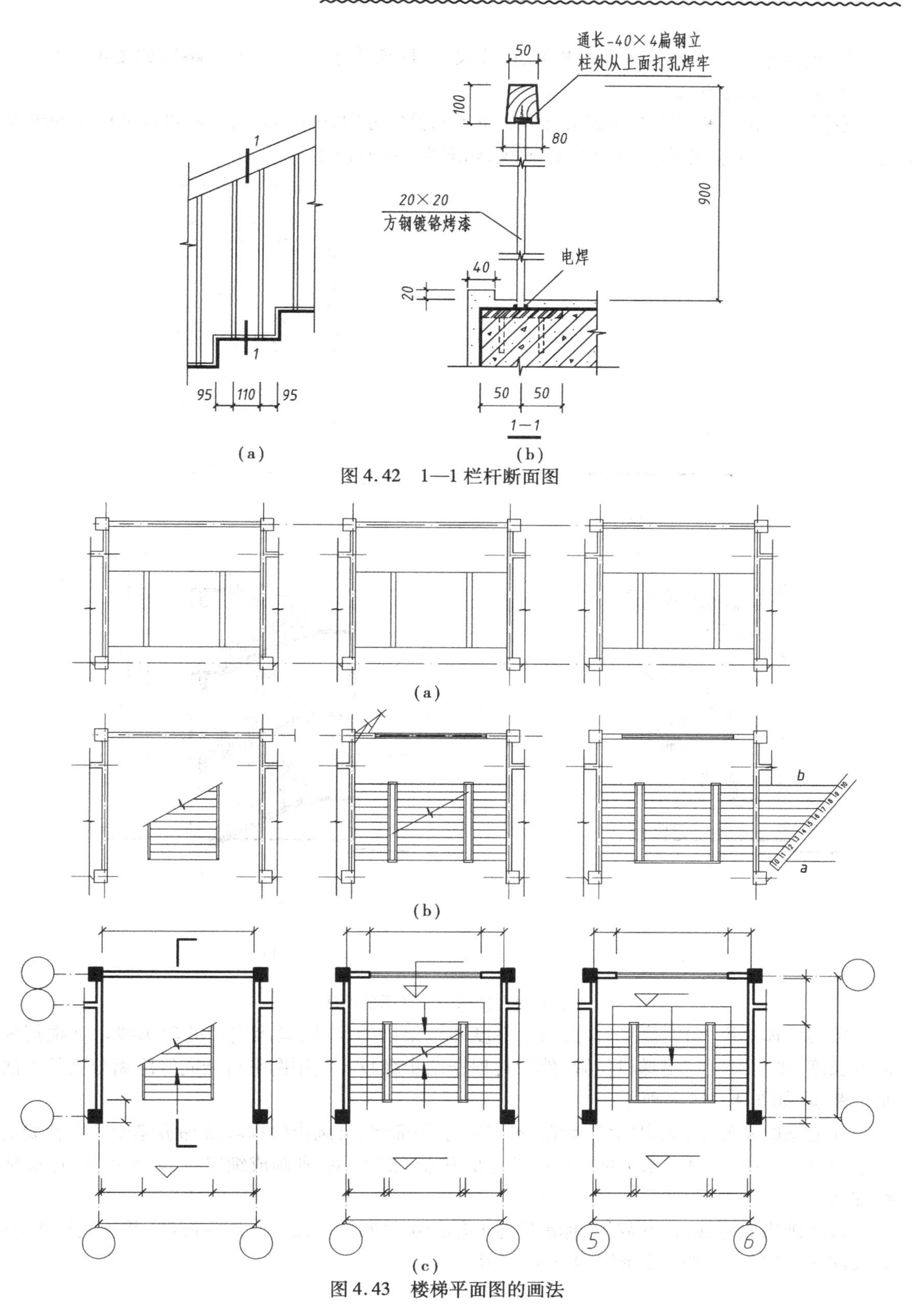

(a)　　(b)

图4.42　1—1栏杆断面图

(a)

(b)

(c)

图4.43　楼梯平面图的画法

加深图线,线型与建筑平面图相同;标注尺寸、标高并注写文字(此处略),如图4.43(c)。

楼梯剖面图的画法:

根据楼梯底层平面图中的剖切符号的位置和投影方向,画出墙身轴线,再根据标高画出室内外地坪线、各层楼面、楼梯平台的位置线,如图4.44(a)所示。

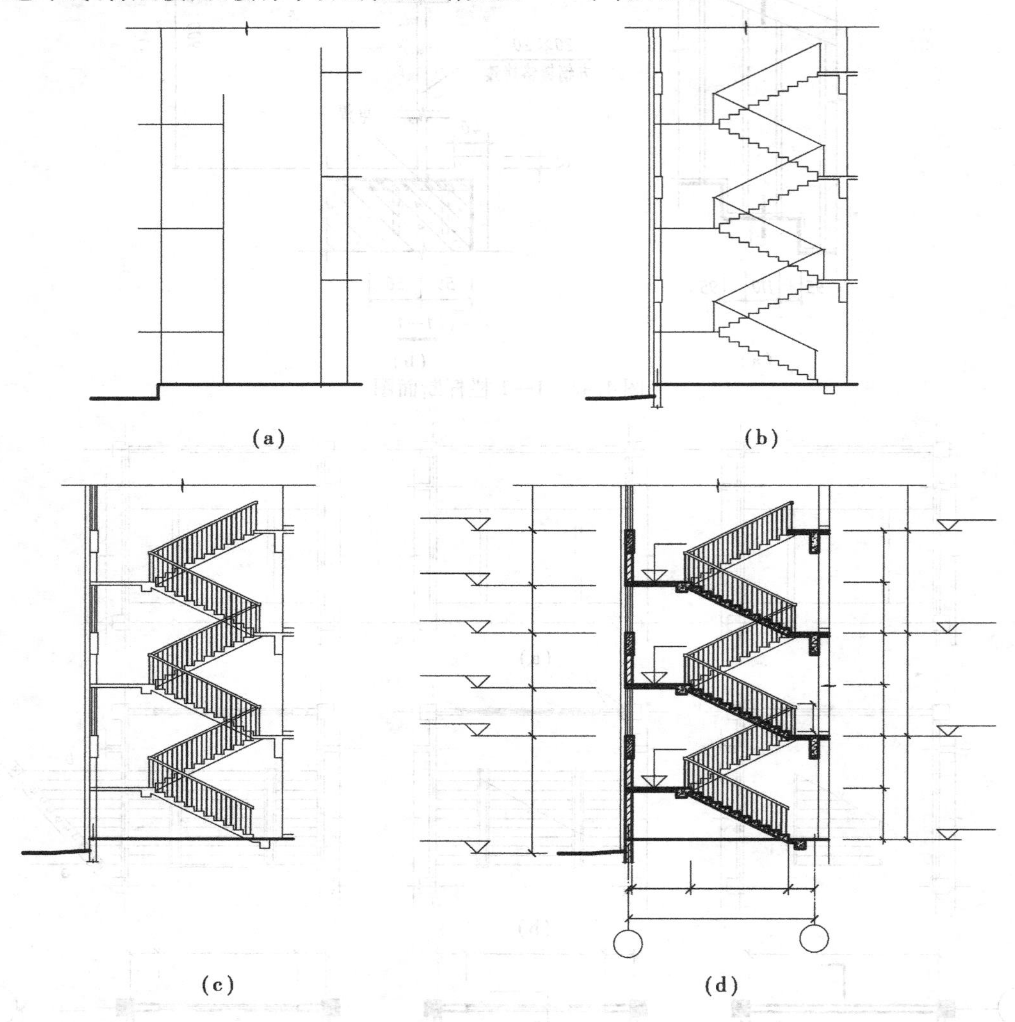

图4.44 楼梯剖面详图的画法

根据墙体厚度、窗洞高度、楼面板的厚度和框架梁的尺寸,画出它们的轮廓线。又根据梯段的长度、平台宽度定出梯段位置,然后再根据踏步级数 n 利用两平行线间等距离分格的方法画出踏步,如图4.44(b)所示。

在上图的基础上,画出门窗、台阶、栏杆扶手等细部,再画出斜梯段或梯板厚度及平台梁的轮廓线,如图4.44(c)。未被剖到的梯段上的踏步如果可见,则画成细实线,如不可见,则画成细虚线。

最后画出尺寸线、尺寸界线、标高符号和轴线编号圆圈。按要求加深图线,并标注尺寸、标高及注写文字(此处略),如图4.44(d)所示。

4 木门窗详图

木门窗由门(窗)框、门(窗)扇和五金件(铰链、插销、拉手、风钩、转轴等)组成,其名称见图4.45所示。

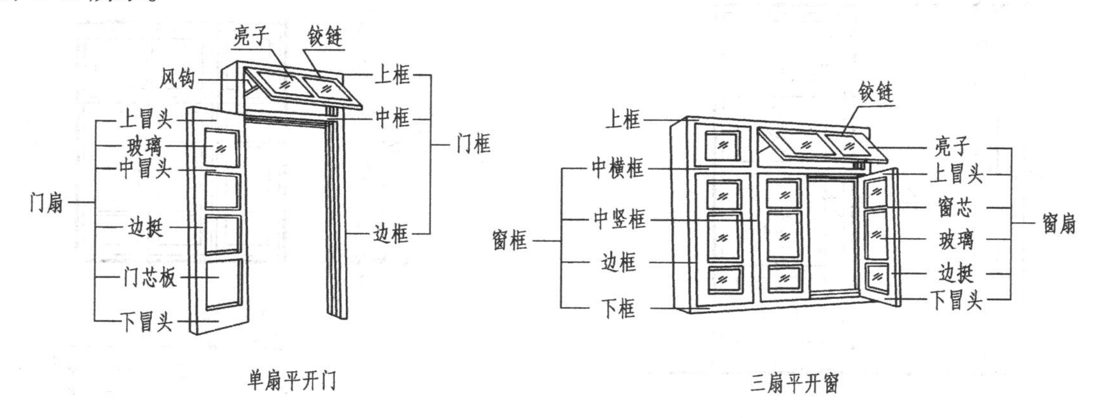

图4.45 木门窗的组成及名称

门、窗洞口的基本尺寸应符合扩大模数的要求。

门、窗详图有立面图、节点图、断面图和门、窗扇立面图等。

4.1 门、窗立面图

它是门、窗扇和门、窗框组合在一起时的立面图,主要表达出门、窗的立面型式、大小、开启方向以及需画出节点图的详图索引符号。

门、窗立面图一般采用1∶20、1∶30的比例绘制。

门、窗扇向室内开启时简称内开,反之则简称外开。"国标"规定:立面图上开启方向用两条细斜线表示,斜线开口端为开启边,分别画到开启缝的上下端点;斜线相交端为安装铰链端,斜线交点画到铰链端缝的中点;斜线为实线时,表示门、窗扇向外开;虚线时,向内开。如图4.47(a)所示,一般以门、窗向着室外的面作为正立面,门上的亮子上半部分为虚线朝内开,下半部分为实线朝外开,斜线交点在中间,所以为中悬窗;门扇的斜线为虚线,朝内开。

门、窗立面图上,水平和竖向一般都要标注三道尺寸,最外一道为门、窗洞口的尺寸;中间一道为灰缝和门、窗框的外包尺寸;最里边一道为门窗扇的尺寸。门、窗洞口尺寸应与建筑平、立、剖面图上的洞口尺寸相一致。

建筑构配件一般有三种尺寸:标志尺寸、构造尺寸和实际尺寸。

标志尺寸:是设计时所标注的尺寸。如门(窗)洞宽1000 mm,设计中就标注为1000 mm,但这并不代表门(窗)的宽度,而称呼时还是称门(窗)宽1000 mm。

构造尺寸:根据标志尺寸和使用及施工要求,对构配件确定的生产尺寸。如上述称为1000 mm宽的门(窗),考虑其安装需要,其构造尺寸就为980 mm,即按该尺寸制作门(窗)框。

实际尺寸:构配件按构造尺寸生产出来后,有一定的误差,该误差在允许范围内时的尺寸,就是实际尺寸。

门、窗立面图上的线型,轮廓线用粗实线,其余均用细实线。

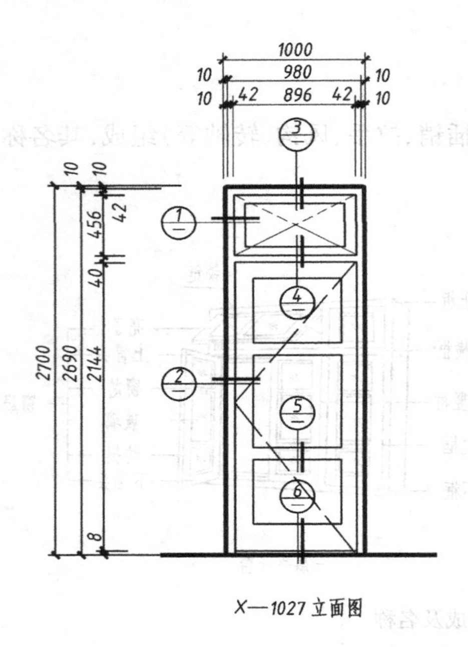
1000
980
10
10
42
896
42
10
10
3
10
10
456
42
1
40
4
2700
2690
2144
2
5
6
8

X—1027 立面图

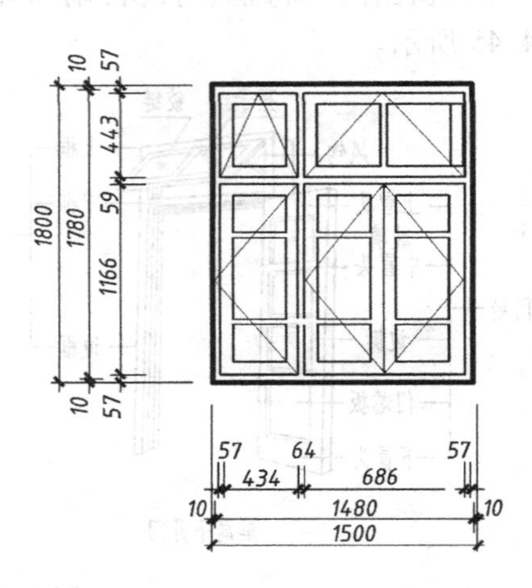
10
57
443
59
1800
1780
1166
10
57
57
64
57
434
686
10
1480
10
1500

(a)

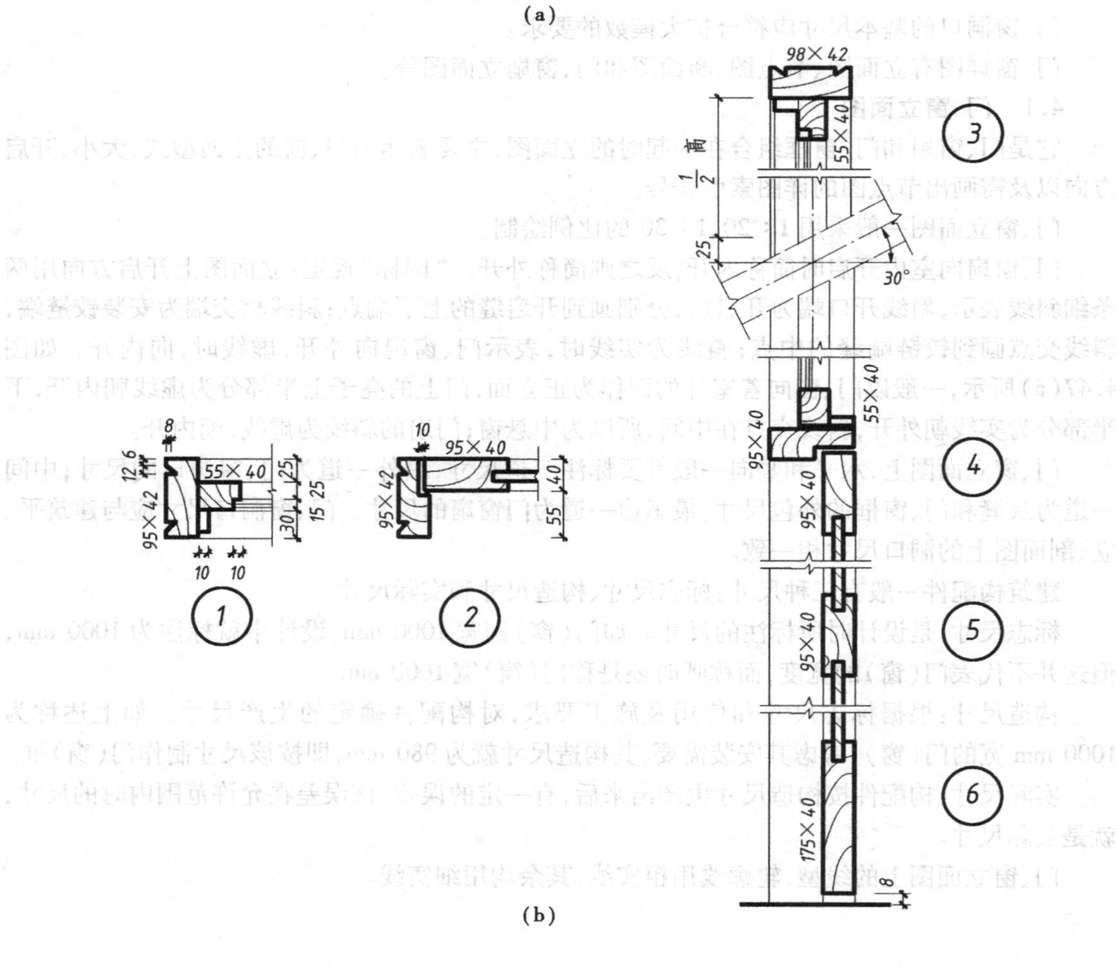
98×42
55×40
3
1/2 高
25
30°
55×40
95×40
4
95×40
5
95×40
6
175×40
8
8
12.6
55×40
25
95×42
25
30
15
10
10
1
10
95×40
95×42
40
55
2

(b)

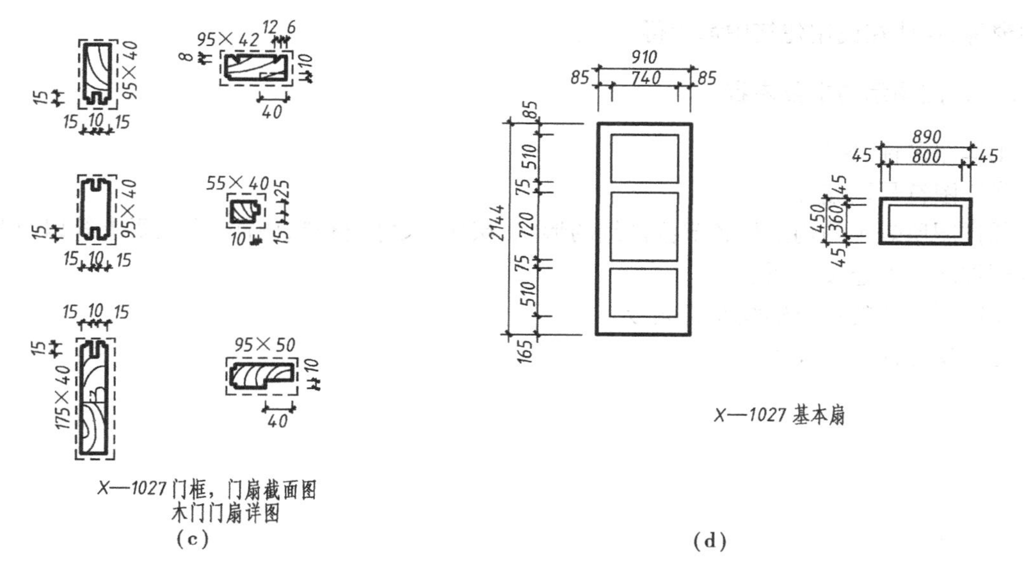

(c)　　　　(d)

图4.46　木门窗详图

4.2　节点图

通常用更大的比例(1:5、1:10)绘制的局部剖切详图，主要表达各门、窗框、扇的断面形状、用料尺寸和框与扇之间的连接。

为了便于看图，一般将节点图在水平或竖直方向按立面图上索引符号的位置放在立面图附近，且排列整齐，并标注出相应的详图标志。

节点图的线型要求和建筑剖面图相同，如图4.46(b)所示。

4.3　断面图

主要表达门、窗各构件断面的细部形状和尺寸，断面内的尺寸为净料的总长、总宽尺寸。断面图四周的虚线为毛料的轮廓线，断面外标注的尺寸为决定其断面形状的细部尺寸。

断面图通常用1:2、1:5的比例绘制。

断面图的轮廓线用粗实线，如图4.46(c)。

4.4　门、窗扇立面图

主要表示门、窗扇的形状和大小，其尺寸应标注两道：外面一道是门、窗扇的外包尺寸；里面一道是扣除挺或冒头的位置尺寸和玻璃板与芯板的尺寸。

门、窗扇立面图的比例通常用1:20。

门、窗扇立面图的线型除轮廓线外，其余均为细实线，如图4.46(d)所示。

门、窗详图，现各地区都出有各种类型和规格的门、窗的标准图集，设计中若采用标准图时，则只需在图中说明标准图集的代号、页数及详图编号即可，勿需画出详图；若没有采用标准图集，则必须画出门窗详图。

4.5　钢门窗及铝合金门窗详图

钢门窗及铝合金门窗有国家及各地区出版的标准图集，设计中可直接采用。钢门窗及铝合金门窗在图中的表示方法和尺寸标注方面与木门窗相同，其断面形状与木门窗不同。在标准图集中的代号与木门窗也不同。在现代建筑中，为了节约木材，也为了在使用中更坚固、耐用、使用方便，增加透光面积等，除采用钢门窗及铝合金门窗外，还采用复合材料作的门窗如塑钢门窗等，这些在民用建筑中都用得广泛。

5 详图图示的主要内容

①详图名称、比例。

②详图符号及编号。

③详图所表示的构配件各部位详细的形状、层次、尺寸、材料、做法、施工要求等以及与其他构配件之间的连接关系。

④需要标注的定位轴线及其编号。

⑤需要标注的标高等。

第 5 章 结构施工图

第1节 概 述

第4章介绍的建筑施工图主要表示房屋的功能分区、平面布置、外部造型、建筑构造和装修等内容,但对房屋在受力状态下的稳定性和安全性却没涉及。房屋中主要由一些构件来承受和传递外力,如基础、墙、柱、梁、板等,这些构件称为承重构件,它们相互联接成一个整体,构成了房屋的承重结构系统,这个系统常称为“建筑结构”,简称“结构”,在这个系统中的承重构件,就称为“结构构件”,简称“构件”。建筑结构主要是承受房屋的自重和作用在房屋上的各种外力,如风、雨、雪、人群、家具、设备等,这些外力统称为荷载。

结构设计是在建筑设计的基础上进行的,其主要任务是根据房屋的使用要求进行结构选型、结构布置,经过力学和结构计算确定各结构构件的形状、大小、材料等级及内部构造,然后将其结果绘成图样,这就成了“结构施工图”,简称“结施图”。

结构施工图是构件制作、指导施工、编制预算等的依据。

建筑结构的主要承重构件所采用的材料一般有钢筋混凝土、砖石、钢、木等。建筑结构中,由于结构构件的种类繁多,为区别不同构件,“国标”用构件名称的汉语拼音的字母来表示,常用的构件代号规定见表5.1。

结构施工图中的线型还应符合“国标”的规定见表5.2。

建筑结构按不同的类型,其施工图的内容不同,并且编排方式也不相同,但一般施工图都包括了以下几部分内容:

1)结构设计说明。

2)基础施工图。

3)各层结构布置平面图。

4)构件详图。

5)楼梯结构详图。

6)其他构造详图

表5.1 常用构件代号(GB/T 50105—2010)

序号	名称	代号	序号	名称	代号	序号	名称	代号
1	板	B	19	圈梁	QL	37	承台	CT
2	屋面板	WB	20	过梁	GL	38	设备基础	SJ
3	空心板	KB	21	连系梁	LL	39	桩	ZH
4	槽形板	CB	22	基础梁	JL	40	挡土墙	DQ
5	折板	ZB	23	楼梯梁	TL	41	地沟	DG
6	密肋板	MB	24	框架梁	KL	42	柱间支撑	ZC
7	楼梯板	TB	25	框支梁	KZL	43	垂直支撑	CC
8	盖板或沟盖板	GB	26	屋面框架梁	WKL	44	水平支撑	SC
9	挡雨板或檐口板	YB	27	檩条	LT	45	梯	T
10	吊车安全走道板	DB	28	屋架	WJ	46	雨篷	YP
11	墙板	QB	29	托架	TJ	47	阳台	YT
12	天沟板	TGB	30	天窗架	CJ	48	梁垫	LD
13	梁	L	31	框架	KJ	49	预埋件	M
14	屋面梁	WL	32	刚架	GJ	50	天窗端壁	TD
15	吊车梁	DL	33	支架	ZJ	51	钢筋网	W
16	单轨吊车梁	DDL	34	柱	Z	52	钢筋骨架	G
17	轨道连接	DGL	35	框架柱	KZ	53	基础	J
18	车挡	CD	36	构造柱	GZ	54	暗柱	AZ

注:1. 预制钢筋混凝土构件、现浇钢筋混凝土构件、钢构件和木构件,一般可直接采用本表中的构件代号。在绘图中,除混凝土构件可以不注明材料代号外,其他材料的构件可在构件代号前加注材料代号,并在图纸中加以说明。

2. 预应力钢筋混凝土构件的代号,应在构件代号前加注“Y”,如Y—DL表示预应力钢筋混凝土吊车梁。

表5.2 图线(GB/T 50105—2010)

名称		线型	线宽	一般用途
实线	粗	————	b	螺栓、主钢筋线、结构平面图中的单线结构构件线、钢木支撑及系杆线,图名下横线、剖切线
	中粗	————	$0.7b$	结构平面图及详图中剖到或可见的墙身轮廓线、基础轮廓线、钢木结构轮廓线、钢筋线
	中	————	$0.5b$	结构平面图及详图中剖到或可见的墙身轮廓线、基础轮廓线、可见的钢筋混凝土构件轮廓线、钢筋线
	细	————	$0.25b$	尺寸线、标注引出线,标高符号线,索引符号线

续表

名称		线型	线宽	一般用途
虚线	粗	— — — — — —	b	不可见的钢筋线、螺栓线,结构平面图中的不可见的单线结构构件线及钢、木支撑线
	中粗	— — — — — —	0.7b	结构平面图中的不可见构件、墙身轮廓线及不可见钢、木结构构件线、不可见的钢筋线
	中	— — — — — —	0.5b	结构平面图中的不可见构件、墙身轮廓线及钢、木构件轮廓线、不可见的钢筋线
	细	— — — — — —	0.25b	基础平面图中的管沟轮廓线、不可见的钢筋混凝土构件轮廓线
单点长画线	粗	—— · —— · ——	b	柱间支撑、垂直支撑、设备基础轴线图中的中心线
	细	—— · —— · ——	0.25b	定位轴线、对称线、中心线、重心线
双点长画线	粗	—— ·· —— ·· ——	b	预应力钢筋线
	细	—— ·· —— ·· ——	0.25b	原有结构轮廓线
折断线		——∧∨——	0.25b	断开界线
波浪线		～～～	0.25b	断开界线

房屋的结构系统有多种类型,依其房屋的使用性质、规模、构件所用材料及受力情况等的不同而有各种型式,目前较常用的有墙承重结构体系、框架承重结构体系、框架剪力墙承重体系等。墙承重结构体系由墙、梁、板等构件组成,墙是主要承重构件,要承受各种作用在它上面的力,并传递给基础;框架承重结构体系由梁、板、柱组成,两根柱子和一根横梁相当于一片承重墙,但框架结构比墙承重结构体系具有更大的室内空间,其内部分隔和使用更加灵活,用途更为广泛;框架剪力墙结构体系即在框架结构中,适当设置若干混凝土墙来增强抗侧向力,这样的墙就称为剪力墙,这时房屋的整体刚度会更好。

本章仍以第4章图4.17介绍的四层办公楼为例,通过对其结构(框架结构)的介绍,阐述民用房屋结构施工图的内容和图示特点。

民用房屋的结构施工图一般包括以下内容:结构设计说明;基础施工图;构件详图;各层结构布置平面图;楼梯结构施工图、其他构造详图等。

结构设计说明,其内容一般包括:结构设计中所采用的规范和标准图集;主要设计依据,如房屋所在地的抗震设防要求、地质条件、风、雪荷载等;所采取的技术措施;对材料及施工的要求等。结构设计说明内容较少时,可与建筑设计说明合并写成设计总说明,编在施工图的首页中;如结构设计说明内容较多,则可单独编为一页,作为结构施工图的首页。

第2节　基础施工图

建筑工程中,一般将房屋埋在地面以下的承重构件称为基础。它是房屋的主要承重构件之一,起着承上启下的作用,它将上部所有的荷载传给地层,为了降低地层单位面积上所受的压力,通常就把基础的下端部分扩大以增大与地层相接触的面积。这个地层就叫地基,虽然地基不属于建筑物的构件,但它的坚固性和稳定性直接影响着整个建筑物的安危,并且基础的类型与地基的类型有关。如图5.1(a)所示。

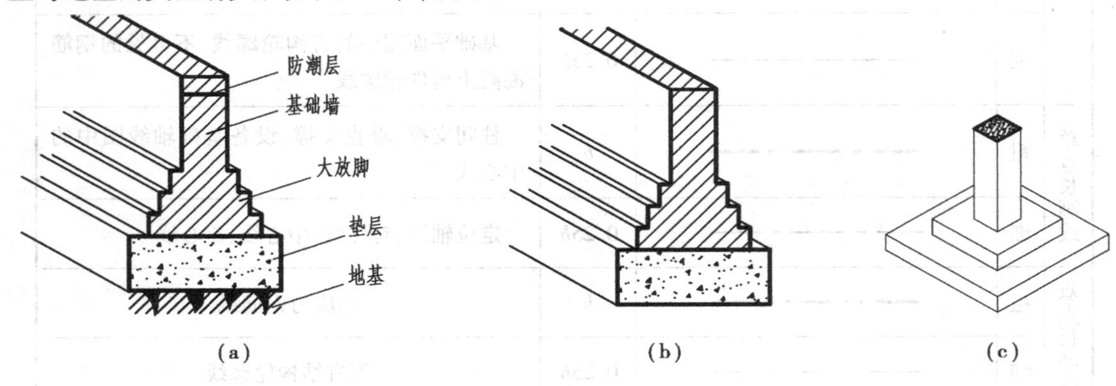

图5.1　基础的组成及类型

(a)基础的组成;(b)条型基础;(c)独立基础

基础的类型,按其构造形式一般可分为条形基础、独立基础、桩基础、箱型基础等,前两种形式最常见,如图5.1所示。按所用材料的不同,又可分为砖、石、混凝土和钢筋混凝土基础。

基础的大小、用材、埋置深度及其他构造措施,需由结构设计来确定,然后用基础施工图反映出来。基础施工图一般包括基础平面图、基础断面详图和文字说明三部分,如有可能,尽量将这三部分内容编排在同一张图纸上以便看图。

下面以第4章图4.17办公楼的基础(钢筋混凝土独立基础)施工图为例来说明基础施工图的一些内容和图示特点。

1　基础平面图

基础平面图是由假想的一个水平剖切平面沿室内地面将房屋全部切开,并将平面上部的房屋移去,将平面下部的房屋向下投影所形成的,此时,将回填土看成是透明体,能够看到剖切平面以下的各种构件,如图5.2所示,整幢房屋都用的钢筋混凝土独立基础,填充墙由基础梁承担。基础平面图主要表示基础的平面布置情况及基础、基础梁、柱相对于轴线的位置关系。

绘制基础平面图,通常采用与建筑平面图相同的比例,如1:100、1:200。

基础平面图要画出基础、基础梁、柱等的轮廓线,基础细部投影可省略不画,其细部形状在基础详图中反映出来。基础用中粗实线(0.7b或0.5b)画出,基础梁用中实线(0.5b)画出。剖到的柱要用材料图例填充,如图5.2所示,由于比例较小,所以剖到的钢筋混凝土柱断面涂黑表示。

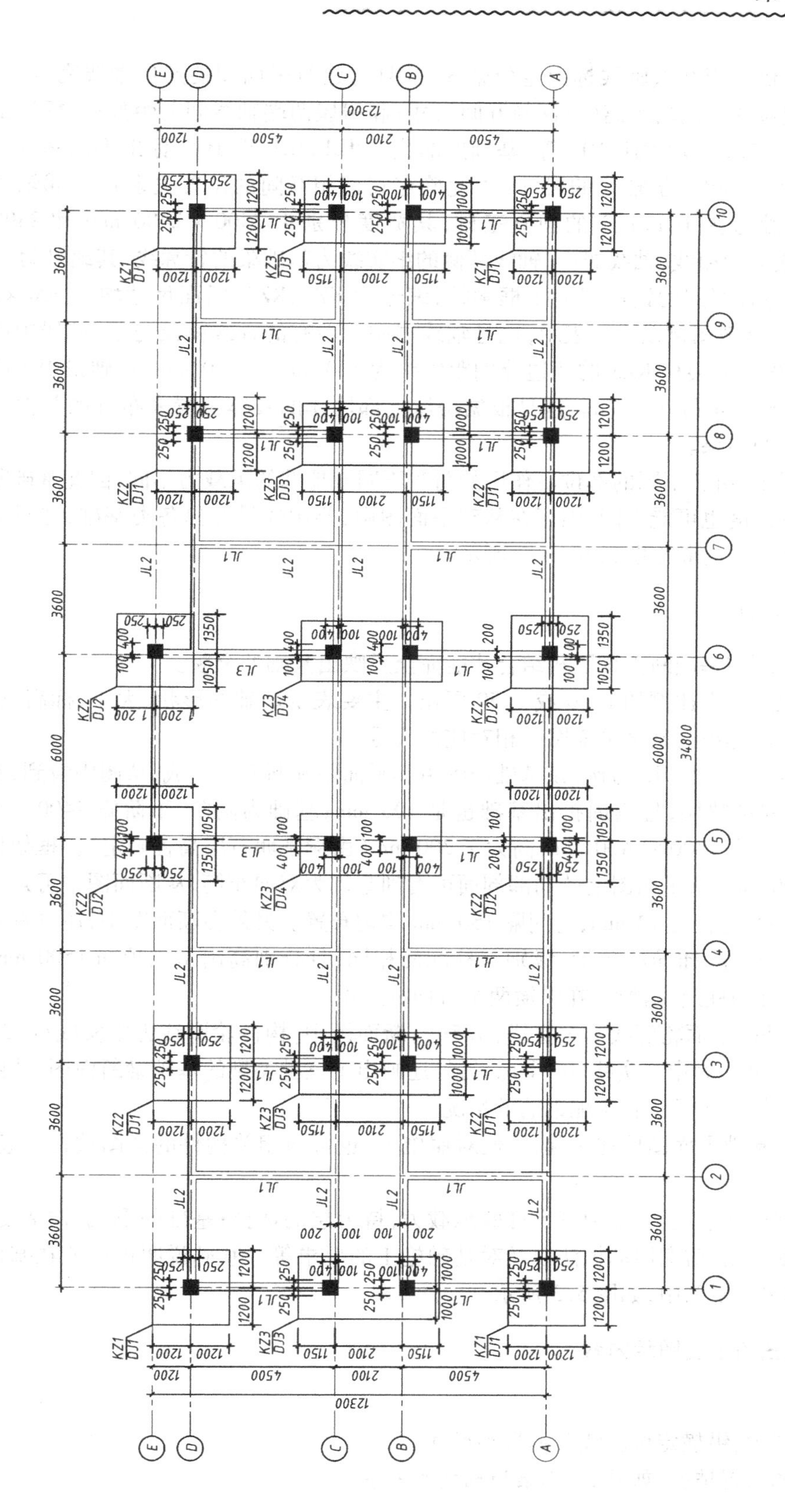
A
B
C
D
E
1
2
3
4
5
6
7
8
9
10
12300
4500
2100
1200
34800
3600
6000
KZ1
DJ1
KZ2
DJ2
KZ3
DJ3
DJ4
JL1
JL2
JL3

图5.2　基础平面图

基础平面图中仍要用细点画线标出定位轴线，并且与建筑平面图的定位轴线完全一致。此外还要标注出定位轴线间的距离（进深与开间尺寸）和房屋两端轴线间的距离；要标注出各种基础的代号，如图5.2所示DJ1、DJ2等、基础梁的代号JL1、JL2等，还要标出不同基础的尺寸以及基础、基础梁、柱相对于轴线的尺寸（由此确定它们相互间的位置关系），以③轴线为例，在该轴线上有编号为DJ1、DJ3的独立基础，其宽度分别为2400×2400 mm和2400×4400 mm，其轮廓线为中粗线，轴线居中，轴线两侧的细实线为基础梁的轮廓线，其编号为JL1，宽度为250 mm。还有剖到的钢筋混凝土框架柱，编号为KZ2、KZ3，断面尺寸均为500×500 mm，由于比例较小，材料图例以涂黑表示，也是轴线居中。但有的轴线就没与梁、柱居中而是偏心布置，如Ⓑ轴线上框架柱KZ3的两边分别距轴线为100 mm和400 mm，基础梁JL2的两边分别距轴线为100 mm和200 mm。这是根据房屋上部墙体的具体位置来布置的其他结构构件的位置及计算的结果。

在同一幢房屋中，由于不同的部位所作用的荷载不同或地基的承载力不同，因此基础断面的形状、大小、埋置深度也可能不同，因而在基础平面图中，要用代号标出各类基础，并对不同类型的基础都要画出它的断面图，如图5.2所示。

2　基础断面详图

基础平面图必须与基础断面详图相结合才能完全反映出基础的全貌。

基础详图一般用较大比例如1∶20或1∶50画出。主要表示基础的形状、大小、标高、材料及构造作法等。还应标出与基础平面图中相对应的代号。

在图5.3所示，以基础DJ1为例，该基础详图由其平面图和断面图组成，从图中看到，基础最下部为100 mm厚的垫层，且四周扩出基础也是100 mm；基础为两阶，下阶宽2400×2400 mm，高300 mm；上阶宽1400×1400 mm，高大于300 mm（由稠密卵石层高程确定）。框架柱断面尺寸为500×500 mm；从平面图上的局部剖面可看到基础为双向布筋，从断面图中可知该双向钢筋都为HRB400，直径为12 mm，每间隔150 mm均匀布置。另外在断面图中，还可看到增加插筋将柱与基础相连，插筋的数量、级别与柱配筋相同，且分别高出基础顶面1500 mm和2500 mm。对于基础和柱定位轴线，在纵横两个方向都居中。

基础详图中，基础平面轮廓线为中实线（0.5b）；断面图中，构件轮廓线为中实线（0.5b）；主筋为粗实线（b），箍筋为中粗实线（0.7b）。另外还画出了三种类型的基础梁断面图，从图中可详细了解基础梁的断面尺寸和所配钢筋的情况。

基础详图可与基础平面图放在一起，以便对照施工，也可与相关构件的详图放在一起，如基础梁详图等。

对基础还可进行文字说明，如地基允许的承载力；持力层的选择；基础的形式；构造要求；基础的材料及强度等级；防潮层的做法以及对基础施工的要求等。基础说明可以放在基础图中，也可以放在结构总说明中，如图5.3所示。

3　基础施工图的主要图示内容

1）图名，比例。

2）基础平面图中，纵横定位轴线及编号和尺寸。

3）基础平面的布置情况，如柱、基础梁与轴线的关系。

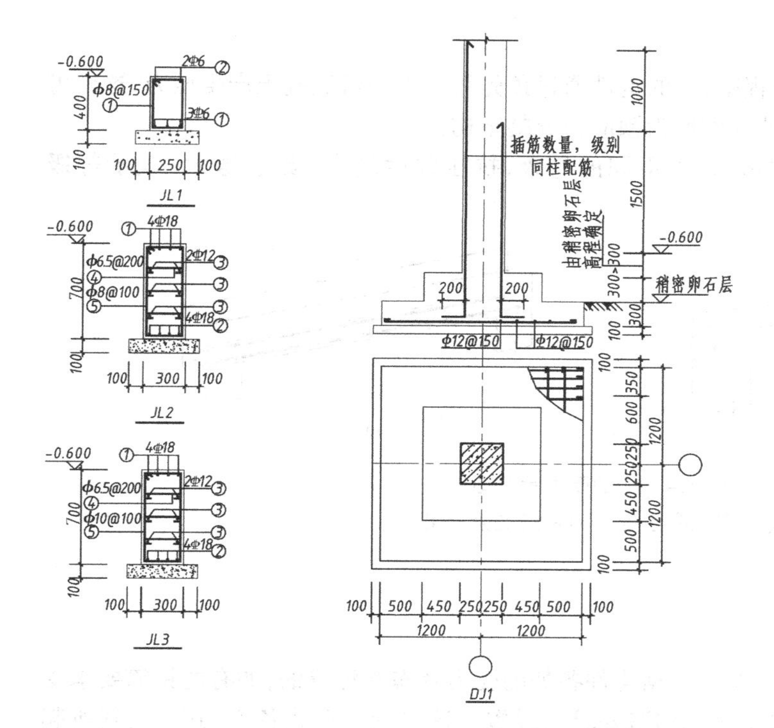

基础设计说明

1. 本工程柱下采用混凝土钢筋混凝土独立基础，±0.000=588.5。
2. 要求独立基础持力层为稍密卵石，持力层承载力特征值fa≥300kPa。
3. 基坑开挖至持力层后，必须做地基载荷试验，应由设计、质监、地勘人员现场验槽后可浇注基础。
4. 除标注外基础均对柱，墙中心位置。
5. 材料强度等级和保护层厚度：
   混凝土：独立基础采用C25，基础梁采用C30，垫层采用C15。钢筋：φ为HPB235（Ⅰ级）钢筋，Φ为HRB400（Ⅲ级）钢筋。保护层厚度：独立基础采用50mm，基础梁采用40mm。
6. 室内地面标高处墙顶做1:2水泥砂浆（掺防水粉）防潮层。室内地面标高以下覆盖土的墙面抹1:2防水水泥砂浆。
7. 设备基础，预埋件参见相应设备工程施工图。

图5.3　基础断面详图

4）平面图中断面图的剖切线及编号。

5）基础及基础梁断面的形状、大小、配筋情况等。

6）基础及基础梁断面上的标高。

7）施工说明。

第3节　钢筋混凝土构件详图

1　钢筋混凝土简介

钢筋混凝土是由钢筋和混凝土两种材料组成的，而混凝土却是由水泥、砂、石子和水按一定比例组成的一种人造石材。由实验得知，混凝土的抗压强度较高，抗拉强度却较低。在一根素混凝土梁上施加荷载，梁将发生弯曲变形，此时，梁的上部受压，下部受拉，由于混凝土的抗拉强度低，在荷载还不够大时，梁的下部就会被拉裂出现裂缝，并且很快使梁折断，如图5.4所示(a)。当在梁的下部受拉区配置一定数量的钢筋，梁的受力性能就大不一样了，因为钢筋的抗拉、抗压性能都很好，在受拉区混凝土开裂后，钢筋迅即就代替混凝土受拉，而受压区的压力仍由混凝土承担，这样梁就不会断裂了，如图5.4(b)所示。通过混凝土及放在里面的钢筋的共同作用，梁还能承受更大的荷载，这种配置有钢筋的混凝土就叫钢筋混凝土。对于其他受力不同的构件，可通过受力分析在构件的适当部位配置钢筋来提高构件的承载能力，为充分发挥不同材料的性能，钢筋配置的位置和数量都需经过设计和计算。以受压为主的构件，材料以混凝土为主，但通常也配置了一定数量的钢筋，其目的是为了减小构件的断面尺寸或提高构件的承载能力。

在钢筋混凝土构件的制作过程中，有的构件通过预先张拉钢筋对混凝土产生压力，这样可提高构件的抗拉和抗裂性能，这种构件称为预应力混凝土构件。

混凝土按其抗压强度的不同分为了不同的等级，抗压强度越大（数字越大）表示等级越高。

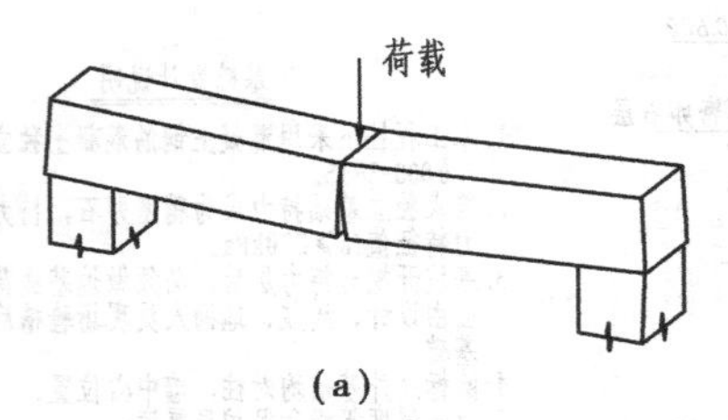

(a)

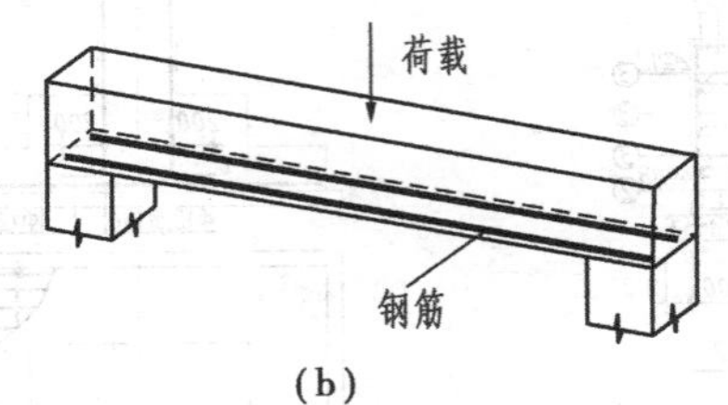

(b)

图 5.4 梁的受力示意图

(a)素混凝土梁；(b)钢筋混凝土梁

2 钢筋

2.1 钢筋的作用和分类

在钢筋混凝土构件中，钢筋主要是根据构件各处的受力状态来配置的，如有的钢筋要承受拉力，有的要承受剪力，有的钢筋则是为构造要求而设置。这些钢筋形式各不相同，按其所起的主要作用可作如下分类：

①受力钢筋：根据构件所承受的荷载，通过力学计算配置的钢筋。它在构件中起主要的受力作用，一般直径较大，强度较高，其形式有通长的，也有弯起的，如图 5.5(a)所示。

②箍筋：在构件中承受剪力和扭力，并固定纵向受力钢筋的位置，在柱中还能防止纵向受力钢筋被压屈以及约束混凝土的横向变形，如图 5.5(a)、(b)所示。箍筋直径较小；有封闭式箍筋和开口式箍筋；有单肢、双肢和四肢的，如图 5.6 所示。

③架立筋：位于梁的上部，也承受一定的外力，并与箍筋、纵向受力筋共同组成钢筋骨架。架立筋的直径较小、强度不高，如图 5-5(a)所示。

④分布筋：主要用于板内，垂直于受力筋布置，它既固定受力筋，又将所受荷载更均匀地传递给受力筋，并且还可防止混凝土的收缩和开裂，如图 5.5(c)所示。

⑤其他钢筋：由构件的构造或施工要求而配置的构造钢筋，如拉结筋、吊筋等。

2.2 钢筋的种类和代号

在钢筋混凝土和预应力混凝土结构中，根据构件的受力特征和使用要求，可采用不同的钢筋或钢丝，常用的有热轧钢筋、热处理钢筋和钢丝几类。在混凝土结构规范中，对不同种类的钢筋，给予了不同的代号以表示，见表 5.3。

表 5.3 常用钢筋代号

钢筋种类	符号	钢筋种类	符号
HPB300	ϕ	HRBF400	Φ^F
HRB335	Φ	RRB400	Φ^R
HRBF335	Φ^F	HRB500	Φ
HRB400	Φ	RRBF500	Φ^F

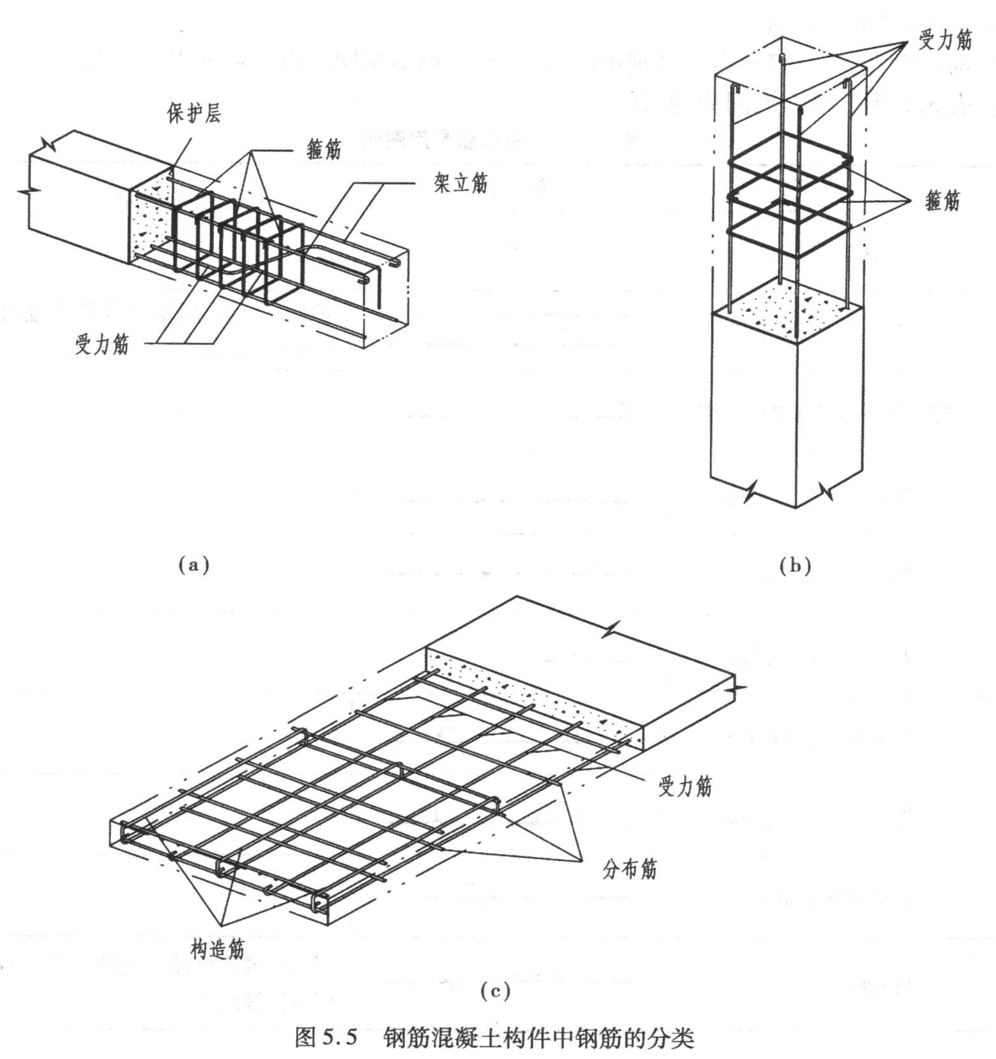

图5.5　钢筋混凝土构件中钢筋的分类

(a)钢筋混凝土梁;(b)钢筋混凝土柱;(c)钢筋混凝土板

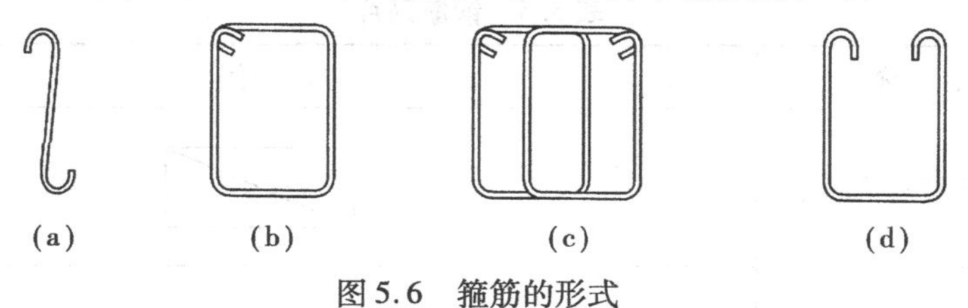

图5.6　箍筋的形式

(a)单肢箍;(b)双肢箍;(c)四肢箍;(d)开口箍

2.3　钢筋的保护层

由于裸露的钢筋易受火灾时高温的影响以及常温下被锈蚀,所以钢筋不能裸露于构件外,要用一定厚度的混凝土作为保护层,这还可增加构件中钢筋与混凝土的整体性。但保护层应有适当的厚度,过厚其保护作用不大,且还增加了构件的自重。保护层的最小厚度视不同的构件、不同环境类别及耐久性作用等级的不同而不同,其钢筋的保护层最小厚度为 15 mm ~50 mm。

2.4　钢筋常用图例

在构件中，钢筋不仅种类和级别不同，而且形状也不相同。表5.4列出了一般钢筋常用的图例。表5.5为焊接钢筋网片的图例。

表5.4　一般钢筋常用图例

序号	名　称	图　例	说　明
1	钢筋横断面		
2	无弯钩的钢筋端部		下图表示长、短钢筋投影重叠时，短钢筋的端部用45°斜划线表示
3	带半圆形弯钩的钢筋端部		
4	带直钩的钢筋端部		
5	带丝扣的钢筋端部		
6	无弯钩的钢筋搭接		
7	带半圆弯钩的钢筋搭接		
8	带直钩的钢筋搭接		
9	花篮螺丝钢筋接头		
10	机械连接的钢筋接头		用文字说明机械连接的方式（或冷挤压或锥螺纹等）

表5.5　钢筋网片

序号	名　称	图　例
1	一片钢筋网平面图	W-1
2	一行相同的钢筋网平面图	3W-1

注：用文字注明焊接网或绑扎网片。

2.5　**在钢筋混凝土结构图中,钢筋的画法要符合表5.6的规定。**

表5.6　钢筋的画法

序号	说　明	图　例
1	在结构楼板中配置双层钢筋时,底层钢筋的弯钩应向上或向左,顶层钢筋的弯钩则向下或向右	(底层)　(顶层)
2	钢筋混凝土墙体配双层钢筋时,在配筋立面图中,远面钢筋的弯钩应向上或向左,而近面钢筋的弯钩则向下或向右(JM 近面;YM 远面)	JM　JM　YM　YM
3	若在断面图中不能表示清楚的钢筋布置,应在断面图外增加钢筋大样图(如:钢筋混凝土墙、楼梯等)	
4	图中所表示的箍筋、环筋等若布置复杂时,可加画钢筋大样及说明	或
5	每组相同的钢筋、箍筋或环筋,可用一根粗实线表示,同时用一两端带斜短划线的横穿细线,表示其钢筋及起止范围	

3　**钢筋混凝土构件详图**

钢筋混凝土构件详图主要由模板图、配筋图、钢筋明细表和预埋件详图等组成,它是加工钢筋、制作构件、统计用料的重要依据。

3.1　**模板图**

从图示表达看,模板图实际上就是构件的外形视图,它主要表示构件的形状、大小、预埋件和预留孔洞的尺寸和位置。对较简单的构件,可不必画模板图,只需在构件的配筋图中,把各部尺寸标注清楚就行了,而对于较复杂的构件,需要单独画出模板图,以便模板的制作与安装。模板图用中粗实线绘制。

3.2 配筋图

配筋图也叫钢筋布置图，它主要表示构件内部各种钢筋的形状、数量、级别和排放情况，对一般的钢筋混凝土构件，用注有钢筋编号、规格、直径等符号的配筋立(平)面图及若干配筋断面图就可清楚地表示构件中的钢筋配置情况了。

3.3 钢筋明细表

在钢筋混凝土构件施工图中，一般构件要列出钢筋明细表，以便于钢筋的备料，加工和编制预算。在表中，要列出的内容有构件代号、钢筋编号、简图、规格、长度、数量、总长、总重等，如图5.7所示，要说明的是在钢筋明细表简图里所注钢筋长度是未包括钢筋弯钩长度的，而在“长度”一栏内的数字则是加了弯钩长度的，并且在钢筋加工时的实际下料长度，还另有计算方法。另外，在钢筋简图一栏里，画出了各种类型的钢筋形状简图，此时如在配筋图中已画出了钢筋详图，钢筋简图中就可不注尺寸了。

3.4 预埋件详图

在钢筋混凝土构件制作中，有时为了安装、运输的需要，在构件内还设置有各种预埋件，如吊环、钢板等，因此，还需要画出预埋件详图，如图5.7中的④号钢筋。

下面以钢筋混凝土梁、板、柱为例，说明其图示方法和绘图的若干规定。

①钢筋混凝土梁，如图5.7所示。

- 比例：配筋立(平)面图的常用比例为1∶10、1∶20、1∶50；断面图一般比立(平)面图放大一倍。

- 线型：无论立面图或断面图，构件的可见轮廓线一律用中实线(0.5b)表示；看不见的轮廓线画细虚线(0.25b)，有时也可不画；主钢筋用粗实线(b)绘制；箍筋用中粗线(0.7b)表示；断面图中被剖到的钢筋用小黑点表示。主、剖面图上都不画材料符号，将混凝土假设为透明体，主要看构件内钢筋的布置。

- 标注：首先要标注出构件的外轮廓尺寸，如图5.7中梁*L*42的长、宽、高分别为4440、250、350。然后要将不同直径、级别、长度、形状的钢筋进行编号，编号采用阿拉伯数字，编号的小圆圈直径为6 mm，并用所连接的指引线指向相应的钢筋，在指引线的水平线上，标注出钢筋的数量、级别和直径，如图5.7中①号钢筋是受力筋，种类为HRB335级钢，直径为22，数量是3根，标记为3 ϕ22。形状和规格完全相同的钢筋可用同一编号来表示，编号小圆圈宜排列整齐。②号钢筋为架立筋，种类同样为HRB335级钢，直径为12，数量是2根，标记为2 ϕ12。③号钢筋为箍筋，种类为HPB235级钢，直径为8，当箍筋沿梁的长度方向等距离布置时，对画出的箍筋(有的立面图上可只画三四个即可)要画上尺寸线和起止符号，再将其间距表示出，@为间距符号，当间距为200 mm时，标记为ϕ8@200，如构件内钢筋布置较密集，可用列表法在表格内编号以表示构件断面图中相应的钢筋。另外，根据钢筋的布置情况，在构件立面详图中还要标注出剖、断面符号，以便更清楚地了解钢筋的配置情况查阅到断面详图，在图5.7中，梁的支座处取了一个断面，结合立面详图就可将钢筋配置了解清楚了。

- 钢筋详图：在构件的配筋图中，当配置的钢筋较复杂时，仅从配筋的立、断面图中所标注的钢筋编号、规格和数量是不能够了解钢筋的详细情况的，如钢筋的形状、长度等，因此，对配筋较复杂的构件，还需画钢筋详图，也叫钢筋成型图，即将每一处规格的钢筋从构件中拿出一根来，用以立面图相同的比例画出，并放在立面图的下方，然后标上每种钢筋的编号、根数、规格及各段长度，在标注长度时，可不画尺寸线和尺寸界线，直接把尺寸数字写在各段钢筋的旁边。需要说明的是在钢筋详图中所标注的钢筋长度不包括弯钩的长度，如图5.7所示。

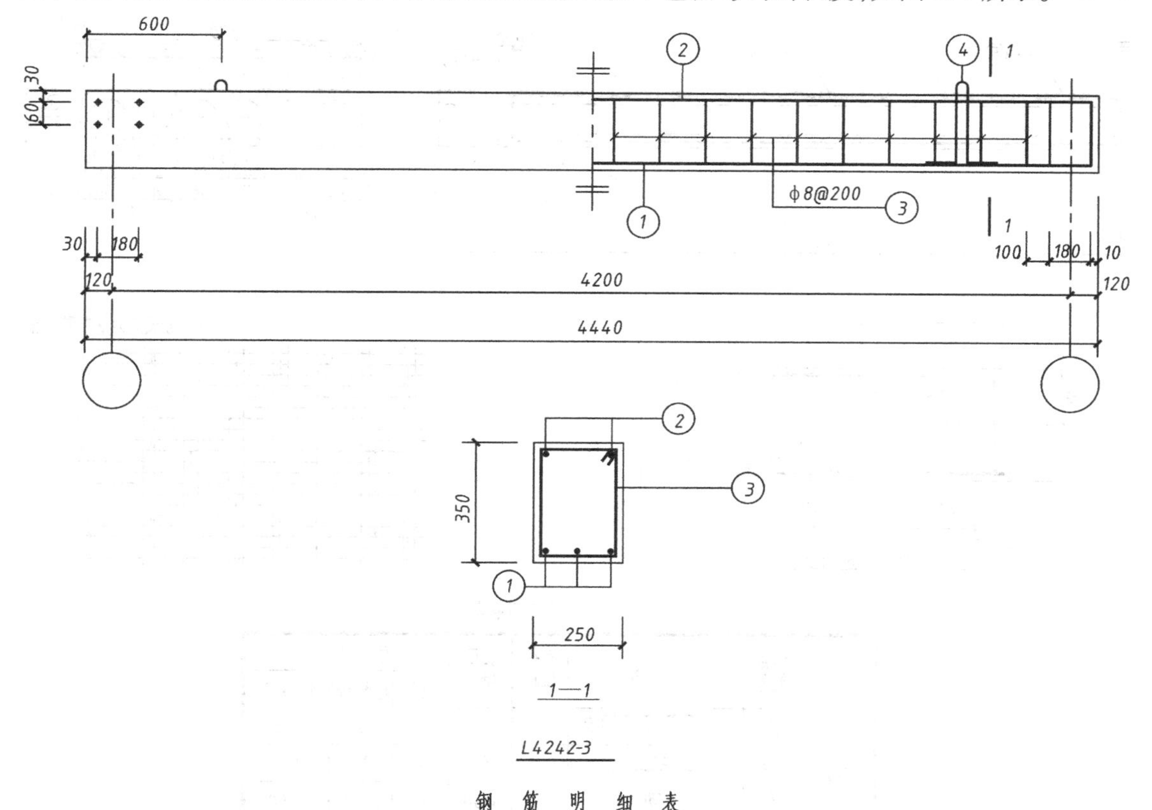

钢　筋　明　细　表

构件名称	构件数	钢筋编号	钢筋简图	钢筋规格	根数	长度	总长/m	用钢量/kg
L_{4242-3}	1	①	150 4420 150	Φ22	3	4720	14.160	44.88
		②	4420	Φ12	2	4420	8.840	7.85
		③	200 300	φ8	23	1180	27.140	10.72
		④	70 400 70 70 70	φ10	2	1010	2.020	1.25

图5.7　钢筋混凝土梁结构详图

②钢筋混凝土钢筋混凝土板

根据其施工方法不同可分为预制板和现浇板。预制板即在工厂里先作好，然后运到现场进行安装。图5.8所示为预制空心板的立面图和断面图，从图中可看到板的上底宽570，下底宽590，而其标志尺寸为600，这是考虑到施工的需要；板厚为120；其配筋为：①号预应力受力筋，种类为冷轧带肋钢筋，级别为 CRB650，数量为 19 根，直径均为 5，标记为 $19\Phi^R5$，其布置由示意图获知；②号至⑤号钢筋为非预应力钢筋，均为冷轧带肋钢筋，其直径、数量、长度等可由非预应力钢筋表中查得。同时配合空心板局部详图，可知这些非预应力钢筋在板中的位置。

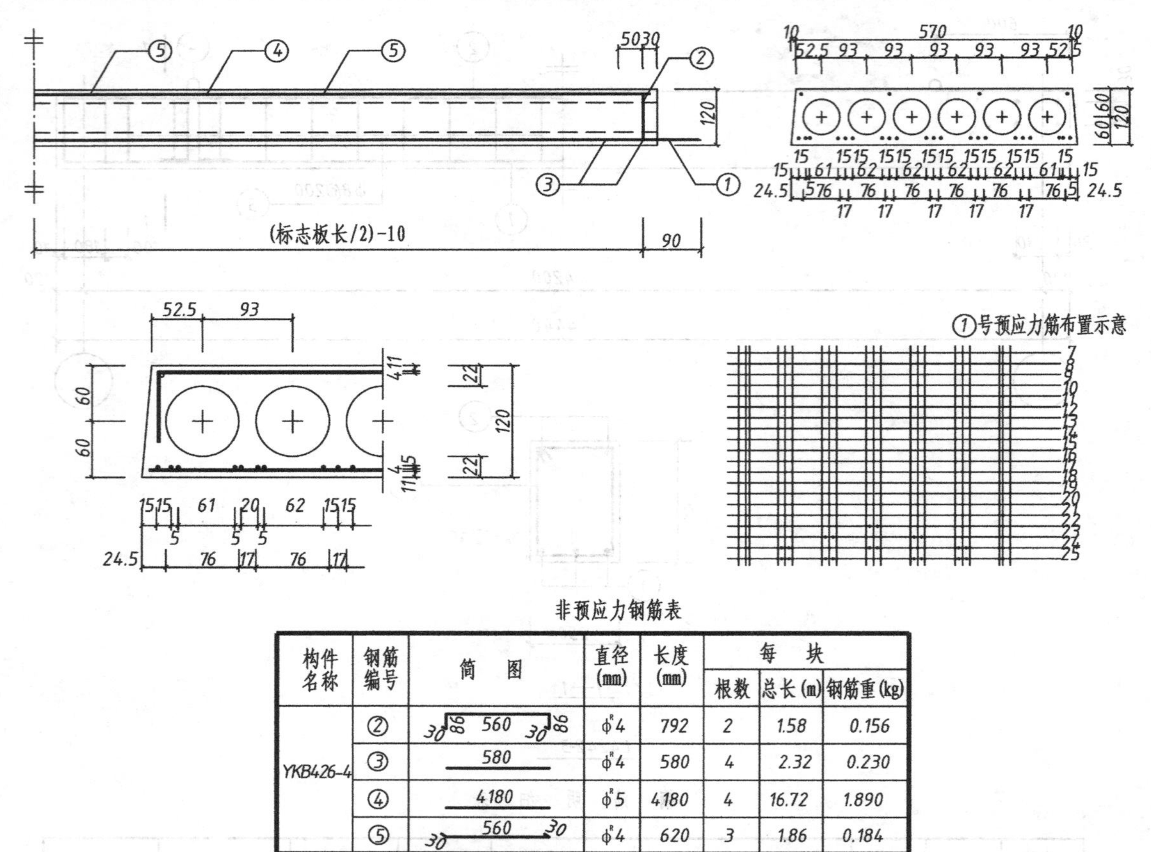

构件名称	钢筋编号	简图	直径(mm)	长度(mm)	每块 根数	每块 总长(m)	每块 钢筋重(kg)
YKB426-4	②	30 86 560 86 30	ϕ^R4	792	2	1.58	0.156
	③	580	ϕ^R4	580	4	2.32	0.230
	④	4180	ϕ^R5	4180	4	16.72	1.890
	⑤	30 560 30	ϕ^R4	620	3	1.86	0.184

图 5.8　钢筋混凝土空心板结构详图

钢筋混凝土现浇板是指在施工现场支模，然后架设和固定钢筋，最后浇注混凝土而制成整体式的钢筋混凝土板。这种现浇板整体性好，刚度大，可塑性强，可满足某些异形建筑或异型构件的要求，因而在建筑工程中应用广泛。

钢筋混凝土现浇板的钢筋布置通常用平面图来表示，如图 5.9(a) 所示钢筋在平面图中的表示方法，其除画出板的形状外，还画出板下边的墙、柱、梁的轮廓线（图中被板遮住的部分用虚线画出）。在现浇板中，由于板内的钢筋系均匀布置，故各种类型的钢筋在一个区格内画一根就行了，但要附上一个间距符号@，并在画出的钢筋中还要注明各种钢筋的编号、级别、直径和间距。对有的钢筋，要注明其一端到梁或柱边的距离及伸入相邻区格的长度。图 5.9(b) 还标明了在配筋较复杂的结构平面图中的表示方法，在洞口四周，除布有加强钢筋外，洞口左、右两边所用钢筋相同，前、后所用钢筋也相同，但还是要将钢筋都画出来。

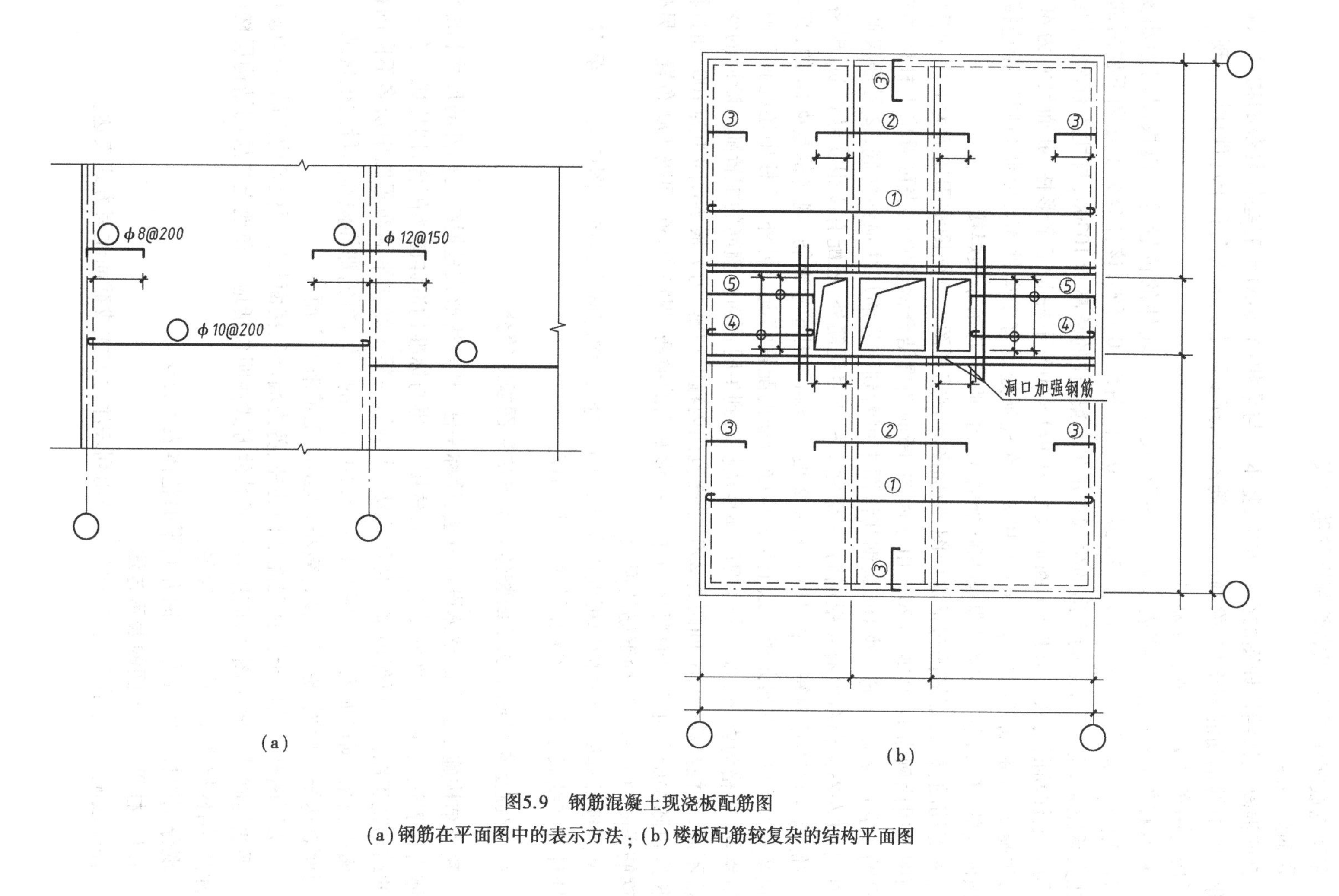

图5.9　钢筋混凝土现浇板配筋图

(a)钢筋在平面图中的表示方法；(b)楼板配筋较复杂的结构平面图

在现浇板配筋图中,仍需编制钢筋明细表。

③钢筋混凝土柱

钢筋混凝土柱结构详图的图示方法,基本上与梁相同,但对于有些较复杂的构件,如单层工业厂房中的钢筋混凝土柱,除画出其配筋图外,还要画出其模板图和予埋件详图。现以一单层厂房的吊车柱 Z_1 为例进行说明:

• 模板图:模板图主要表示柱的外形、尺寸及予埋件的位置等。模板图用中粗实线(0.7b)绘制。常用比例为1:10、1:20或1:50。由图5.10可知,该柱分为上柱和下柱两部分,上柱支承屋架,上、下柱之间突出的牛脚支承吊车梁,柱的总高为10300,与柱的断面图相结合看,可知上柱断面为实心方形柱,断面尺寸为400×400;下柱是工字形柱,断面尺寸为400×800;牛腿2—2断面处的尺寸为400×1000。在柱顶处设有予埋件 M_2,以便与屋架相连接,牛腿顶面处的 M_1 和在上柱离牛腿面800处的 M_3 予埋件,与吊车梁焊接。

• 配筋图:柱的配筋图包括立面图、断面图和钢筋详图。立面图常用比例为1:20或1:50,断面图常用比例为1:10或1:20。由立面图、断面图再结合钢筋明细表可看出上柱四角布有①号筋2 ϕ 16和②号筋2 ϕ 16,从钢筋详图中可看到①号筋从柱顶到柱底,②号筋仅伸入牛腿内,下柱左右两侧各配有4根钢筋,左侧除2根①号钢筋外,还配有2根③号钢筋,规格为 ϕ 16,右侧为4根③号钢筋。牛腿处还配有2根⑤号和2根⑥号钢筋,规格都是 ϕ 16的,其弯曲形状及各段尺寸见钢筋详图。以上是柱内受力筋的配置情况。另外,下柱中还配有2根④号构造钢筋,规格为 ϕ 16。③、④号钢筋都是从柱底到牛腿顶面。箍筋的配置随柱断面的变化而各段不同,上柱箍筋为 $\phi6$,间距为250;牛腿范围内箍筋加密,为7根 $\phi8$,间距为100,而且箍筋的长度也随牛腿尺寸变化而变化;下柱工字形断面的箍筋,规格为 $\phi6$,间隔300布置。另外还从钢筋详图中了解到各种钢筋的形状。

• 予埋件详图:在柱的模板图中所出现的予埋件,均应画出详图。图中对 M_1 至 M_3 三种予埋件均详细表示出了形状和尺寸,以利制作。

4　混凝土结构施工图平面整体表示方法制图规则简介

建筑结构施工图平面整体设计方法,简称平法,其表达形式是把结构构件的尺寸和配筋等整体直接表达在各类构件的结构平面布置图上,再与标准构造详图相配合,即构成一套新型完整的结构施工图。不再像原来的传统作法,将钢筋混凝土结构平面布置图中众多不同的构件一一索引出来,画成如图5.7、图5.8、图5.10那样的构件详图,那样做作图量大很繁琐。平法使图面表达统一性强,提高了设计效率,也给施工带来了方便。

平法制图规则适用于各种现浇结构的柱、剪力墙、梁、楼面与屋面板等构件的结构施工图。

平法绘制结构施工图时,应用表格或其他方式注明包括地下和地上各层的结构层楼(地)面标高、结构层高及相应的结构层号。

现分别以柱、梁、板为例,简介其平面整体表示方法。

4.1　柱平法施工图的表示方法

柱平法施工图系在平面布置图上,采用列表注写方式或截面注写方式表达。

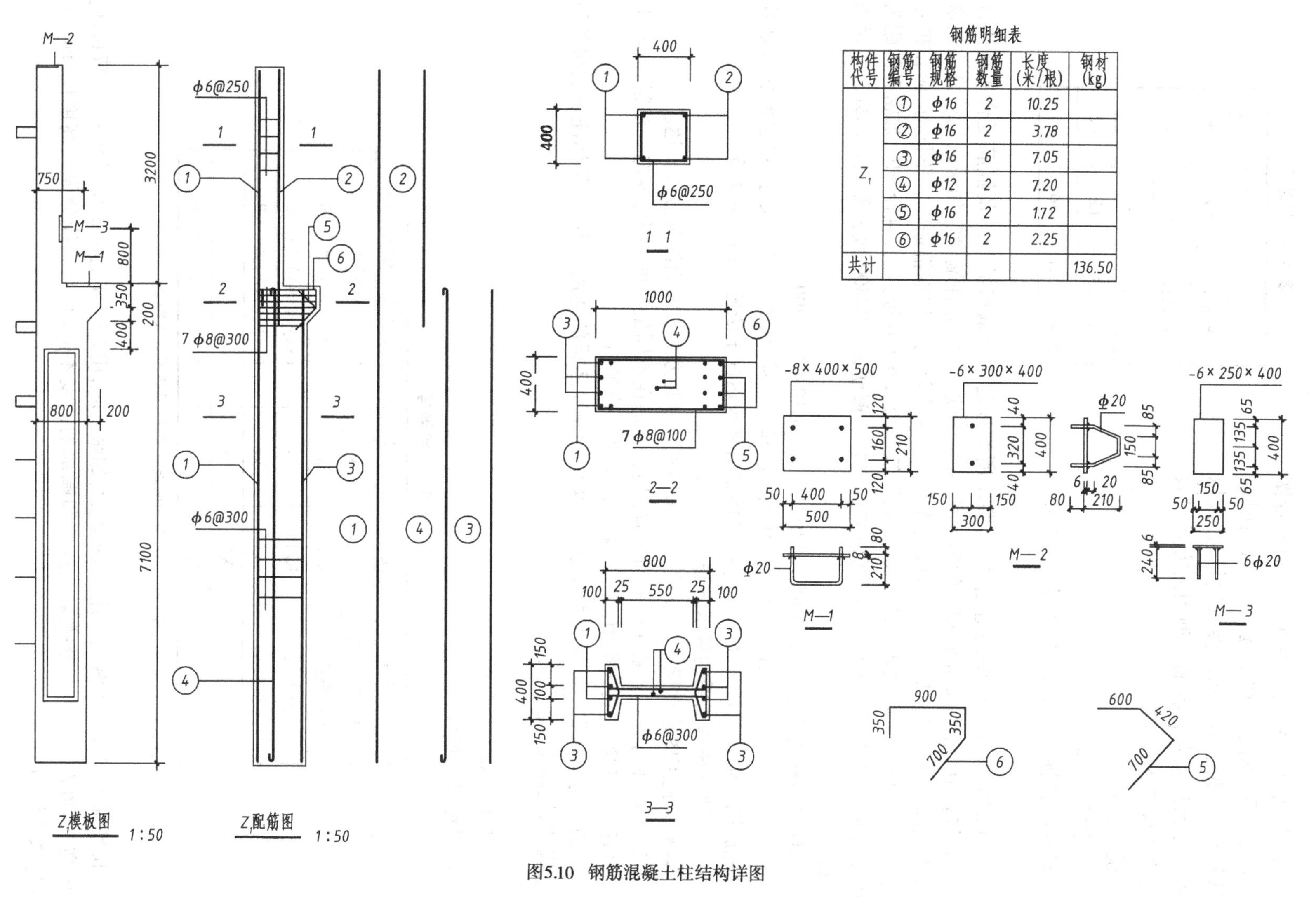

钢筋明细表

构件代号	钢筋编号	钢筋规格	钢筋数量	长度(米/根)	钢材(kg)
Z_1	①	φ16	2	10.25	
	②	φ16	2	3.78	
	③	φ16	6	7.05	
	④	φ12	2	7.20	
	⑤	φ16	2	1.72	
	⑥	φ16	2	2.25	
共计					136.50

图5.10　钢筋混凝土柱结构详图

(1)列表注写方式　系在柱平面布置图上,分别在同一编号的柱中选择一个(有时需要选择几个)截面标注几何参数代号,并配以各种柱截面形状及其箍筋类型图的方式来表达柱平法施工图。

说明如下:

1)柱编号如表5.7。

表5.7　柱编号

柱类型	代号	序号
框架柱	KZ	xx
框支柱	KZZ	xx
芯　柱	XZ	xx
梁上柱	LZ	xx
剪力墙上柱	QZ	xx

2)柱纵筋视位置分四项注写,见图5.11中的柱表。

3)在表的上部或图中的适当位置,画出所设计的各种箍筋类型图及箍筋复合的具体方式,注上与表中对应的 b、h 和相应的类型号,并用斜线"/"区分柱端箍筋加密区与柱身非加密区长度范围内箍筋的不同间距。当框架节点核芯区内箍筋与柱端箍筋设置不同时,应在扩号内注明。如:ϕ10@100/250(ϕ12@100),表示箍筋为HPB300级钢筋,直径ϕ10,加密区间距为100 mm,非加密区间距为250 mm,框架节点核芯区箍筋为HPB300级钢筋,直径ϕ12,间距为100 mm。

圆柱采用螺旋箍筋时,需在箍筋前加"L",如Lϕ10@100/200。

(2)截面注写方式　在同一编号的柱中,选择一个截面,直接注写尺寸、钢筋配置以及柱截面配筋图与轴线关系 b_1、b_2、h_1、h_2 的具体数值来表达柱平法施工图。如图5.12。

4.2　梁平法施工图的表示方法

梁平法施工图系在梁平面布置图上,采用平面注写方式或截面注写方式表达。

(1)平面注写方式　系在梁平面布置图上,分别在不同编号的梁中,各选一根梁,在其上注写截面尺寸和配筋具体数值的方式来表达梁平法施工图。

平面注写包括集中标注与原位标注。集中标注表达梁的通用数值,原位标注表达梁的特殊数值,原位标注取值优先。

说明如下,如图5.13。

1)梁集中标注的内容

a.梁编号。见表5.8。

表5.8　梁编号

梁类型	代号	序号	跨数及是否带有悬挑
楼层框架梁	KL	xx	(xx)、(xxA)或(xxB)
屋面框架梁	WKL	xx	(xx)、(xxA)或(xxB)
框支梁	KZL	xx	(xx)、(xxA)或(xxB)
非框架梁	L	xx	(xx)、(xxA)或(xxB)
悬挑梁	XL	xx	
井字梁	JZL	xx	(xx)、(xxA)或(xxB)

注:(xxA)为一端有悬挑,(xx)B为两端有悬挑,悬挑不计入跨数。

b.梁截面尺寸。等截面梁用 $b\times h$ 表示;加腋梁时,用 $b\times h\ Y_{C1\times C2}$ 表示,其中 C_1 为腋长,C_2 为腋高,如图5.14。当有悬挑梁且根部和端部的高度不同时,用斜线分隔其高度值,即 $b\times h_1/h_2$,如图5.15。

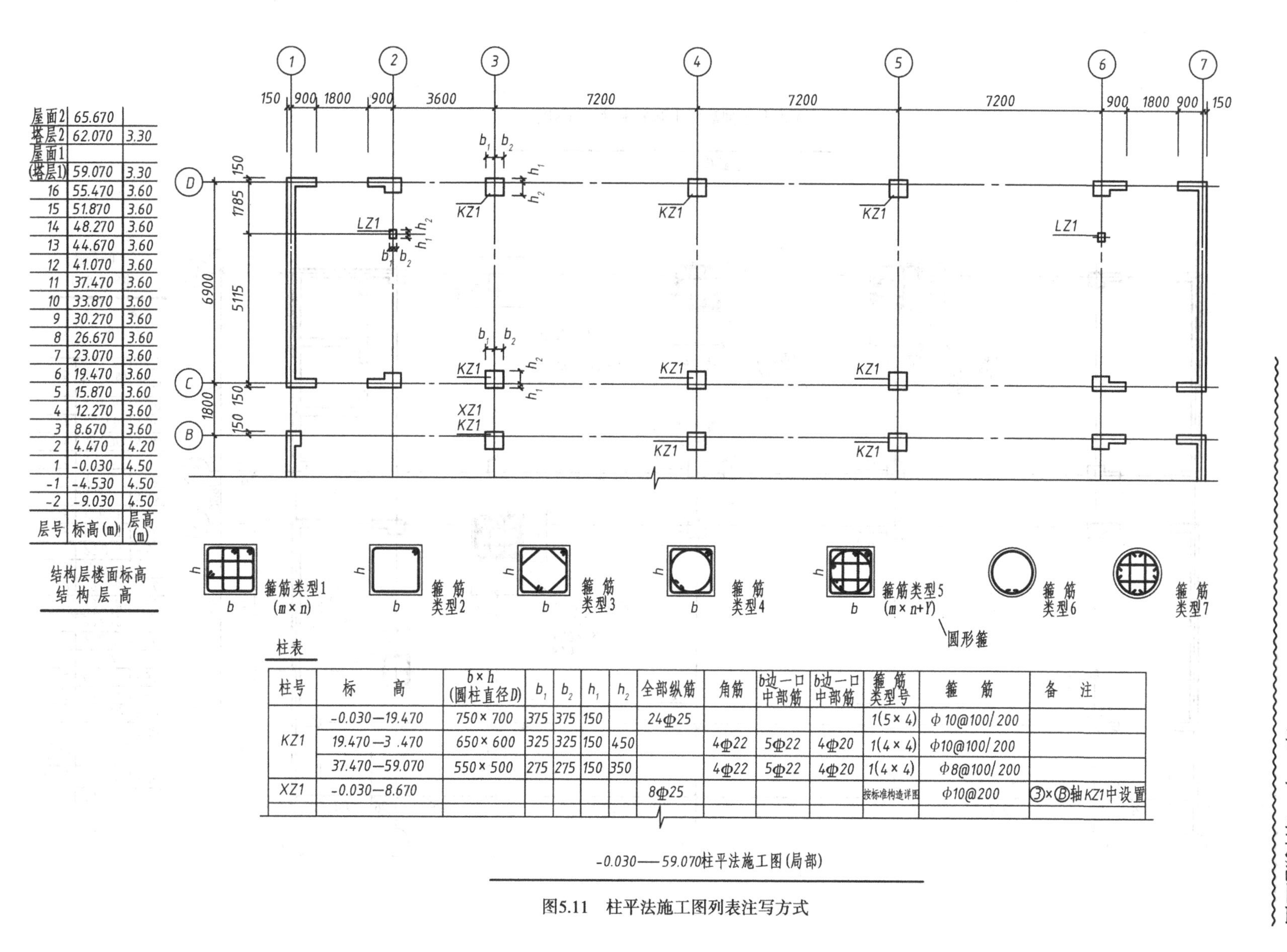

层号	标高(m)	层高(m)
屋面2	65.670	
塔层2	62.070	3.30
屋面1 (塔层1)	59.070	3.30
16	55.470	3.60
15	51.870	3.60
14	48.270	3.60
13	44.670	3.60
12	41.070	3.60
11	37.470	3.60
10	33.870	3.60
9	30.270	3.60
8	26.670	3.60
7	23.070	3.60
6	19.470	3.60
5	15.870	3.60
4	12.270	3.60
3	8.670	3.60
2	4.470	4.20
1	-0.030	4.50
-1	-4.530	4.50
-2	-9.030	4.50

结构层楼面标高
结构层高

柱表

柱号	标高	b×h (圆柱直径D)	b_1	b_2	h_1	h_2	全部纵筋	角筋	b边一侧中部筋	h边一侧中部筋	箍筋类型号	箍筋	备注
KZ1	-0.030—19.470	750×700	375	375	150		24Φ25				1(5×4)	Φ10@100/200	
	19.470—37.470	650×600	325	325	150	450		4Φ22	5Φ22	4Φ20	1(4×4)	Φ10@100/200	
	37.470—59.070	550×500	275	275	150	350		4Φ22	5Φ22	4Φ20	1(4×4)	Φ8@100/200	
XZ1	-0.030—8.670						8Φ25				按标准构造详图	Φ10@200	③×Ⓑ轴KZ1中设置

-0.030——59.070柱平法施工图(局部)

图5.11　柱平法施工图列表注写方式

层号	标高(m)	层高(m)
屋面2	65.670	
塔层2	62.070	3.30
屋面1		
(塔层1)	59.070	3.30
16	55.470	3.60
15	51.870	3.60
14	48.270	3.60
13	44.670	3.60
12	41.070	3.60
11	37.470	3.60
10	33.870	3.60
9	30.270	3.60
8	26.670	3.60
7	23.070	3.60
6	19.470	3.60
5	15.870	3.60
4	12.270	3.60
3	8.670	3.60
2	4.470	4.20
1	-0.030	4.50
-1	-4.530	4.50
-2	-9.030	4.50

结构层楼面标高
结构层高

上部结构嵌固部位-0.030

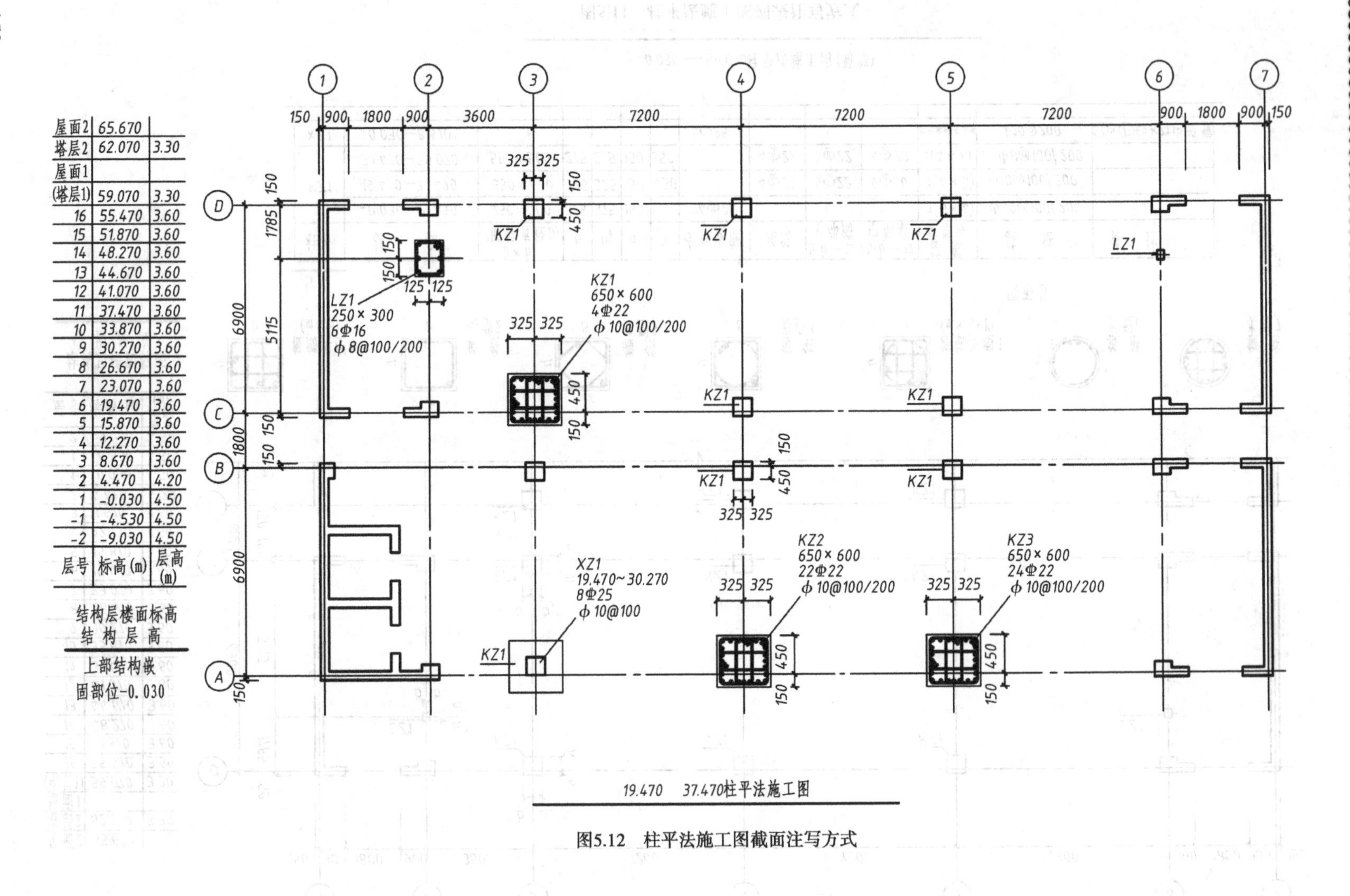

图5.12　柱平法施工图截面注写方式

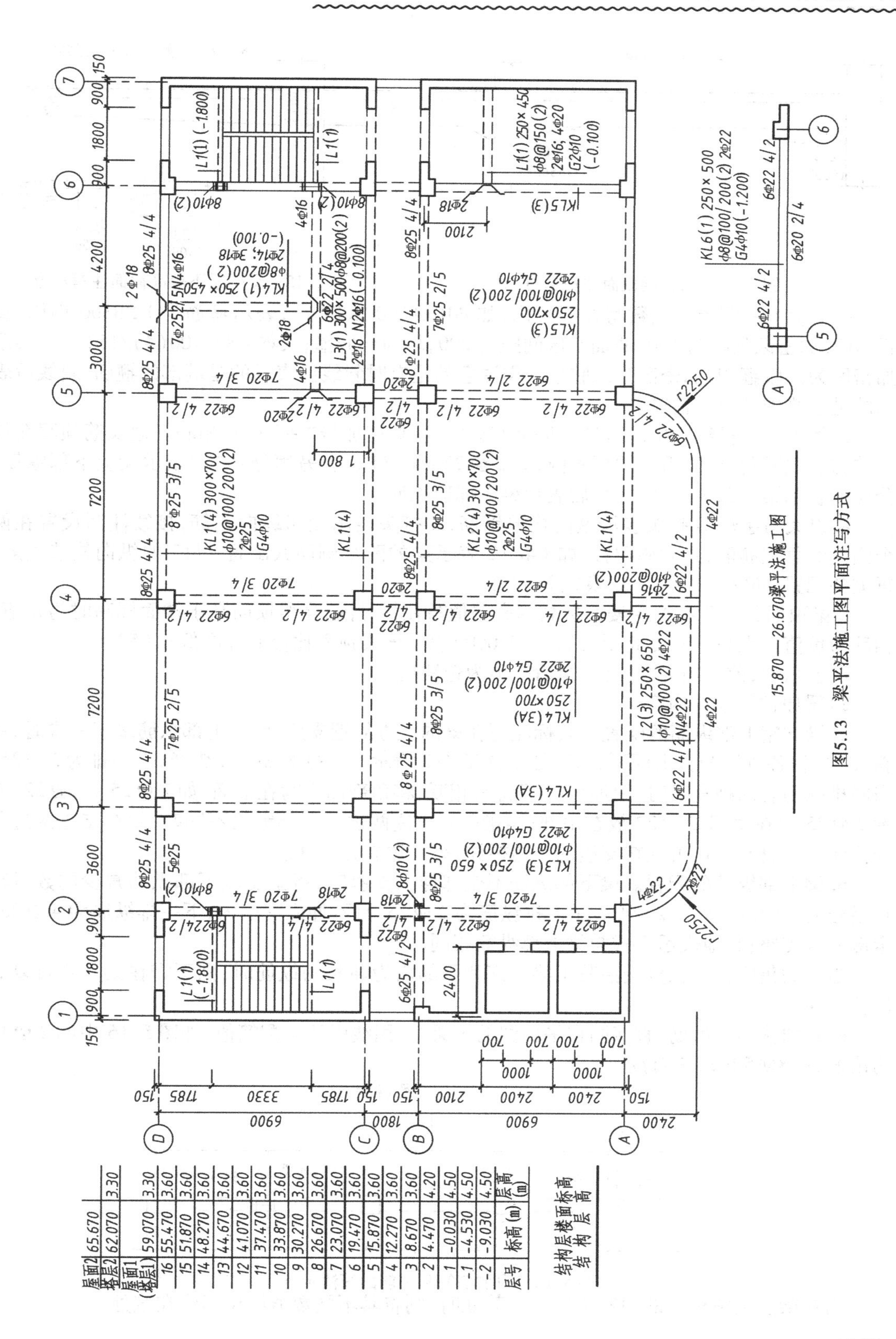

层号	标高(m)	层高(m)
屋面2	65.670	
塔层2	62.070	3.30
屋面1（塔层1）	59.070	3.30
16	55.470	3.60
15	51.870	3.60
14	48.270	3.60
13	44.670	3.60
12	41.070	3.60
11	37.470	3.60
10	33.870	3.60
9	30.270	3.60
8	26.670	3.60
7	23.070	3.60
6	19.470	3.60
5	15.870	3.60
4	12.270	3.60
3	8.670	3.60
2	4.470	4.20
1	-0.030	4.50
-1	-4.530	4.50
-2	-9.030	4.50

结构层楼面标高
结构层高

15.870—26.670梁平法施工图

图5.13 梁平法施工图平面注写方式

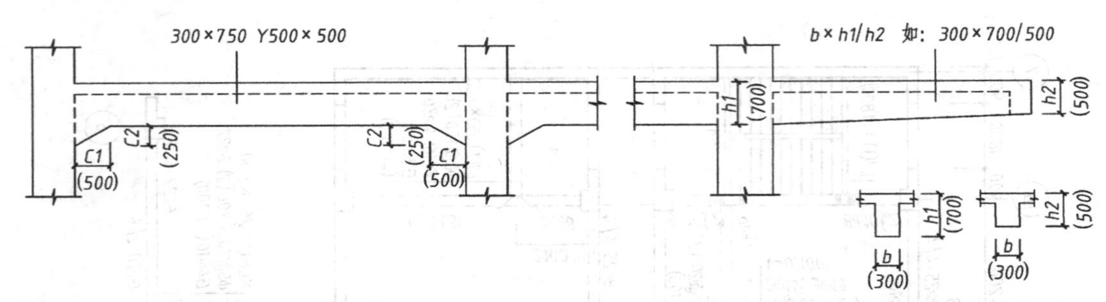

图 5.14　加腋梁截面注写示意　　　　图 5.15　悬挑梁不等高截面注写示意

c. 梁箍筋的配置。肢数写在括号内，如 ϕ10@100/200(4)，表示箍筋为 HPB300 钢筋，直径 ϕ10，加密区间距为 100，非加密区间距为 200，均为四肢箍；又如 ϕ8@100(4)/150(2)，表示加密区为四肢箍，非加密区为二肢箍。需注意的是有时斜线前表示的是端部的箍筋，斜线后表示的是梁跨中部分的箍筋。

d. 梁上部同排纵筋中既有通长筋又有架立筋时，用加号"+"将其相联。通长筋须写在加号前，架立筋写在加号后面的括号内，如 2 Φ 22 +(4ϕ12)。另用分号"；"表示梁上下部纵筋，分号前表示梁上部通长筋，分号后表示梁下部通长筋。

e. 以大写字母 G 打头表示纵向构造钢筋，N 打头表示受扭纵向钢筋，接续注写设置在两个侧面的总配筋值，且对称配置，如 G4ϕ12 表示梁的两个侧面共配置 4ϕ12 的纵向构造钢筋，每侧各配置 2ϕ12。若受扭，G 换成 N 即可。

f. 梁顶面相对于结构层楼面标高的高差值写在括号内，当梁顶面高于楼面标高时为正值，相反为负值。无高差时无此项。如(-0.050)表示该梁顶面比楼面标高低 0.050。

以上六项，前五项为必注值，最后一项为选注值。

2)梁原位标注的内容

a. 梁支座上部纵筋的配置。其标注写在梁的上方靠近支座处，当上部纵筋多于一排时，用斜线"/"将各排纵筋自上而下分开，如 6 Φ 25 4/2 表示上一排纵筋为 4 Φ 25，下一排为 2 Φ 25；当同排纵筋有两种直径时，用加号"+"将其相联，将角部纵筋写在前面，如 2 Φ 25 +2 Φ 22，表示 2 Φ 25 放在角部，2 Φ 22 放在中部；当梁中间支座两边的上部纵筋不同时，须在支座两边分别标注，当其相同时，可仅在支座的一边标注，另一边省去不注。

b. 梁下部纵筋的配置。梁下部纵筋不全部伸入支座时，将梁支座下部纵筋减少的数量写在括号内，如 6 Φ 25(-2)/4 表示上排纵筋为 2 Φ 25，且不伸入支座内，下一排纵筋为 4 Φ 25，全部伸入支座；其他表示方式与梁上部纵筋相同。

当梁的集中标注已分别注写了梁上部和下部均为通长的纵筋时，则不需在梁下部重复做原位标注。

c. 附加箍筋或吊筋，直接画在平面图的主梁上，用线引注总配筋值，如图 5.16 中的 2 Φ 18 为吊筋，8ϕ8@50(2)为箍筋。

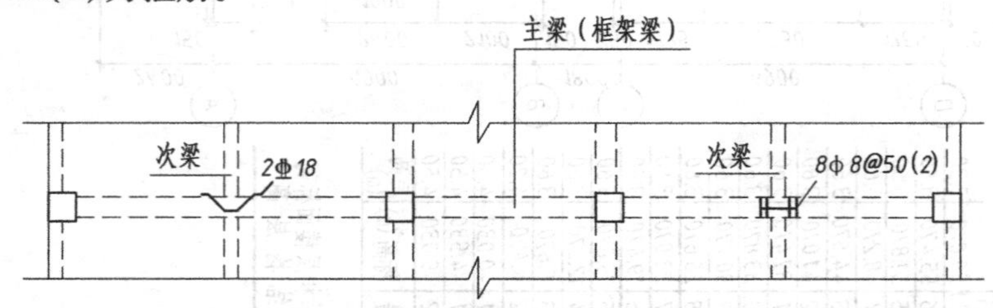

图 5.16　附加箍筋和吊筋的画法示意

当在梁上集中标注的内容不适用于某处时，则将其不同数值原位标注在该处。

屋面2	65.670	
塔层2	62.070	3.30
屋面1 (塔层1)	59.070	3.30
16	55.470	3.60
15	51.870	3.60
14	48.270	3.60
13	44.670	3.60
12	41.070	3.60
11	37.470	3.60
10	33.870	3.60
9	30.270	3.60
8	26.670	3.60
7	23.070	3.60
6	19.470	3.60
5	15.870	3.60
4	12.270	3.60
3	8.670	3.60
2	4.470	4.20
1	-0.030	4.50
-1	-4.530	4.50
-2	-9.030	4.50
层号	标高(m)	层高(m)

结构层楼面标高
结构层高

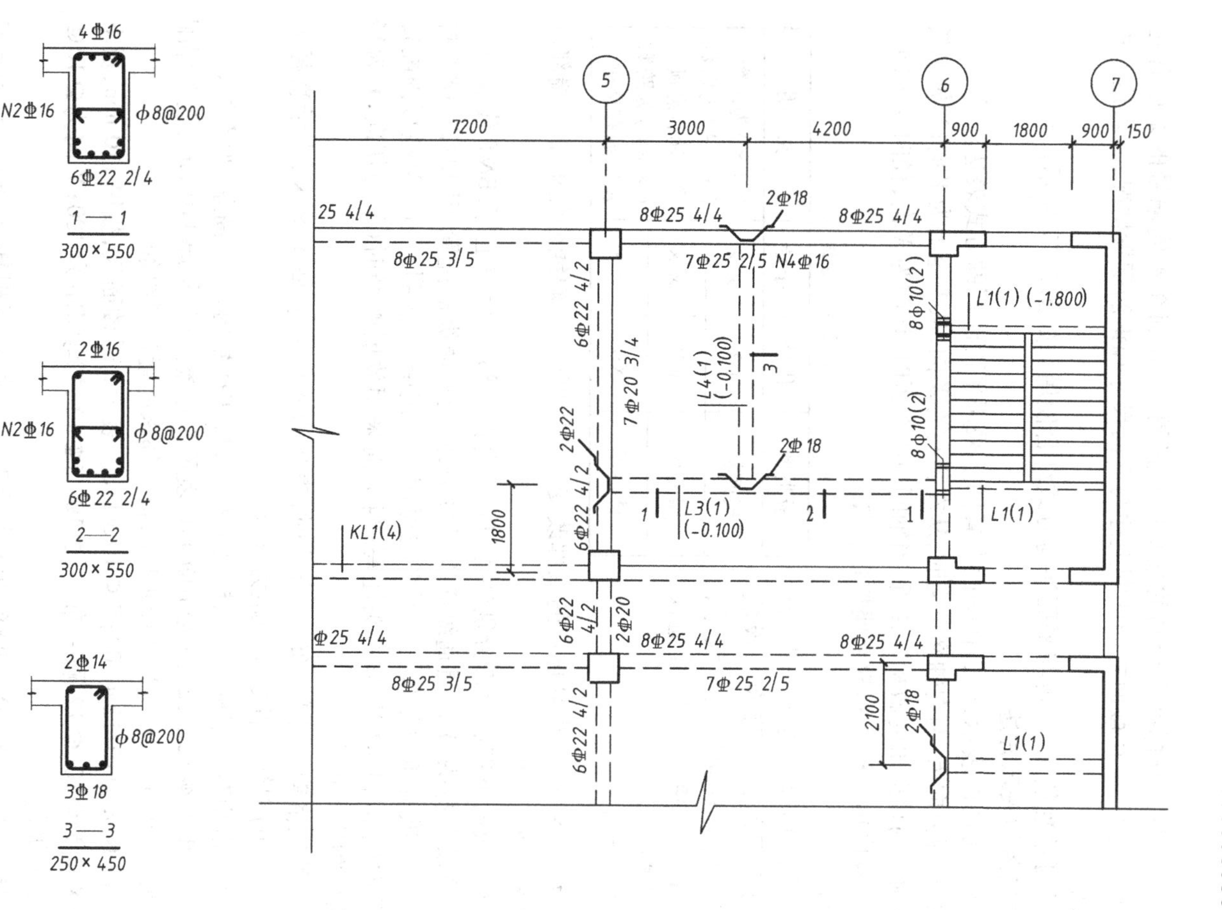

15.870—26.670梁平法施工图（局部）

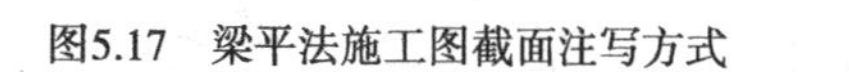

图5.17 梁平法施工图截面注写方式

(2)截面注写方式　系在分标准层绘制的梁平面布置图上,分别在不同编号的梁中各选一根梁用剖面号引出配筋图,并在截面配筋详图上注写截面尺寸和钢筋配置情况,其表达形式与平面注写方式相同。

截面注写方式既可单独使用,也可与平面注写方式结合使用。如图5.17所示。

4.3　板平法施工图的表示方法

有梁楼盖板平法施工图的表示方法,在平面布置图上采用平面注写的方式表达。

规定结构平面的坐标方向为:两向轴网正交时,从左至右为X向,从下至上为Y向;当轴网转折时,局部坐标方向顺轴网转折角度做相应转折;当轴网向心布置时,切向为X向,径向为Y向。

板平面注写包括板块集中标注和板支座原位标注。

1)板块集中标注

对于普通楼面,两向均以一跨为一板块;对于密肋楼盖,两向主梁均以一跨为一板块(非主梁密肋不计)。所有板块应逐一编号,相同编号的板块,择其一做集中标注,其他仅注写置于圆圈内的板编号。

a.板块编号。见表5.9。

表5.9　板编号

板类型	代号	序号	说　明
楼面板	LB	××	(××)为跨数 (××A)为跨数及一端有悬挑 (××B)为跨数及二端有悬挑
屋面板	WB	××	
悬挑板	XB	××	

b.板厚。注写为h=×××,当悬挑板的端部改变截面厚度时,用斜线分隔根部与端部的高度值,注写为h=×××/×××。

c.贯通纵筋。按板块的下部和上部分别注写,以B代表下部,T代表上部,B&T代表下部和上部;X向贯通纵筋以X打头,Y向贯通纵筋以Y打头,两向贯通纵筋配置相同时以X&Y打头。当为单向板时,另一项贯通的分布筋可不必注写,而在图中统一注明。当在某些板内配置有构造钢筋时,则X向以Xc,Y向以Yc打头注写;当Y向采用放射配筋时(X为切向,Y为径向),应注明配筋间距的度量位置。

当贯通筋采用两种规格钢筋"隔一布一"方式时,表达为ϕ××/yy@×××,表示直径为××的钢筋和直径为yy的钢筋二者之间间距为×××。

d.板面标高高差。指相对于结构层楼面标高的高差,写在括号内,如无高差,则不注。

例1　LB5 h=110 B:X Φ12@120;Y Φ10@110 表示5号楼面板,板厚110 mm,板下部配置的贯通纵筋X向为Φ12@120,Y向为Φ10@110,板上部未配置贯通纵筋。

例2　LB5 h=110 B:X Φ10/12@100;Y Φ10@110。表示5号楼面板,板厚110 mm,板下部配置的贯通纵筋X向为Φ10、Φ12隔一布一,Φ10与Φ12之间间距为100;Y向为Φ10@110,板上部未配置贯通纵筋。

例3　XB2 h=150/100,B:Xc&Yc Φ8@200 表示2号悬挑板,板根部厚150 mm,端部厚100 mm,板下部配置构造钢筋双向均为Φ8@200。

同一编号板块的类型、板厚和贯通纵筋均应相同,但板面标高、跨度、平面形状以及板支座上部非贯通纵筋可以不同。

2)板支座原位标注

应标注的内容为:板支座上部非贯通纵筋和纯悬挑板上部受力钢筋。在配置相同跨的第一跨(或悬挑部位),垂直于板支座(梁或墙)绘制一段适宜长度的中粗实线,以代表支座上部非贯通纵筋,并在线段上方注写钢筋编号(如①、②等)、配筋值、横向连续布置的跨数(注写在括号内,仅为一跨时可不注);在线段下方标注延伸长度,标注的几中情况如图5.18、图5.19。悬挑板的注写方式如图5.20。相同者仅需在代表钢筋的线段上注写编号及横向连续布置的跨数(仅为一跨时可不注)即可。例如:在代表钢筋线段的上方注有⑦Φ12@100(5A)和

1500，就表示支座上部⑦号非贯通纵筋为Φ12@100，从该跨起沿支承梁连续布置5跨加梁一端的悬挑端，该筋自支座中线向两侧跨内的延伸长度均为1500 mm。若在同一图的另一横跨梁支座的对称线上注有⑦(2)者，则表示该筋同⑦号纵筋，沿支承梁连续布置2跨，且无梁悬挑端布置。

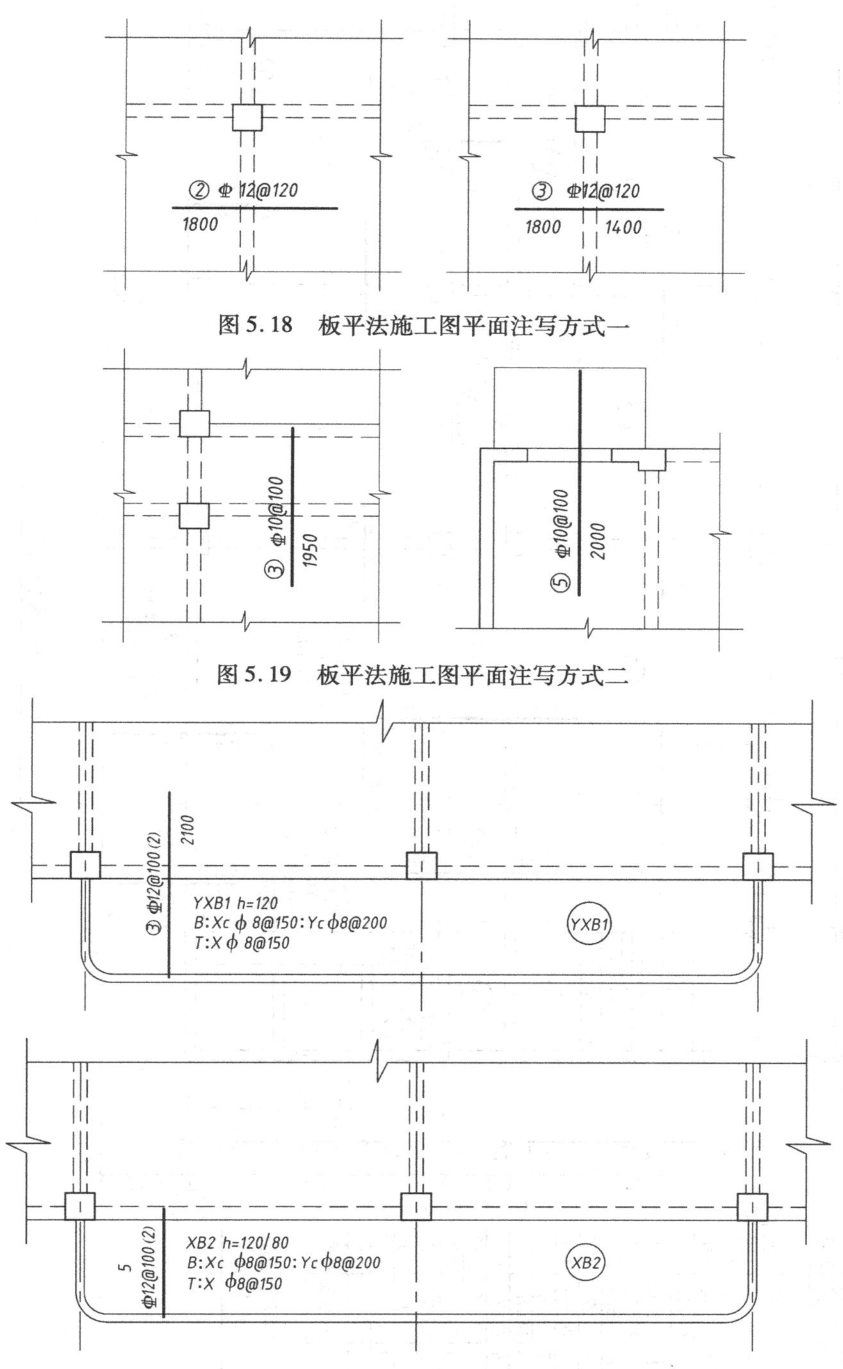

图5.18　板平法施工图平面注写方式一

图5.19　板平法施工图平面注写方式二

图5.20　板平法施工图平面注写方式三

板平法施工图示例如图5.21。

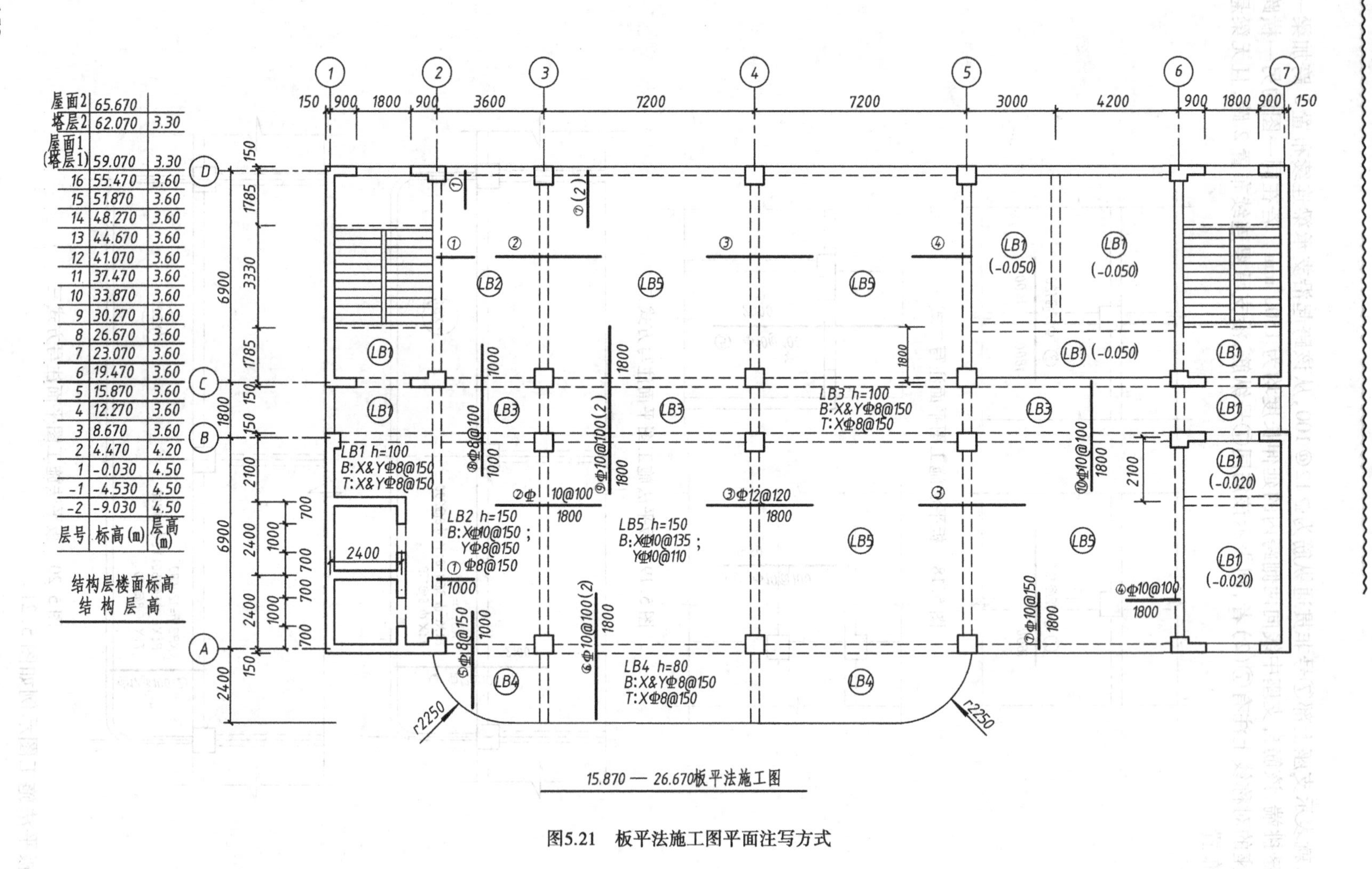

屋面2	65.670	
塔层2	62.070	3.30
屋面1 (塔层1)	59.070	3.30
16	55.470	3.60
15	51.870	3.60
14	48.270	3.60
13	44.670	3.60
12	41.070	3.60
11	37.470	3.60
10	33.870	3.60
9	30.270	3.60
8	26.670	3.60
7	23.070	3.60
6	19.470	3.60
5	15.870	3.60
4	12.270	3.60
3	8.670	3.60
2	4.470	4.20
1	-0.030	4.50
-1	-4.530	4.50
-2	-9.030	4.50
层号	标高(m)	层高(m)

结构层楼面标高
结构层高

图5.21 板平法施工图平面注写方式

5　钢筋的简化表示方法

1)对配有钢筋网片的构件,当构件对称时,钢筋网片可用一半或1/4表示,如图5.22所示。

2)钢筋混凝土构件配筋较简单时,可按下列规定绘制配筋平面图:

①独立基础在平面模板图左下角,绘出波浪线,绘出钢筋并标注钢筋的直径、间距等,如图5.23(a)所示。

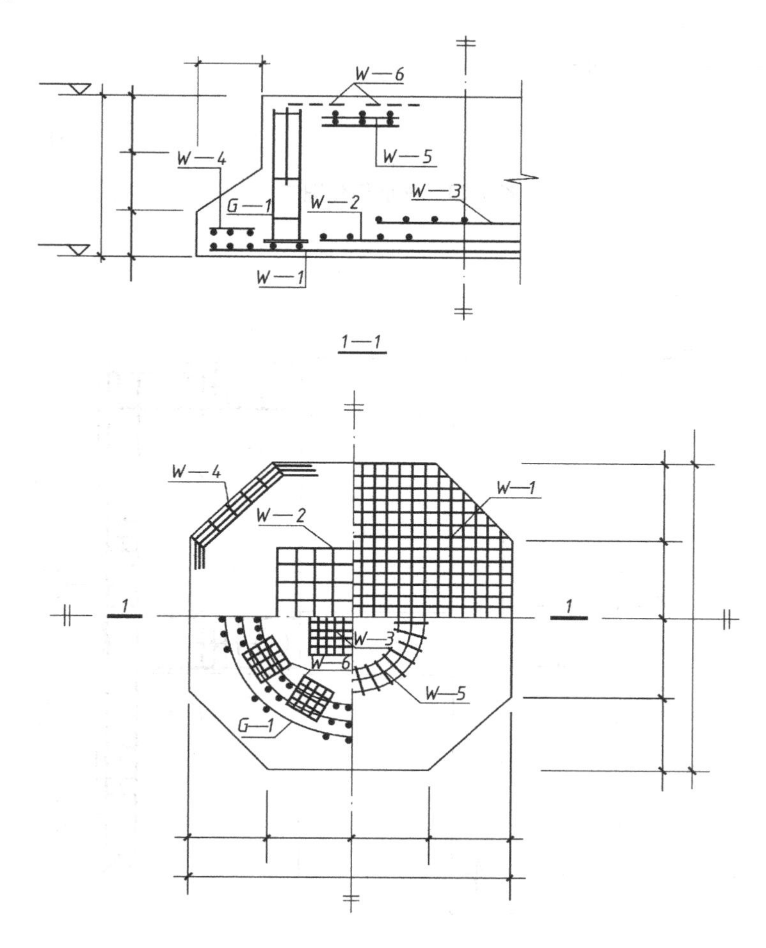

图5.22　配筋简化图一

②其他构件可在某一部位绘出波浪线,绘出钢筋并标注钢筋的直径、间距等,如图5.23(b)所示。

3)对称的钢筋混凝土构件,可在同一图样中一半表示模板,另一半表示配筋,如图5.24所示。

6　钢筋混凝土构件详图的主要图示内容

1)钢筋的作用和分类。

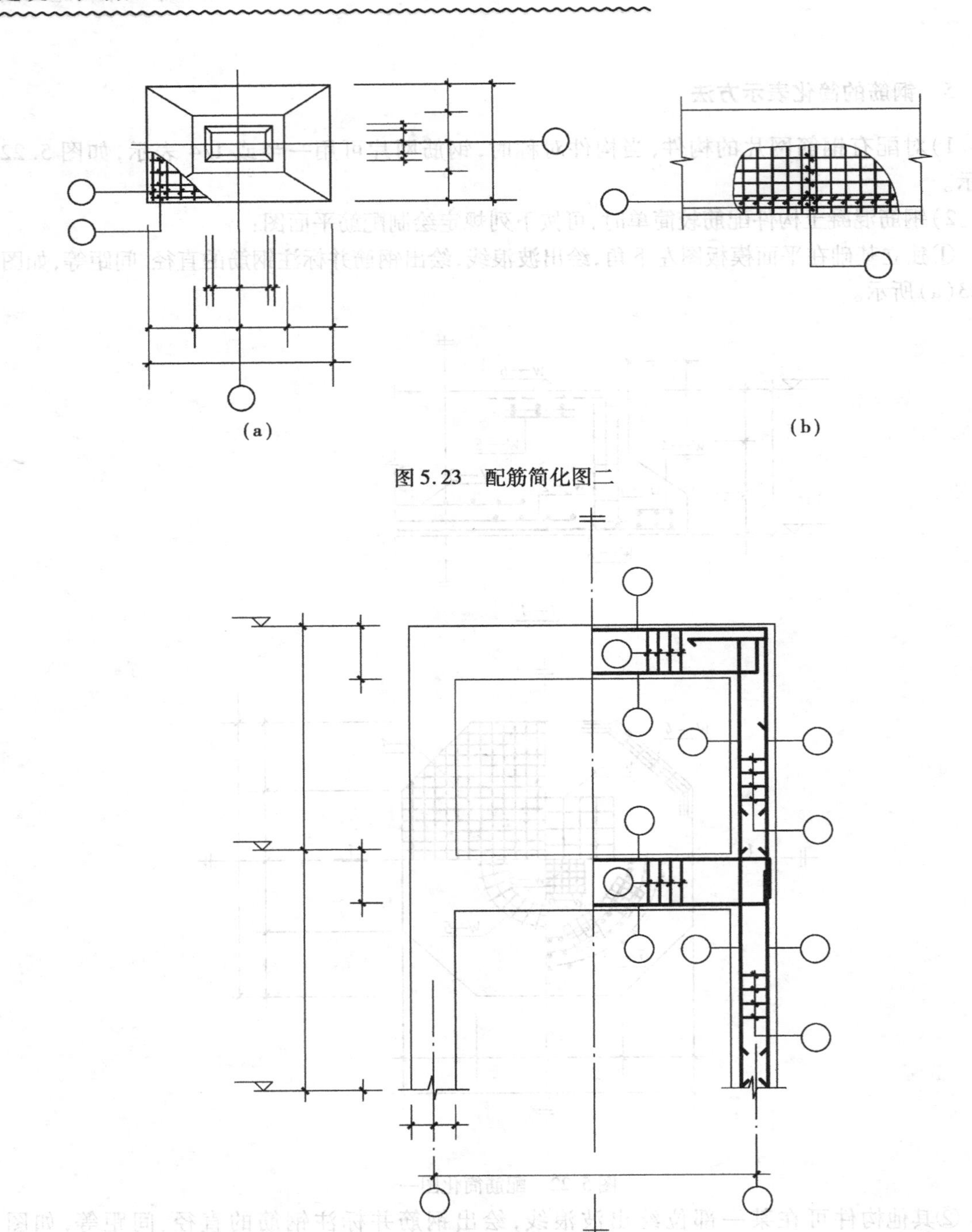

图 5.23　配筋简化图二

图 5.24　配筋简化图三

2）一般钢筋常用图例和画法规定。

3）构件结构详图的组成。

4）构件配筋图的组成及钢筋明细表。

5）钢筋混凝土梁、板、柱的结构详图。

6)钢筋混凝土构件配筋简化画法的规定。

7)混凝土结构施工图平面整体表示方法的概念。

8)柱、梁、板平法施工图的表示方法。

9)现浇板配筋图的画法规定。

第4节 结构布置平面图

结构布置平面图是表示房屋各层承重结构布置的图样。民用房屋有楼层结构布置平面图和屋顶结构布置平面图,当房屋采用平屋顶,且承重构件为梁、板、柱时,它们的结构布置和图示方法基本相同,故在此仅以楼层结构布置为例,介绍它的内容和图示方法。

钢筋混凝土楼层按施工方法一般可分为整体式(现浇)和装配式(预制)两类。

1 整体式(现浇)楼层结构布置平面图

所谓整体式(现浇)楼层结构即在施工现场将结构体中各构件现浇连成一个整体,如框架结构中,将梁、柱、板浇灌连成一个整体,如图5.25所示。此种楼板整体性好,刚度大,利于抗震;梁板布置也灵活,能适应各种不规则形状和特殊要求的建筑,但模板材料的耗用量大,现场浇灌工作量大,施工速度较慢。

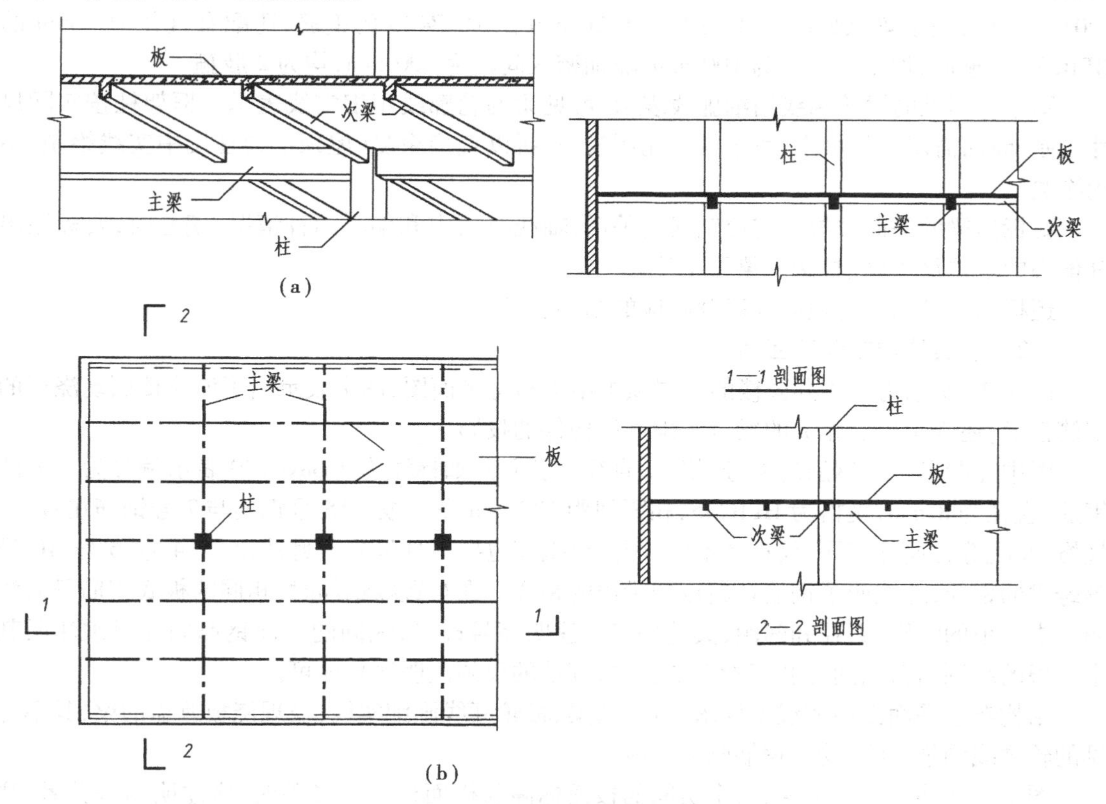

图5.25 整体式楼板结构布置示意图

下面以上述办公楼的结构布置为例,来说明其楼层结构布置平面图的内容和图示方法。

该办公楼结构为整体式框架结构,楼层(屋面)结构布置图主要表示每层楼面的梁、板、柱等的位置以及它们的构造和配筋等情况,它是制作各层楼(屋)面的梁、板等结构构件的施工依据。框架结构的楼层结构布置图的内容一般包括:楼层(屋面)梁平法施工图;楼层(屋面)结构布置平面图;局部剖面详图;构件详图和文字说明等。对整体式结构,现一般用平法来表示,对梁、板、柱的平法概念前面已详细介绍了,此处就以办公楼二层以下的结构用平法来说明各部分的表示方法。

1.1 楼层(屋面)梁平法施工图的表示方法

图5.26所示为上述办公楼的一层梁平法施工图,图中按梁平法施工图的规定用1:100的比例绘制出了二层楼面以下框架梁与其相关的柱、楼板的投影,在图中标明了梁的编号、截面尺寸及配筋。如在Ⓐ轴线上集中标注为KL1—1(5)250×700 2 Φ22,表明该梁为楼层框架梁,序号为1—1,5跨,梁的截面尺寸为250×700 mm,该梁还配有两根直径为22 mm HRB400钢筋。又如②轴线上标注的L2(3)250×400 2 Φ18,表示非框架梁,序号为2,3跨,梁的截面尺寸为250×400 mm,配有2根通长的18 mm HRB400的钢筋。原位标注的6 Φ22 4/2表示该处配有6根直径为22的HRB400的钢筋,双排布置,上面4根,下面2根。在梁的下部标注的4 Φ22 ϕ8@ 100(2)N4 Φ12表明梁在该处配有4根直径为22 mm的HRB400的钢筋,还有直径为8 mm的HPB235的箍筋,间距为100 mm进行布置,均为2肢箍;N4 Φ12表示梁的两侧配有抗扭钢筋,每侧各配置2根直径为12的HRB400钢筋。又如原位标注的4 Φ20 ϕ8@ 100/200(2),表示梁该处配有4根直径为20 mm的HRB400的钢筋,还配有直径为8 mm的HPB235的箍筋,加密区间距为100 mm,非加密区间距为200 mm,均为2肢箍。

图中看不见的梁轮廓线用细虚线表示,可见梁的轮廓线用细实线表示。框架柱按实际尺寸绘制,断面需用图例填充,由于绘图比例较小,所以直接涂黑(屋顶框架柱用中实线绘制,不用涂黑)。

要标出梁的平面位置与定位轴线的关系,轴线有居中和偏心两种情况,偏心时,要标注出其偏心的定位尺寸(贴柱边的梁可不注)。

还标出了结构层的顶面标高及相应的结构层号。

1.2 楼层结构布置平面图

图5.27所示为上述办公楼的一层顶板结构布置平面图,图中表示出了该层楼面现浇板的配筋情况,还表示出了相关的梁、柱、雨蓬等构件的投影。

图中注明了各种钢筋的编号、规格、直径、间距等,如标注为⑦ϕ8@120表示编号为7号的钢筋,直径为8 mm,规格为HPB235,相隔间距120 mm布一根。15号钢筋与7号钢筋在直径、规格、间距等方面都相同,仅长度不同,所以对钢筋也要另外编号。另外,2号、4号、6号、10号等跨梁的钢筋,还注明了钢筋切断点到梁边的距离。在布置板钢筋时,相同的板底钢筋只需注明其中一根的级别、直径和间距,其他的仅须注明序号即可;相同的板面钢筋同样只须注明其中一根的级别、直径、间距和切断点的位置,其他的仅须注明序号即可。

结构布置平面图中的线型要求,可见的梁、板轮廓线画细实线;被现浇板遮盖的梁,其不可见的轮廓线画细虚线;受力钢筋画粗实线。

图中还注明了楼面标高,某个房间的板面标高与楼面标高有高差时,应注明高差关系,注明板厚。某个房间的板厚与注明的板厚不同时,应单独标注出。

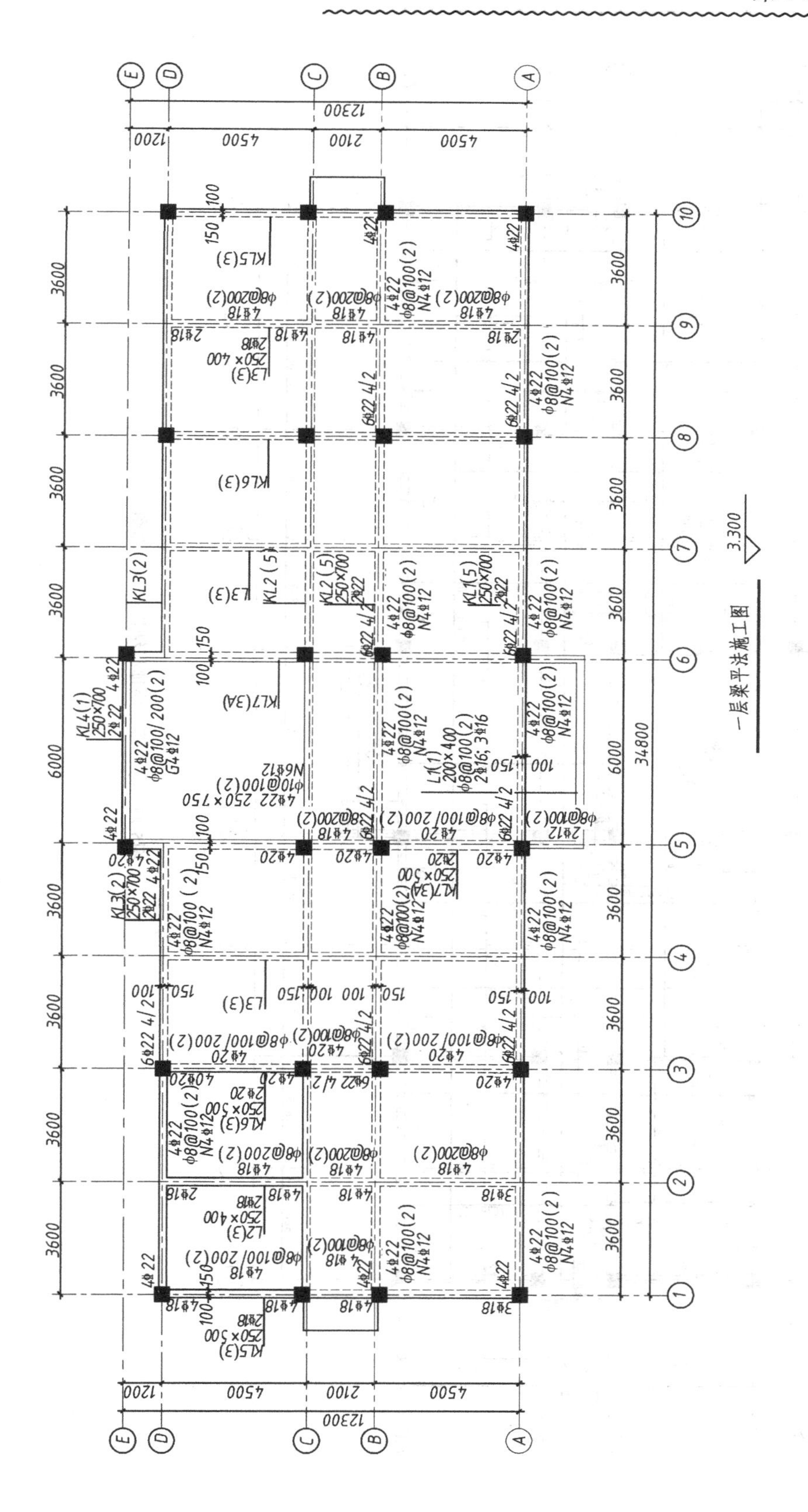

图5.26 办公楼梁平法施工图

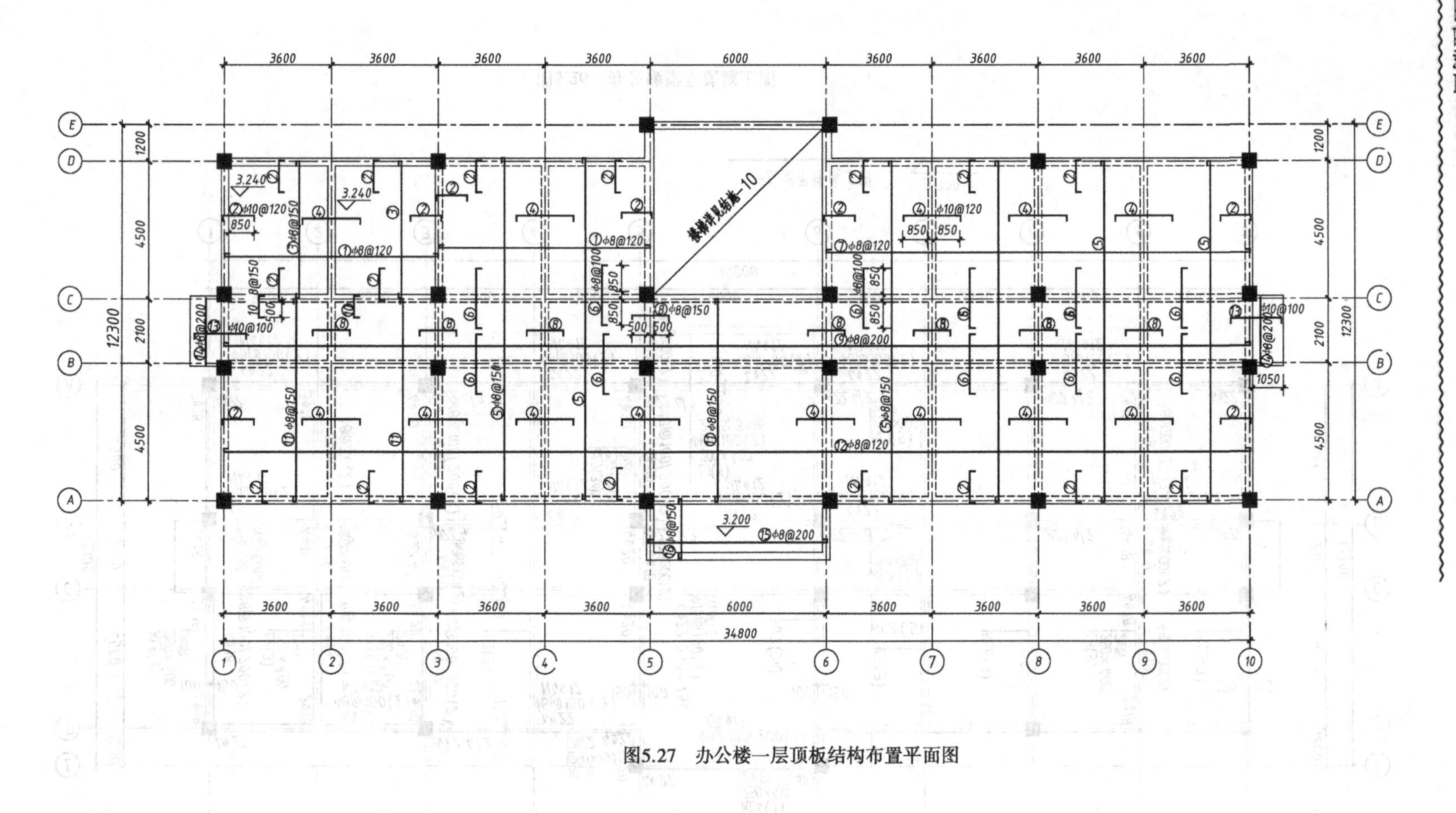

图5.27　办公楼一层顶板结构布置平面图

1.3　柱平法施工图

图5.28所示为上述办公楼的柱平法施工图，它系用列表注写方式表达。在柱平面布置图上，分别在同一编号的柱中选择一个截面标注几何参数代号；在柱表中注写柱号、柱段起止标高、几何尺寸与配筋的具体参数，并配以各种柱截面形状及箍筋类型图的方式来表达柱平法施工图。如图中框架柱编号为KZ1的截面，标高起止范围为-0.600~9.600 m，截面尺寸为500 mm×500 mm。钢筋编号为①、②、④号的是通长钢筋，其规格都是HRB400，直径都为18 mm，数量都是2根；箍筋形式为四肢箍，编号为③号，其规格在加密区和非加密区都是HPB235，直径都为8 mm，间距为100 mm；框架柱KZ2的截面，除通长钢筋①、②、④号直径为20 mm，箍筋在非加密区间距为200 mm外，其余都与KZ1相同；框架柱KZ3除箍筋在非加密区的间距为200 mm外，其余都与KZ1相同。

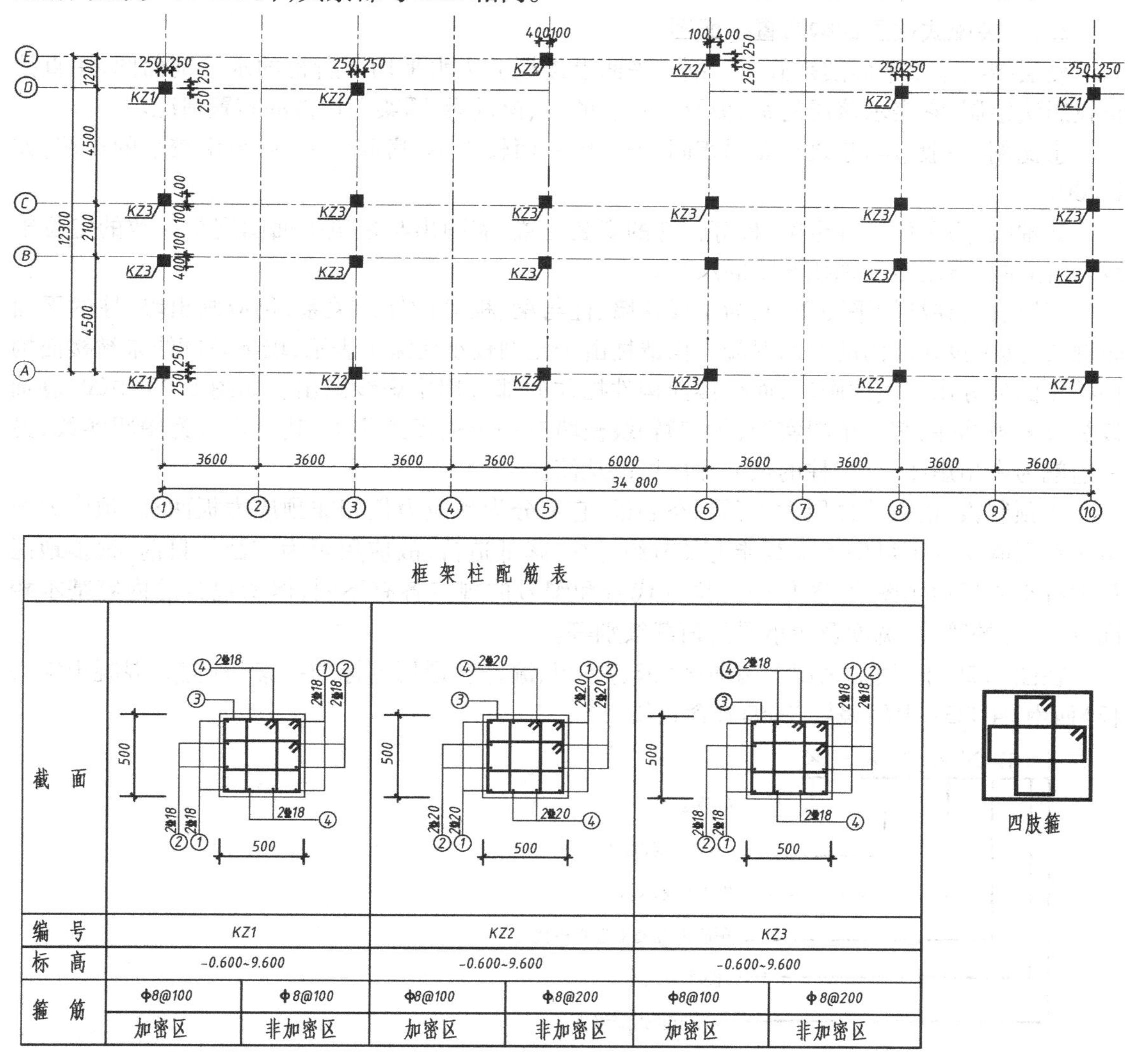

框架柱配筋表						
截面						
编号	KZ1		KZ2		KZ3	
标高	-0.600~9.600		-0.600~9.600		-0.600~9.600	
箍筋	Φ8@100	Φ8@100	Φ8@100	Φ8@200	Φ8@100	Φ8@200
	加密区	非加密区	加密区	非加密区	加密区	非加密区

-0.600~9.600 柱平法施工图

图5.28　办公楼柱平法施工图

2　装配式(预制)楼层结构布置平面图

所谓装配式,是指将预制厂成批生产好了的构件运送到施工现场进行安装的一种施工方法,它具有施工速度快、节约劳动力、降低造价、便于工业化生产和机械化施工等优点。装配式钢筋混凝土楼层结构布置型式较多,就空间不是很大的民用房屋而言,铺板式用得最为普遍,铺板式是由预制梁、板所构成,预制梁支承在砖墙(柱)上,而预制板则铺放在砖墙或梁上。

装配式楼层结构布置平面图的内容一般包括:楼层(屋面)结构布置平面图;安装节点大样图;构件统计表和文字说明等。

下面将上述办公楼结构体系改为墙体承重的预制装配式结构体系,以此为例来介绍其内容和图示方法。如图 5.29 所示。

2.1　装配式楼层结构布置平面图

楼层结构布置平面图是假想用剖切平面沿楼板上边水平切开所得的水平剖面图,用直接正投影法绘制,它表示该层的梁、板及下一层的门、窗过梁、圈梁等构件的布置情况。

①比例,一般应与建筑平面图相同,若房屋平面较简单,房间较大,可采用较小的比例,如 1:200。

②轴线,为了便于确定梁、板等构件的安装位置,应画出与建筑平面图完全一致的定位轴线,并标注轴线编号和轴线间距的尺寸。

③墙、柱,在结构平面图中,为了反映墙、柱与梁、板等构件的关系,仍应画出墙、柱的平面轮廓线,其中设在墙内的钢筋混凝土构造柱由于比例较小而涂黑表示,墙体轮廓线未被楼面构件挡住的部分用中实线画出,而被楼面构件挡住的部分用中虚线画出。如图 5.29 中Ⓐ、Ⓓ轴线纵墙未被挡住,都为中粗实线;①、⑩轴线横墙有一半被板挡住了,其一边就为中粗实线,另一边就为中粗虚线。墙、柱的尺寸标注可以从简。

④预制板,铺板式楼层常用预制空心板,它又分为预应力板和非预应力板两种,预应力板由于在同等条件下可增大承载能力及节约材料、降低造价,故应用更为广泛。目前,很多地区都编有空心板通用图集,图集中对构件代号和编号的规定各有不同,但所包含的内容基本相同,如构件的跨度、宽度及所承受的荷载级别等。

在图 5.29 中,楼板采用西南地区(云、贵、川、渝、藏)通用的标准图集《预应力混凝土空心板》西南 04G231 中的编号,其编号含意如下:

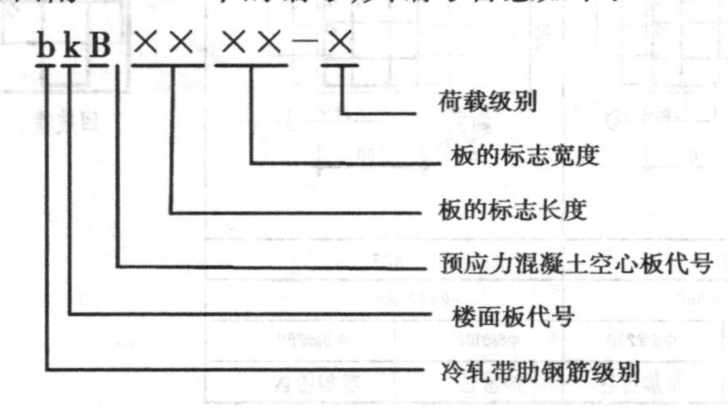

如代号 bkB3606-4,其中 b 为冷轧带肋钢筋级别,K 为楼面板代号,B 为预应力混凝土空心板,36 为板的标志长度(3.6 米),06 为板的标志宽度(0.6 米),4 为荷载级别。

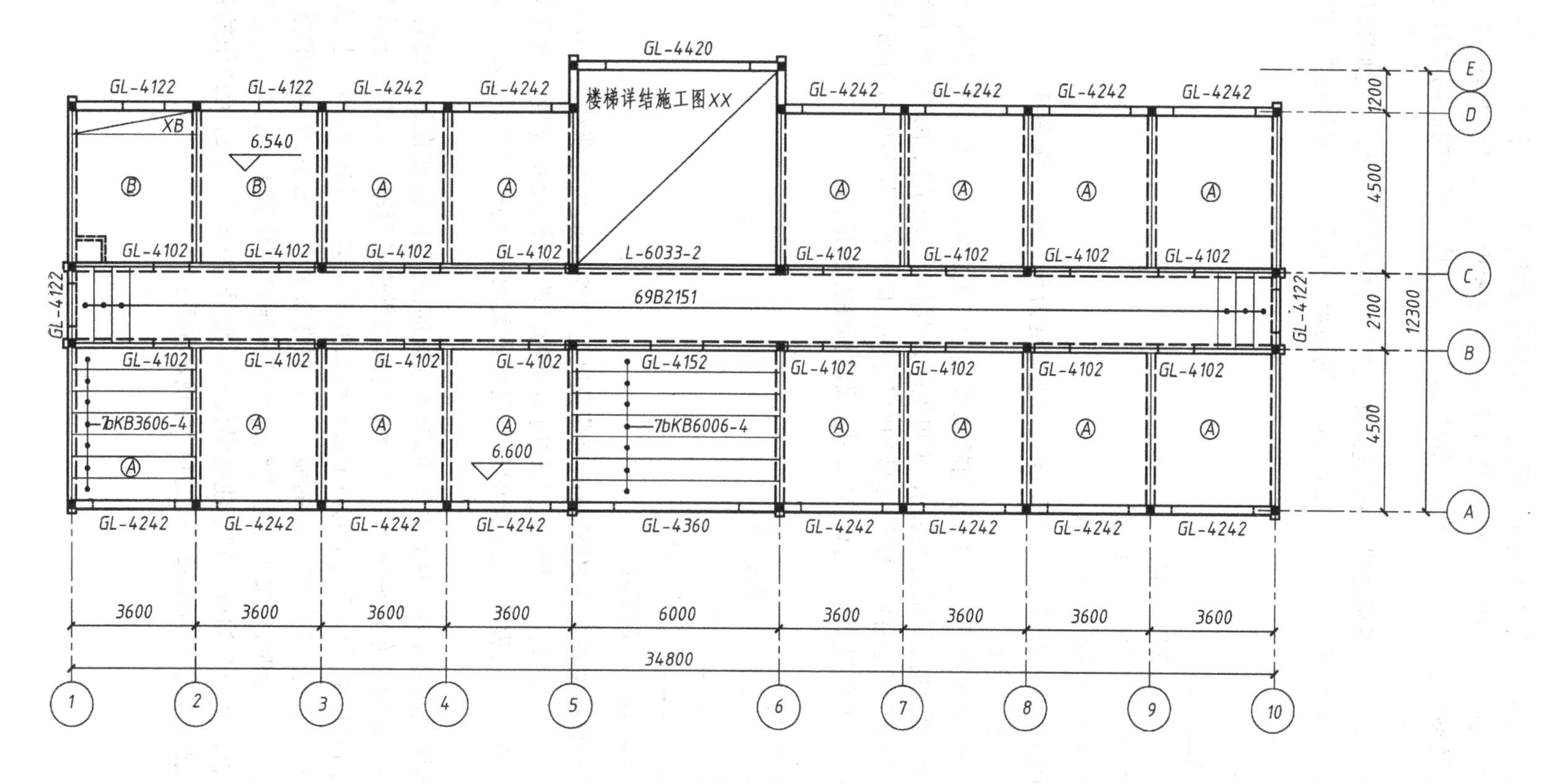

图5.29　办公楼装配式结构布置平面图

预制板布置的图示方法，用细实线和小黑点表示要标注的板，然后在引出线上写明板的数量、代号和型号。为了使图面清晰，并减少绘图工作量，可对铺板完全相同的房间的其中一个注写所铺板的数量及型号后，再写上一代号，如Ⓐ、Ⓑ……等，其余相同的房间就只写代号就行了。

对跨度较小的走道，采用平板铺设，由于走道距离较长且中间无变化，可只画两端几块板，中间省略不画，标出数量即可。例如图 5.29 所示。钢筋混凝土平板的编号选自（川 03G304《钢筋混凝土平板》）如下：

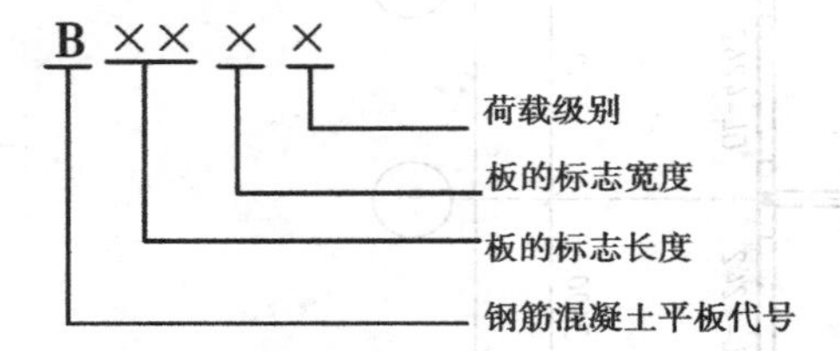

如 B2151 表示该平板标志长度为 2100 mm，标志宽度为 500 mm，1 级荷载。

图中代号 XB，表示现浇板。

⑤梁及梁垫，在结构布置平面图中，梁用轮廓线表示，用细线绘制，如能用单线表示清楚时，也可用单线表示（可见时，用粗实线表示，不可见时，用粗虚线表示），单线画在梁的轴线位置上，并应注明构件的代号及编号。梁的代号用“L”表示，其后的编号各地区有所不同，如选自四川省的《钢筋混凝土单梁图集》川 03G312 中，梁的标注方法是：

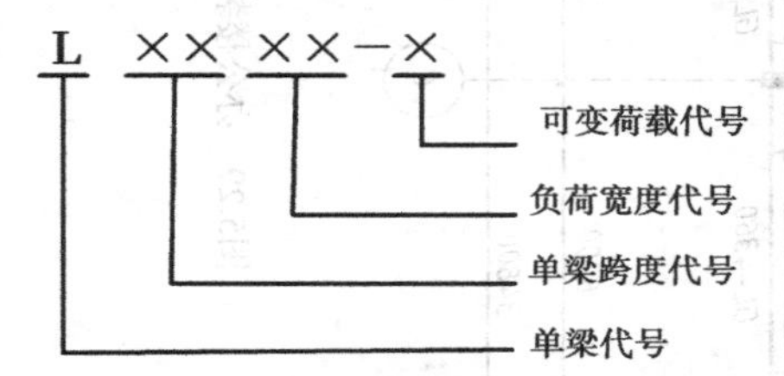

如 L6033-2 表示该单梁跨度为 6000 mm，负荷宽度为 3300 mm，可变荷载为 2.0 kN/M。梁的下标也可用顺序号，以便和其他梁相区别，这时对梁的净跨长度、受荷宽度及承受的荷载级别另外进行说明。在同一工程中，凡是梁的几何尺寸及截面配筋完全相同的梁，可编成同一编号。

当梁搁置在砖墙或砖柱上时，为了避免砖墙（柱）被局部压环，往往在梁下设置一混凝土或钢筋混凝土梁垫。在构件布置平面图中，应示意地画出梁垫平面轮廓线，并标上代号 LD。

⑥门窗过梁，门窗过梁是位于门窗洞口上边的钢筋混凝土梁，它将门窗洞口上部墙体的重量及可能有的梁、板荷载传递到洞口两侧的墙上。在构件布置平面图中，所表示的是下一楼层的门窗过梁，当用单线表示时，过梁可用粗虚线画在门窗洞口的位置上；当用梁的轮廓线表示时，就不画虚线而直接在门窗洞口一侧标注过梁代号及编号，图 5.29 中过梁选用的是国家建筑标准图集《钢筋混凝土过梁》03G322—1，其代号规定如下：

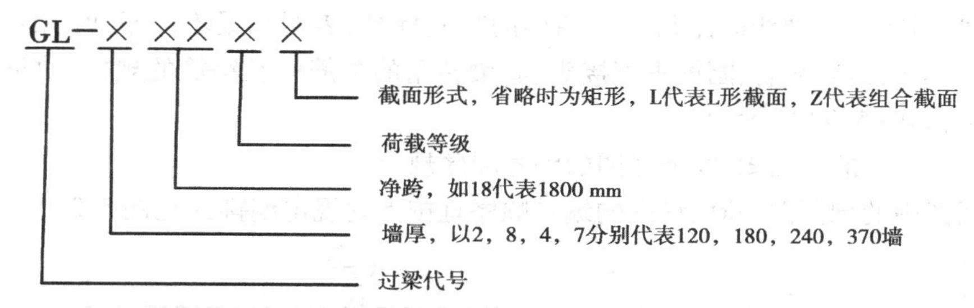

如GL-4242表示该过梁宽度240 mm,净跨(即门窗洞口宽)2400 mm,2级荷载。过梁多采用通用图集,其编号与预制板一样各地不相同,在采用图集时,应先看图集中的说明,了解其编号的含意,如未采用通用图集,图中应有说明,也应先看之。

⑦圈梁,砖混结构的房屋由于承重墙是由小块的砖所砌成,整体刚度差,为了提高房屋的整体刚度,也为了增加房屋的抗震能力,特在砖混结构房屋中设置钢筋混凝土圈梁或钢筋砖圈梁,圈梁常沿墙体统长布置成闭合形,并处于同一高度。可现浇,也可预制装配现浇接头。圈梁布置图可在楼层(屋面)结构布置平面图中表示,也可单独画出。

图5.30为单独画出的圈梁布置图。图中以粗实线表示圈梁的平面布置。还标注出了圈

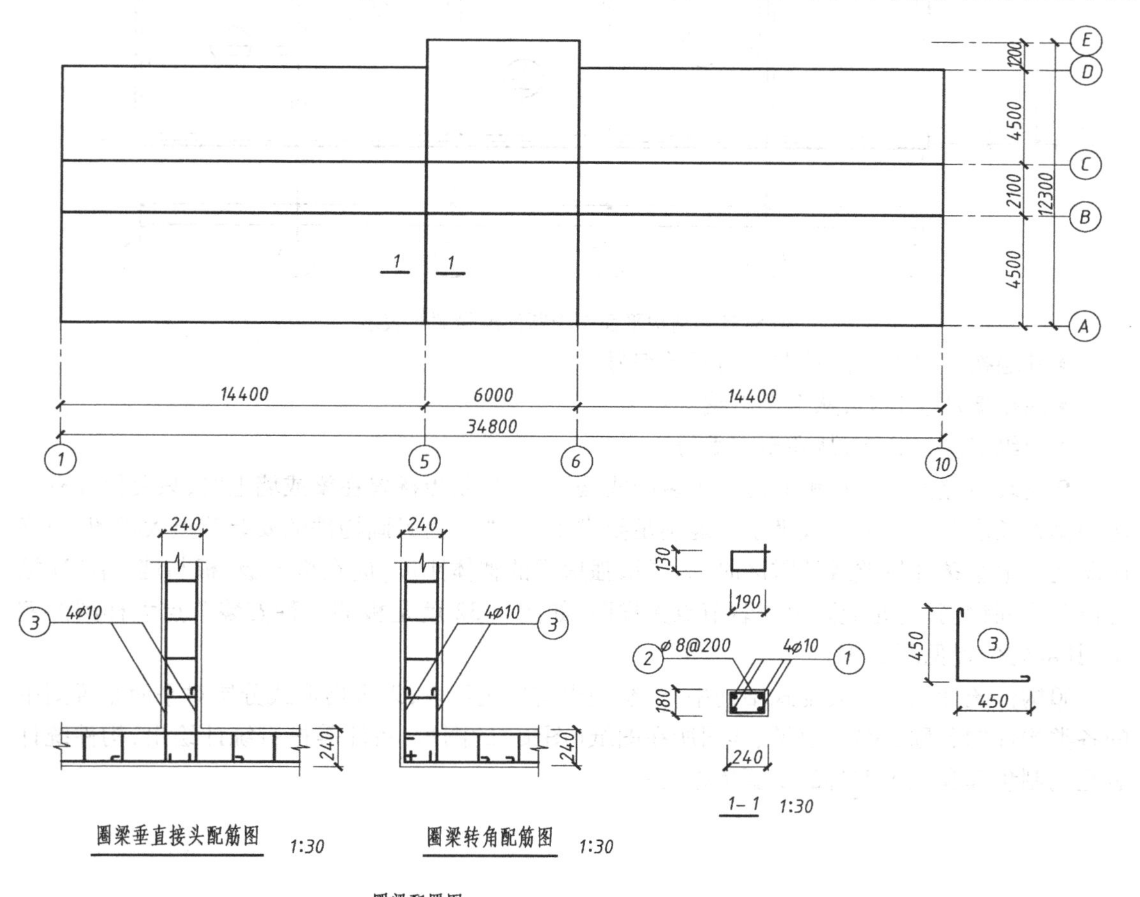

图5.30 办公楼圈梁配置图

梁所在墙体的轴线及其编号、轴线间距尺寸和圈梁的梁底标高，表明圈梁不同断面的剖切位置。为表明圈梁1—1断面的配筋、圈梁垂直接头、圈梁转角的配筋以及钢筋的规格、数量等，还画出了局部详图，如图5.30所示。

⑧结构布置平面图中的剖面图、断面详图的编号顺序规定。

结构布置平面图中的剖面图、断面详图的编号顺序宜按下列规定编排：(见图5.31)

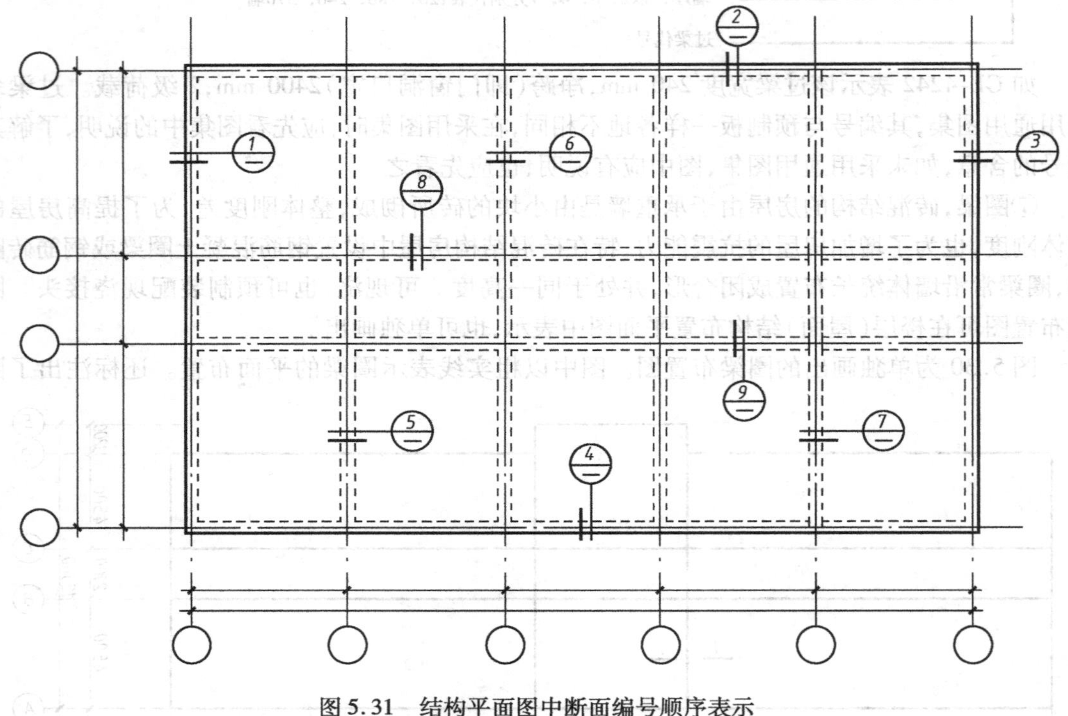

图5.31　结构平面图中断面编号顺序表示

- 外墙按顺时针方向从左下角开始编号；
- 内横墙从左到右，从上至下编号；
- 内纵墙从上到下，从左至右编号。

⑨安装节点大样　在钢筋混凝土装配式楼层中，预制板搁置在梁或墙上时，只要保证有一定的搁置长度并通过灌缝或坐浆就能满足要求了，一般不需另画构件的安装节点大样图，但当房屋处于地基条件较差或地震区时，为了增强房屋的整体刚度，应在板与板、板与墙(梁)连接处设置锚固钢筋，这时应画出安装节点大样图，如图5.32就是板的几种安装节点大样图的例子，其剖切位置见图5.31。

⑩构件统计表　在装配式结构中，应绘制出构件统计表，以表格形式分层对平面布置图中的各类构件的名称、代号、数量、详图所在图纸(图集)的图号、备注等进行统计绘出，构件统计表是编制预算和施工准备的重要依据之一。

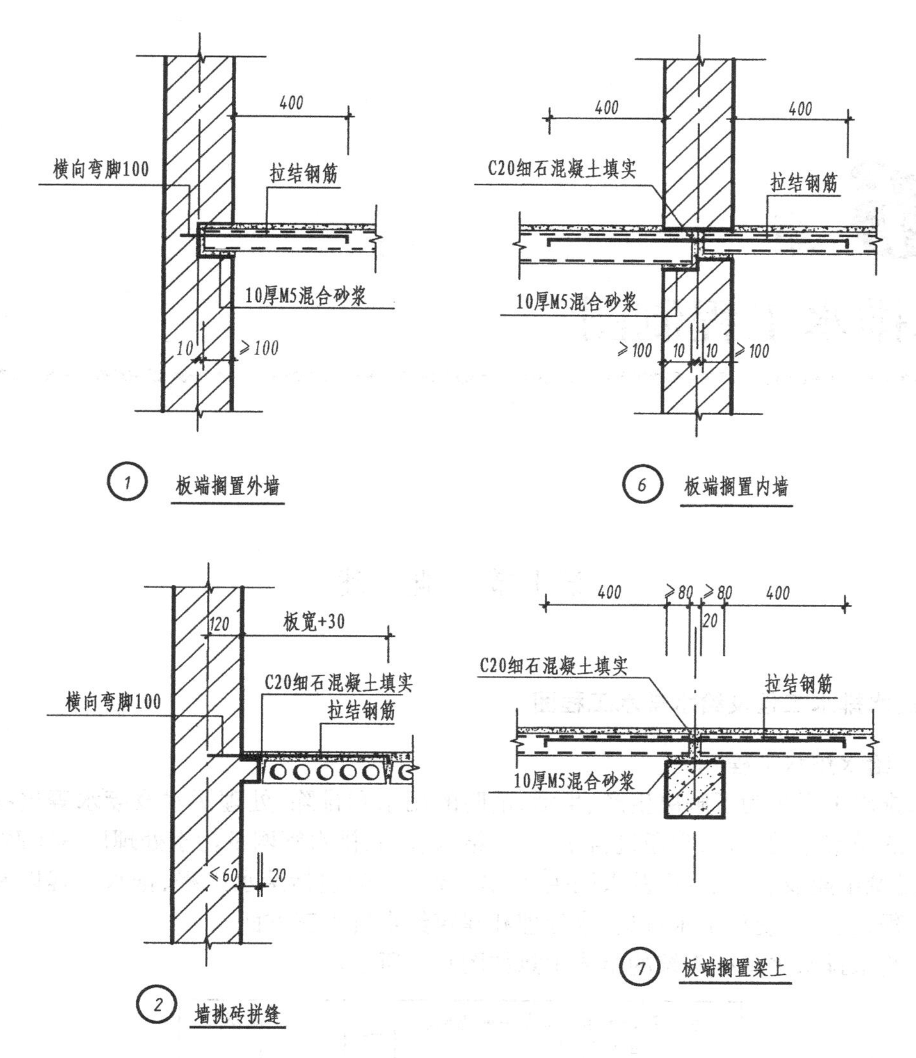

图5.32　构件安装节点大样

3　楼梯

在结构布置平面图中,由于无法将楼梯的结构详细表达出来,所以一般都单独另用图来表示楼梯的结构。只在图中的楼梯间范围内,用细实线画一对角线,并注写上“楼梯详结施某页图”字样;若楼梯选用的是通用图集,则注写上“楼梯详××图集”即可。

4　结构布置平面图的主要图示内容

①整体式楼层的概念及其结构布置平面图的表示方法。
②混凝土结构施工图中柱、梁、板的平法应用。
③预制楼板结构布置平面图中,墙、梁、板的布置及规定画法。
④比例、定位轴线及编号、尺寸标注。
⑤梁、板等构件的型号及含义。
⑥结构布置平面图中的剖、断面详图编号的顺序规定。
⑦安装节点大样图中构件的连接。

第6章 给水排水工程制图

第1节 概 述

1 给水排水工程及给水排水工程图

1.1 给水排水工程

给水排水工程是为了解决生产、生活、消防的用水和排除、处理污水及废水等这些基本问题所必需的城市建设工程，它通过自来水厂、给水管网、排水管网及污水处理厂等市政、环保设施，来满足城市建设、工业生产及人民生活的需要。一般包括给水工程、排水工程以及建筑给水排水工程，也可以说包括水输送、水处理和建筑给水排水三方面。

城市给水排水水工程系统的组成示意如图6.1所示。

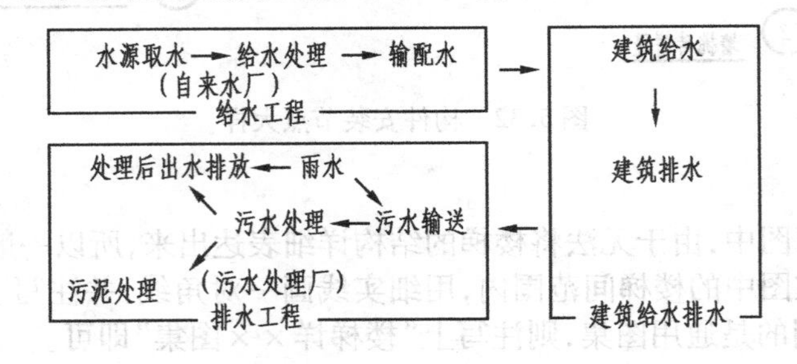

图6.1 城市给水排水水工程系统组成的示意图

1.2 给水排水工程图

给水排水工程图，是表达给水、排水及建筑给水排水若干工程设施的形状、大小、位置、材料以及有关技术要求等内容的图样，是给水排水专业技术人员设计思想的载体。给水排水制图标准 GB/T 50106—2010 中明确指出：设计应以图样表示，不得以文字代替绘图。给水排水工程图与建筑工程图一样，也具有小比例、多详图、多图例等图示特点。

给水排水工程图一般包括基本图和详图，其中基本图包括平面图、高程图、剖（断）面图及轴测图等。图纸编号要体现其相应的设计阶段，如规划设计采用水规—××（××为其编号)；初步设计采用水初—××，扩大初步设计采用水扩初—××；施工图采用水施—××。

2　给水排水专业图中的管道

管道即指液体或气体沿管子流动之通道，一般由管子、管件及其附属设备等组成。

2.1　管道一般分类

2.1.1　按系统分类

按系统分类：
- 给水管道　可分为生产给水管、生活给水管及消防给水管等。
- 循环水管　可分为循环给水管、循环回水管等。
- 排水管道　可分废水管、污水管及雨水管等。
- ……

2.1.2　按管内介质有无压力分类　可分为重力流管道和压力流管道。

2.1.3　按管道材料分类　可分为金属管、非金属管及复合管。金属管又有钢管、铸铁管、铜管等；非金属管包括钢筋混凝土管、混凝土管、塑料管、陶土管等；复合管又可分为钢塑复合管、铝塑复合管等。

2.2　管道连接方式

不同材质的管子之间、以及管子与其各种形式的管件之间，采用了不同的管道连接方式后便组成了空间位置各异、用途不同的管道系统。通常有法兰连接、承插连接、螺纹连接和焊接。法兰连接可拆卸，多用于钢管、塑料管、承压铸铁管等；承插连接不可经常拆卸，属半永久性连接，多用于铸铁管、陶土管、混凝土管及钢筋混凝土管等；螺纹连接可拆卸，多用于钢管、塑料管等；焊接不可拆卸，属永久性连接，多用于钢管、塑料管等。

2.3　管道图示及应用

2.3.1　单线管道图

由于管道横断面与其纵向长度比较小，所以在给水排水专业图中不论管道粗细，大多采用单线管道图，参见图6.9，对于不同的管道类别有不同的线型要求，详见表6.1。

2.3.2　双线管道图

用双中粗线实线表示管道，不画管道中心轴线。管道纵断面图中的重力流管道、管径大于400 mm的压力流管道采用双线管道图示(但对应平面示意图用单中粗实线绘制)。

2.3.3　三线管道图

用双粗实(虚)线，或双中粗实(虚)线，或双中实(虚)线画出管道轮廓线，用细单点长画线画出管道中心轴线(线宽要求详见表6.1)。此种管道图示较多用于给水排水专业图中的各种详图，如室内卫生设备安装详图(见图6.7、6.8)、管道及管件安装详图、水处理构筑物工艺图及泵房平、剖面图等。

3　给水排水专业制图的一般规定

绘制给水排水专业制图除遵守《给水排水制图标准》GB/T 50106—2010外，对于图纸规格、图线、字体、符号、定位轴线及尺寸标注等均应遵守《房屋建筑制图统一标准》GB/T 50001—2010。对于上述标准未作规定的内容，应遵守国家现行的有关标准、规范的规定。

3.1　图线

图线宽度b应根据图纸的类别、比例及复杂程度，从《房屋建筑制图统一标准》GB/T

50001—2010 的线宽系列 1.4、1.0、0.7、0.5 中选取，给水排水专业图的线宽 b 宜为 0.7 或1.0 mm。

《给水排水制图标准》GB/T 50106—2010 中，为了区别重力流和压力流管道，在《房屋建筑制图统一标准》GB/T 50001—2010 中的 b、$0.5b$、$0.25b$ 三种线宽的基础上，增加了 $0.7b$ 的线宽。在图线宽度上一般重力流管线比压力流管线粗一级；新设计管线较原有管线粗一级。给水排水专业制图常用的各种线型宜符合表 6.1 的规定。

表 6.1　给水排水专业图线型

名　称	8	线　宽	用　途
粗实线		b	新设计的排水和其他重力流管线
粗虚线		b	新设计的各种排水和其他重力流管线的不可见轮廓线
中粗实线		$0.7b$	新设计的各种给水和其他压力流管线；原有的各种排水和其他重力流管线
中粗虚线		$0.7b$	新设计的各种给水和其他压力流管线及原有的各种排水和其他重力流管线的不可见轮廓线
中实线		$0.5b$	给水排水设备、零（附）件的可见轮廓线；总图中新建的建筑物和构筑物的可见轮廓线；原有的各种给水和其他压力流管线
中虚线		$0.5b$	给水排水设备、零（附）件的不可见轮廓线；总图中新建的建筑物和构筑物的不可见轮廓线；原有的各种给水和其他压力流线的不可见轮廓线
细实线		$0.25b$	建筑的可见轮廓线；总图中原有的建筑物和构筑物的可见轮廓线；制图中的各种标注线
细虚线		$0.25b$	建筑的不可见轮廓线；总图中原有的建筑物和构筑物的不可见轮廓线
单点长画线		$0.25b$	中心线、定位轴线
折断线		$0.25b$	断开界线
波浪线		$0.25b$	平面图中水面线；局部构造层次范围线；保温范围示意线等

此外，给水排水专业图中表格的线型，习惯上将表格内分格线和下方外框线画成细实线（$0.25b$），其余三方外框线均画成中实线（$0.5b$），以便列表统计时增添或删减。

3.2　比例

给水排水专业制图常用的比例，宜符合表 6.2 的规定。

此外，在管道纵断面图中，可根据需要对纵向与横向采用不同的组合比例；在建筑给排水轴测图中，若局部按比例难以表达清楚时，此处可局部不按比例绘制；水处理工艺流程断面图和建筑给水排水展开系统图可不按比例绘制。

表6.2　常用比例

名　称	比　例	备　注
区域规划图 区域位置图	1:50000、1:25000、1:10000 1:5000、1:2000	宜与总图专业一致
总平面图	1:1000、1:500、1:300	宜与总图专业一致
管道纵剖面图	纵向:1:200、1:100、1:50 横向:1:1000、1:500、1:300	
水处理厂(站)平面图	1:500、1:200、1:100	
水处理构筑物、设备间、卫生间、泵房平、剖面图	1:100、1:50、1:40、1:30	
建筑给排水平面图	1:200、1:150、1:100	宜与建筑专业一致
建筑给排水轴测图	1:150、1:100、1:50	宜与相应图纸一致
详图	1:50、1:30、1:20、1:10、1:5、 1:2、1:1、2:1	

3.3　标高

标高符号及一般的标注方法应符合《房屋建筑制图统一标准》GB/T 50001—2010中的相关规定。标高单位以m计时，可注写到小数点第二位。对于标注标高的类别、在过水断面上的标注位置、在流程的标注部位及标注方法有专业图的要求。

3.3.1　所注标高类别

室内工程应标注相对标高；室外工程宜标注绝对标高，若无绝对标高资料时，可标注与总图专业一致的相对标高。

3.3.2　于过水断面上的标注位置

压力管道应标注管中心标高(压力管道的连接以管中心为基准平接)；沟渠和重力流管道宜标注沟渠(管道)内底标高(重力管道的连接有管顶平接和水面平接)。

3.3.3　在流程的标注部位

沟渠和重力流管道的起讫点、转角点、连接点、变坡点、变尺寸(管径)点及交叉点；压力管道中的标高控制点；管道穿外墙、剪力墙和构筑物的壁及底板等处；不同水位线处；构筑物和土建部分的相关标高。

3.3.4　标注方法

(1)平面图中，管道标高、沟渠(包括明沟、暗沟、管沟及渠道)标高应分别按图6.2(a)和图6.2(b)的方式标注。

(2)剖面图中，管道及水位的标高应按图6.3的方式标注。

(3)轴测图中，管道标高应按图6.4的方式标注。

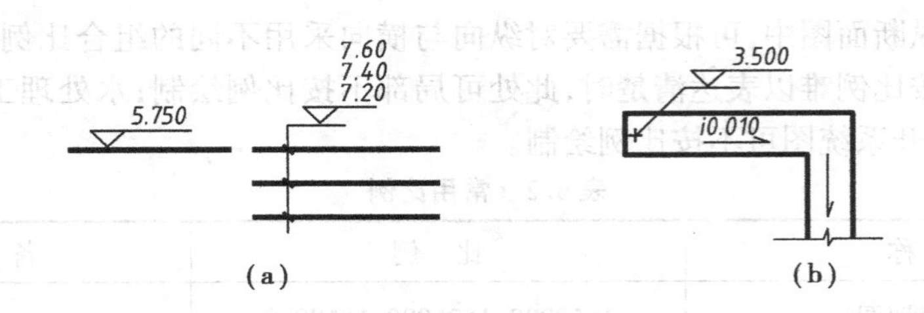

图6.2 平面图中管道标高、沟渠标高的标注法

(a)管道标高标注法;(b)沟渠标高标注法

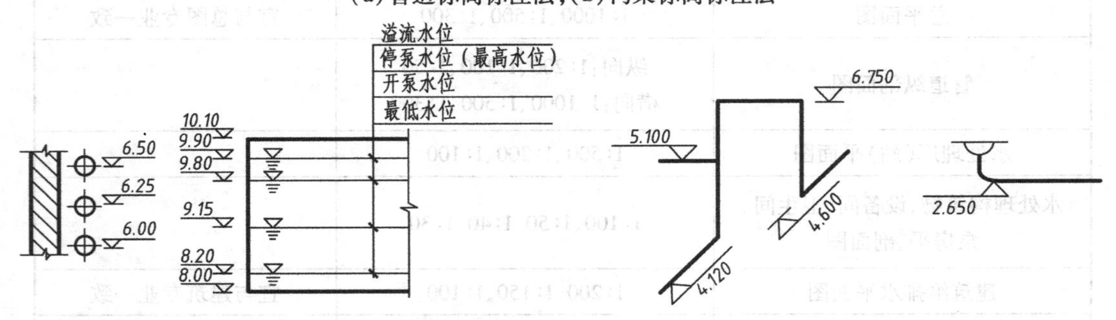

图6.3 剖面图中管道及水位的标高标注法　　图6.4 轴测图中管道标高标注法

(4)在建筑工程中,管道也可以标注相对本层建筑地面的标高,标注方法为 $h+×.×××$,h 表示本层建筑地面标高(如 $h+1.200$)。

3.4 管径

管径应以 mm 为单位。

3.4.1 管径的表达方式

不同材质的管道,管径表达的方式也不同。几种常用管材管径的表达方式应符合表6.3。

表6.3 管径的表达方式

管径表达方式	宜以公称直径 *DN* 表示	宜以外径 *D* ×壁厚表示	宜以公称外径 *Dw* 表示	宜以公称外径 *dn* 表示	宜以内径 d 表示	按产品标准的方法表示
适用管材	水煤气输送钢管(镀锌或非镀锌)、铸铁管等	无缝钢管、焊接钢管(直缝或螺旋缝)等	铜管、薄壁不锈钢管等	建筑给水排水塑料管	钢筋混凝土(或混凝土)管	复合管、结构壁塑料管等
标注举例	DN15、DN50	D108×4、D159×4.5	*Dw*18、*Dw*67	*dn*63、*dn*110	d230、d380	

注:1. 公称直径 DN,它是工程界对各种管道、附件大小的公认称呼。对普通压力铸铁管和某些阀门的 DN 为其内径;对普通压力钢管的 DN 却比其内径略小些。

2. 当设计中均采用公称直径 DN 表示管径时,应列有公称直径 DN 与相应产品规格对照表。

3.4.2 管径的标注方法

单根管道的管径标注如图6.5(a),多根管道的管径标注如图6.5(b)所示。

对管道标注的其他要求,将在以后各章节中再作介绍。

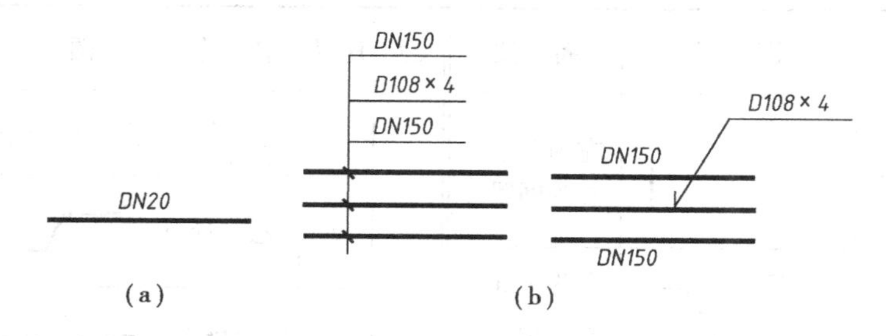

图6.5　管径标注方法
(a)单管管径标注;(b)多管管径标注

4　图例

《给水排水制图标准》GB/T 50106—2010将管道、管道附件、管道连接、管件、阀门、给水配件、消防设施、卫生设备及水池、小型给水排水构筑物、给水排水设备以及仪表的图例均分项列出,此处仅摘录部分内容,以便画图、读图参考,见表6.4。

表6.4　给水排水制图常用图例

类别	序号	名　称	图　例	备　注
管道沟渠	1	生活给水管	—— J ——	分区管道加角标,如J_1
	2	压力污水管	—— YW ——	
	3	保温管		
	4	多孔管		
	5	地沟管		
	6	防护套管		
	7	管道立管	XL-1 平面　XL-1 系统	X:管道类别 L:立管代号 1:编号
	8	伴热管		
	9	排水明沟	坡向 ——→	
	10	排水暗沟	坡向 ——→	
管道附件	1	方形伸缩器		
	2	刚性防水套管		
	3	柔性防水套管		
	4	波纹管		
	5	管道固定支架		
	6	倒流防止器		
	7	立管检查口		
	8	清扫口		

续表

类别	序号	名称	图例	备注
管道附件	9	通气帽		左为伞罩 右为网罩
	10	雨水斗	YD— YD—	左为平面 右为系统
	11	排水漏斗		左为平面 右为系统
	12	圆形地漏	平面 系统	通用。如无水封，地漏应加存水弯
	13	地形地漏		左为平面 右为系统
	14	自动冲洗水箱		
	15	Y形除污器		
	16	毛发聚集器		左为平面 右为系统
管道连接	1	法兰连接		
	2	承插连接		
	3	活接头		
	4	管堵		
	5	管道丁字上接	高 低	
	6	法兰堵盖		
	7	弯折管	高 低 低 高	
	8	盲板		
	9	管道交叉	低 高	
	10	管道丁字下接	高 低	

类别	序号	名称	图例	备注
管件	1	同心异径管		
	2	乙字管		
	3	转动接头		
	4	喇叭口		
	5	S形存水弯		左为平面 右为系统
	6	P形存水弯		
	7	90°弯头		
	8	正三通		
	9	TY三通		
	10	正四通		
	11	斜四通		
	12	浴盆排水件		
阀门	1	闸阀		
	2	角阀		
	3	三通阀		
	4	截止阀		左为 DN≥50 右为 DN<50
	5	减压阀		左侧为高压端

续表

类别	序号	名　称	图　例	备　注
阀门	6	旋塞阀		左为平面 右为系统
	7	球阀		
	8	止回阀		
	9	延时自闭冲洗阀		
	10	浮球阀		左为平面 右为系统
	11	吸水喇叭口		左为平面 右为系统
	12	疏水器		
给水配件	1	放水水嘴		左为平面 右为系统
	2	皮带水嘴		左为平面 右为系统
	3	化验水嘴		
	4	脚踏开关水嘴		
	5	混合水嘴		
	6	浴盆带喷头混合水嘴		
消防设施	1	自动喷水灭火给水管	ZP	
	2	室外消火栓		
	3	室内消火栓(单口)	平面　系统	白色为开启面
	4	室内消火栓(双口)		左为平面 右为系统
	5	水泵接合器		

类别	序号	名　称	图　例	备　注
消防设施	6	自动喷洒头(开式)		左为平面 右为系统
	7	自动喷洒头(闭式)		左为平面 右为系统
	8	水喷雾喷头		左为平面 右为系统
	9	信号闸阀		
	10	水流指示器	L	
	11	水力警铃		
	12	手提式灭火器		
	13	推车式灭火器		
	14	干式报警器		左为平面 右为系统
卫生设备及水池	1	立式洗脸盆		
	2	台式洗脸盆		
	3	挂式洗脸盆		
	4	浴盆		
	5	化验盆洗涤盆		
	6	污水池		
	7	带沥水板洗涤盆		不锈钢制品
	8	盥洗槽		
	9	蹲式大便器		

续表

类别	序号	名称	图例	备注
卫生设备及水池	10	坐式大便器		
	11	小便槽		
	12	淋浴喷头		
	13	立式小便器		
	14	壁挂式小便器		
小型给水排水构筑物	1	矩形化粪池	HC	HC为化粪池
	2	隔油池	YC	YC为隔油池代号
	3	沉淀池	CC	CC为沉淀池代号
	4	降温池	JC	JC为降温池代号
	5	中和池	ZC	ZC为中和池代号
	6	水表井		
	7	雨水口(单箅)		
	8	雨水口(又箅)		
	9	阀门井 检查井	J—×× W—×× Y—×× J—×× W—×× Y—××	以代号区别管道
	10	水封井		
	11	跌水井		
给水排水设备	1	水泵	或	左为平面右为系统
	2	潜水泵		
	3	定量泵		
	4	管道泵		
	5	开水器		
给水排水设备	6	快速管式热交换器		
	7	喷射器		小三角为进水端
	8	卧式热交换器		
	9	立式热交换器		
	10	水锤消除器		
	11	除垢器		
	12	搅拌器	M	
	13	紫外线消毒器	ZWX	
仪表	1	温度计		
	2	压力表		
	3	自动记录压力表		
	4	水表		
	5	自动记录流量表		
	6	压力控制器		
	7	转子流量计		左为平面右为系统
	8	真空表		
	9	温度传感器	T	
	10	压力传感器	P	

注:1. 若GB/T50106－2010中相应图例不能满足要求时,可按规定原则,根据工程需要,自行增加,并符合表6.4的要求。
2. 统一规定以汉语拼音字母表示按系统分类的管道类别,分区管道用加注角标方式表示,如给水管J(J1、J2…)、热水给水管、RJ(RJ1、RJ2…)、消火栓给水管XH(XH1、XH2…)、自动喷水灭火给水管ZP(ZP1、ZP2…)等。
3. 原有管线可用比同类型的新设管线细一级的线型表示,并加斜线,拆除管线则加叉线。

第2节　建筑给水排水施工图

建筑给水排水施工图是建筑设备施工图(设施图)中的一部分。建筑设备通常指安装在建筑物内的给水排水管道、电气线路、燃气管道、采暖通风空调等管道,以及相应的设施、装置。它们服务于建筑物,但不属于其土木建筑部分。所以建筑设备施工图是根据已有的相应建筑施工图来绘制的。建筑给水排水包括建筑给水和建筑排水,建筑给水排水施工图简称"水施图"。它一般由给水排水平面图和给水排水系统原理图或者给水排水平面放大图和给水轴测图、排水轴测图及必要的详图和设计说明组成。此处将本着触类旁通的意愿,简单介绍建筑给水排水工程的相关知识,概述建筑给水排水施工图的图示规定、阅读及绘制方法。

1　建筑给水排水系统组成

1.1　建筑给水

民用建筑给水通常分生活给水系统和消防给水系统。一般民用建筑如住宅、办公楼可将二者合并为生活—消防给水系统。现以生活—消防给水为例说明建筑给水的主要组成,见图6.6。

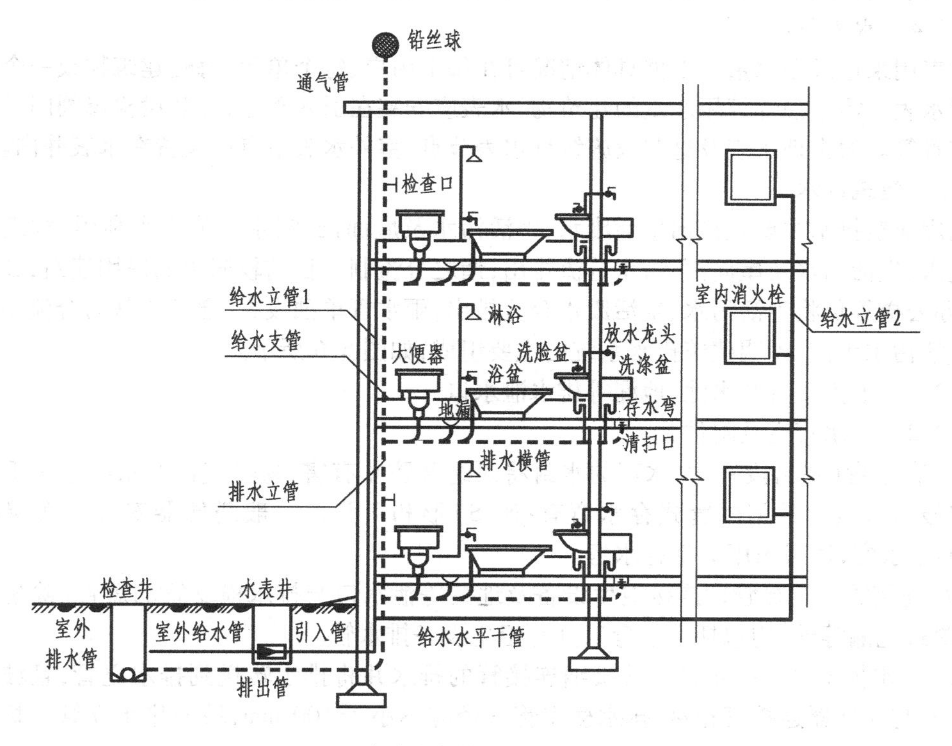

图6.6　建筑给水排水系统组成示意图

注:此示意图为使给水和排水两个系统图示表达更为明显、清晰,采用实线表示给水,虚线表示排水。

1.1.1　引入管

引入管又称进户管,从室外供水管网接出,一般穿过建筑物基础或外墙,引入建筑物内的给水连接管段。每条引入管应有不小于3‰的坡度坡向室外供水管网,并应安装阀门,必要时需设泄水装置,以便管网检修时放水用。通常应依据室外供水管网的情况,尽量在房屋用水较集中处附近设引入管。

1.1.2　配水管网和水池、水箱及加压装置

配水管网即将引入管送来的给水输送给建筑物内各用水点的若干管道,包括水平干管、给水立管和支管。

不同的给水方式,有不同的配水管网。一般有下行上给直接供水(水平干管敷设在底层地面以下,通过立管由下往上依次输水。适用于楼层不高,供水管网的水压、水量可以满足使用要求的情况)、上行下给水箱或水池供水(用水泵等加压装置给屋顶上的高位水箱或水池充水,通过立管和水平干管由上往下依次输水。适用于供水管网的水压、流量经常或间断不足,不能满足建筑给水要求的情况)及分区供水(能满足建筑给水使用要求的下面几层用下行上给直接供水,不能满足建筑给水使用要求的上面几层采用上行下给水池或水箱供水)等方式。

给水立管通常设在靠近用水量较大的房间、用水点。管道一般沿墙、柱直线敷设,并须满足使用、施工及检修的要求。

1.1.3　配水器具

配水器具包括与配水管网相接的各种阀门、给水配件(放水龙头、皮带龙头等)及消防设施(室内消火栓及各种自动喷洒头等)。一般按建筑设计的要求来确定。

1.1.4　水表节点

水表用来记录用水量。根据具体情况可在每个用户、每个单元、每幢建筑物或一个住宅区内设置水表。需单独计算用水量的建筑物,水表应安装在引入管上,并装设检修阀门、旁通管、泄水装置等。通常把水表及这些设施统称水表节点,室外水表节点应设置在水表井内。

1.2　**建筑排水**

民用建筑排水主要是排出生活废水、生活污水及屋面雨、雪水。为中水利用,建筑排水将生活废水、生活污水及屋面雨、雪水分流排出,谓之分流制。目前较简单的民用建筑,如一般的住宅、办公楼等仍将生活污水、生活废水合流排出,雨水管单独设置,通常称其为合流制。现以排出生活污水为例,说明建筑排水系统的主要组成,如图6.6所示。

1.2.1　卫生设备及水池、地漏等排水泄水口

1.2.2　排水管道及附件

(1)存水弯(水封段)　存水弯的水封将隔绝和防止有害、易燃气体及虫类通过卫生设备泄水口侵入室内。常用的管式存水弯有:N(S)形和P形。一般蹲便器安装于底层时采用N(S)形存水弯,楼层采用P形存水弯。

(2)连接管　连接管即连接卫生设备及地漏等泄水口与排水横支管的短管(除坐式大便器、钟罩式地漏等外,均包括存水弯),亦称卫生设备排水管。

(3)排水横支管　排水横支管接纳连接管的排水并将排水转送到排水立管,且坡向排水立管。若与大便器连接管相接,排水横支管管径应不小于100 mm,坡向排水立管的标准坡度为2%。

(4)排水立管　排水立管即接纳排水横支管转输来的排水,并转送到排水排出管(有时送到排水横干管)的竖直管段。其管径不能小于所连横支管管径,不能小于DN50。

(5)排出管　排出管是将排水立管或排水横干管送来的建筑排水,排入室外检查井(窨

井)并坡向检查井的横管。其管径应大于或等于排水立管(或排水横干管)的管径,坡度为1%到3%,最大坡度不宜大于15%,在条件允许的情况下,尽可能取高限,以利尽快排水。

(6)检查井　建筑排水检查井在室内排水排出管与室外排水管的连接处设置,将室内排水安全地输至室外排水管道中。

(7)通气管　通气管通常指顶层检查口以上的立管管段。它排除有害气体,并向排水管网补充新鲜空气,利于水流畅通,保护存水弯水封。其管径一般与排水立管相同。通气管高出屋面的高度不小于300 mm,同时必须大于屋面最大积雪厚度。

(8)管道检查、清堵装置　管道检查、清堵装置如清扫口、检查口。清扫口为单向清通的管道维修口,常用于排水横管上。检查口则为双向清通的管道维修口,立管上两检查口之间的距离不大于10 m,通常每隔一层设一个检查口,但底层和顶层必须设置检查口,其中心离相应楼(地)面一般为1.00 m,应高出该层卫生器具上边缘0.15 m。

2　给水排水安装详图

由于建筑给水排水平面图及系统图的比例较小,管道只能用单粗线表示,卫生设备安装、排水设备附件构造以及一些附属构筑物(如化粪池、阀门井等)等仅能用图例表示其布置情况,用文字注写其规格,无法表达管道与其附件、管道与卫生设备等连接的详细情况,因此建筑给水排水工程还需若干安装详图,才能施工。

安装详图按照多面正投影原理绘制和阅读。常采用较大比例绘详图,如1∶50、1∶30、1∶20、1∶10、1∶5、1∶2、1∶1,甚至可用放大比例2∶1绘制。详图的特点是:图形表达明确,尺寸标注齐全,文字说明详尽(如材料、规格等安装施工要求具体)。

常用的卫生设备安装详图可以套用给水排水标准图集《卫生设备安装09S304》,有关附件安装详图可套用给水排水标准图集《排水设备附件结构及安装92S220》,前者汇编于《给水排水标准图集——排水设备及卫生器具安装(S_2)(2010年合订本)》内,后者汇编于《给水排水标准图集合订本S_3》内。一般不必再绘制安装详图,只需在施工说明中写明或用详图索引符号标注(索引符号画法同建筑施工图)所套用的标准图集号。

图6.7、图6.8,选自给水排水标准图集合订本S_2和S_3。在安装详图中,管件及附件均将其外形简化画出,管道采用三线管道图示,即两粗线(示管轮廓)和一条细点画线(示管轴线)的画法。给水排水轴测图中卫生器具的进、出水管的设计安装高度,如污水池上方给水管安装高度1.000 m等均从安装详图查出。所以给水排水平面图、系统图中各卫生器具、有关附件的平面布置、安装高度必须与相应的标准图或自绘的安装详图一致。

3　给水排水平面图

3.1　建筑给水排水平面图

3.1.1　适用情况

为方便读图和画图,把同一建筑相应的给水平面图和排水平面图,有时还有热水平面图等都画在同一图上,称其为建筑给水排水平面图。底层给水排水平面图如图6.9,标准层给水排水平面图如图6.10,均略去了建筑消防给水系统。

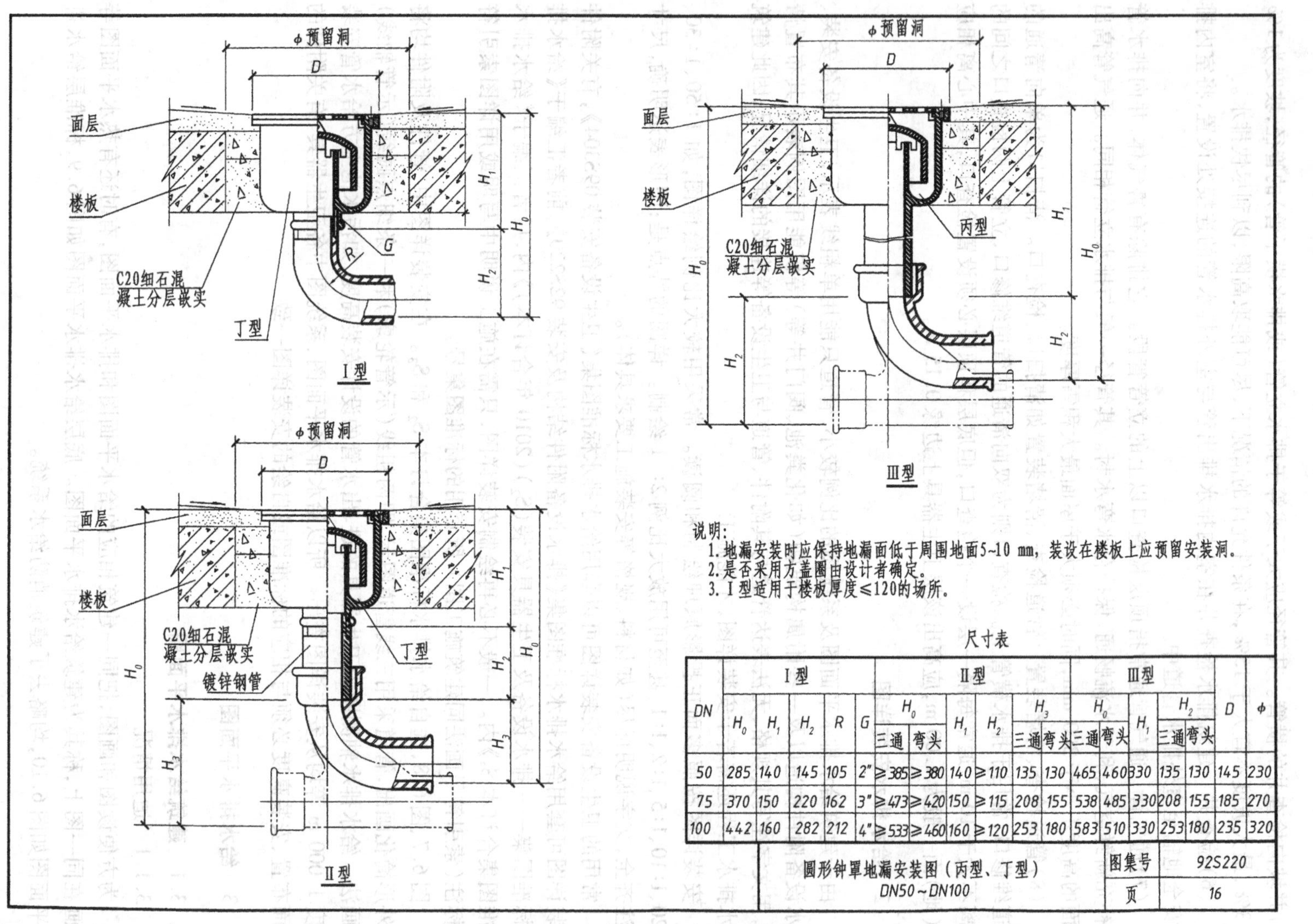

说明：
1. 地漏安装时应保持地漏面低于周围地面5~10 mm，装设在楼板上应预留安装洞。
2. 是否采用方盖圈由设计者确定。
3. Ⅰ型适用于楼板厚度≤120的场所。

尺寸表

DN	Ⅰ型					Ⅱ型						Ⅲ型					D	φ
	H_0	H_1	H_2	R	G	H_0		H_1	H_2	H_3		H_0		H_1	H_2			
						三通	弯头			三通	弯头	三通	弯头		三通	弯头		
50	285	140	145	105	2"	≥385	≥380	140	≥110	135	130	465	460	330	135	130	145	230
75	370	150	220	162	3"	≥473	≥420	150	≥115	208	155	538	485	330	208	155	185	270
100	442	160	282	212	4"	≥533	≥460	160	≥120	253	180	583	510	330	253	180	235	320

图 6.7　圆形钟罩式地漏安装图

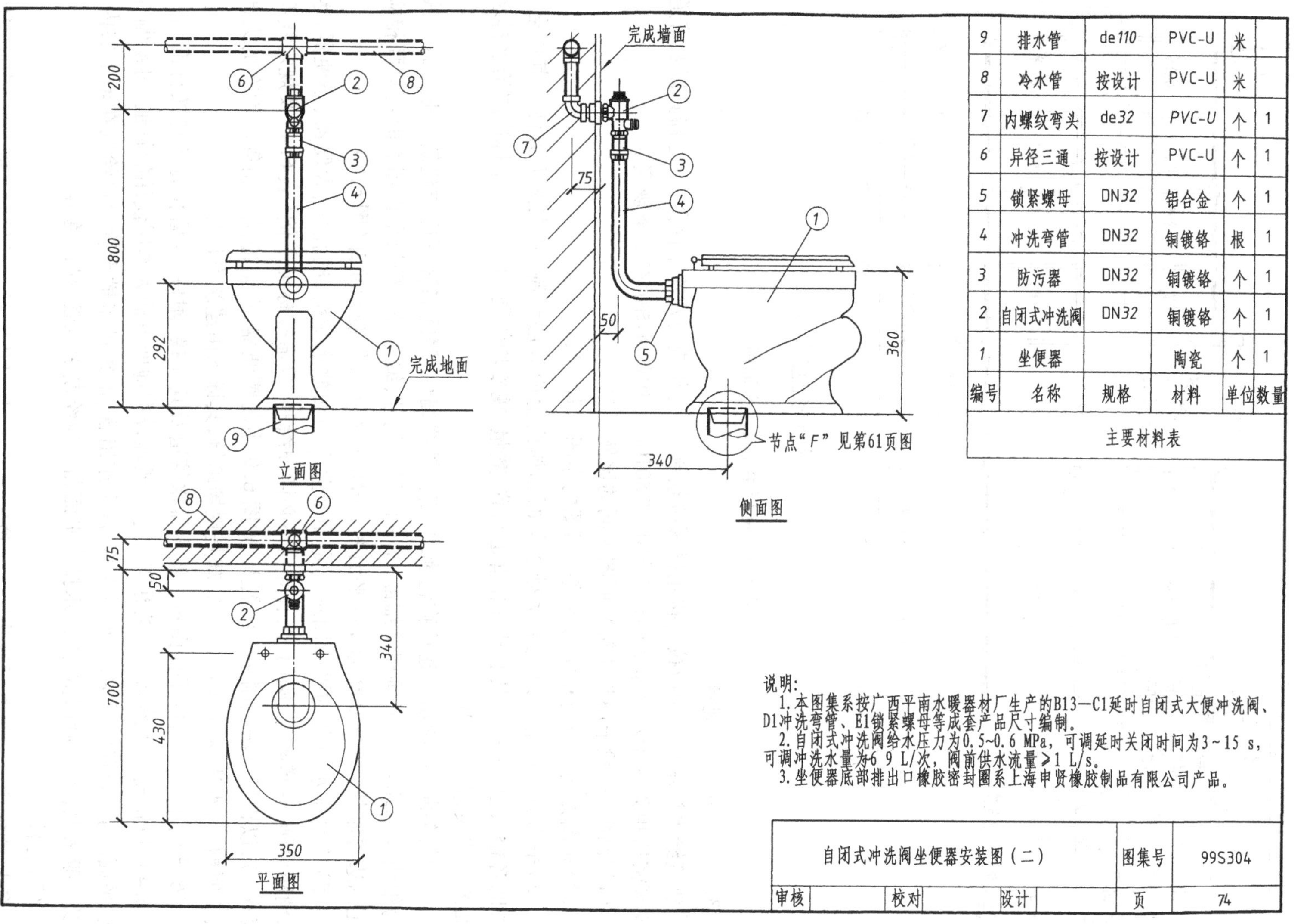
完成墙面
完成地面
节点“F”见第61页图
立面图
侧面图
平面图
200
800
292
75
50
360
340
700
430
350
说明:
1.本图集系按广西平南水暖器材厂生产的B13—C1延时自闭式大便冲洗阀、D1冲洗弯管、E1锁紧螺母等成套产品尺寸编制。
2.自闭式冲洗阀给水压力为0.5~0.6 MPa，可调延时关闭时间为3~15 s，可调冲洗水量为6 9 L/次，阀前供水流量≥1 L/s。
3.坐便器底部排出口橡胶密封圈系上海申贤橡胶制品有限公司产品。
自闭式冲洗阀坐便器安装图（二）
图集号 99S304
审核 校对 设计 页 74

编号	名称	规格	材料	单位	数量
9	排水管	de110	PVC-U	米	
8	冷水管	按设计	PVC-U	米	
7	内螺纹弯头	de32	PVC-U	个	1
6	异径三通	按设计	PVC-U	个	1
5	锁紧螺母	DN32	铝合金	个	1
4	冲洗弯管	DN32	铜镀铬	根	1
3	防污器	DN32	铜镀铬	个	1
2	自闭式冲洗阀	DN32	铜镀铬	个	1
1	坐便器		陶瓷	个	1

主要材料表

图 6.8 自闭式冲洗阀坐式大便器安装图

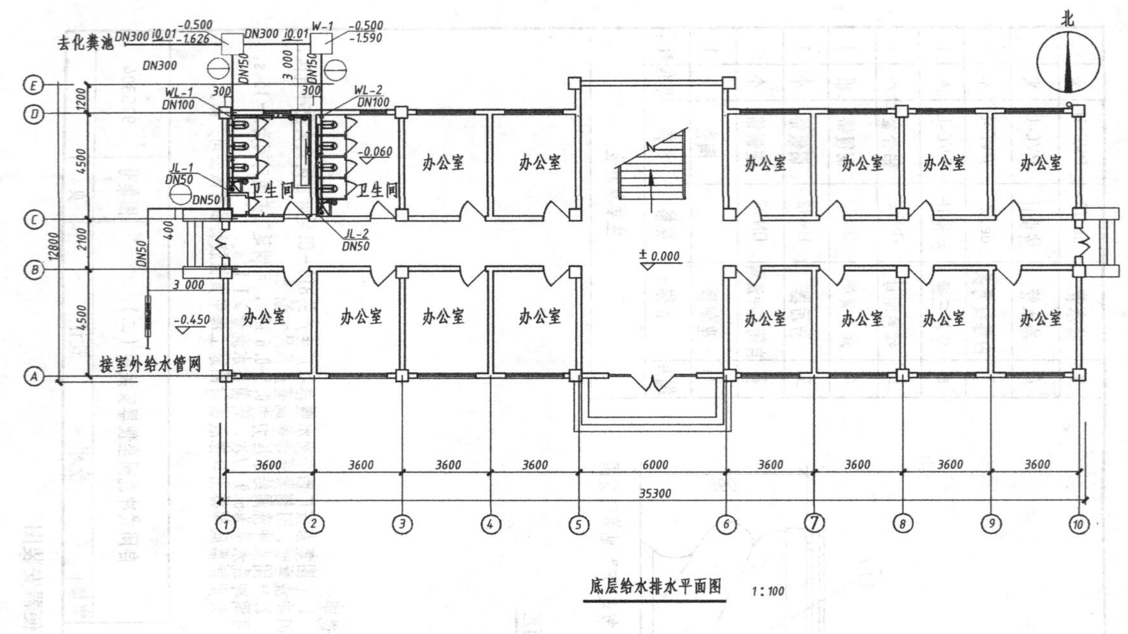

图 6.9 底层给水排水平面图

3.1.2 一般图示规定

建筑给水排水平面图应按直接正投影按绘制,它与相应的建筑平面图、卫生器具以及管道布置等密切相关,《给水排水制图标准》GB/T 50106—2010 对图示有如下规定。

(1)比例 一般采用与建筑平面图相同的比例。

(2)布图方向 应与相应的建筑平面图的布图方向一致。

(3)平面图的数量 建筑给水排水平面图原则上应分层绘制,并在图下方注写其图名。若中间各楼层建筑平面、卫生设备和管道布置、数量、规格均相同,可只绘一个标准层给水排水平面图作代表,如图 6.10。

(4)建筑的平面图示 建筑物轮廓线、定位轴线编号、房间名称等应与建筑专业一致。线型为细线(0.25b)。不必画建筑细部,不标注门窗代号、编号等。楼层平面图有时可只画相应首尾两边界轴线。±0.000 标高层平面图一般应在右上方绘制指北针(图 6.9)。

(5)给水排水设备的平面图示 定型工业产品如放水龙头、洗脸盆、大便器、小便器、水池、消防设施、管道附件、阀门、仪表等均不必详细绘制,只需按标准图例(表 6.4)及规定线型(表 6.1),以正投影法绘制在平面图上,如图 6.9 中的蹲便器、自动冲洗水箱等。而有的大便槽、小便槽、污水池等虽非工业产品,却是现场砌筑,其详图由建筑设计提供。

(6)给水排水管道的平面图示 给水排水管道及其连接、附件、立管位置等应按标准图例(表 6.4),以正投影法绘制。安装在下层空间或埋设在地面下而为本层使用的管道,可绘制在本层平面图上;如有地下层,给水引入管、排水排出管、汇集排水横干管等可绘制在地下层内。所以一般情况,±0.000 标高层给水排水平面图中应绘制引入管、排出管等。

(7)标注

①尺寸标注 一般要标注建筑的定位轴线编号、开间及进深。若图示清楚,可仅在底层给排水平面图中标注建筑定位轴线及其间距。还应标注引入管、排出管与其邻近建筑定位轴线

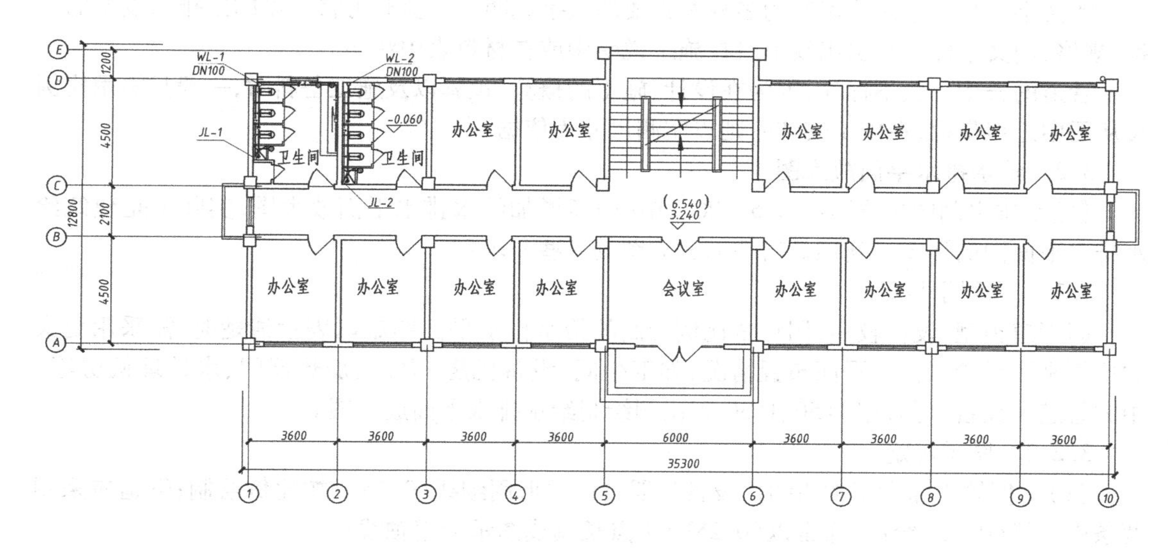

图6.10　标准层给水排水平面图

的定位尺寸,如图中引入管与©轴相距“400”。其他管道一般不必标注定位尺寸,若需要标注时,应以轴线或墙(柱)面为基准标注,如图6.9中“3000”。各类管道应按前述一般规定的要求,标注其管径。

②标高标注　±0.000标高层给水排水平面图中须标注室内地面标高及室外地面整平标高。楼层应标注适用楼层的标高,有时还要标注用水房间附近的楼面标高。并取至小数点后三位,如图6.9中“-0.060”。引入管、排出管必要时要注明穿建筑外墙标高。

③代号、编号标注　管道类别如图6.9中给水管道代号“J”,污水管道代号“W”。当建筑物的引入管和排出管的数量超过1根时,宜注明其管道类别代号,一般采用管道类别的第一个汉语拼音字母,并用阿拉伯数字进行编号,编号圆直径等于12 mm,线型为细实线(0.25b)编号表示法如图6.11所示。建筑物内穿越楼层的立管(未穿过楼层的竖直管,通常叫竖管)数量超过1根时,宜按管道类别和代号从左至右分别编号,且各楼层必须一致,编号表示法如图6.12所示。图中“JL”、“WL”分别表示给水立管、污水立管,小圆圈直径约3b。消火栓可按分层顺序编号。

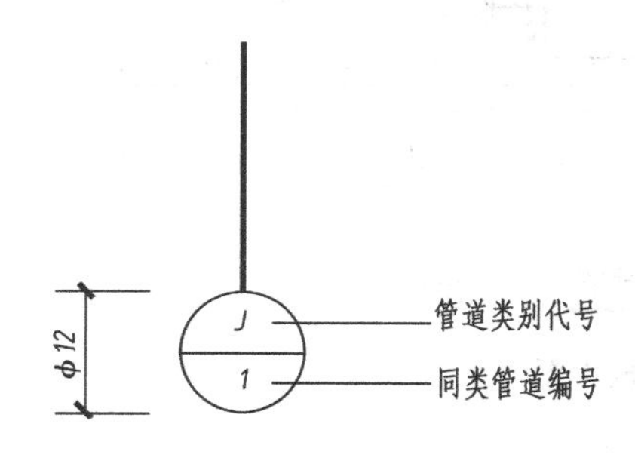

图6.11　引入管、排出管编号表示法

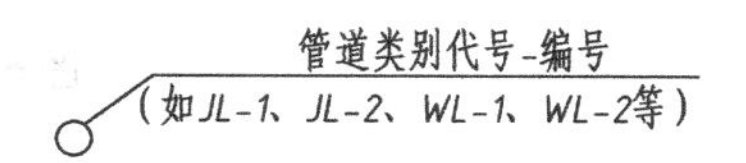

图6.12　平面图上立管编号表示法

④文字注写　应注写房间的名称及必要的文字说明。必要时可将敷设的给排水设备的名称、规格,用文字标注在引出线上或在施工说明中或在材料表中注明。

管道的长度一般不标注,因为在设计、施工的概算、预算以及施工备料时,一般只需用比例尺从图中近似量取,在施工安装时则以实测尺寸为依据。

3.2　**给水排水平面放大图**

《给水排水制图标准》GB/T 50106-2010 中新增加给水排水平面放大图,实际上是建筑给水排水平面图的详图。新国标对平面放大图的一些要求:

3.2.1　适用情况

因管道类型、设备较多,用正常比例绘制的给水排水平面图难以表示清楚时,需采用更大的比例来图示给水排水平面布置情况,如卫生间、设备机房(泵房、加热器间、水处理机房等)中的管道及设备,可采用 1∶50、1∶30 等比例绘制给水排水平面放大图。

3.2.2　图示规定

(1)比例等于和大于 1∶30 时,设备和器具照原形用细线(0.25b)按比例绘制;管道应采用两条中实线(0.5b)绘制,通常以(0.25b)单点长画线图示管道轴线;

(2) 当比例小于 1∶30 时,设备和器具可按图例绘制。图 6-13 为卫生间给水排水平面图,比例 1∶50,即属比例小于 1∶30 的给水排水平面放大图。

(3)图中应注明管径及设备、器具附件、预留管口的定位尺寸。

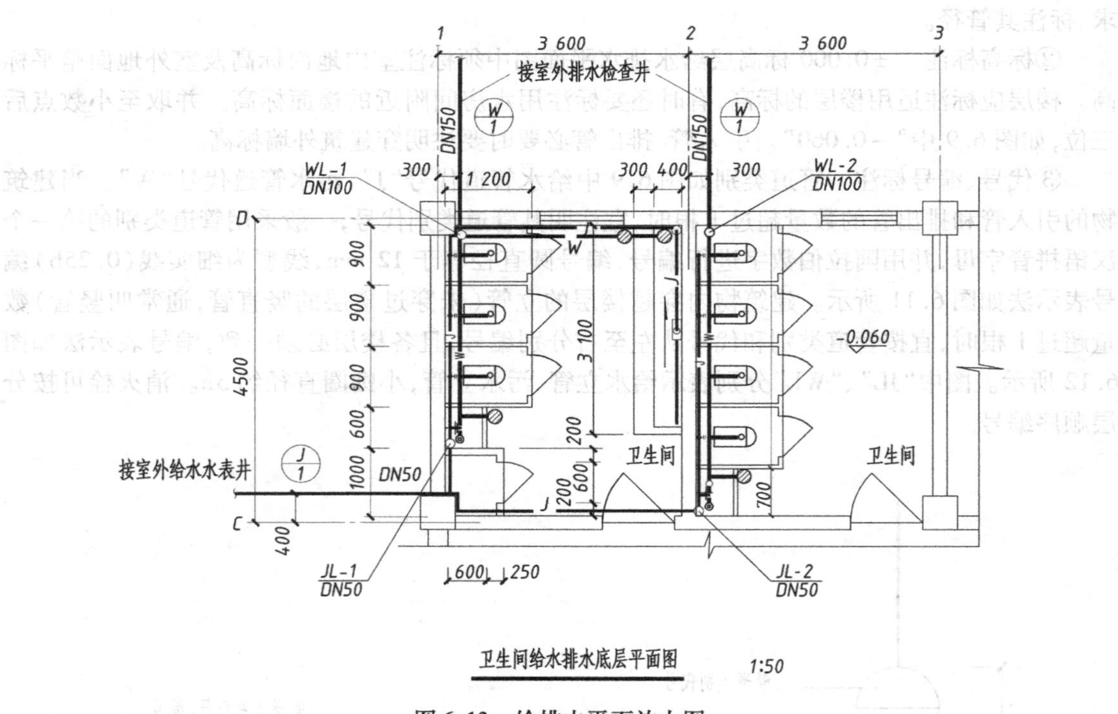

图 6.13　给排水平面放大图

4　建筑给水排水系统原理图和轴测图

由于高层建筑越来越多，按原来绘制轴测图的方法绘制管道系统的轴测图已很难表示清楚，而且效率低。所以《给水排水制图标准》GB/T 50106—2010 按照国际通用的规定，对整栋建筑绘制以立管为主的系统原理图，代替以往的轴测图。若采用轴测画法不能清楚图示时，宜辅以剖面图。给水排水系统原理图主要表示给水排水系统的原理，轴测图重点反映卫生间等给、排水管道集中处的上下层之间、前后左右间的空间关系，各管段的管径、坡度、标高以及管道附件位置等。

4.1　给水排水系统原理图

4.1.1　主要表示对象

多、中、高层建筑的管道以立管为主要表示对象，按管道类别分别绘制立管系统原理图。

4.1.2　图示规定

（1）比例　系统原理图不按比例绘制。

（2）立管　以平面图左端立管为起点，顺时针自左向右按编号依次顺序均匀排列。编号方法如图 6.14 所示。若绘制立管在某层偏置（不含乙字管）敷设，该层偏置立管宜另行编号。

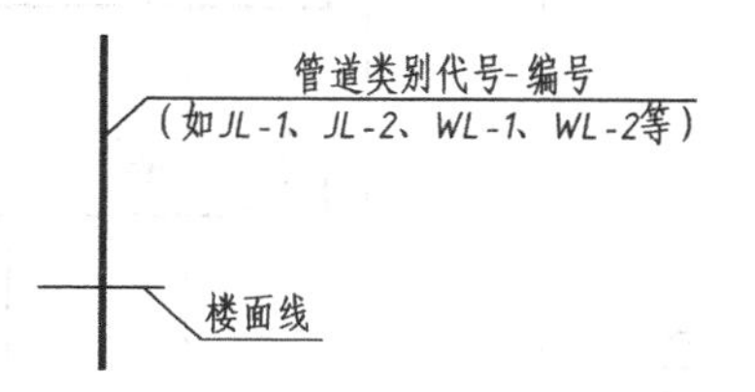

图 6.14　系统图、轴测图、剖面图等图中立管编号表示法

立管上的引出、接入支管在相应各层水平绘出，若支管上的用水或排水器具另有详图时，其支管可在分户水表后断掉，并注明详图编号。

立管均应标注管径，排水立管上的检查口及通气帽应注明距楼地面或屋面的高度。如图 6.15 中 DN40、1 000、高出屋面 0.4 M 等标注。

（3）横管　以首根立管为起点，按平面图的连接顺序，水平方向在所在层与立管相连接，如水平呈环状管网，绘两条平行线并于两端封闭，呈扁矩形。横管均应标注管径，如图 6.15 中 DN25、DN50 等。

（4）楼地面线　层高相同时应等距离绘制楼地面线，夹层、跃层，同层升降部分应以楼地面线反映，并在图纸的左端注明楼层层数和建筑标高，如图 6.15 中 2F、3.000 等。

（5）系统引入管和排出管　绘出其穿墙轴线号，如图 6.15 中Ⓐ、①等。

（6）管道阀门及附件、各种设备及构筑物　如过滤器、除垢器、水泵接合器、检查口、通气帽、波纹管、固定支架等，以及水池、水箱、增压水泵、气压罐、消毒器、冷却塔、水加热器、仪表等均应尽量按规定图例示意绘出，如图 6.15 中检查口、通气帽、异径管等。

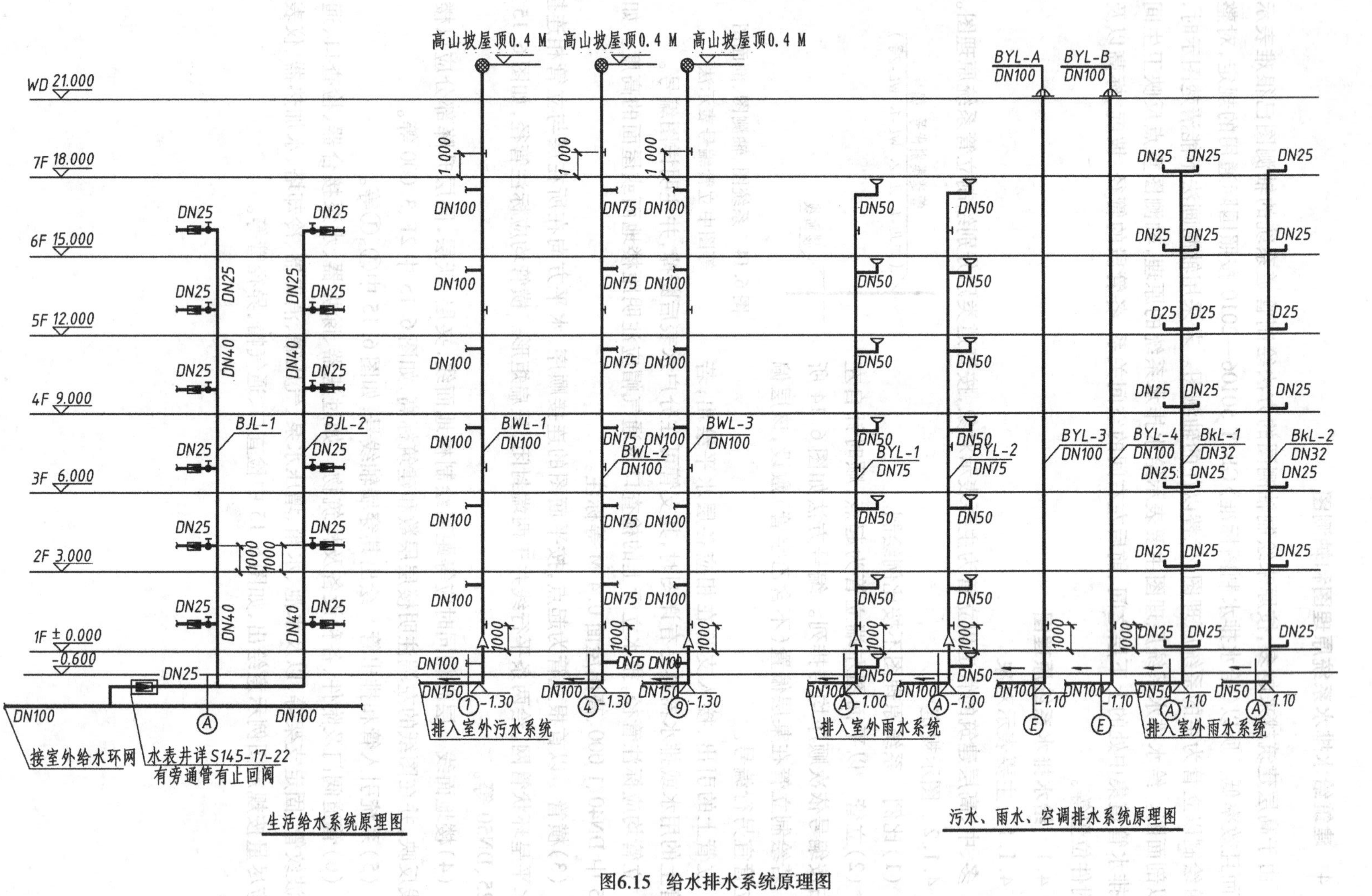

图6.15 给水排水系统原理图

4.2　**给水排水轴测图**

一般图示规定

(1)图样名称　此处所述的给水排水轴测图就是原标准中的给水排水系统图,因为一般不反映整幢建筑管道的全貌,只表示局部管道,故改称轴测图。一般卫生间放大图应该绘制管道轴测图。

(2)布图方向和比例　给水排水轴测图的布图方向和比例应该与相应的平面图一致。当局部管道按比例不易表示清楚时,例如在管道或管道附件被遮挡,或者转弯管道变成直线等情况下,这些局部管道可不按比例绘制。图 6.16 和图 6.17 分别为图 6.9 所示建筑的给水和排水轴测图。

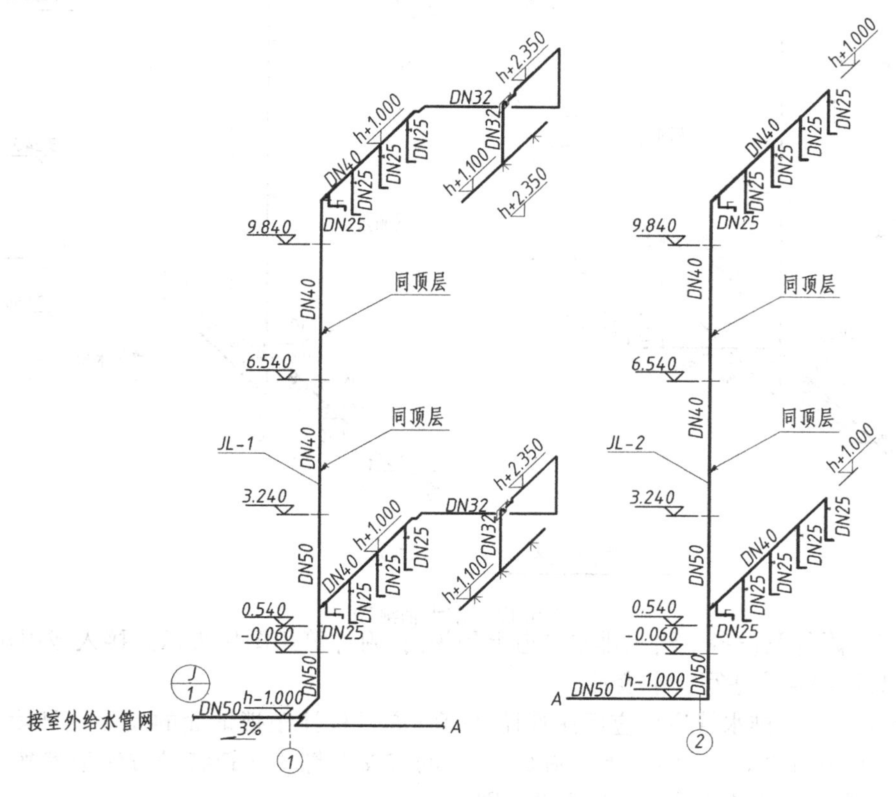

图 6.16　给水轴测图

(3)图示表达法　给水排水轴测图宜按 45°正面斜等轴测投影法绘制。与其他轴测图一样,给水排水轴测图的轴测轴 O_1Z_1 总是竖直的,O_1X_1 轴与其相应平面图的水平横轴线方向一致,O_1Y_1 轴与图纸水平线方向的夹角宜取 45°,表示相应平面图中的竖向轴线。三个轴向变形系数均为 1 。相应的给水轴测图与排水轴测图须用相同方向、相同角度画出。如图 6.16、6.17所示。

(4)楼地面线　依楼地面标高值,按比例,用一根(原标准为双细线)长度适宜的细实短线(0.25b)表示其位置(图 6.16、6.17)。

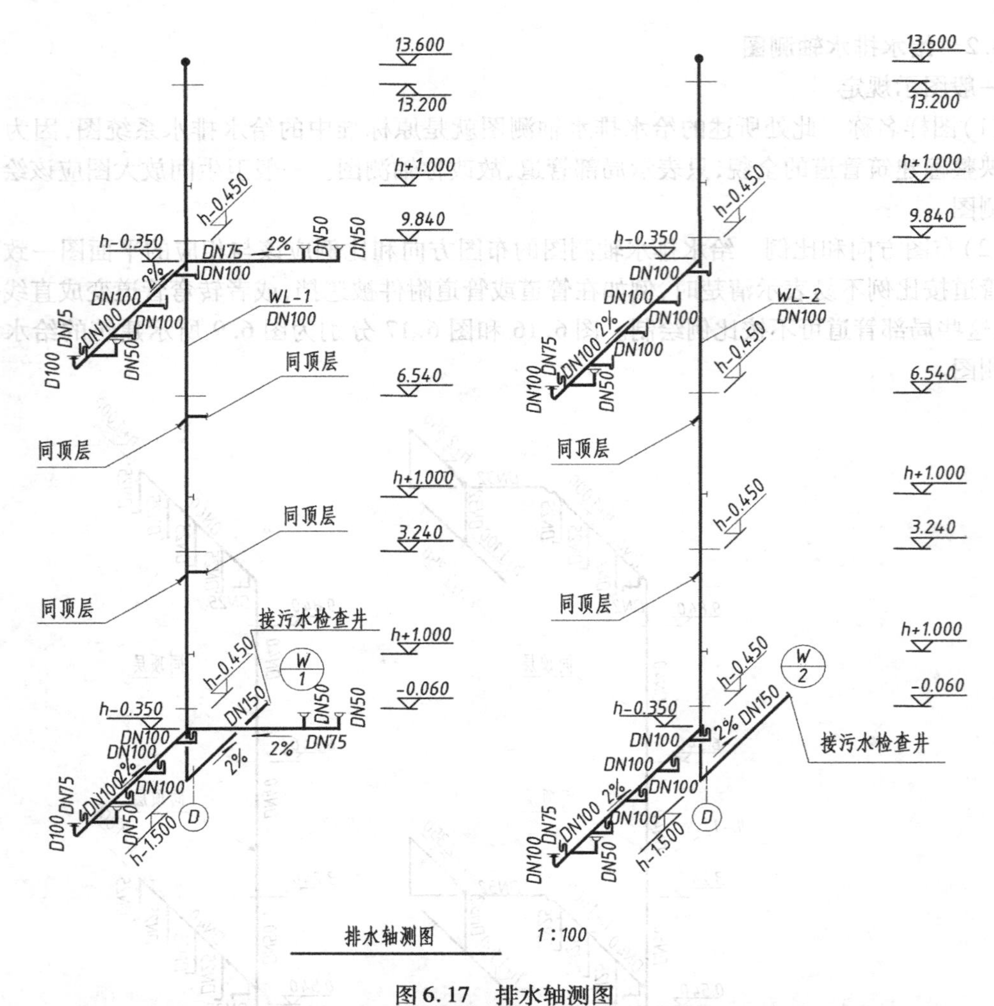

图 6.17 排水轴测图

(5)阀门、附件及设备 给水排水管道上的阀门、附件等用图例表示。接入或引出管道上的设备、器具可编号或注写文字表示。

(6)标注 给水排水管道均应标注管径、标高(亦可标注距楼地面的尺寸)、坡度(排水横管),如图 6.16 中的“h+1.000”及如图 6.17 中的“2%” 等。立管编号方法依然按图 6.14。注意管径、立管位置及其编号须与相应平面图一致。

(7)重力流管道宜按坡度方向绘制。

5 建筑给水排水平面图、平面放大图和轴测图、系统图的阅读

建筑给水排水平面图和系统图或轴测图是建筑给水排水工程的重要图样,两者相互关联、互相补充,一同表达建筑给水排水管道、卫生设施等的形状、大小、及其空间位置。此处着重讲述建筑给水排水平面图和轴测图的读图要领,并以前述给水排水平面图(图 6.9)和轴测图(图 6.16、6.17)为例,介绍建筑给水排水平面图或平面放大图和轴测图或系统图的阅读方法。

5.1 读图要领

5.1.1 读图顺序

阅读建筑给水排水系统图与读其他工程图一样,应先看图标、图例及有关文字说明,然后

再看图。读图的一般顺序是：

(1)浏览平面图　先看底层平面图，再看楼层平面图；先看给水引入管、排水排出管，再顾及其他。

(2)对照平面图，阅读轴测图　先找平面图和轴测图对应编号，然后读图；先找平面图和轴测图相同编号的给水引入管、排水排出管，而后再找相同编号的立管。顺水流方向，按系统分组阅读平面图和轴测图。

阅读给水轴测图时，通常从引入管开始，依次按引入管→水平干管→立管→支管→配水器具的顺序进行阅读。假如设有高位水箱，尚需找出水箱的进水管，再按水箱的出水管→水平干管→立管→支管→配水器具的顺序来阅读。

阅读排水轴测图时，则一般依次按卫生设备、地漏及其他泄水口→连接管→横支管→立管→排出管→检查井的顺序阅读。

5.1.2　读图一般要点

(1)平面图　给水引入管和排水排出管的数量、位置；底层及楼层中、各层需要用水和排水的房间名称、位置、数量、楼、地面标高以及房间内平面布置情况。

(2)轴测图　根据底层平面图和轴测图中给水引入管相同的编号，将给水系统分组；按照底层平面图和轴测图中排水排出管相同的编号，把排水系统进行分组，以相应立管作为联系纽带，按系统分组阅读轴测图。以管道为主线，循水流方向，紧密联系平面图，弄清各条给水引入管和排水排出管服务对象的位置、规格，进而明确给水系统和排水系统的各组管道空间位置及其走向，从而想象出该建筑给水排水工程整体的空间状况。

5.2　**读图举例**

按上述读图要领，阅读图6.9某办公楼给水排水平面图和图6.16、图6.17、给水轴测图、排水轴测图。

首先浏览给水排水平面图(图6.9)。

由底层给水排水平面图可知，该办公楼只有1条给水引入管，服务于2根给水立管；2条污水排出管，2根污水立管。办公楼每层在西头有男女两个卫生间需要用水。男卫生间里有1个污水池、3套蹲便器、1个小便槽和一个地漏。女卫生间内设有1个污水池、4套蹲便器。卫生间地面标高为-0.060 m。

然后对照平面图，分别阅读给水轴测图和排水轴测图。

给水系统

看底层给水排水平面图(图6.9)、标准层给水排水平面图(图6.10)和给水轴测图(图6.16)，找到编号为$\frac{J}{1}$的给水引入管，阅读给水系统。

由平面图和给水轴测图可知，位于Ⓒ轴线南侧400 mm的给水引入管DN50，标高h-1.000 m，与之连接的室外给水干管位于办公楼西侧，距外墙面3 m并平行于①轴线，设有水表井。在左前柱墙角处接三通分成两条水平干管DN50，分别进入男、女卫生间。以底层男卫生间为例进行阅读。南北向的水平干管，自南向北在线管井与污水池间向上弯起，引出给水立管JL-1，立管JI-1给一到四层的男卫生间供水。由图6.9和图6.16可知，立管JL-1管径DN50，在高出本层地面1.000 m处，沿①轴墙内侧敷设水平支管DN40，供污水池上方的的支管DN25及3套蹲便器的延时自闭式冲洗阀的支管DN25使用；在①轴与Ⓓ轴相交的柱角内侧转弯，管径变为DN32，自西向东沿窗下沿至②与Ⓓ轴相交的墙角西侧，顺墙角垂直向上弯起支管 DN32,在高出本层地面 2.350 m 处向前转 90°,供小便槽上方的自动冲洗水箱,水箱下方设有供多孔管冲洗的支管 DN32。给水立管 JL-1 联系上下各层,底层、二、三层和顶层管道布置均相同,只是过了二层支管后立管 JL-1 的管径变为 DN40。注意给水立管 JL-1 在高出底层地面 600 处设有检修阀。

女卫生间的给水立管 JL-2 布置与立管 JL-1 基本相同,只是多一个蹲便器,无小便槽。为了使立管 JL-1、JL-2 所穿过的相同标高的地面、楼面,相应地画在同一水平线上,把水平给水干管断开,用连接符号 A-A 连接 JL-1、JL-2。读者可自行阅读 JL-2 的给水轴测图。

排水系统:

对照底层给水排水平面图(图 6.9)和排水轴测图(图 6.17),找到编号为Ⓦ/1、Ⓦ/2的排出管,由于Ⓦ/1和Ⓦ/2布置基本相同,只是Ⓦ/1服务于男卫生间,Ⓦ/2服务于女卫生间。故此处仅以Ⓦ/1为例阅读排水系统。

读Ⓦ/1组:从平面图和排水轴测图可知,Ⓦ/1组服务于男卫生间的污水排出。排出管Ⓦ/1平行于①轴从办公楼左后墙角排出男卫生间四层住户卫生间的污水。居①轴和Ⓓ轴相交柱角处的排水立管 WL-1,联系上、下四层男卫生间的排水横管。底层男卫生间其排水系统布置,一路排水横管位于①轴墙右侧即平行于 O_1Y_1 轴方向的排水横管 DN100,前端设有清扫口 DN100,从前往后沿途收集男卫生间左前的污水池 N 型存水弯 DN75 及 3 套蹲便器 DN100 的污水,按 2% 的坡度坡向立管 WL-1 并于低于本层地面 0.450 m 处与立管 WL-1 相接;另一路排水管沿Ⓓ轴墙前侧即平行于 O_1X_1 轴方向的排水横管 DN75,从右往左依次接纳小便槽地漏 DN75 和男卫生间地面排水地漏 DN75 的污水,自右向左以 2% 的坡度坡向立管 WL-1,于标高 h－0.350处输送到立管 WL-1。DN100 的排水立管 WL-1 在高出地面 1.000 m 处设有检查口。底层、二、三层和顶层男卫生间布置相同,只是顶层和三层也在高出地面 1.000 m 处设有检查口,而二层未设检查口。排水立管 WL-1 将接纳的四个楼层男卫生间的污水,于标高 h－1.500 处转输给排水排出管Ⓦ/1(DN150),再排入室外污水检查井 W-2,其井顶标高 h－0.500,井底标高 h－1.626。排水立管 WL-1 上端接通气管,超出屋面接网罩通气帽,通气帽中心标高为13.600 m。

Ⓦ/2组服务于女卫生间,排水立管 WL-2 布置与男卫生间的 WL-1 基本相同,但只有平行于 O_1X_1 轴方向的排水横管 DN100,无平行于 O_1X_1 轴方向的排水横管 DN75。排水排出管Ⓦ/2(DN150)接室外污水检查井 W-1。读者可自行阅读。

读图可知,由于普通的排水连接管、横支管一般布置在相应各楼(地)面下方,所以各层的排水管,在本层的平面图上实际都是不可见的。

第 3 节　建筑给水排水总平面图

建筑给水排水总平面图,也称建筑物给水排水管道总平面图或组合平面给水排水平面图等。此处将介绍建筑给水排水组合平面图的阅读。

阅读建筑物给水排水总平面图一般按系统进行,必要时需与建筑底层给水排水平面图对照阅读。图6.18为某单幢住宅底层的给水排水平面图,图6.19为图6.18三幢相同住宅的给水排水总平面图。

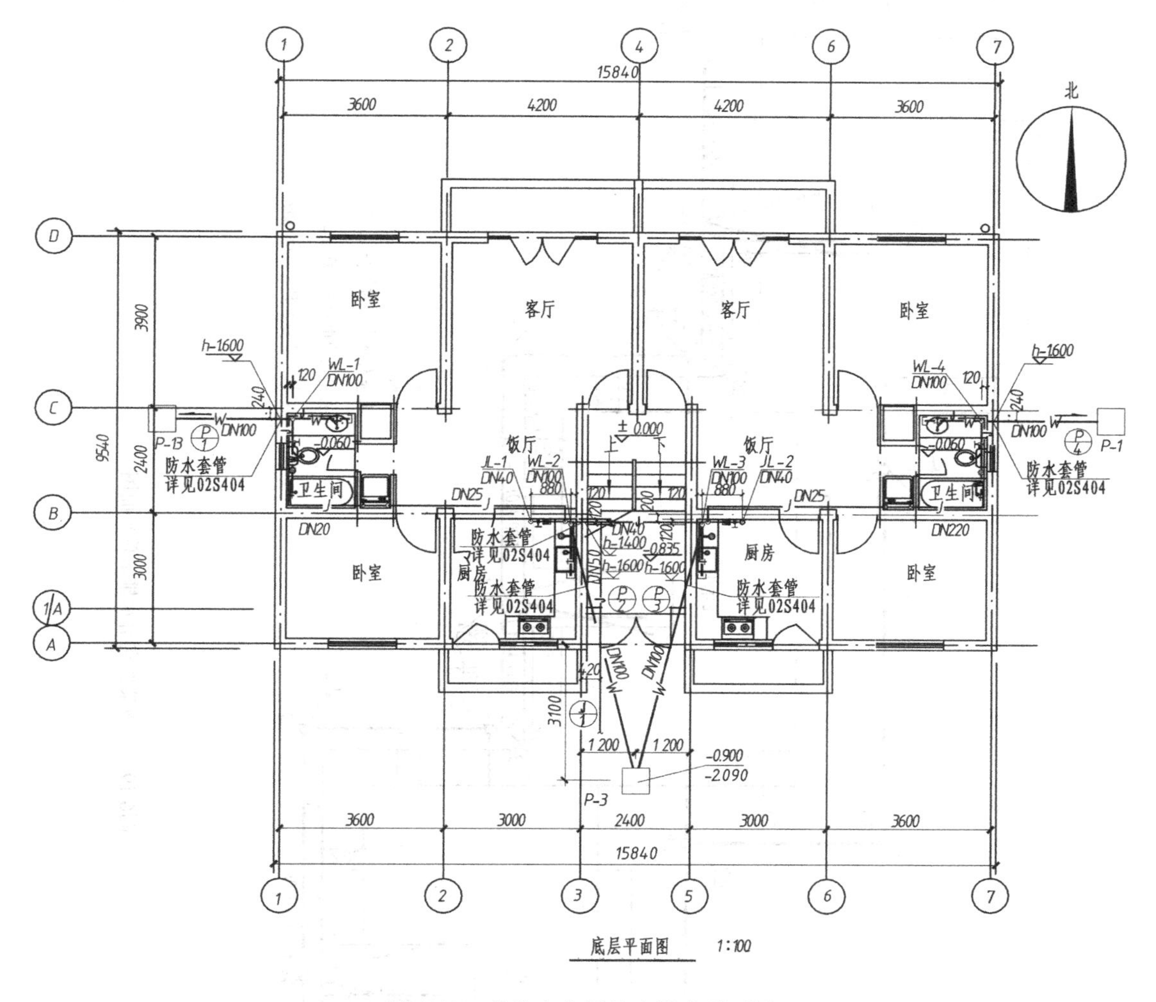

图6.18　某住宅底层给水排水平面图

1　给水系统

见图6.19,给水在距住宅01南侧Ⓐ轴外墙2.00 m、距其西侧①轴外墙10.00 m处引自城市给水干管,于距住宅01中部左边③轴外墙0.30 m的阀门井J-1处分成两路:一路自南向北进入住宅01,即住宅01的给水引入管;另一路继续自西向东,在离住宅01东侧⑦轴外墙2.00 m处转90°弯自南向北,在离住宅02南侧Ⓐ轴外墙2.00 m处转90°弯,自西向东距住宅02中部左边外墙③轴0.30 m的阀门井J-2处又分成两路,一路自南向北进入住宅02,即住宅02的给水引入管;另一路继续自西向东,在离住宅02东侧⑦轴外墙2.00 m处转90°弯自南向北,转角附近安装一套室外消火栓,在离住宅03南侧Ⓐ轴外墙2.00 m处转90°弯自西向东,距住宅03中部左边③轴外墙0.30 m阀门井J-3处90°弯自南向北进入住宅03,即住宅03的给水引入管。

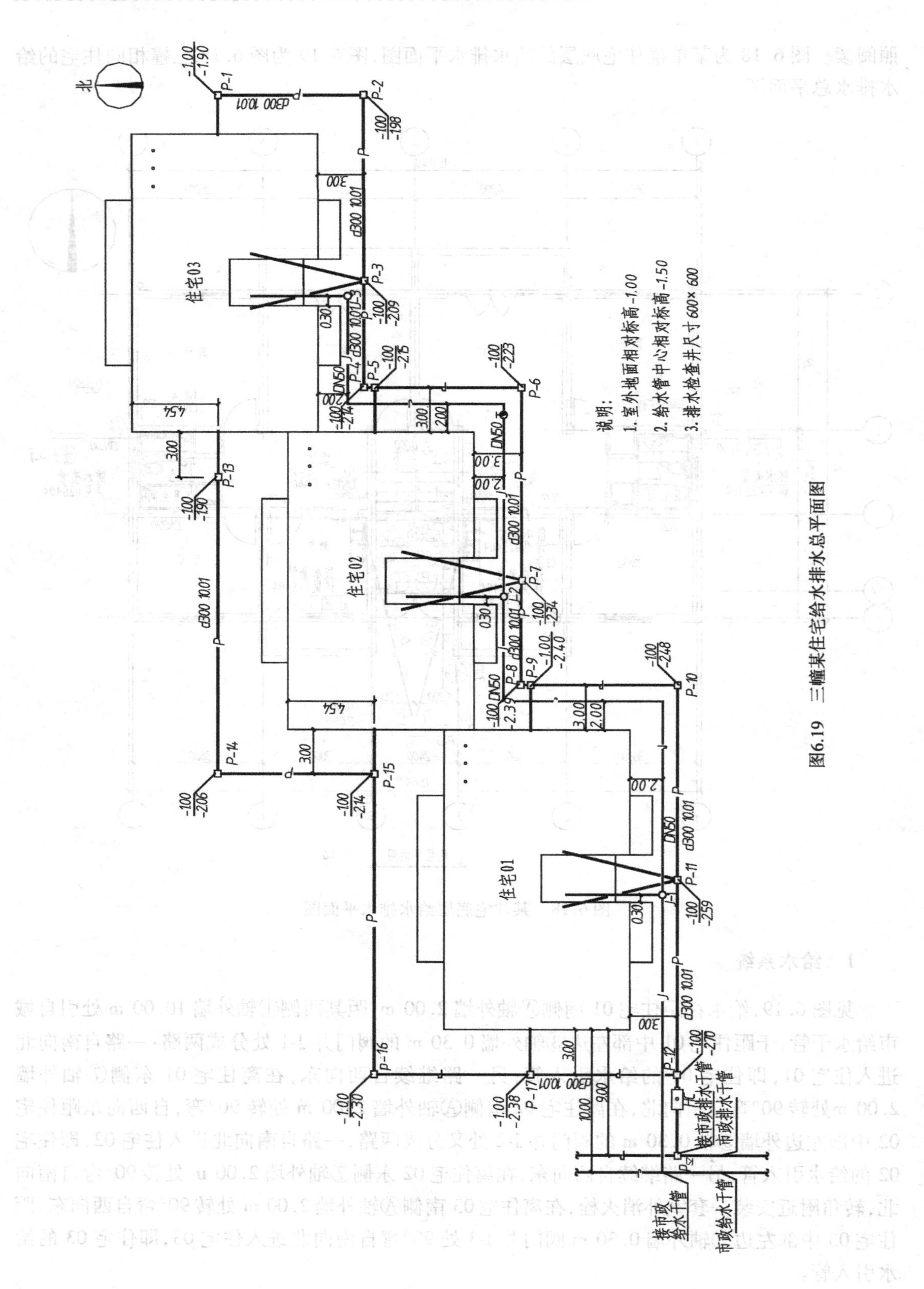

图6.19 三幢某住宅给水排水总平面图

2　排水系统

排水系统主要由东南侧管道系统，其次是西北侧管道系统组成。前者收集各幢住宅(P/4)、(P/2)、(P/3)的污水，后者收集各幢住宅(P/1)的污水。

阅读东南侧排水管道系统：住宅03的东侧排出管(P/4)的排水自西向东，经距住宅03东侧⑦轴外墙3.00 m的室外排水检查井P-1后，转为由北向南。在离住宅03南侧Ⓐ轴外墙3.00 m的检查井P-2转90°弯为由东向西，于住宅03南侧正中的检查井P-3处，与住宅03南侧中部排出管(P/2)和(P/3)排水汇合后，继续由东向西，在离住宅02东侧⑦轴外墙3.00 m的检查井P-4转弯90°后改为由北向南，与住宅02东侧排出管(P/4)排水在检查井P-5汇合后，继续由北向南。在离住宅02南侧Ⓐ轴外墙3.00 m的检查井P-6转90°弯为由东向西，于住宅02南侧正中的检查井P-7处，与住宅02南侧中部排出管(P/2)和(P/3)排水汇合后，继续由东向西，在离住宅01东侧⑦轴外墙3.00 m的检查井P-8经90°弯转为由北向南，与住宅01东侧排出管(P/4)排水在检查井P-9汇合后，继续由北向南，在离住宅01南侧Ⓐ轴外墙3.00 m的检查井P-10转90°弯改为由东向西，于住宅01南侧正中的检查井P-11处，与住宅01南侧中部排出管(P/2)和(P/3)排水汇合后，继续由东向西，于住宅01西侧①轴外墙3.00 m的检查井P-12处，与住宅另一支西北侧排水，即住宅03、02、01的西侧排出管(P/1)的排水（P-13至P-14至P-15至P-16至P-17）汇集后，去化粪池，然后于离住宅01西侧①轴外墙9.00 m处排入城市排水管网。所有室外排水管均为混凝土排水管，内径d为300 mm，坡度0.01。排水检查井从上游到下游编号为P-1、P-2、……P-12，并标注了排水检查井相关标高值。如P-1检查井的井顶盖相对标高为－1.00 m，井内底相对标高为－1.90 m。

第7章 图形平台 AutoCAD 2008 应用与操作

第1节　基本概念与基本操作

AutoCAD 是 CAD 应用软件的开山鼻祖，是 Autodesk 公司献给人们的一个非常优秀的工程设计和绘图工具软件。作为 CAD 行业的旗帜产品，AutoCAD 自从诞生以来，随着计算机技术的不断发展，以其惊人的发展速度走在 CAD 技术的前列。已经成为当今全球最为流行的 CAD 软件，成为事实上的行业标准。2007 年推出的 AutoCAD 2008 更是跨世杰作。

Autodesk 公司在开发 AutoCAD 产品时，采用开放式结构体系，欢迎并积极支持全球的软件开发商在其 AutoCAD 产品的基础上进行增值开发，与开发商之间的合作日益紧密和默契，二者相互得益，使 AutoCAD 在全球 CAD 软件市场所占市场份额日益扩大，也使 AutoCAD 产品的研制开发进入了一个良性的发展阶段。

AutoCAD 与其他 CAD 产品相比有以下显著特点：

1）强大的绘图及图形编辑功能。

2）友好的用户界面和丰富的在线帮助系统，使其易学易用。

3）开放的体系结构，允许用户定制 AutoCAD 系统和标准文件。虽然 AutoCAD 的系统源代码（即 C 语言源程序、函数程序和包含文件）没有向用户公开，但是它提供了多种方便的开发工具，使用户能够访问与改变 AutoCAD 原有的标准系统库参数和文件，从而进行二次开发或用户定制。

4）众多的增值开发产品，使得 AutoCAD 可以更方便地用于各专业设计领域。

5）强大的文件兼容性，可以通过标准的或专用的数据格式与其他 CAD 系统或 CAM 系统及其他的应用程序进行数据交换，大大提高数据的重用性。

6）多样的绘图方式，可以通过交互式绘图，亦可通过编程来进行自动绘图。

7）强大的外设支持，尤其是各种各样的绘图仪的支持。

8）支持多种操作系统。不仅适用于 WINDOWS、Macintosh 等单机操作系统。同时也适用于 WINDOWS NT、UNIX 等网络系统。

1　AutoCAD 的使用及安装

本节分四个部分,依次介绍安装 AutoCAD 2008 的软件硬环境、安装步骤、启动过程及卸载方法。

1.1　AutoCAD 2008 的安装环境

AutoCAD 2008 必须在满足一定运行环境要求时才能正确安装和运行,其中包括软件环境和硬件环境。如果用户的软件环境不满足 AutoCAD 2008 基本要求,在安装和运行时都可能出现问题。

1.1.1　软件环境

AutoCAD 2008 已经通过了 Microsoft 的"Design for Windows"兼容性认证,它可以运行于 Microsoft 公司的 Win2000/WinXp/WindowsVista 中的任意一种操作系统下,如果要使用 AutoCAD 2008 的 Internet 链接功能,还必须具备相应的网络环境,能够连接到 Internet 网上。

1.1.2　硬件环境

AutoCAD 2008 运行在个人电脑上,对所需的硬件配置要求并不苛刻:仅要求机器能够运行 Win2000/WinXp/WindowsVista 几种操作系统中的一种即可。典型的配置是 Pentium Ⅲ,512 MB内存,1024×768 VGA 真彩色,750 MB 硬盘空间。

推荐的计算机配置如下:

处理器:Intel 酷睿 2 双核以上。CPU 主频越高 AutoCAD 处理图形的速度越快。

内存:2 GB 以上(最少为 1 GB)。内存可以看是作电脑的工作空间,假如你是手工绘图,那么内存就像是你的绘图桌面,桌面越大你所能看到的东西越多。作业越复杂越需要更大的内存。一般电脑配有 1 GB 至 8 GB 的内存,内存越大 AutoCAD 同时打开图形的数量就越多,处理图形的速度就越快。

硬盘:300 GB 以上的硬盘。安装 AutoCAD 2008 所需的硬盘空间因安装方式不同而异,大致需要 750 MB 的硬盘空间,500 MB 的硬盘交换空间,安装完毕后系统目录还必须有足够的剩余空间,以便在内存不够的时候用硬盘作虚拟内存,来完成内存的工作。共享文件 200 MB。

显示器:分辨率 1280×1024 以上(最低为 1024×768)。

图形显示卡:必须安装支持硬件加速的 DirectX 9.0c 或更高版本的图形卡。

其他:光盘驱动器。一个激光鼠标或是其他的替代数字化设备。要进行图形输出还需要绘图仪或打印机。

1.2　安装方法

AutoCAD 2008 版采用了智能安装引擎,安装操作比较简单,只需要在安装向导的提示下,选择一定的安装方法,便可以轻松地完成 AutoCAD 2008 版的安装。

在个人计算机上安装或升级的步骤:

AutoCAD 2008 安装有典型安装和自定义安装两种,这里仅介绍典型安装的步骤。典型安装将安装最常用的应用程序功能。

1)将 AutoCAD DVD 或第一张 CD 放入计算机的驱动器。

2)在 AutoCAD 安装向导中单击"安装产品"。

3)在"欢迎使用 AutoCAD 2008 安装向导"页面中,单击"下一步"。

4)选择要安装的产品,然后单击"下一步"。

5)查看适用于用户所在国家或地区的 Autodesk 软件许可协议。必须接受协议才能继续安装。选择用户所在的国家或地区,单击"我接受",然后单击"下一步"。注意如果不同意许可协议的条款并希望终止安装,请单击"取消"。

6)在"个性化产品"页面上,输入用户信息然后单击"下一步"。

在此输入的信息是永久性的,它们将显示在计算机的"AutoCAD"窗口中(使用"帮助"→"关于"可以访问该窗口)。由于以后无法更改此信息(除非卸载该产品),因此请确保在此处输入的信息正确。

7)在"查看→配置→安装"页面上,单击"安装"开始安装。单击"安装"后,向导将执行以下操作:

①使用典型安装,将安装最常用的应用程序功能。

②将 AutoCAD 安装到默认安装路径"C:\Program Files\AutoCAD 2008"。如果需要安装到其他路径则选用自定义安装方式。

8)安装完成后,显示"安装完成"对话框。

9)为使安装设置生效,强烈建议您在此时重新启动计算机。执行下列操作之一:

选择"是"立即重新启动计算机。选择"否"在其他时间手动重新启动计算机。

警告!如果不重新启动计算机,在运行 AutoCAD 2008 时可能会出错。

现在可以向您表示祝贺了,您已成功安装 AutoCAD 2008。现在可以注册产品然后开始使用此程序。要注册 AutoCAD 2008,请在桌面上双击"AutoCAD 2008"图标,并按照说明进行操作。

1.3 AutoCAD 2008 启动方法

双击桌面上的 AutoCAD 2008 图标或单击桌面上的"开始"菜单,选择"程序"→"Autodesk"→"AutoCAD 2008"即可启动 AutoCAD 2008。

1.4 AutoCAD 2008 卸载方法

1)从"开始"菜单(Windows)中选择"设置"→"控制面板"。

2)在"控制面板"中选择"添加/删除程序"。

3)在"添加/删除程序特性"对话框中的"安装/删除安装"选项卡中,选择"AutoCAD 2008",然后选择"添加/删除",即可卸载 AutoCAD 2008。如有提示重新启动计算机,请重启计算机。

2 AutoCAD 2008 的工作界面简介

启动 AutoCAD 2008 后进入图 7.1 所示的工作界面。

2.1 十字光标

在绘图区域标识拾取点和绘图点。十字光标由定点设备控制。可以使用十字光标定位点、选择和绘制对象。

2.2 下拉菜单

利用下拉菜单可以执行 AutoCAD 2008 版大多数常用命令。菜单由菜单文件定义。用户可以修改或设计自己的菜单文件。此外,安装第三方应用程序可能会使菜单或菜单命令增加,缺省菜单文件为 acad. mnu。AutoCAD 2008 下拉菜单有如下特点:

(1)下拉菜单中,右面有小三角的菜单项,表示它还有子菜单。

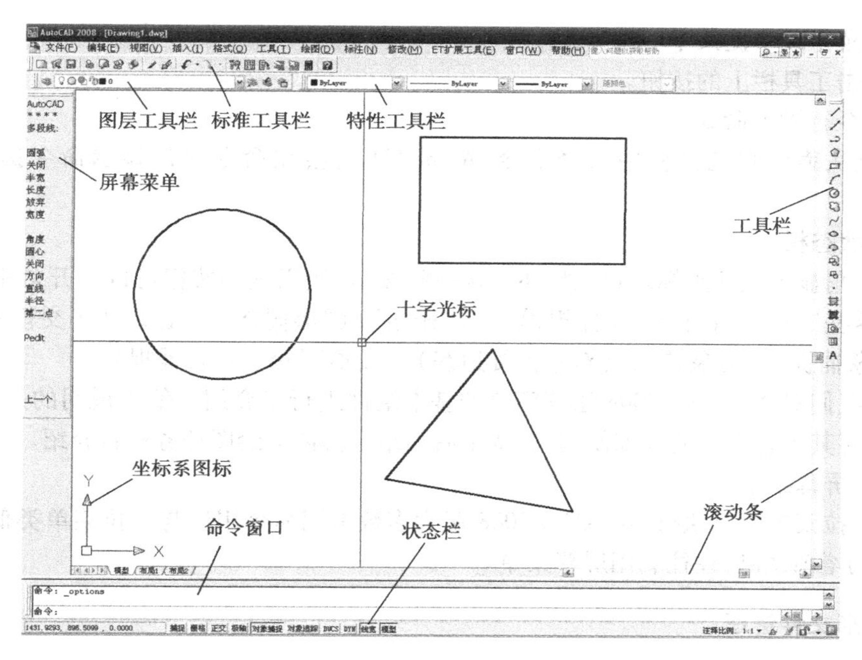

图 7.1

(2)下拉菜单中,右面有省略号的菜单项,表示选择它后将显示出一个对话框。

(3)下拉菜单选择右边没有内容的菜单项,即表示执行相应的 AutoCAD 命令。

2.3　标准工具栏

包括常用的 AutoCAD 工具(例如“重画”“放弃”和“缩放”),还有一些 Microsoft Office 标准工具(例如“打开”“保存”“打印”和“拼写检查”)。右下角带有小黑三角的工具按钮是弹出图标。弹出图标包含了若干工具,这些工具可以调用与第一个按钮有关的命令。单击第一个按钮并按住拾取键,可以显示弹出图标。

2.4　对象特性工具栏

设置对象特性,例如:颜色、线型、线宽,管理图层。

2.5　绘制和修改工具栏

常用的绘制和修改命令。绘图和修改工具栏在启动 AutoCAD 时就显示出来。这些工具栏位于窗口右边,可以方便地移动、打开和关闭它们。

2.6　绘图区域

显示图形。根据窗口大小和显示的其他组件(例如工具栏和对话框)数目,绘图区域的大小将有所不同。

2.7　用户坐标系 (UCS)图标

显示图形方向。AutoCAD 图形是在不可见的栅格或坐标系中绘制的。坐标系以 *X*、*Y* 和 *Z* 坐标(对于三维图形)为基础,AutoCAD 有一个固定的世界坐标系 (WCS)和一个活动的用户坐标系 (UCS),查看显示在绘图区域左下角的 UCS 图标,可以了解 UCS 的位置和方向及目前所使用的坐标系。

2.8　命令窗口

显示命令提示和信息。在 AutoCAD 中,可以按下列三种方式启动命令。

(1)从菜单或快捷菜单中选择菜单项。

(2)单击工具栏上的按钮。

(3)命令行输入命令。

即使是从菜单和工具栏中选择命令,AutoCAD 也会在命令窗口显示命令提示和命令记录。

2.9 状态栏

在左下角显示光标坐标。状态栏还包含一些按钮,使用这些按钮可以打开常用的绘图辅助工具。这些工具包括“捕捉”(捕捉模式)、“栅格”(图形栅格)、“正交”(正交模式)、“对象捕捉”(对象捕捉)、“对象追踪”(对象捕捉追踪)、“极轴”(极坐标轴捕捉)。

至此,我们对 AutoCAD 2008 绘图窗口的基本组件进行了介绍。值得说明的是,这里只是简单介绍,对其中各组件的详细使用,有待于后面结合具体的绘图任务进行介绍。

2.10 屏幕菜单

利用下拉菜单可以执行 AutoCAD 2008 版大多数常用命令用法与下拉菜单类似。如果是 AutoCAD 的增值产品,往往利用屏幕菜单。

3 图形文件管理

3.1 建立新图形文件

工具栏:标准工具栏→新建

下拉菜单:文件→新建

命令行:NEW

3.1.1 功能

建立新的绘图文件,以便开始一个新绘图作业。

3.1.2 操作格式

单击下拉菜单“文件→新建”或单击标准工具栏→“新建”或输入在命令窗口“NEW”命令后回车。

3.2 打开现有图形

工具栏:标准工具栏→打开

下拉菜单:文件→打开

命令行:OPEN

3.2.1 功能

打开现有的 AutoCAD 图形。

3.2.2 操作格式

(1)在资源管理器中选择一个文件双击鼠标左键 AutoCAD 会自动打开图形,或选择多个文件按鼠标右键选择“AutoCAD DWG Launcher”选项打开多个图形文件。

(2)单击标准工具栏按钮“打开”或单击下拉菜单项“文件→打开”或输入命令“OPEN”后回车,AutoCAD 会弹出图 7.2 所示对话框通过该对话框选取要打开的图形文件。在“选择文件”对话框中,选择一个或多个文件并选择“打开”。可以在“文件名”中输入图形文件名并选择“打开”,或在文件列表中双击文件名。

(3)通过“AutoCAD 今日”中“我的图形→打开图形”打开最近编辑过的图形或按浏览按

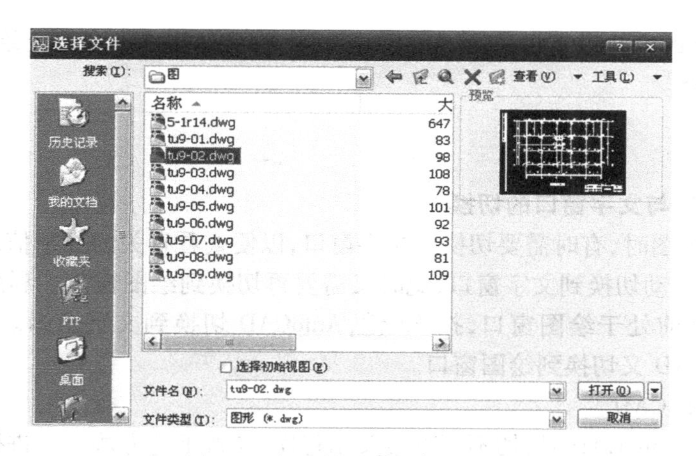

图 7.2　打开的图形文件对话框

纽,AutoCAD 会弹出图 7.2 所示对话框,方法同第(2)条。

4　保存文件

4.1　快速存盘

工具栏:标准工具栏→保存

下拉菜单:文件→保存

命令行:QSAVE

4.1.1　功能

将现有的 AutoCAD 图形存盘。

4.1.2　操作格式

单击标准工具栏→“保存”、或单击下拉菜单项“文件→保存”、或输入“QSAVE”命令后回车。如果图形已命名,AutoCAD 保存图形时将不再要求文件名。如果文件没有命名,AutoCAD 将显示“图形另存为”对话框,利用该对话框,用户可以选择图形文件的存储文件夹。

4.2　换名存盘

下拉菜单:文件→另存为

命令行:SAVEAS

4.2.1　功能

将现有的 AutoCAD 图形以新的名字存盘。

4.2.2　操作格式

单击下拉菜单项“文件→另存为”或输入“SAVEAS”命令后回车。AutoCAD 将显示“图形另存为”对话框,利用该对话框,用户可以选择图形文件的存储文件夹,并以不同的名称存储。

4.3　将图形文件以当前名字或指定的名字存盘

命令行:SAVE

4.3.1　操作格式

SAVE 命令只能在命令行中使用。如果已经命名该图形,AutoCAD 将显示“图形另存为”对话框。如果输入不同的文件名,AutoCAD 将以指定的名称保存图形。如果未命名该图形,AutoCAD 将显示“图形另存为”对话框,可输入文件名来命名并保存该图形。

三种保存文件的方法中不管采用其中任意一种,AutoCAD 都不会终止绘图。比较常用的是 QSAVE,SAVEAS。

5 其他操作

5.1 图形窗口与文字窗口的切换

用 AutoCAD 绘图时,有时需要切换到文字窗口,以便查看有关的文字信息;有时执行某一命令后,AutoCAD 自动切换到文字窗口,此时又需要再切换到绘图窗口。利用热键 F2 可以实现上述切换。若当前处于绘图窗口,按 F2 键,AutoCAD 切换到文字窗口。若当前为文字窗口,按 F2 键 AutoCAD 又切换到绘图窗口。

5.2 退出 AutoCAD

当用户要退出 AutoCAD 时,切不可直接关闭程序,应按下述方法之一进行。

5.2.1 执行下拉菜单项"文件→退出"

选择下拉菜单项"文件→退出",可以退出 AutoCAD。如退出时当前图形在修改后没有存盘,AutoCAD 会提示是否存盘。

5.2.2 利用命令 QUIT 退出 AutoCAD

在命令行键入命令 QUIT,也可以退出 AutoCAD。如退出时当前图形在修改后没有存盘,AutoCAD 会提示是否存盘。

5.2.3 利用命令 END 退出 AutoCAD

在命令行键入命令 END,也可以退出 AutoCAD。如退出时当前图形在修改后没有存盘,AutoCAD 不会提示是否存盘,而是自动以原文件名存盘,然后退出 AutoCAD。

三种方法在退出时有一共同点,如当前图形还没有命名,AutoCAD 会跳出一个对话框,要求用户确定图形文件的存放位置及文件名,用户做出反应后,AutoCAD 把当前的图形文件按指定的文件名存盘,然后退出 AutoCAD。

第 2 节 基本绘图命令

1 准备知识

1.1 输入设备的使用方法

1.1.1 键盘

键盘的作用有以下几种:

1)在命令行输入命令后按回车键或空格键,命令开始执行。

2)某些命令结束时需要按回车键或空格键。按回车键或空格键表示确认。

3)从键盘上输入数据。

1.1.2 鼠标

鼠标的左键是拾取键,右键是确认键等同于回车键或空格键,中间滚轮为实时放缩,按下中间滚轮拖动鼠标相当于实时平移。

(1)点的输入方法 绘图时,经常要输入一些点,如线段的端点、圆的圆心、圆弧的圆心及其端点等。以下介绍利用 AutoCAD 绘图时如何输入这些点。

用 AutoCAD 绘图时，一般可采用如下方式给定一个点：

1)用鼠标在屏幕上拾取点

具体的过程为：移动鼠标，将光标移到所需要的位置上，然后单击鼠标左键即可。

2)用对象捕捉方式捕捉一些特殊点

利用 AutoCAD 的对象捕捉功能，用户可以方便地捕捉到一些特殊点，如圆心、切点、交点、端点、中点、垂直点等。

3)通过键盘输入点的坐标

当通过键盘输入点的坐标时，用户既可以用绝对坐标的方式，也可以用相对坐标方式输入，而每一种坐标方式中又有直角坐标、极坐标之分。下面分别介绍：

①绝对坐标：

绝对坐标是相对于当前坐标系坐标原点的坐标。当用户以绝对坐标的形式输入一个点时，可以采用直角坐标、极坐标的方式输入。

错误！未找到引用源。直角坐标

直角坐标就是输入点的 X、Y、Z 坐标值(二维时可以忽略 Z 坐标)，坐标点间要用逗号隔开。例如，要输入 X 坐标 8000，Y 坐标 6000，则可以在输入坐标点的提示后输入：8000，6000。图 7.3 表示了直角坐标的几何意义。

错误！未找到引用源。极坐标

用户可以通过输入某点的 XOY 坐标平面上的投影与坐标原点的距离以及这两点之间的连线与 X 轴正向夹角(中间用“ < ”号隔开)来确定该点，这种形式的坐标称为极坐标。例如，某二维点距坐标系原点的距离为 15000，该点与坐标系原点的连线相对于坐标系 X 轴正方向的夹角为 30°，该点的极坐标形式为：15000 < 30。图 7.4 表示了极坐标的几何意义。

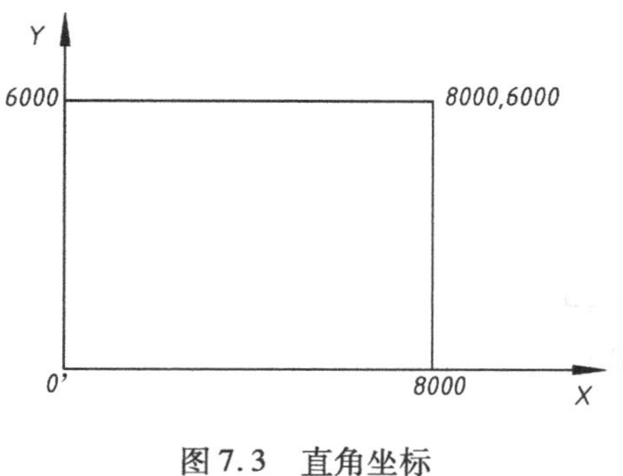

图 7.3　直角坐标

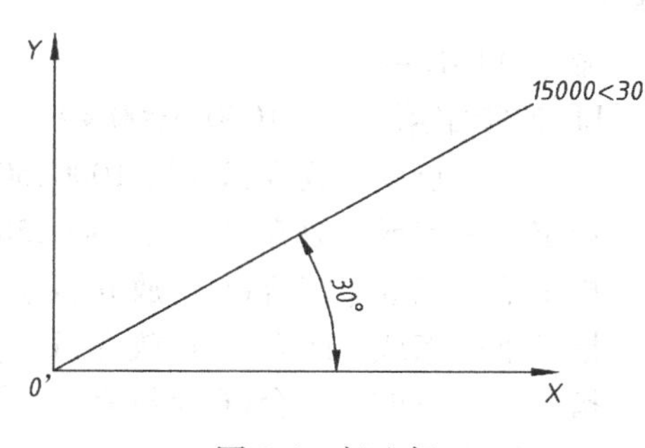

图 7.4　极坐标

②相对坐标：

相对坐标是指相对于前一坐标点的坐标。相对坐标也有直角坐标、极坐标之分，输入格式基本同绝对坐标相同，只是在坐标前加上“@”符号。

4)在指定的方向上通过给定距离确定点

当提示用户输入一个点时，可以通过鼠标将光标移到希望输入点的方向上，然后再从键盘上输入一个距离值，那么这个在指定的方向上给定距离的点就是我们需要的点。

1.2　如何使用 AutoCAD 2008 绘图

利用 AutoCAD 2008 绘图，用户一般可以按下述四种方法之一进行绘图：

1）用下拉菜单绘图。AutoCAD 2008 提供有“绘图”下拉菜单，利用该菜单可以完成 AutoCAD 的大部分绘图功能。

2）利用绘图工具栏绘图。通过 AutoCAD 的绘图工具栏，也可以完成 AutoCAD 的大部分绘图功能。

3）利用命令绘图。即在命令窗口中的提示行（命令:）输入绘图命令后回车，然后根据提示信息进行绘图。

4）利用屏幕菜单绘图。通过“绘图”屏幕菜单，也可以完成 AutoCAD 的大部分绘图功能。

2　基本绘图命令

2.1　直线

工具栏：绘图工具栏→直线

下拉菜单：绘图→直线

命令行：LINE（L）

1）功能：

绘制二维或三维线段。

2）操作格式：

单击相应的菜单项、工具栏按钮或输入“LINE”命令后回车，提示：

LINE 指定第一点：

下一点：

下一点：……

↵（按回车键）

例 7.1　用“LINE”命令，结合绝对坐标绘制矩形。先将坐标原点定位 0,0 点（参见本章 5.8 节）。

命令：LINE ↵

LINE 指定第一点：1000,1000 ↵

指定下一点或［放弃（U）］：1000,5000 ↵

指定下一点或［放弃（U）］：5000,5000 ↵

指定下一点或［闭合（C）/放弃（U）］：5000,1000 ↵

指定下一点或［闭合（C）/放弃（U）］：1000,1000 ↵

指定下一点或［闭合（C）/放弃（U）］：↵

命令结束

上述执行结果如图 7.5 所示。

例 7.2　用“LINE”命令，结合相对直角坐标绘制矩形。先将坐标原点定位 0,0 点。

命令：LINE ↵

LINE 指定第一点：1000,1000 ↵

指定下一点或［放弃（U）］：@0,4000 ↵

指定下一点或［放弃（U）］：@10000,0 ↵

指定下一点或［闭合（C）/放弃（U）］：@0，-4000 ↵

指定下一点或［闭合（C）/放弃（U）］：@ -10000,0 ↵

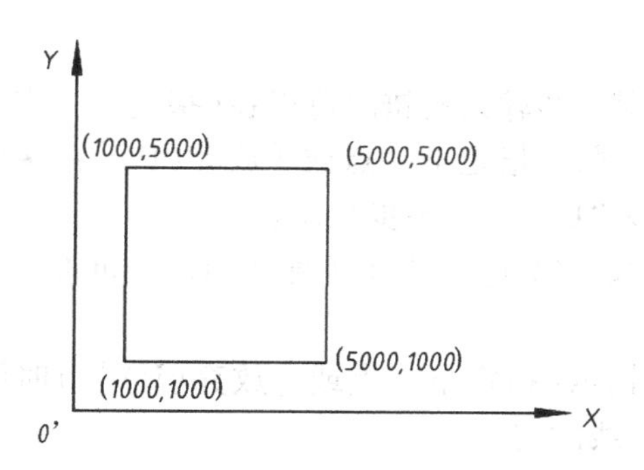

图 7.5　用 LINE 命令，结合绝对坐标绘制矩形

指定下一点或［闭合(C)/放弃(U)］:↵ 命令结束。

上述执行结果如图 7.6 所示。

例 7.3　用"LINE"命令，结合相对极坐标绘制矩形。

命令：LINE ↵

LINE 指定第一点：1000，1000 ↵

指定下一点或［放弃(U)］：@10000 <90 ↵

指定下一点或［放弃(U)］：@4000 <0 ↵

指定下一点或［闭合(C)/放弃(U)］：@10000 <270 ↵

指定下一点或［闭合(C)/放弃(U)］：c ↵

命令结束

上述执行结果如图 7.7 所示。

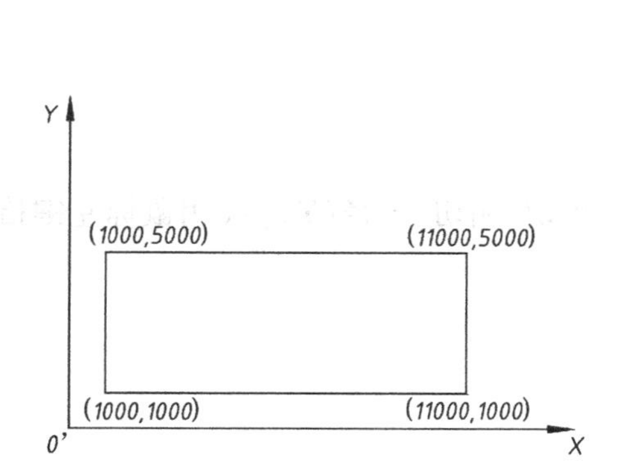

图 7.6　用 LINE 命令，结合相对坐标绘制矩形

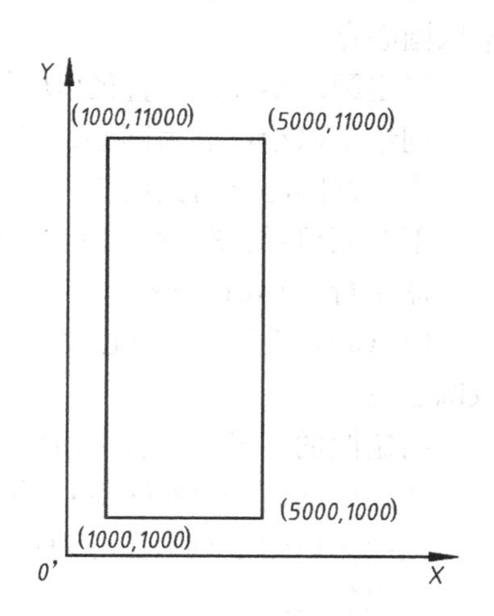

图 7.7　用 LINE 命令，结合相对极坐标绘制矩形

3）说明：

①执行绘直线命令并输入起始点的位置后，会在命令提示窗口中提示出现下一点（下一点或［放弃(U)］：），在该提示下输入下一点并回车后命令继续执行，若不输入下一点直接回车命令将结束。

②用 LINE 命令绘出的折线中的每一条线段都是一个独立的对象，既可以对每一条线段

进行单独的修改、编辑。

在绘制连续折线时,当某一步输入有错时可以在(指定下一点或[放弃(U)]:)提示下输入“U”即可退回一步操作。例如:指定下一点或[放弃(U)]:U ↵,可以多次在(指定下一点或[放弃(U)]:)提示下输入“U”,退回多步操作。

③在(指定下一点或[放弃(U)]:)提示下输入“C”,AutoCAD 会自动将已绘出的折线封闭并结束本次操作。

④重复命令后,在起点提示(指定下一点或[放弃(U)]:)时回车时,将以上次最后绘出的直线的终点作为当前绘直线的起点。

2.2 **绘圆**

工具栏:绘图工具栏→绘圆

下拉菜单:绘图→绘圆

命令行:CIRCLE(CR)

1)功能

在指定的位置画圆。

2)操作格式

AutoCAD 提供了多种绘圆的方法,下面分别进行介绍:

①根据圆心点与圆的半径绘圆

下拉菜单:绘图→绘圆→圆心、半径

命令行:CIRCLE ↵

命令: _circle 指定圆的圆心或[三点(3P)/两点(2P)/相切、相切、半径(T)]:用鼠标左键拾取圆心点)

指定圆的半径或[直径(D)]: 4000 ↵

则绘出以给定点为圆心,半径为 4000 的圆。

②根据圆心点与圆的直径绘圆

下拉菜单:绘图→绘圆→圆心、直径

命令行:CIRCLE ↵

CIRCLE 指定圆的圆心或[三点(3P)/两点(2P)/相切、相切、半径(T)]:(用鼠标左键拾取圆心点)

指定圆的半径或[直径(D)]<4000>: d ↵

指定圆的直径<8000>:(输入直径) ↵

则绘出以给定点为圆心,直径为 8000 的圆。

③根据两点绘园

下拉菜单:绘图→绘圆→两点

命令行:CIRCLE ↵

CIRCLE 指定圆的圆心或[三点(3P)/两点(2P)/相切、相切、半径(T)]: 2p ↵

指定圆直径的第一个端点:(用键盘输入或鼠标点取)

指定圆直径的第二个端点:(用键盘输入或鼠标点取)

则绘出过这两点,且以这两点之间的距离为直径的圆。

④根据三点绘园

下拉菜单:绘图→绘圆→三点

命令行:CIRCLE ↵

CIRCLE 指定圆的圆心或［三点(3P)/两点(2P)/相切、相切、半径(T)］: 3p ↵

指定圆上的第一个点:(用键盘输入或鼠标点取)

指定圆上的第二个点:(用键盘输入或鼠标点取)

指定圆上的第三个点:(用键盘输入或鼠标点取)

则绘出过这三点的圆。

例 7.4　绘出过指定的三点圆。执行结果如图 7.8 所示。

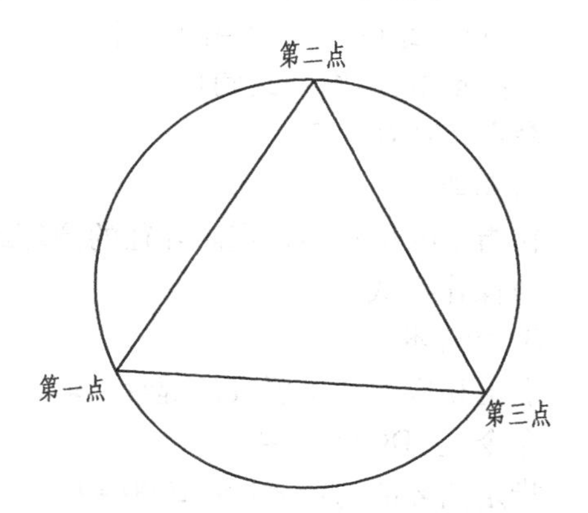

图 7.8　绘出过指定的三点圆

⑤绘与指定的两个对象相切,且半径为给定值的圆

下拉菜单:绘图→绘圆→相切、相切、半径

命令行:CIRCLE ↵

CIRCLE 指定圆的圆心或［三点(3P)/两点(2P)/相切、相切、半径(T)］:t ↵

指定对象与圆的第一个切点:(用鼠标在圆周上点取)

指定对象与圆的第二个切点:(用鼠标在圆周上点取)

指定圆的半径 <4000>:(输入半径)↵

则绘出与指定的两个对象相切,且半径为给定值的圆。

注意:半径值不得小于指定的两个相切对象之间距离的一半。

例 7.5　绘出与指定的两个对象相切,且半径 4000 的圆。执行结果如图 7.9 所示。

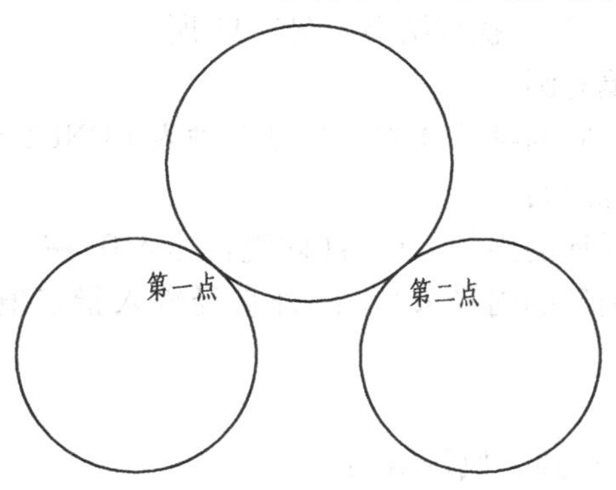

图 7.9　绘出与指定的两个对象相切

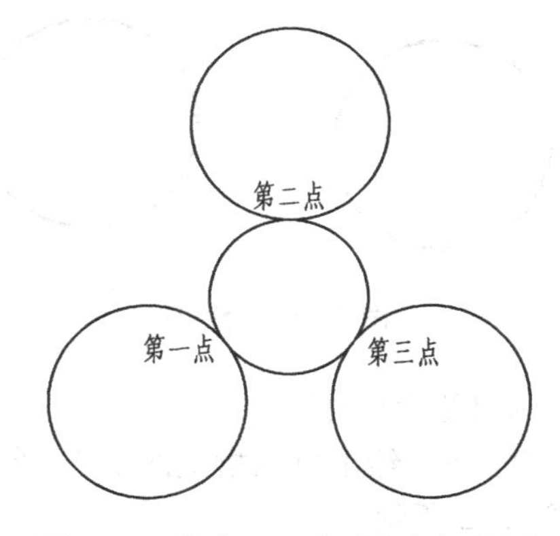

图 7.10　绘出于三个对象相切的圆

⑥绘出与三个对象相切的圆

下拉菜单:绘图→绘圆→相切、相切、相切

命令: _ CIRCLE ↵

指定圆的圆心或［三点(3P)/两点(2P)/相切、相切、半径(T)］: _3p ↵

指定圆上的第一个点: _tan 到

指定圆上的第二个点：_tan 到

指定圆上的第三个点：_tan 到

则绘出于三个对象相切的圆。

例 7.6　绘出与指定的三个对象相切的圆。执行结果如图 7.10 所示。

2.3　绘圆环或填充圆

工具栏:绘图工具栏→绘圆环

下拉菜单:绘图→绘圆环

命令行:DONUT

1)功能

在指定的位置画指定内外径的圆环或填充圆。

2)操作格式

①绘圆环

点击相应的菜单项或从键盘上输入 DONUT 命令后回车,提示:

命令：_ DONUT ↵

指定圆环的内径 <1>:2000 ↵

指定圆环的外径 <1>:2200 ↵

指定圆环的中心点或 <退出>:(输入圆环圆心的坐标点或直接用鼠标左键点取)

此时会在指定的中心画制出指定内外径的圆环,同时 AutoCAD 会继续提示:

指定圆环的中心点或 <退出>:(继续输入中心点,会得到一系列相同的圆环)。结束命令按回车键。

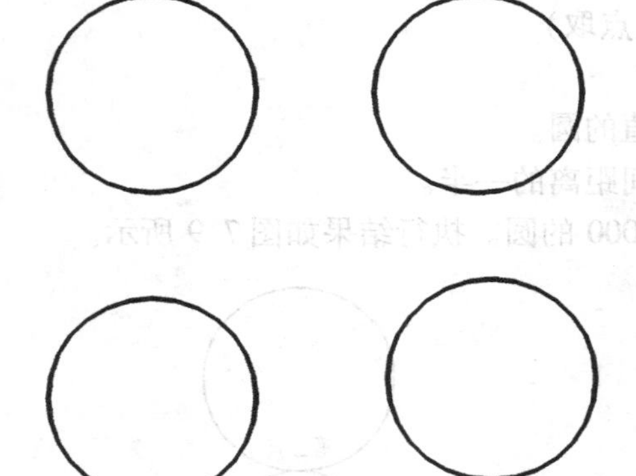

图 7.11　绘圆环

例 7.7　绘出以指定的中心,内径为:4000,外径为:4400 的圆环。执行结果如图 7.11 所示。

②绘填充圆

单击相应的菜单项或从键盘上输入 DONUT 命令后回车,提示:

指定圆环的内径 <1>:(内直径输入 0)↵

指定圆环的内径 <1>:(外直径输入指定值) 1000 ↵

则可绘出填充圆。

例 7.8　绘出以在指定的中心,外径为:2000 的填充圆。执行结果如图 7.12 所示。

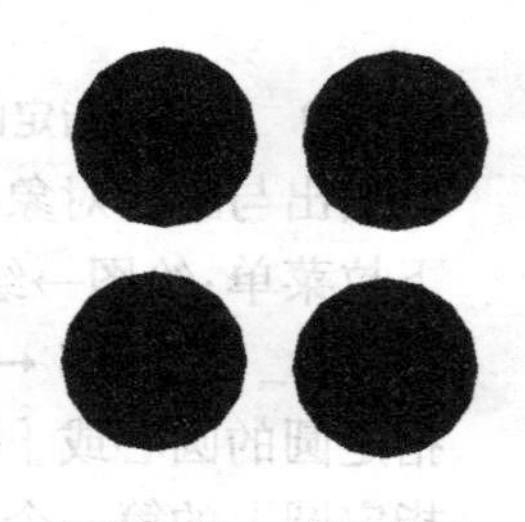

图 7.12　绘填充圆

2.4　绘圆弧

工具栏:绘图工具栏→绘圆弧

下拉菜单:绘图→绘圆弧

命令行:ARC

1)功能

绘制给定参数的圆弧。

2)操作格式

AutoCAD 提供了多种绘圆弧的方法,下面分别进行介绍:

①根据三点绘圆弧。

根据三点绘圆弧,是指定圆弧的起点位置、圆弧上的任意一点位置以及圆弧的端点位置,AutoCAD 即可绘出过这三点的圆弧。

下拉菜单:绘图→绘圆弧→三点

命令: _ARC ↵

指定圆弧的起点或[圆心(C)]:(输入圆弧的起始点)(默认项)

指定圆弧的第二个点或[圆心(C)/端点(E)]:(输入圆弧的第二个点)

指定圆弧的端点:(输入圆弧的第三个点)

则可绘出由已知三点确定的圆弧。

例 7.9　绘出由已知三点确定的圆弧。执行结果如图7.13所示。

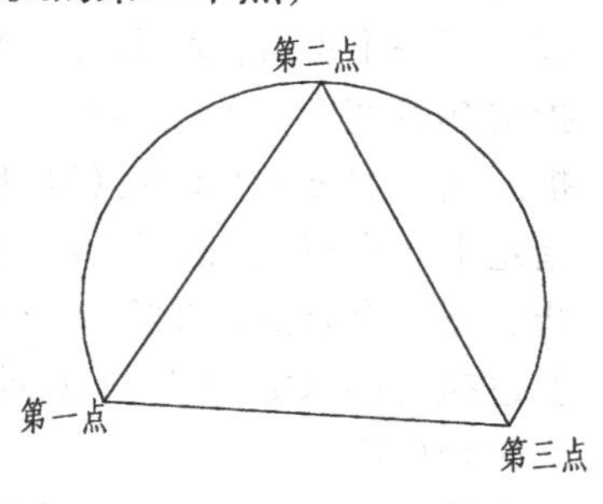

图7.13　绘圆弧

②根据圆弧的起点、圆心及终点绘圆弧。

下拉菜单:绘图→绘圆弧→起点、圆心点、端点。

③根据圆弧的起点、圆心及圆心角绘圆弧。

下拉菜单:绘图→绘圆弧→起点、圆心点、角度。

④根据圆弧的起点、圆心及弦长绘圆弧。

下拉菜单:绘图→绘圆弧→起点、圆心点、长度。

AutoCAD 在绘图下拉菜单中还提供了多种绘制圆弧的方法,这里就不逐一介绍了。

2.5　绘多段线

工具栏:绘图工具栏→多段线

下拉菜单:绘图→多段线

命令行:PLINE

1)功能

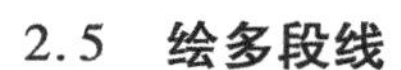

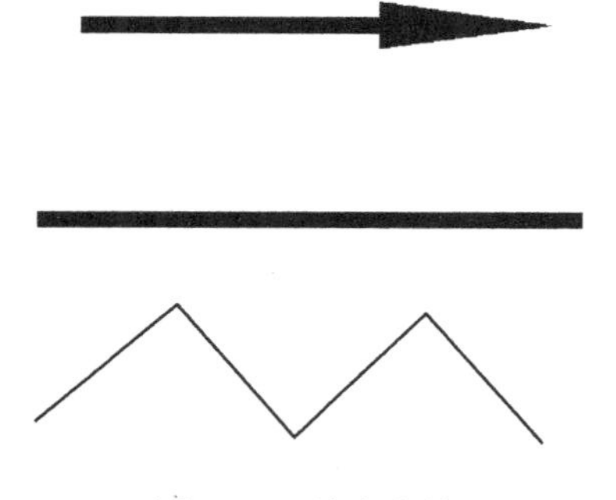

图7.14　绘多段线

绘制二维多段线可以由等宽或不等宽的直线以及圆弧组成,如图7.14所示。AutoCAD 把多段线看成是一个单独的对象,用户可以用多段线编辑命令对多段线进行各种修改操作。

2)操作格式

单击相应的菜单项、按钮或输入 PLINE 命令后回车,提示:

命令: PLINE ↵

指定起点:

当前线宽为0

指定下一个点或[圆弧(A)/半宽(H)/长度(L)/放弃(U)/宽度(W)]:

下面分别介绍各项的含义:

①宽度(W)

该选项是用来确定多段线的宽度。

指定起点宽度 <当前值>:(输入一个值确定多段线的起始点宽度或按回车键执行当前值)

指定端点宽度 <起点宽度>:(输入一个值确定多段线的终止点宽度或按回车键执行起点宽度)

起点宽度将成为缺省的端点宽度。端点宽度在再次修改宽度之前将作为所有后续线段的统一宽度。宽线段的起点和端点位于直线的中心点。

例 7.10 绘制一条宽度为 100 的线段。

命令:PLINE ↵

指定起点:当前线宽为 0

指定下一个点或[圆弧(A)/半宽(H)/长度(L)/放弃(U)/宽度(W)]: w↵

指定起点宽度 <0>: 100 ↵

指定端点宽度 <100>:(默认值为起点宽度)↵

指定下一个点或[圆弧(A)/半宽(H)/长度(L)/放弃(U)/宽度(W)]: <正交开>

指定下一个点或[圆弧(A)/闭合(C)/半宽(H)/长度(L)/放弃(U)/宽度(W)]:

上述执行结果如图 7.14 所示。

②闭合(C)

选择该选项,AutoCAD 从当前点到多段线起始点以当前宽度绘一条直线,即绘制一条封闭的多段线,然后结束 PLINE 命令。

③放弃(U)

删除最近一次添加到多段线上的直线段。

④半宽(H)

指定多段线线段的中心到其一边的宽度。

指定起点半宽 <当前值>:(输入一个值或按回车键执行当前值)

指定端点半宽 <起点宽度>:(输入一个值或按回车键执行起点宽度)

通常,相邻多段线线段的交点将被修整,但在弧线段互不相切、有非常尖锐的角或者使用点划线线型的情况下将不执行修整。

3)多段线编辑命令

用 PEDIT 修改多段线

工具栏:修改工具栏二→多段线

下拉菜单:修改→对象→多段线

命令行:PEDIT

功能:

编辑和修改多段线。

单击相应的菜单项、按钮或输入 PEDIT 命令后回车,提示:

命令: PEDIT

选择多段线或 [多条(M)]: 如果选择二维多段线,则 AutoCAD 提示:

[闭合(C)/合并(J)/宽度(W)/编辑顶点(E)/拟合(F)/样条曲线(S)/非曲线化(D)/线型生成(L)/放弃(U)]:

下面分别介绍各项的含义:

①闭合(C)

连接第一条与最后一条线段从而创建闭合的多段线线段。除非使用选项“闭合”来闭合多段线,否则 AutoCAD 将会认为它是打开的。

②合并(J)

合并连续的直线、圆弧或多段线。对于合并到多段线的对象,除非第一次 PEDIT 提示出现时使用“多选”选项,否则它们的端点必须重合。在这种情况下,如果模糊距离设置得足以包括端点,则可以将不相接的多段线合并。

③宽度(W)

指定整条多段线新的统一宽度。

④放弃(U)

放弃操作,可一直返回到 PEDIT 的开始状态。

注:如果选定的对象是直线或圆弧,则 AutoCAD 提示:“ 选定的对象不是多段线,是否将其转换为多段线? < Y > :”输入 y 或 n,或按 ENTER 键。如果输入 y,则对象被转换为可编辑的单段二维多段线。

2.6　绘矩形

工具栏:绘图工具栏→绘矩形

下拉菜单:绘图→绘矩形

命令行:RECTANG

1)功能

绘制指定大小及位置的矩形。

2)操作格式

单击相应的菜单项、按钮或输入命令“RECTANG”后回车,提示:

指定第一个角点或 [倒角(C)/标高(E)/圆角(F)/厚度(T)/宽度(W)]:

指定另一个角点或 [面积(A)/尺寸(D)/旋转(R)]: d: 指定点或输入 d,使用长和宽创建矩形。第二个指定点将矩形定位在与第一角点相关的四个位置之一内。

指定矩形的长度 <0> :(输入矩形的长度)↵

指定矩形的宽度 <0> :(输入矩形的宽度)↵

指定另一角点或[尺寸(D)]指定一个点:移动光标以显示矩形可能的四个位置之一并单击需要的一个位置。执行结果详见图 7.15(a)。

①倒角(C)设置矩形的倒角距离

指定矩形的第一个倒角距离 <当前值> : (指定距离或按↵键)

指定矩形的第二个倒角距离 <当前值> :(指定距离或按↵键)

以后执行“RECTANG”命令时此值将成为当前倒角距离,执行结果详见图 7.15(b)。

②圆角(F)指定矩形的圆角半径

指定矩形的圆角半径 <当前值> :(指定半径或按↵键)

以后执行 “RECTANG” 命令时将使用此值作为当前圆角半径,执行结果详见图 7.15(c)。

③宽度(W)为要绘制的矩形指定多段线的宽度

指定矩形的线宽 <当前值> :(指定线宽或按↵键)

以后执行 “RECTANG”命令时将使用此值作为当前多段线宽度绘制矩形。

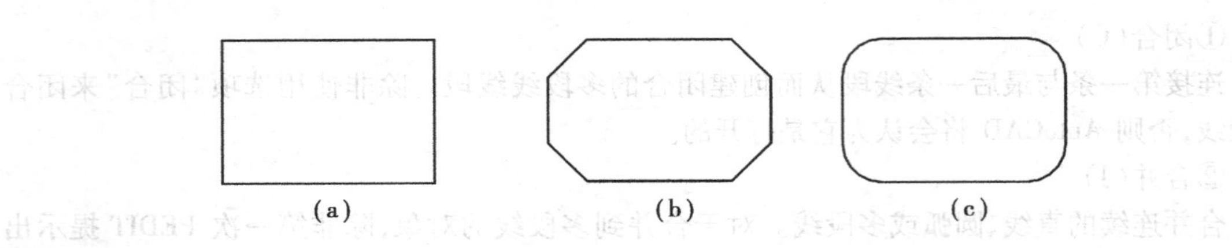

图 7.15 矩形

2.7 多边形

工具栏:绘图工具栏→绘多边形

下拉菜单:绘图→绘多边形

命令行:POLYGON

1)功能

绘等边多边形。

2)操作格式

AutoCAD 2008 版的“POLYGON”命令,可以用三种方法绘等边多边形,下面分别介绍。

①根据多边形的边数及多边形上一条边的两个端点绘多边形。

命令:POLYGON

输入边的数目 <4>:6 ↵

指定正多边形的中心点或[边(E)]: e ↵

指定边的第一个端点:(用鼠标在屏幕上拾 P1 点)

指定边的第二个端点:(用鼠标在屏幕上拾 P2 点)

执行结果详见图 7.16(a)。

②定义正多边形中心点(P1)。

命令:POLYGON

输入边的数目 <6>:↵

指定正多边形的中心点或[边(E)]: ↵

输入选项[内接于圆(I)/外切于圆(C)]<当前值>:(输入 I 或 C 或按↵键)

a. 内接于圆(I)

指定外接圆的半径,正多边形的所有顶点都在此圆周上。

指定圆的半径:(指定点(P2)或输入值)

用定点设备指定半径将决定正多边形的旋转角度和尺寸。指定半径值将以当前捕捉旋转角度绘制正多边形的底边。执行结果详见图 7.16(b)。

b. 外切于圆(C)

指定从正多边形中心点到各边中点的距离。

指定圆的半径:(指定圆的半径)

用定点设备指定半径将决定正多边形的旋转角度和尺寸。指定半径值将以当前捕捉旋转角度绘制正多边形的底边。执行结果详见图 7.16(c)。

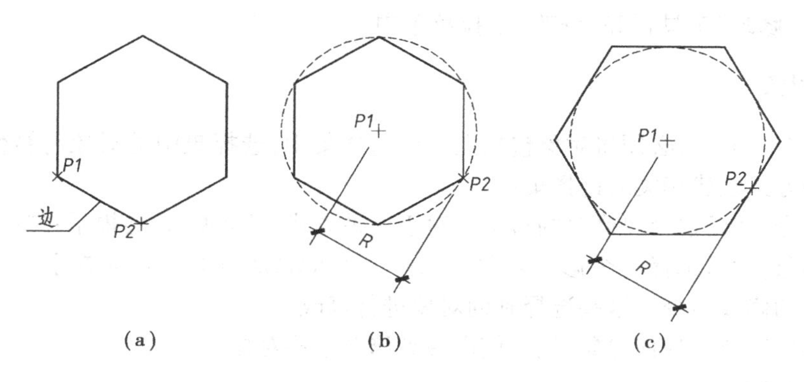

图7.16　多边型

2.8　域内填充

命令 SOLID

1)功能

对指定的四点所形成的区域进行填充。

2)操作格式

命令：SOLID

指定第一点：(指定点 P1)

指定第二点：(指定点 P2)

前两点定义多边形的一边。

指定第三点：(在第二点的对角方向指定点 P3)

指定第四点或<退出>：(指定点 P4 或按↵ 键退出)

执行结果详见图7.17。

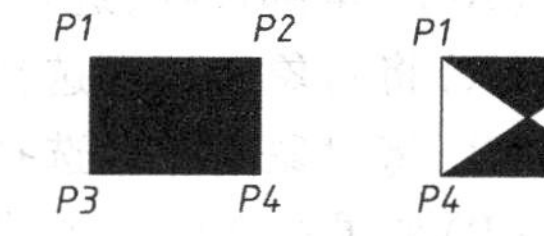

图7.17　域内填充

3)说明

①在"第四点"提示下按 ENTER 键将创建填充的三角形，指定点(4)则创建四边形区域。

②后两点构成下一填充区域的第一边，AutoCAD 将重复"第三点"和"第四点"提示。连续指定第三和第四点将在一个二维填充命令中创建更多相连的填充三角形和四边形。按 ENTER 键结束 SOLID 命令。

第3节　图形修改

创建对象只是创建一张 CAD 图形过程中的一部分，对于复杂的图形，创建对象花费的时间几乎与绘制图纸花费的时间一样多。但在修改图形时，CAD 具有非常高效的性能。AutoCAD 提供了许多修改工具用于修改一张图形。在 AutoCAD 中，可以非常方便地移动、旋转、拉伸对象或修改图形中对象的比例因子。如果要清除一个对象，只需单击几次鼠标即可将该对象删除。另外，还可以将对象进行多重复制。通过使用通用的修改命令可以修改大多数对象。一般情况下在 AutoCAD 中处理图形时，修改工作占总工作的60%～80%，编辑命令的数目是绘图命令的两倍多，这足以说明编辑图形的重要。在本节中，我们将介绍大多数的修改命令，它们全部位于“修改”工具栏和“修改”下拉菜单中。

1　选择对象

在修改一个对象时，必须将对象包括在一个选择集中，选择集中的对象将被修改，可以使用下列任一种方式创建相关的选择集：

- 执行命令，然后选择要修改的对象。对于这种方式，AutoCAD 会提示：选择对象。
- 选择对象，然后选择一个修改对象的命令。AutoCAD 将对象存储在上一个选择集中，然后用选择到的修改命令对这些选择到的对象进行修改。
- 通过拾取对象选择该对象，然后使用夹点修改这些对象。

对象选择方式

在调用了 AutoCAD 命令后，AutoCAD 会提示选择对象，可以用以下任一种方式选择对象：

- (S)使用拾取框点取对象，可以直接拾取对象。
- (W)窗口选择对象，全部包括在矩形窗口中的对象将被选择。
- (C)交叉窗口选择对象，包括在矩形窗口中的对象以及与矩形窗口边界相交叉的对象都被选择。
- (WP)围栏选择对象，全部包括在多边形窗口中的对象将被选择。
- (CP)交叉围栏选择对象，包括在多边形窗口中的对象以及与多边形窗口边界交叉的对象都被选择。
- (F)栏选选择对象，穿过一个多线段栅栏线，与栅栏线交叉的对象都被选择。
- (ALL)全部选择，选择图形中的所有对象。
- (A)将对象添加到选择集。
- (R)将对象清除出选择集。
- (P)如果存在前一个选择集，选择包含在前一个选择集中的所有对象。

2　图形对象的编辑

2.1　删除

命令：ERASE (E)

下拉菜单：修改→删除

工具栏：修改→删除对象

1)功能

AutoCAD 将从图形中删除对象。

2)操作格式

点取相应的菜单项、工具栏按钮、或输入 “ERASE” 命令后回车，提示：

选择对象：使用对象选择方式并在结束选择对象时按：“ ENTER”键 ，AutoCAD 将从图形中删除对象。

2.2　恢复删除的对象 OOPS

1)功能

用“OOPS”命令可以恢复最后一次用 ERASE 命令删除的对象。

2)操作格式

键盘上输入“OOPS”命令后回车，即可恢复图中最后一次用“ERASE”命令删除的对象。“OOPS”命令仅能够恢复一次“ERASE”命令删除的对象。

2.3　复制

命令：COPY

下拉菜单：修改→复制

工具栏：修改→复制

1）功能

将指定的对象复制到指定的位置。

2）操作格式

点取相应的菜单项、工具栏按钮、或输入“COPY”命令后回车

选择对象：（选取要复制的对象）

选择对象：（↵，也可继续选取对象）

当前设置：复制模式 = 多个

指定基点或［位移（D）/模式（O）］<位移>：指定第二个点或<使用第一个点作为位移>：

指定第二个点或［退出（E）/放弃（U）］<退出>：

上述各选项的含义如下：

①给定一点为基点

如果在“指定基点或［位移（D）/模式（O）］<位移>：”提示下直接输入一点的位置，即执行缺省项，AutoCAD 提示：

指定第二个点或［退出（E）/放弃（U）］<退出>：

在此提示下再输入一点，AutoCAD 将所选取的对象按给定两点确定的位移矢量进行复制。

②按位移量复制

如果在“指定第二个点或［退出（E）/放弃（U）］<退出>：”提示下输入相对于当前点的位移量 delta-X、delta-Y、delta-Z（二维绘图时可忽略 delta-Z），AutoCAD 提示：

指定第二个点或［退出（E）/放弃（U）］<退出>：↵

在此提示下直接回车，AutoCAD 将选定的对象按指定的位移量复制。

③模式（O）

如果在“基点或［位移（D）/模式（O）］<位移>：”输入 O↵

AutoCAD 提示：

输入复制模式选项［单个（S）/多个（M）］<多个>：选择 M 参数表示复制模式为多重复制，S 参数表示复制模式为单个复制。

2.4　移动

命令：MOVE

下拉菜单：修改→移动

工具栏：修改→移动

1）功能

将指定的对象移到指定的位置。

2）操作格式

点取相应的菜单项、工具栏按钮、或输入“MOVE”命令后回车，提示：

选取对象：（选取要移动的对象）

指定基点或［位移（D）］<位移>：指定第二个点或<使用第一个点作为位移>：

在“指定基点或［位移（D）］<位移>：”提示下直接输入一点的位置，即执行缺省项，AutoCAD 提示：

指定第二个点或<使用第一个点作为位移>：

在此提示下再输入一点，AutoCAD 将所选取的对象按给定两点确定的位移矢量进行移动。

2.5　旋转

命令：ROTATE

下拉菜单：修改→旋转

工具栏：修改→旋转

1）功能

将所选对象绕指定点（称为旋转基点）旋转指定的角度。

2）操作格式

点取相应的菜单项、工具栏按钮，或输入“ROTATE”命令后回车，提示：

选择对象：（选取要转动的对象）

选择对象：（↵，也可以继续选取对象）

指定基点：（确定转动基点）

指定旋转角度，或［复制（C）/参照（R）］<0.0000>：

上面三项的含义如下：

①旋转角度

若直接输入一个角度值，即执行缺省项，AutoCAD 则将所选对象绕指定的基点按该角度转动，且角度为正时逆时针旋转，反之顺时针旋转。

说明：可以用拖动的方式确定角度值。在“指定旋转角度，或［复制（C）/参照（R）］<0.0000>：”提示下拖动鼠标，从基点到光标位置会引出一条像皮筋线，该线方向与 X 正轴之间的夹角即为要转动的角度，同时所选对象会按此角度动态地转动。当通过拖动鼠标使对象转到所需位置后，按空格键或回车键，即可实现旋转。

②复制（C）

该选项可以创建要旋转的选定对象的副本。

③参照（R）

该选项表示将所选对象以参考方式旋转。执行该选项，AutoCAD 提示：

参照角<0>：（输入参考方向的角度值，↵）

新角度：（输入相对于参考方向的角度，↵）

例 7.11　在图 7.18 中，已知直线 AB 与直线 AC 的夹角为 45°，绕 A 点旋转 AB 线，使其与 AC 线成 17°的夹角。

步骤：

命令：ROTATE ↵

选择对象：（选取 AB 线）↵

选择对象：↵

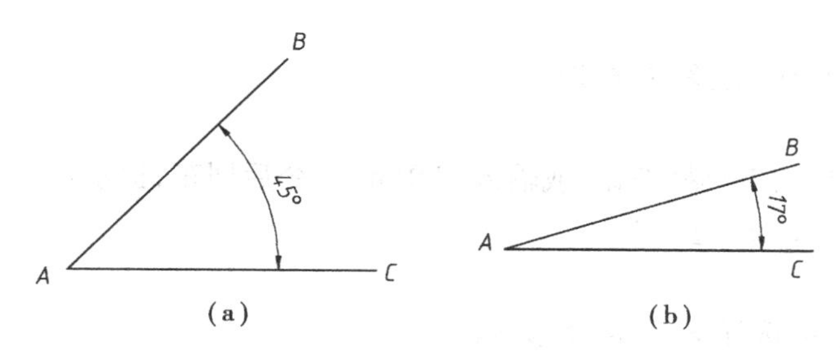

图7.18　ROTATE 旋转直线

指定基点:(选取 A 点)

指定旋转角度,或[复制(C)/参照(R)]<0.0000>:R ↵

指定参照角<0.0000>:45 ↵

指定新角度或[点(P)]<0.0000>:17 ↵

2.6　缩放

命令:SCALE

下拉菜单:修改→缩放

工具栏:修改→缩放

1)功能

将对象按指定的比例因子相对于指定的基点放大或缩小。

2)操作格式

点取相应的菜单项、工具栏按钮、或输入“SCALE”命令后回车

选择对象:(选取要缩放的对象,↵)

选择对象:↵

指定基点:(用鼠标选取基点)

指定比例因子或[复制(C)/参照(R)]<1.0>:

①比例因子

该项为缺省项。若直接输入比例因子,即执行缺省项,AutoCAD 将把所选对象按该比例因子相对于基点进行缩放,且大于0。比例因子小于1时缩小,比例因子大于1时放大。

②复制(C)

该选项表示创建要缩放的选定对象的副本。

③参照(R)

该选项表示将所选对象按参考的方式缩放。执行该选项,AutoCAD 提示:

参照长度<1>:(输入参考长度的值)↵

新长度:(输入新的长度值)↵

此时 AutoCAD 会根据参考长度的值与新的长度值自动计算缩放系数,然后进行相应的缩放。

2.7　修剪

命令:TRIM

下拉菜单:修改→修剪

工具栏:修改→修剪

1)功能

用修剪边修剪指定的对象(被剪边)。

2)操作格式

点取相应的菜单项、工具栏按钮、或输入“TRIM”命令后回车,提示:

当前设置:投影 = UCS,边 = 无

选择剪切边……

选择对象或 <全部选择>:(选择修剪边)

选择对象:(继续选择修剪边)↵

选择要修剪的对象,或按住 Shift 键选择要延伸的对象,或

[栏选(F)/窗交(C)/投影(P)/边(E)/删除(R)/放弃(U)]:

上面各选项含义如下:

①选择要修剪的对象

点取被修剪对象(称为被剪边)的被修剪部分,为缺省项。如果直接选取对象,即执行该缺省项,那么 AutoCAD 会用修剪边把所选对象上的点取部分修剪掉。

②按住 Shift 键选择要延伸的对象

延伸选定对象而不是修剪它们。此选项提供了一种在修剪和延伸之间切换的简便方法。

③投影(P)

该选项用确定执行修剪的空间。执行该选项,AutoCAD 提示:

无(N)/Ucs(U)/视图(V) <当前空间>:

无:表示按三维(不是投影)的方式修剪。显然该选项对只有在空间相交的对象有效。

Ucs:在当前 UCS(用户坐标系)的 XOY 平面上修剪(为缺省项),此时可在 XOY 平面上按投影关系修剪在三维空间中没有相交的对象。

视图:在当前视图平面上修剪。

④边(E)

该选项用来确定修剪方式。执行该选项,AutoCAD 提示:

延伸(E)/不延伸(N) <不延伸>

⑤延伸

按延伸的方式修剪。如果修剪边太短、没有与被剪边相交,那么 AutoCAD 会假想将修剪边延长,然后再进行修剪。

⑥不延伸

按非延伸的方式修剪。如果修剪边太短、没有与被剪边相交,那么 AutoCAD 不会进行修剪。

⑦删除(R)

删除选定的对象。此选项提供了一种用来删除不需要的对象的简便方式,而无需退出 TRIM 命令。

⑧放弃(U)

撤销由 TRIM 命令所做的最近一次修改。

3)说明

①AutoCAD 2008 中文版允许用直线(LINE)、圆弧(ARC)、圆(CIRCLE)、椭圆与椭圆孤

(ELLIPSE)、多段线(PLINE)、样条曲线(SPLINE)、构造线(XLINE)、射线(RAY)作修剪边。用宽多段线作剪边时,沿其中心线修剪。

②AutoCAD 2008 中文版可以隐含修剪边,即在提示选取修剪边"选择对象:"时回车,AutoCAD 会自动确定修剪边。

③修剪边同时也可以作为被剪边。

④带有宽度的多段线作为被剪边时,修剪交点按中心线计算,并保留宽度信息,切口边界与多段线的中心线垂直。

2.8　**延伸**

命令:EXTEND

下拉菜单:修改→延伸

工具栏:修改→延伸

1)功能

延长指定的对象,使其到达图中选定的边界(又称为边界边)上。

2)操作格式

点取相应的菜单项、工具栏按钮、或输入"EXTEND"命令后回车,提示:

选择对象:(选取延伸边界)

选择对象:(↵ ,也可以继续选取延伸边界)

选择要延伸的对象,或按住 Shift 键选择要修剪的对象,或

[栏选(F)/窗交(C)/投影(P)/边(E)/放弃(U)]:

上面各项选项含义如下:

①选择要延伸的对象

选择延伸边,为缺省项。若直接选取对象,即执行缺省项,AutoCAD 会把该对象延长到指定的延伸边界。

②按住 Shift 键选择要修剪的对象

将选定对象修剪到最近的边界而不是将其延伸。这是在修剪和延伸之间切换的简便方法。

③投影

该选项用来确定执行延伸的空间。执行该选项,AutoCAD 提示:

无(N)/Ucs(U)/视图(V) <Ucs>:

A.无

按三维(不是投影)的方式延伸,即只有能够相交的对象才能延伸。

B.Ucs

在当前 UCS 的 XOY 平面上延伸(为缺省项),此时可在 XOY 平面上按投影关系延伸在三维空间中不能相交的对象。

C.视图

在当前视图平面上延伸。

④边(E)

该选项用来确定延伸的方式。执行该选项,AutoCAD 提示:

延伸(E)/不延伸(N) <延伸>

A. 延伸

如果边界边太短、延伸边延伸后不能与其相交，AutoCAD 会假想将边界边延长，使延伸边伸长到与其相交的位置。

B. 不延伸

按边的实际位置进行延伸。如果边界边太短、延伸边延伸后不能与其相交，AutoCAD 将不能执行延伸操作。

⑤放弃

该选项用来取消上一次的操作。

3）说明

①AutoCAD 2008 中文版允许用线（LINE）、圆弧（ARC）、圆（CIRCLE）、椭圆和椭圆弧（ELLIPSE）、多段线（PLINE）、样条曲线（SPLINE）、构造线（XLINE）、射线（RAY）等作为边界边。用宽多段线作边界边时，其中心线为实际的边界边。

②对于多段线，只有不封闭的多段线可以延长。如果要延长一条封闭的多段线，AutoCAD 提示：无法延伸该对象。对于有宽度的直线段与圆弧，按原倾斜度延长，如果延长后其末端的宽度要出现负值，该端的宽度改为零。

2.9 拉伸

命令：STRETCH

下拉菜单：修改→拉伸

工具栏：修改→拉伸

1）功能

"STRETCH" 命令与"MOVE"命令类似，可以移动指定的一部分图形。但用"STRETCH"命令移动图形时，这部分图形与其他图形的连接元素，如线（LINE）、圆弧（ARC）、多段线（PLINE）等，将受到拉伸或压缩。

2）操作格式

点取相应的菜单项、工具栏按钮、或输入"STRETCH"命令后回车

以"交叉窗口"或"交叉多边形"选择要拉伸的对象……

选择对象：（用 C 或 CP 方式选择对象）

指定基点或 [位移（D）] <位移>：

指定第二个点或 <使用第一个点作为位移>：

例 7.12 将图 7.19（a）中用虚线围起来的对象从 P1 点拉伸到 P2 点。

步骤：

命令：STRETCH ↵

以"交叉窗口"或"交叉多边形"选择要拉伸的对象

选择对象：C ↵

第一角点：（点取虚线所示矩形的左下角点）

另一角点：（点取虚线所示矩形的右上角点）

选择对象：↵

指定基点或 [位移（D）] <位移>：（点取 P1 点）

指定第二个点或 <使用第一个点作为位移>：（点取 P2 点）

执行结果如图7.19(b)所示。

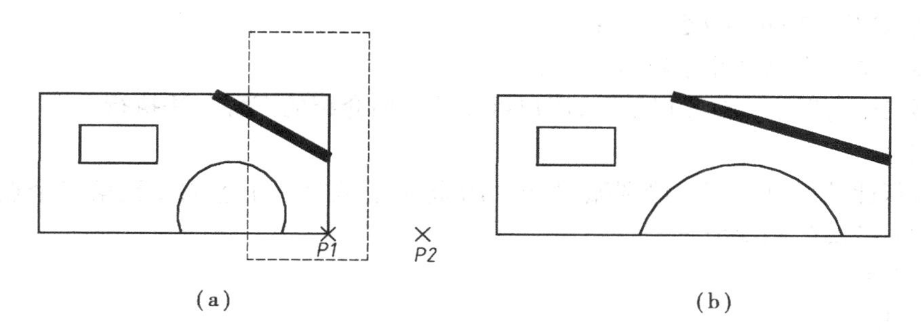

图7.19　用 STRETCH 命令绘此图

3)说明

在选取对象时,对于由 LINE(直线)、ARC(圆弧)、SOLID(区域填充)和 PLINE(多段线)等命令绘制的直线段或圆弧段,若其整个均在选取窗口内,则执行的结果是对其进行移动。若其一端在选取窗口内,另一端在选取窗口外,则有以下拉伸操作:

①直线(LINE):窗口外的端点不动、窗口内的端点移动,直线长度由此改变。

②圆弧(ARC):与直线类似,但在圆弧改变的过程中,圆弧的弦高保持不变,由此来改变圆心的位置和圆弧起始角、终止角的值。

③等宽线(TRACE)、区域填充(SOLID):窗口外的端点不动,窗口内的端点移动,由此改变图形。

④多段线(PLINE):与直线或圆弧相似,但多段线的两端宽度、切线方向以及曲线拟合信息都不改变。

⑤对于其他对象,如果其定义点位于选取窗口内,则对象移动,否则不动。各类对象的定义点如下:

圆:定义点为圆心。

形和块:定义点为插入点。

文字和属性定义:定义点为字符串插入点。

2.10　**打断**

命令:BREAK

下拉菜单:修改→打断

工具栏:修改→打断

1)功能

将对象按指定的格式打断。

2)操作格式

点取相应的菜单项、工具栏按钮、或输入“BREAK”命令后回车

选择对象:(选取对象,↵)

指定第二个点或 <使用第一个点作为位移>:

此时可有几种响应方式:

①若直接点取对象上的另一点,则将对象上所示取的两个点之间的那部分对象删除。

②若键入“@”,则将对象在选取点处一分为二。

③若在对象外面的一端方向处点取一点,则把两个点之间的那段对象删除。

④若键入“F”,AutoCAD 会提示:

指定第一个打断点:(重新输入第一点)

指定第二个打断点:在此提示下,用户可以按前面介绍的三种方法执行。

3)说明

对圆执行此功能可得到一段圆弧,AutoCAD 将圆上从第一个点取点到第二个点取点之间的逆时针方向的圆弧删除掉。

2.11 **合并**

命令:JOIN

下拉菜单:修改→合并

工具栏:修改→合并

1)功能

将直线、多段线、圆弧、椭圆弧、样条曲线或螺旋合并以形成一个完整的对象。

2)操作格式

点取相应的菜单项、工具栏按钮、或输入“JOIN”命令后回车,提示:

选择要合并到源的直线:(选取欲合并的直线)

选择要合并到源的直线:(选取欲合并的直线,↵)

已将 1 条直线合并到源

命令结束

3)说明

根据选定的源对象不同,合并对象有如下要求:

①直线

直线对象必须共线(位于同一无限长的直线上),但是它们之间可以有间隙。

②多段线

多段线对象可以是直线、多段线或圆弧。对象之间不能有间隙,并且必须位于与 UCS 的 XY 平面平行的同一平面上。

③圆弧

圆弧对象必须位于同一假想的圆上,但是它们之间可以有间隙。“闭合”选项可将源圆弧转换成圆。

④椭圆弧

椭圆弧必须位于同一椭圆上,但是它们之间可以有间隙。“闭合”选项可将源椭圆弧闭合成完整的椭圆。注意,合并两条或多条椭圆弧时,将从源对象开始按逆时针方向合并椭圆弧。

⑤样条曲线

样条曲线对象必须相接(端点对端点)。结果对象是单个样条曲线。

⑥螺旋

螺旋对象必须相接(端点对端点)。

2.12 **镜像**

命令:MIRROR

下拉菜单:修改→镜像

工具栏:修改→镜像

1)功能

将指定的对象按给定的镜像线作镜像(即反射)。

2)操作格式

点取相应的菜单项、工具栏按钮、或输入"MIRROR"命令后回车,提示:

选择对象:(选取欲镜像的对象)

选择对象:(↵,也可继续选取)

指定镜像线的第一点:(输入镜像线上的一点或用鼠标在屏幕上拾取)

指定镜像线的第二点:(输入镜像线上的另一点或用鼠标在屏幕上拾取)

要删除源对象吗? [是(Y)/否(N)] <N>:

若直接回车,绘出所选对象的镜像,并保留原来的对象;若输入"Y"后再回车,AutoCAD 一方面绘出所选对象的镜像,另外还要把原对象删除掉。

3)说明

当文字属于镜像的范围时,如将图 7.20(a)作镜像复制,可以有两种结果:一种为文字完全镜像(见图 7.20(b)),显然这一般不是我们所希望的结果;另一种是文字可读镜像,即文字的外框作镜像,文字在框中的书写格式仍然是可读的(见图 7.20(c))。这两种状态由系统变量"MIRRTEXT"来控制。

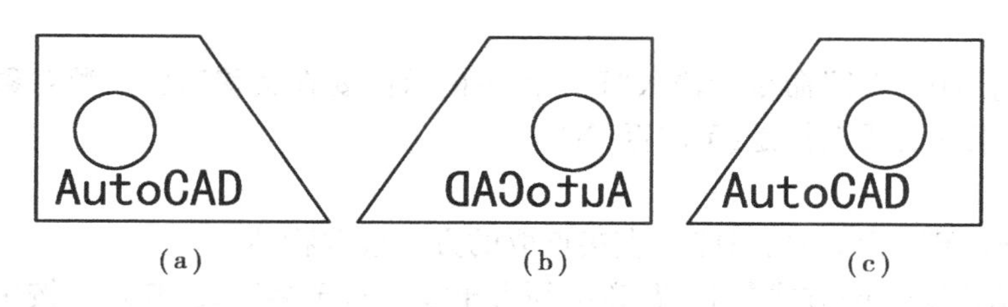

图 7.20　用 MIRRTEXT 来控制文字镜像

若系统变量"MIRRTEXT" 的值为 1,文字则作完全镜像;若系统变量"MIRRTEXT"的值为 0,文字则按可读方式镜像。

系统变量"MIRRTEXT"的初始值为 1,因此要对文字作可读方式的镜像,必须将该变量设置为 0。

2.13　偏移

命令:OFFSET

下拉菜单:修改→偏移

工具栏:修改→偏移

1)功能

对指定的线、弧以及圆等对象作同心复制。对于直线而言,其圆心为无穷远,因此是平行复制。

2)操作格式

点取相应的菜单项、工具栏按钮或输入"OFFSET"命令后回车,提示:

指定偏移距离或 [通过(T)/删除(E)/图层(L)] <通过>:

①指定偏移距离

如果在上面提示下输入一数值,表示以该值以偏移距离进行复制。此时 AutoCAD 提示:

选择要偏移的对象,或［退出(E)/放弃(U)］<退出>:

指定要偏移的那一侧上的点,或［退出(E)/多个(M)/放弃(U)］<退出>:

选择要偏移的对象,或［退出(E)/放弃(U)］<退出>:(↵ 结束命令,也可以继续重复执行上面的过程)。

②通过(T)

如果在执行“OFFSET”命令后输入“T”,则表示使复制的对象通过一点,这时 AutoCAD 提示:

选择要偏移的对象,或［退出(E)/放弃(U)］<退出>:(选取对象)

指定通过点或［退出(E)/多个(M)/放弃(U)］<退出>:(点取要通过的点)

选择要偏移的对象,或［退出(E)/放弃(U)］<退出>:(↵ 结束命令,也可以继续重复执行上面的过程)。

以上两种方式在软件提示:“［退出(E)/多个(M)/放弃(U)］<退出>:” 时输入“M ”参数,则可以进行多重偏移操作。

③图层(L)

如果在执行“OFFSET”命令后输入“L”参数,可以选择偏移对象创建在当前图层上还是源对象所在的图层上。

④删除(E)

如果在执行“OFFSET”命令后输入“E”,程序提示:“要在偏移后删除源对象吗?［是(Y)/否(N)］”,用户根据需要选择是(Y)/否(N)。

3)说明

①执行“OFFSET”命令时,只能以直接点取的方式选取物体。

②如果用给定距离的方式复制,距离必须大于零。对于多段线,其距离按中心线计算。

③如果给定的距离值不合适,指定所通过点的位置不合适,或指定的对象不能由命令“OFFSET”确认,AutoCAD 会给出相应提示。

④不同的图形对象,对其执行“OFFSET”命令后有不同的结果。

对圆弧作同心复制后,新圆弧与旧圆弧有同样的中心角,但新圆弧的长度要发生改变(如图 7.21(a)所示)。

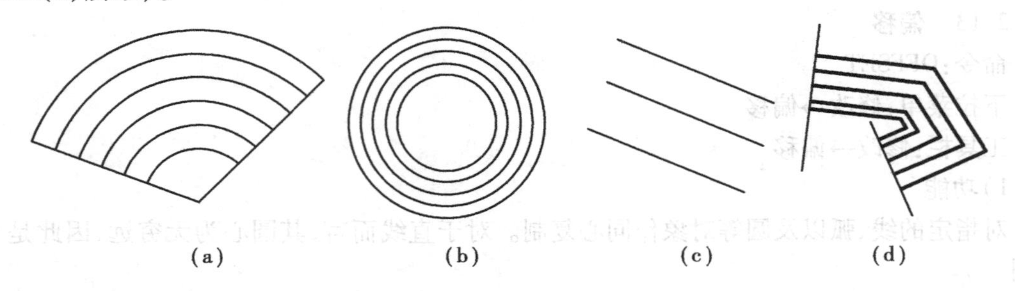

图 7.21　不同的图形对象,对其执行 OFFSET 命令后有不同的结果

(a)圆弧;(b)圆;(c)直线;(d)多段线

对圆或椭圆作同心复制后,新圆、新椭圆与旧圆、旧椭圆有同样的圆心,但新圆的半径或新椭圆的轴长要发生变化(如图 7.21(b)所示)。

对线段(LINE)、构造线(XLINE)、射线(RAY)作同心复制,实际上是它们的平行复制(如图7.21(c)所示)。

对多段线作同心复制,新多段线各线段、各圆弧段的长度要做调整。新多段线的两个端点位于旧多段线两端点处的法线方向,新多段线其他各端点位于旧多段线相应端点两段线段(圆弧为该点的切线方向)的角平分线0上(如图7.21(d)所示)。

对样条曲线作同心复制,其长度和形状要做调整,使新样条曲线的各个端点均位于旧样条曲线相应端点处的法线方向上。

2.14　阵列复制

命令:ARRAY

下拉菜单:修改→阵列

工具栏:修改→阵列

1)功能

按矩形或环形阵列的方式复制指定的对象,即把原对象按指定的格式作多重复制。

2)操作格式

点取相应的菜单项、工具栏按钮或输入"ARRAY"命令后回车:

系统会打开阵列对话框,其中有矩形阵列和环形阵列两个选项组和"选择对象"按钮,系统允许用户以矩形或环形的方式阵列。下面分别进行介绍:

①矩形阵列

若选择"矩形阵列(R)"选项复选框,系统切换为矩形方式阵列选项组,在此组选项各项的意义如下:

行(W)[4]:在文本框内输入矩形阵列的行数(包括被复制的对象)。

列(O)[4]:在文本框内输入矩形阵列数(包括被复制的对象)。

行偏移(F)[1]:该选项要求用户输入矩形阵列的行间距。

列偏移(M)[1]:该选项要求用户输入矩形阵列的列间距。

阵列角度(A)[0]:该选项要求用户输入矩形阵列的旋转角度。

选择矩形按钮:该选项要求用户在屏幕上选择一个矩形单元,系统将自动以矩形单元的水平边作为行偏移量,垂直边作为列偏移量进行阵列复制。

拾取行偏移按钮:该选项要求用户在屏幕上选择一个水平距离作为行偏移量。

拾取列偏移按钮:该选项要求用户在屏幕上选择一个垂直距离作为列偏移量。

矩形阵列的使用方法:用户首先输入行数、行偏移,列数、列偏移以及阵列角度,然后按下选择对象按钮,选择要阵列的对象,按确定键。此时 AutoCAD 会将所选对象按指定的行数、列数以及指定的行间距与列间距进行阵列复制。

注:当按给定的间距值阵列时,如果行间距为正数,则由原图向上排列;如果行间距为负数,则由原图向下排列。如果列间距为正数,由原图向右排列,反之向左排列。

当按矩形单元阵列时,矩形单元上的两个点的位置以及点取的先后顺序确定了阵列的方式。比如先点取矩形单元上的左上角点、后点取右下角点,则所选对象按向下、向右的方式阵列。

②环形阵列

若在"环形阵列(P)"选项处选择,系统切换为环形方式阵列选项组,在此组选项各项的意义如下：

中心点：该选项要求用户输入旋转中心点的坐标。

项目数：该选项要求用户输入阵列的个数（包括被复制的对象）。

填充角度 <360>：该选项要求用户输入环形阵列的圆心角。正值表示沿逆时针方向阵列，负值表示沿顺时针方向阵列，缺省为沿360度的方向阵列。

复制时旋转项目：选择该选项环形阵列时项目自身旋转，否则不旋转。

注：在进行环形阵列时，每个对象都取其自身的一个参考点为基点，绕阵列中心旋转一定的角度。对于不同类型的对象，其参考点的取法亦不同，如下所示：

直线、样条曲线、等宽线：取某一端点。

圆、椭圆、圆弧：取圆心。

块、形：取插入基点。

文字：取文字定位基点。

多段线、样条曲线：取第一个端点。

例7.13 对图7.22所示对象分别进行矩形阵列与环形阵列。其中矩形阵列要求为三行三列，行间距为2000，列间距为2000；环形阵列时阵列数为8，沿360度方向阵列，阵列中心为圆心点。

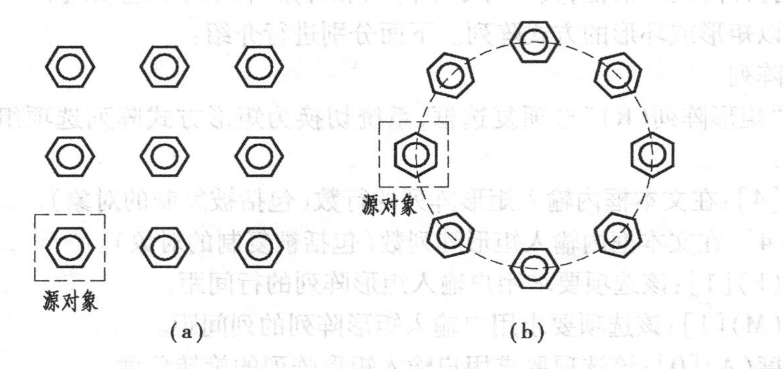

图7.22 阵列复制

(a)矩形阵列；(b)环形阵列

步骤：

(1)矩形阵列

命令：ARRAY ↵（系统打开阵列对话框）

选择矩形阵列选项组

选择对象：（选取图中的对象）

行(W)：[3]

列(O)：[3]

行偏移：[2000]

列偏移：[2000]

按确认键

执行结果如图7.22(a)所示。

(2)环形阵列

命令:ARRAY ↵(系统打开阵列对话框)

选择环形阵列选项组

选择对象:选取图中的对象

中心点:(点取圆心点)

项目数:8

填充角度[360]

复制时旋转项目:(选择该选项)

执行结果如图7.22(b)所示。

例7.14 对图7.23所示直线进行复制,要求每条直线间的夹角为6度,最终的直线与起始直线的夹角为90度,阵列中心为圆心点。

命令:ARRAY ↵ ,系统打开阵列对话框。

选择环形阵列选项组

选择对象:选取图中的对象

中心点:点取圆心点

项目数:[16]

填充角度[-90]

复制时旋转项目:(选择该选项)

执行结果如图7.23所示。

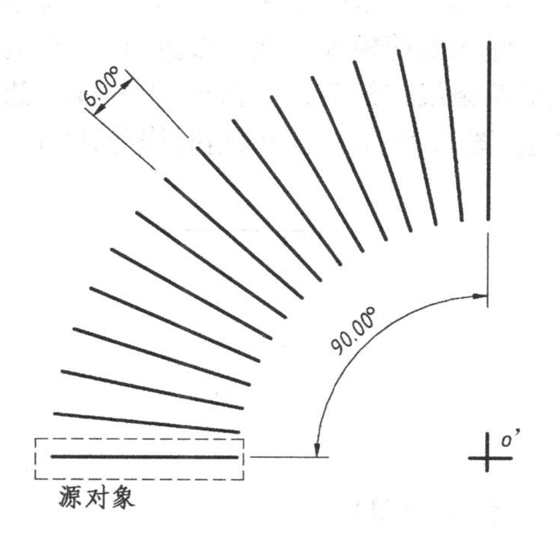

图7.23 扇形阵列复制

2.15 倒圆角

命令:FILLET

下拉菜单:修改→圆角

工具栏:修改→圆角

1)功能

对指定的两个对象按指定的半径倒圆角。

2)操作格式

点取相应的菜单项、工具栏按钮,或输入“FILLET”命令后回车,提示:

当前设置:模式 = 修剪,半径 = 0.0

选择第一个对象或[放弃(U)/多段线(P)/半径(R)/修剪(T)/多个(M)]:

各项含义如下:

①半径(R)

该选项用来确定倒圆角的圆角半径。执行该选项,AutoCAD提示:

输入圆角半径 <缺省值>:

即要求用户输入倒圆角的圆角半径值,回车后就可以进行倒圆角操作。

②多段线(P)

执行该选项,AutoCAD将对二维多段线倒圆角,此时AutoCAD会提示;

选择二维多段线:

在此提示下选取多段线,AutoCAD则按指定的圆角半径在该多段线各转折处倒圆角。对于封闭多段线,对其倒圆角后会出现图7.24所示的两种结果,这是因为“FILLET”命令将图

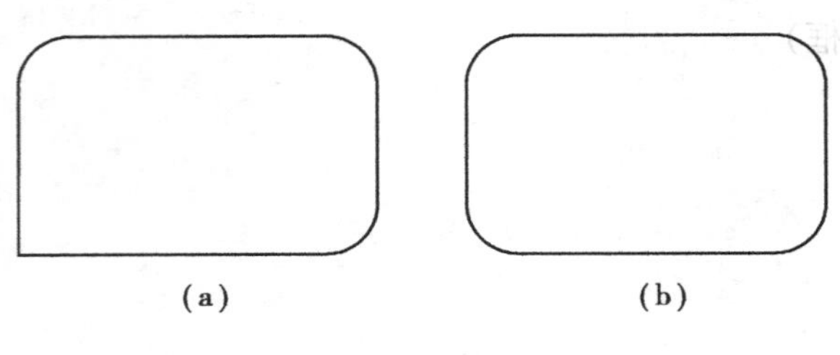
(a) (b)

图 7.24 多段线倒圆角

7.24(b)各转折处均看成是连续的,故每一转折处均进行倒角。如果不用“闭合”项来封闭多段线的起始点和终止点,虽然外表看起来都一样,但“FILLET”命令却把终结处看成是断点而不予修改,如图 7.24(a)所示。

③修剪(T)

该选项用来确定倒圆角的方式。若选取该项,AutoCAD 提示:

输入修剪模式选项[修剪(T)/不修剪(N)]<修剪>:,“修剪”表示在倒圆角的同时对相应的两条线作修剪,“不修剪”则表示不进行修剪(见图 7.25,其中图 7.25(a)表示要倒角的两条边,图 7.25(b)表示倒角时修剪,图 7.25(c)表示倒角后不修剪)。

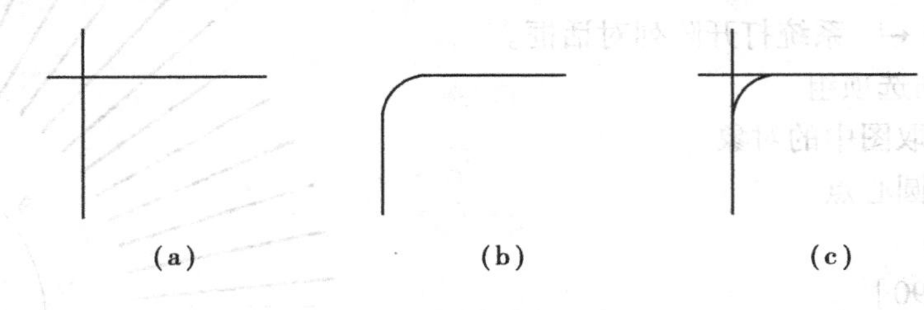
(a) (b) (c)

图 7.25 直线倒圆角

④多个(M)

给多个对象圆角。FILLET 将重复显示第一个提示和“选择第二个对象”提示,直到用户按 ENTER 键结束该命令。

3)说明

①倒圆角对象不同,倒圆角后的效果也不同。

②若倒圆角的圆角半径太大,AutoCAD 提示:半径太大。

③对相交线倒圆角时,如果修剪,倒出圆角后,AutoCAD 总是保留所点取的那部分对象。

④对平行的两条线倒圆角,此时 AutoCAD 自动将倒圆角半径定为两条平行线之距离的一半。

⑤对相交线倒圆角时,若倒角半径为 0,倒角结果为折线。

2.16 利用 CHANGE 命令进行修改

命令:CHANGE

1)功能

用修改点和修改性质的方式,修改已有的对象。

2)操作格式

命令:CHANGE ↵

选择对象:(选取欲修改的对象)

选择对象:(↵,也可继续选取)

特性(P)/<修改点>:

①特性

该选项用来修改所选对象性质。执行该选项,AutoCAD 提示:

指定修改点或［特性(P)］: p

输入要更改的特性［颜色(C)/标高(E)/图层(LA)/线型(LT)/线型比例(S)/线宽(LW)/厚度(T)/材质(M)/注释性(A)］:

上面的提示用来确定欲改变的特性。各项含义如下:

A. 颜色(C)

该选项用于改变对象的颜色。执行其时,AutoCAD 提示:

新的颜色 <缺省项>

在此提示下输入所希望颜色的颜色号即可。

1. 红色(red);2. 黄色(yellow);3. 绿色(green);4. 青色(cyan);5. 蓝色(blue);6. 紫色(magenta);7. 白色(white)

B. 标高(E)

该选项用于修改对象的高度。执行其时,AutoCAD 提示:

新的标高 <缺省项>: <输入高度值>

C. 图层(LA)

该选项用于将对象从当前图层改变到其他图层上。执行其时,AutoCAD 提示:

新的图层 <缺省值>: <输入要转变到某层的层名>

执行此选项时,所指定的图层必须存在,否则 AutoCAD 提示:

无法找到图层(输入的层名)。

D. 线型(LT)

改变对象的线型。执行其时,AutoCAD 提示:

新的线型 <缺省值>:(输入新线型)

E. 线型比例(S)

改变线型比例。执行其时,AutoCAD 提示:

新的线型比例 <缺省值>:(输入新的比例值)

F. 线宽(LW)

改变对象的线宽。执行其时 AutoCAD 提示:

输入新线宽 <缺省值>: :(输入新的线宽)

G. 厚度(T)

改变对象的厚度。执行其时,AutoCAD 提示:

新的厚度 <缺省值>:(输入新的厚度)

H. 材质(M)

如果附着材质,将会更改选定对象的材质。执行其时,AutoCAD 提示:

新的材质 <缺省值>:(输入新的材质)

I. 注释性(A)

修改选定对象的注释性特性。执行其时,AutoCAD 提示:

是否使其为注释性的?［是(Y)/否(N)］<否>:(输入 y 或 n)

②修改点

修改对象的特殊点,该选项可以对线、圆、文字、块等进行修改。

A. 修改圆

命令:CHANGE ↵

选择对象:(选圆)

指定修改点或［特性(P)］:↵

指定新的圆半径 <不修改>:指定新的圆半径

执行结果:圆心不动,圆的大小改变。

B. 修改文字

命令:CHANGE ↵

选择对象:(选取文字)

特性(P)/ <修改点>:(从图 7.26 中点取 AutoCAD)

新的文字插入点:(用鼠标点取)

输入新的文字样式: <STANDARD>(显示当前使用的文字样式)

输入新的文字样式,或按 ENTER 键表示无修改

新的高度 <500>:输入新的字高 800,或直接按 ENTER 键表示无修改

新的旋转角度 <0> 输入新的旋转角度 -15,或直接按 ENTER 键表示无修改

新的文字 <AutoCAD> 输入新的旋转角度,按 ENTER 键表示无修改

执行结果:将文字的定义点改为 P1 点且绕 P1 点旋转 -15 度(如图 7.26 所示)。由上面的执行过程可以看出,用户还可以重选文字样式、字高、重设文字行的倾斜角度和文字内容。

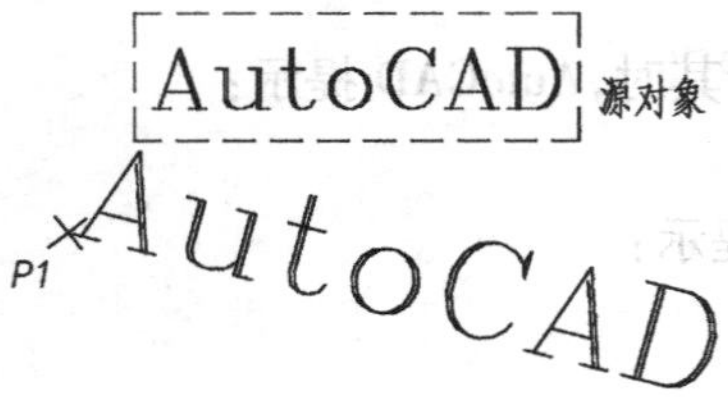

图 7.26　命令修改文字

2.17　**分解**

命令:EXPLODE

下拉菜单:修改→分解

工具栏:修改→分解

1)功能

把多段线分解成一系列组成该多段线的直线段与圆弧;把多线分解成组成该多线的直线段;把块分解成组成该块的各对象;把一个尺寸标注分解成线段、箭头和尺寸文字。

2)操作格式

命令:EXPLODE ↵

选择对象:(选取要分解的对象)

选择对象:(↵,也可继续选取)

执行结果是将所选的对象分解。

3)说明

AutoCAD 2008 允许用户对以不同比例因子插入的块执行 EXPLODE 命令。

3　利用剪贴板复制对象

用户可以方便地将指定对象放到剪贴板上,而后将其粘贴到指定位置。

3.1　剪切对象

命令:CUTCLIP

下拉菜单:编辑→剪切

热键:Ctrl + X

1)功能

将指定的对象放到剪贴板上。

2)操作格式

点取下拉菜单项“编辑→剪切”,或按下热键“Ctrl + X”,或输入“CUTCLIP”命令后回车,提示:选择对象。

此时可按以前介绍的各种方法选择对象,选择完毕后,这些对象就会被放到剪贴板上。

3.2　粘贴对象

命令:PASTECLIP

下拉菜单:编辑→粘贴

热键:Ctrl + V

1)功能

将剪贴板上的对象粘贴到指定位置。

2)操作格式

点取下拉菜单项“编辑→粘贴”,或按下热键“Ctrl + V”,或输入“PASTECLIP”命令后↵,提示:

指定插入点:(确定插入点)

执行结果:将剪贴板的对象粘贴到指定位置。

3.3　复制对象

命令:COPYCLIP

下拉菜单:编辑→复制

热键:Ctrl + C

1)功能

将指定的对象复制到剪贴板上。

2)操作格式

点取下拉菜单项“编辑→复制”,或按下热键“Ctrl + C”,或输入“COPYCLIP”命令后回车,提示:“选择对象”。

选择完毕后,这些对象就会被放到剪贴板上。此时通过粘贴命令将剪贴板上的对象粘贴到指定位置。

3.4　带基点复制

命令:COPYBASE

下拉菜单:编辑→复制

热键:Ctrl + Shift + C

1)功能

将指定的对象使用基点复制到剪贴板上。

2)操作格式

点取下拉菜单项“编辑→带基点复制”，或按下热键“Ctrl + Shift + C”，或输入命令“COPY-BASE”后回车，提示：选择对象。

选择完毕后，这些对象就会带基点复制到剪贴板上。此时通过粘贴命令将剪贴板上的对象时，将相对于指定的基点放置该对象。

3.5　粘贴为块

命令：PASTEBLCK

下拉菜单：编辑→粘贴为块

热键：Ctrl + Shift + V

1）功能

将剪贴板上的对象作为块粘贴到指定位置。

2）操作格式

点取下拉菜单项“编辑→粘贴为块”，或按下热键“Ctrl + Shift + V”，或输入“PASTEBLCK”命令后回车，提示：

指定插入点：（确定插入点）

执行结果：将剪贴板的对象作为块粘贴到指定位置。

第4节　文字标注

进行各种设计时，不仅要绘出图形，而且还要标注一些文字，如技术要求、尺寸、说明等。AutoCAD 提供了较强的文字标注与文字编辑功能，而且在 AutoCAD 2008 中文版中还增加了若干新功能。本节将介绍 AutoCAD 2008 中文版的文字标注与编辑功能。

1　用 DTEXT 命令标注文字

命令：DTEXT

下拉菜单：绘图→文字→单行文字

1）功能

在图中标注一行文字。

2）操作格式

命令：DTEXT ↵

对正(J)/样式(S)/<起点>：

各选项含义如下：

①对正

此选项用来确定所标注文字的排列方式。执行该选项，AutoCAD 提示：

对齐(A)/调整(F)/中心(C)/中央(M)/右(R)/左上(TL)/中上(TC)右上(TR)/左中(ML)/正中(MC)/右中(MR)/左下(BL)/中下(BC)/右下(BR)：

图 7.27 以文字串“123abcABCj”为例，为所标注的文字串定义顶线(Top line)、中线(Middle line)、基线(Base line)和底线(Bottom line)四条线。

上面提示行各选项含义如下：

A. 对齐(A)

此选项要求用户确定所标注文字行基线的始点位置与终点位置。执行该选项,AutoCAD 提示:

文字行第一点:(确定文字行基线的始点位置)

文字行第二点:(确定文字行基线的终点位置)

输入文字后 ↵

执行结果:所输入的文字串字符均匀分布于指定的两点之间,且文字行的倾斜角度由两点间的连线确定;字高与字符串宽度会根据两点间的距离、字符的多少以及文字的宽度因子自动确定。

注:执行"对齐"选项后,根据提示依次从左向右和从右向左确定文字行基线上的两点,会得到不同的标注效果,如图 7.28 所示。

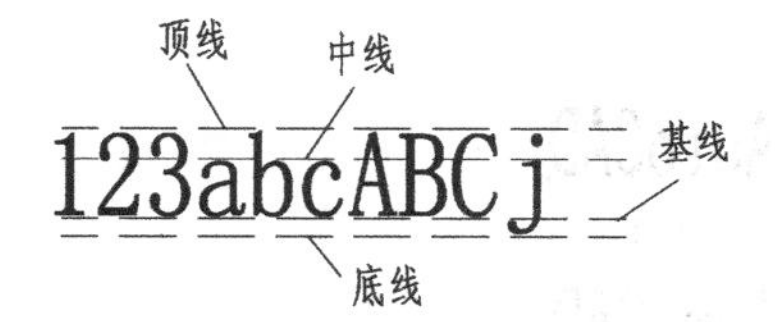

图 7.27　文字位置

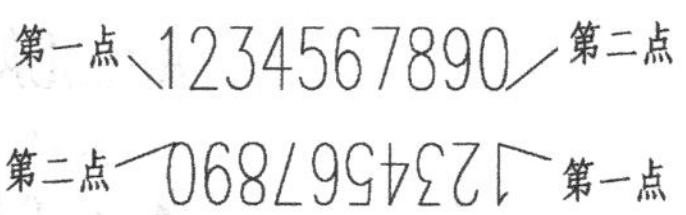

第一点 1234567890 第二点
第二点 1234567890 第一点

图 7.28　对齐方式输入文字

B. 调整(F)

此选项要求用户确定文字行基线的始点位置和终点位置以及所标注文字的字高。执行该选项,AutoCAD 提示:

文字行第一点:(确定文字行基线的始点位置)

文字行第二点:(确定文字行基线的终点位置)

高度:(确定文字的高度)

输入文字串后 ↵

执行结果:所标注出的文字行字符均匀分布于指定的两点之间,且字符高度为用户指定的高度,字符宽度则由所确定两点间的距离与字符的多少自动确定,如图 7.29 所示。

C. 中心(C)

此选项要求用户确定一个点,AutoCAD 把该点作为所标注文字行的基线的中点。执行该选项,提示:

中心点:(确定一点作为文字行基线的中心)

高度:(确定文字的高度)

旋转角度:(确定文字行的倾斜角度)

输入文字串后 ↵

执行结果:把该点作为所标注文字行的基线的中点,文字按指定的高度及文字的宽度因子分布在该点的两边。如图 7.30 所示。

第一点 abcdfgjqwe 第二点

图 7.29　调整方式输入文字

12345657687

图 7.30　中心方式输入文字

D. 中央(M)

此选项要求用户确定一个点,AutoCAD 把该点作为所标注文字行的中线的中点。执行该选项,提示:

中央点:(确定一点作为文字行垂直和水平方向的中点)

高度:(确定文字的高度)

旋转角度:(确定文字行的倾斜角度)

输入文字串后 ↵

执行结果:把该点作为所标注文字行中线的中点,文字按指定的高度及文字的宽度因子分布在该点的两边。如图 7.31 所示。

图 7.31　中央方式输入文字

图 7.32 以文字串“AutoCAD”为例说明了除“对齐”与“调整”两种文字排列形式以外的其余各种排列形式。

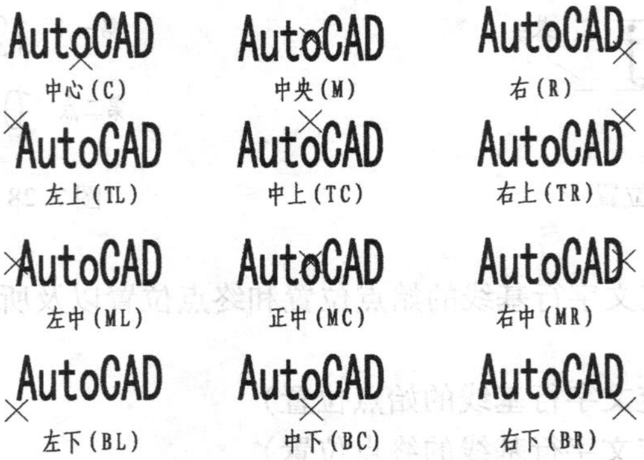

图 7.32　各种对正方式输入文字

②样式

确定标注文字时所使用的文字样式。执行该选项,AutoCAD 提示:

样式名(或?)<缺省值>:

在此提示下,用户可键入标注文字时所使用的文字样式名字,也可键入“?”,显示当前已有的文字样式。

③<起点>

此选项用来确定文字行基线的始点位置,为缺省项。响应后,AutoCAD 提示:

高度:(输入文字的字高)↵

旋转角度:(输入文字行的倾斜角度)↵

输入文字串 ↵

3)控制码与特殊字符

实际绘图时,有时需要标注一些特殊字符(如希望在一段文字的上方或下方加划线、标注“°”(度)、“±”、“ϕ”等),以满足特殊需要。由于这些特殊字符不能从键盘上直接输入,为此,AucoCAD 提供了各种控制码,用来实现这些要求。AutoCAD 的控制码由两个百分号(英文输入法%%)以及在后面紧接一个字符构成,用这种方法可以表示特殊字符。表 7.1 是常用的控制码:

表 7.1　常用的控制码

符　号	
%%O	打开或关闭文字上画线
%%U	打开或关闭文字下画线
%%D	标注“度”符号(°)
%%P	标注“正负公差”符号(±)
%%C	标注“直径”符号(φ)

注:%%O 或%%U 分别是上画线与下画线的开关,即当第一次出现此符号时,表明打开上画线或下画线,而当第二次出现该符号时,则会关掉上划线或下划线。

下面举例说明控制符的使用方法。

在出现文字输入光标后输入:

我%%U 喜欢%%OAuto%%UCAD%%O 课程

则得图 7.33 所示的文字行。

在出现文字输入光标后输入:

75%%D　%%P0.000　%% C100

则得图 7.34 所示的文字行。

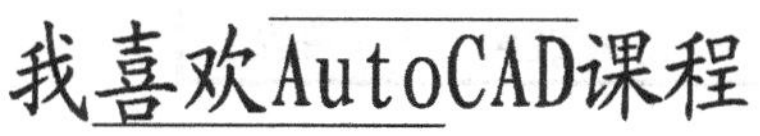

我喜欢AutoCAD课程

图 7.33　用控制码输入文字 1

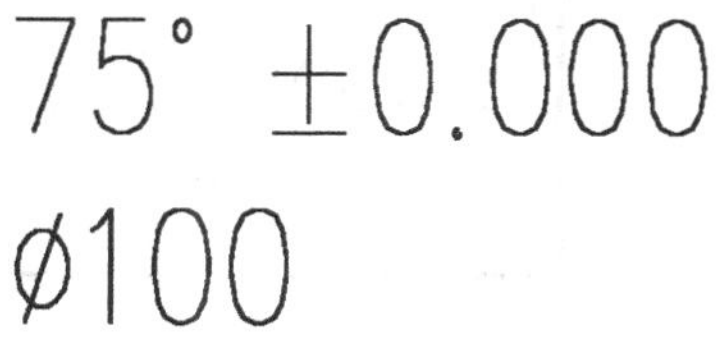

75° ±0.000

ø100

图 7.34　用控制码输入文字 2

4)说明

①标注完一行文字后,如果再执行 DTEXT 命令,上一次标注的文字行会以高亮度方式显示。此时若在“对正(J)/样式(S)/ <起点> :”提示下直接按↵ 键,AutoCAD 会根据上一行文字的排列方式另起一行进行标注。

②执行 DTEXT 命令后,当提示“文字:”时,屏幕上会出现一闪动的光标,其反映将要输入的字符位置、大小以及倾斜角度等。当输入一个字符时,AutoCAD 会在输入光标前小方框内显示该字符,同时小方框向后移动一个字符的位置,其指明下一个字符的位置。

③在一个 DTEXT 命令下,可标注若干行文字。当输入完一行文字时,按↵ 键,屏幕上的小方框自动移动到下一行的起始位置上,即允许用户输入第二行文字。依次类推,可以输入若干行文字,直到文字全部输完,在换行后在此按↵ 键为止。

④在输入文字的过程中,可以随时改变文字的位置。如果用户在输入文字的过程中想改变后面输入的文字行的位置,只要将光标移到新的位置并按拾取键,这时当前行结束,小方框会在用户所点取的新位置出现,而后用户可以在此继续输入文字,用这种方法可以把多行文字标注到屏幕上的任何地方。

⑤具有实时改错的功能。如果需要改正刚才输入的字符,只要按一次“Backspace”键,就能把该字符删除,同时小方框也回退一步。用这种方法可以从后向前删除已输入的多个字符。

2 利用对话框定义文字样式

命令:STYLE
下拉菜单:格式→文字样式
操作格式:
命令:STYLE

AutoCAD 弹出文字样式对话框(图 7.35),利用该对话框可定义文字样式。对话框各主要项的功能如下:

图 7.35 文字样式对话框

1)样式

建立新样式名字,为已有的样式更名或删除样式。AutoCAD 为户用提供一名为 Standard 缺省样式名。

①新建

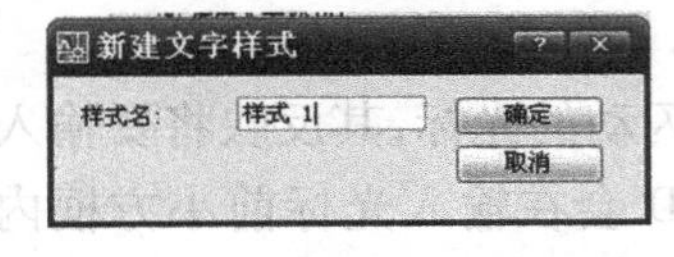

图 7.36 新建文字样式对话框

增加新的文字样式。单击“新建”按钮,AutoCAD 显示图 7.36 所示的对话框,用户可通过“样式名”文本框输入新的文字样式名。

②重命名

给已有的文字样式更名。从“样式名”列表中选择要更名的文字样式,单击右键,选择右键菜单中的“重命名”进行更名。

③删除

删除无用的样式名。从“样式名”列表中选择要删除的文字样式,单击右键,选择右键菜单中的“删除”即可删除该文字样式。如果该文字样式为当前文字样式或已经使用过的文字样式,那么该文字样式将不能被删除。

2)字体

选择字形文件。AutoCAD 的字形文件选择有两种方式。

①用户调用 AutoCAD 字库。在图 7.35 中,首先选择“使用大字体”复选框,然后选择“字

体”下拉列表，选择所需要的 AutoCAD 英文“ *. shx”字形文件名，例如选择“simplex. shx”。再选择“大字体”下拉列表，选择所需要的 AutoCAD 中文“ *. shx”字形文件名，例如选择“hztxtw. shx”。中文 AutoCAD 字形文件在安装文件中不提供，需要用户单独安装。

②用户调用 Windows 的 TureType 字体。在图 7.35 中，首先清除“使用大字体”复选框，然后选择“字体”下拉列表，选择所需要的 TureType 字体文件名，如选择“宋体”。TureType 字体文件是 Windows 系统文件，不用单独安装。

3）高度

根据输入的值设置文字高度。输入大于 0 的高度值则为该样式设置固定的文字高度。如果输入 500，则每次用该样式输入文字时，文字默认值为 500 高度。在相同的高度设置下，TureType 中文字体显示的高度要大于 SHX 中文字体。如果选择“注释性”选项，则将设置要在图纸空间中显示的文字的高度。

4）效果

确定字符的特征。“颠倒”确定是否将文字倒置标注；“反向”确定是否将文字以镜像方式标注；“垂直”用来确定文字是水平标注还是垂直标注；“宽度因子”用来设置字的宽度因子；“倾斜角度” 确定字的倾斜角度。

5）预览

在图 7.35 左下角有一预览窗口，显示随着字体的改变和效果的修改而动态更改的样例文字。

6）应用

确认用户对文字样式的设置。

7）说明

图形中的所有文字都具有与之相关联的文字样式。输入文字时，程序使用当前的文字样式，该样式设置字体、字号、倾斜角度、方向和其他文字特征。如果要使用其他文字样式来创建文字，可以将其他文字样式置于当前。

当前文字样式的设置显示在命令行提示中，可以使用或修改当前文字样式，或者创建和加载新的文字样式。一旦创建了文字样式，就可以修改其特征、名称或在不需要它时将其删除。

绘制建筑工程施工图常用的文字样式和文字高度可以参照表 7.2 定义。

表 7.2a　中文字体参考表（按出图比例 1：100）

文字类型	字　体	字　高	参考字型文件
说明文字	细线汉字	500 ~ 600	HZTXT. SHX，HZTXTW. SHX
平面图名	粗线汉字	800 ~ 1000	STI64S. SHX，宋体，黑体
大样图名	粗线汉字	500 ~ 700	STI64S. SHX，宋体，黑体
图签文字	自选	自选	HZTXTW. SHX，宋体，黑体

表 7.2b　数字、英文字体参考表（按出图比例 1：100）

文字类型	字　体	字　高	参考字型文件
说明文字	细线英文	400～500	SI-FS. SHX，SIMPLEX. SHX
平面图名	粗线汉字	800～1000	COMPLEX. SHX，宋体，黑体
大样图名	粗线汉字	500～700	COMPLEX. SHX，宋体，黑体
图签文字	自选	自选	COMPLEX. SHX，宋体，黑体
尺寸文字	细线英文	300	SIMPLEX. SHX
钢筋文字	细线英文	350 300	TSSDENG. SHX， TXT. SHX（PKPM 字体）

3　编辑文字

3.1　用 DDEDIT 命令编辑文字

命令：DDEDIT

下拉菜单：修改→对象→文字

双击：双击需要编辑的字符串

1）功能

修改或编辑文字。

2）操作格式

命令：DDEDIT ↵（或用鼠标双击文字）

选择注释对象或［放弃（U）］：（选取欲编辑的文字）

如果用户所选取的文字是用“TEXT”或“DTEXT”命令标注的，被选到的字符串显示在蓝底小方框内，利用该框即可对所选取的文字进行修改。

3.2　用特性修改命令编辑文字

命令：PROPERTIES

下拉菜单：修改→特性

标准工具栏：特性

1）功能

修改文字的内容以及文字标注方式的各种设置。

2）操作格式

点取相应的工具栏图标或输入命令“PROPERTIES”后回车，则弹出特性修改对话框。用鼠标选择一个要修改的对象：

点取文字“AutoCAD”，对话框内容如图 7.37 所示。下面介绍该对话框中各项内容的功能。

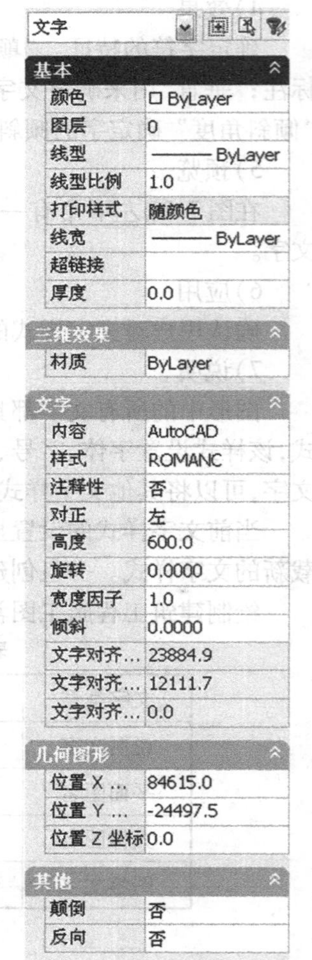

图 7.37　特性修改对话框

①基本

用于修改文字的特性。其中“颜色”按钮用来修改文字的颜色。点取该按钮，AutoCAD 弹出用于设置颜色的下拉列表。用户可从中选取某一种颜色作为文字的颜色,也可以选用“随层”或“随块”项确定文字的颜色。

“图层”按钮用来改变文字的图层。点取该按钮,AutoCAD 弹出设置图层下拉列表,用户可利用其进行修改。

“线型”按钮用来改变文字的线型。点取该按钮,AutoCAD 弹出设置线型下拉列表,用户可利用其进行修改。

②文字

“内容”文本框内显示当前所修改的文字内容。用户可利用该文本框对文字的内容作修改。

“样式” 改变文字样式。点取“样式”右边的小箭头,也会弹出文字样式名下拉列表,其显示当前已有的文字样式名字,用户可从中选取某文字样式作为所修改文字的文字样式。

“对正” 改变文字的排列形式。点取“对正”右边的小箭头,则弹出对正下拉列表,其显示用户可以使用的各种排列方式。用户可从中点取一项作为文字的新排列方式。

“高度” 通过文本框来改变文字的高度。

“旋转” 通过文本框改变文字行的旋转角度。

“宽度因子”通过文本框修改文字的宽度因子。

“倾斜” 通过文本框修改文字的倾斜角度。

③几何图形

改变文字的插入点。若点取“拾取点”按钮,AutoCAD 则临时切换到绘图屏幕,要求用户选取新的插入点的位置。用户做出选取后(也可直接回车,即不做更改),AutoCAD 又返回到对象特征对话框。用户也可以在 X、Y、Z 文本框内直接输入文字的插入点的坐标。

④其他

“倒置”确定文字倒写与否。若打开此开关,表示文字将倒写,否则按正常方式书写。

“反向”确定是否将文字反标注。打开此开关则反标注,否则为正标注。

第 5 节　绘图技巧与绘图设置

利用前面几节介绍的绘图命令与图形修改命令,我们虽然能绘出各种基本图形,但仍会感到不方便。AutoCAD 提供了多种绘图辅助功能、图形显示控制方式,利用这些功能,我们可以方便、迅速、准确地绘出所需要的图形。

1　对象捕捉

用户用 AutoCAD 绘图时可能有这样的感觉,当希望用拾取的方法找到某些特殊点时(如圆心、切点、线或圆弧的端点、中点等),无论自己怎样小心,要准确地找到这些点都十分困难,甚至根本不可能。例如,当绘一条线,该线以某圆的圆心为起始点,如果要用拾取的方式找到此圆心就很困难。为解决这样的问题,AutoCAD 提供了对象捕捉功能,利用该功能,用户可以迅速、准确地捕捉到某些特殊点,从而能够迅速、准确地绘出图形。

1.1 使用对象捕捉

1)对象捕捉的模式

表7.3列出了AutoCAD 2008常用的对象捕捉模式。

表7.3 对象捕捉模式

模 式	关键词	功 能
圆心点	CEN	圆或圆弧的圆心
端点	END	线段或圆弧的端点
延长线	EXT	捕捉到圆弧或直线的延长线
插入点	INS	块或文字的插入点
交点	INT	线段、圆弧、圆等对象之间的交点
中点	MID	线段或圆弧上的中点
最近点	NEA	离拾取点最近的线段、圆弧、圆等对象上的点
节点	NOD	用POINT命令生成的点
垂直点	PER	与一个点的连线垂直的点
象限点	QUA	四分圆点
切点	TAN	与圆或圆弧相切的点
追踪	TK	相对于指定点,沿水平或垂直方向确定另外一点

2)如何使用对象捕捉功能

绘图时,当命令窗口提示输入一点时,可利用对象捕捉功能准确地捕捉到上述特殊点。方法是:在命令窗口提示输入一点时输入相应捕捉方式的关键词(见表7.2)后回车,然后根据提示操作即可。下面举例说明:

例7.15 在图7.38(a)中,用对象捕捉的方式从小圆的圆心向大圆的上方作切线,然后向直线作垂直线。

步骤:

命令:LINE ↵

指定第一点:CEN(P1点小圆的圆心)

指定下一点或[放弃(U)]:TAN(P2点大圆的上方作切线)

指定下一点或[放弃(U)]:PER(P3点向直线作垂直线)

指定下一点或[闭合(C)/放弃(U)]:↵

执行结果如图7.38(b)所示。

例7.16 在图7.39(a)中,用对象捕捉的方式画一个圆,使其通过圆弧的右端点、两条直线的交点以及小圆的圆心。

步骤:

命令:CIRCLE ↵

指定圆的圆心或[三点(3P)/两点(2P)/相切、相切、半径(T)]:3p ↵

指定圆上的第一个点:Int(P1两条直线的交点)

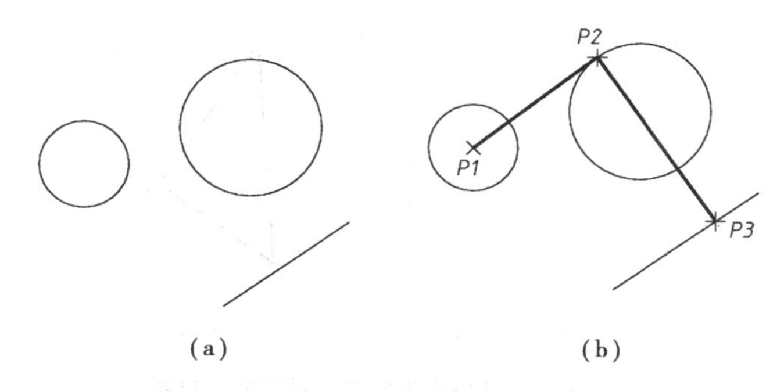

图 7.38　用 LINE 命令结合对象捕捉绘图

于

指定圆上的第二个点：End（P2 圆弧的右端点）

于

指定圆上的第三个点：Cen(P3 小圆的圆心)

于

执行结果如图 7.39(b)所示。

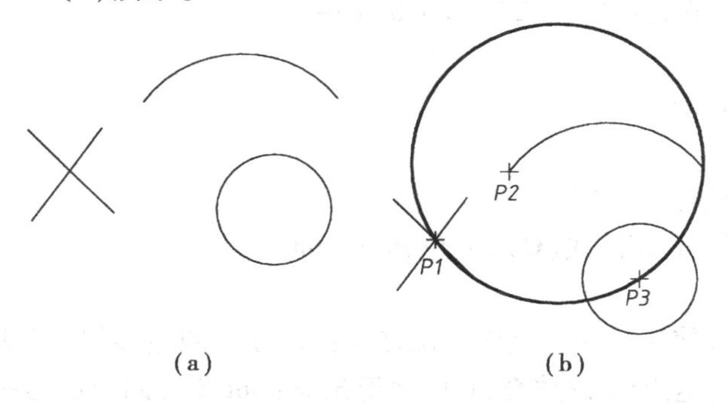

图 7.39　用 CIRCLE 命令结合对象捕捉绘图

例 7.17　在图 7.40(a)中，画一个三角形使其通过短直线的中点、垂直于长直线并且通过小圆的左象限点。

步骤：

命令：LINE ↵

指定第一点：Mid（P1 短直线的中点）

于

指定下一点或［放弃(U)］：Per（P2 垂直于长直线）

到

指定下一点或［放弃(U)］：Qua（P3 小圆的左象限点）

于

指定下一点或［闭合(C)/放弃(U)］:C ↵

执行结果如图 7.40(b)所示。

对象捕捉的方式在修改命令中也在频繁地使用。下面介绍在修改命令中如何使用对象捕捉方式。

COPY 命令中使用对象捕捉方式：

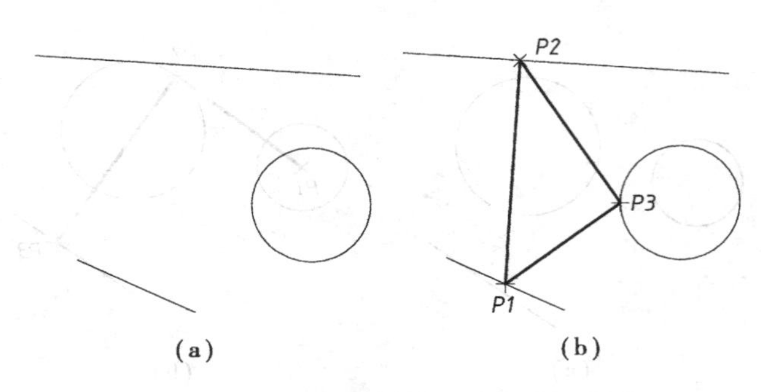

图 7.40 用 LINE 命令结合对象捕捉绘图

例 7.18 在长方形的左下角画一个直径为 800 的圆,然后再把该圆复制到长方形的另外三个角及长边的中点上。

步骤:

命令: CIRCLE ↵

指定圆的圆心或[三点(3P)/两点(2P)/相切、相切、半径(T)]: Int

于

指定圆的半径或[直径(D)]<2528>: 800 ↵

命令: COPY ↵

选择对象: 找到 1 个

选择对象:↵

当前设置: 复制模式 = 多个

指定基点或[位移(D)/模式(O)]<位移>: int

于

指定第二个点或<使用第一个点作为位移>: int 于(四边形的一个端点)

指定第二个点或[退出(E)/放弃(U)]<退出>: int 于(四边形的一个端点)

指定第二个点或[退出(E)/放弃(U)]<退出>: int 于(四边形的一个端点)

指定第二个点或[退出(E)/放弃(U)]<退出>: Mid(四边形长边的一个中点)

指定第二个点或[退出(E)/放弃(U)]<退出>: Mid(四边形长边的一个中点)

指定第二个点或[退出(E)/放弃(U)]<退出>:↵

执行结果如图 7.41 所示。

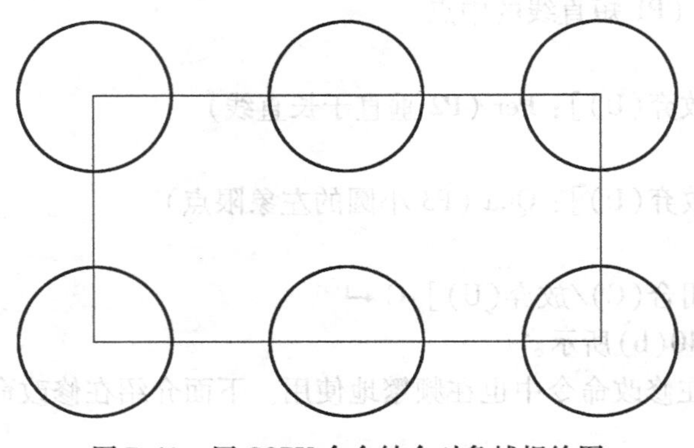

图 7.41 用 COPY 命令结合对象捕捉绘图

1.2　**设置对象捕捉**

命令:OSNAP

下拉菜单:工具→草图设置→对象捕捉设置

1)功能

用户可以根据需要事先设置一些对象捕捉模式,在绘图时 AutoCAD 能自动捕捉到已设捕捉模式的特殊点。

2)设置方法

单击下拉菜单项"工具→草图设置→对象捕捉设置"或输入 OSNAP 命令后回车,AutoCAD 弹出对象捕捉设置对话框(图 7.42),用户可以通过此对话框确定隐含对象捕捉,同时还能够设置对象捕捉时拾取框的大小。

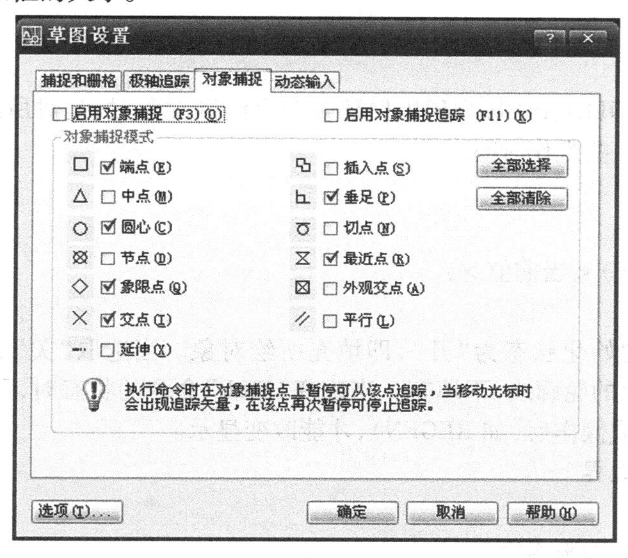

图 7.42　对象捕捉设置对话框

1.3　AutoSnap **功能**

1)功能

利用 AutoSnap 功能用户可以对捕捉靶的大小、颜色进行调整。

2)设置方法

单击下拉菜单项"工具→草图设置→对象捕捉设置"或输入"OSNAP"命令后回车,AutoCAD 弹出对象捕捉设置对话框(图 7.42),在对象捕捉设置对话框中,单击"选项"按钮,打开"选项"对话框,就可以设置捕捉靶的大小、颜色。

1.4　**对象捕捉切换功能**

利用前面介绍的方法设置了隐含对象捕捉后,AutoCAD 就可以自动捕捉设置的点。另外用户还可以控制是否使用此功能。按状态栏上的"对象捕捉"按钮或按热键 F3,AutoCAD 就会在是否使用隐含对象捕捉功能之间切换。如果按"对象捕捉"按钮时没有设置隐含对象捕捉功能,AutoCAD 会弹出对象捕捉设置对话框,供用户设置。

2　绘图辅助工具

2.1　正交

命令:ORTHO

1)功能

确定绘图时正交与否。

2)操作格式

输入“ORTHO”命令,打开开关,正交,否则非正交。热键 F8 或单击状态栏上的正交按钮也可以在正交与非正交之间切换。

2.2　填充设置

命令:FILL

1)功能

决定用 PLINE、SOLID、DONUT、BHCTAH 等命令绘制对象时,是对所绘图全部填充,还是只绘轮廓,以便节省一些操作时间。

2)操作格式

命令:FILL ↵

开(ON)/关(OFF)<当前值>:

3)说明

“FILL”命令的初始化状态为“开”,即填充所绘对象。当选取“关”方式后绘图时,AutoCAD 只显示有关对象的轮廓线,不填充。当改变“FILL”命令的状态时,不会影响已存在的对象,直到执行重新生成操作后(如 REGEN),才能改变显示。

2.3　确定绘图边界

命令:LIMITS

下拉菜单:格式→图形界限

1)功能

确定绘图范围。

2)操作格式

命令:LIMITS ↵

开(ON)/关(OFF)/<左下角><缺省值>:

各选项含义如下:

①开(ON)

使确定的绘图边界有效。执行该选项后,如果所绘对象超出了设定的边界范围,AutoCAD 提示:超出图形界限,并要求重新进行相应的绘图操作。

②关(OFF)

使确定的绘图边界无效,即执行该选项后,所绘对象不再受绘图边界的限制。

③<左下角>(缺省值)

用来设定绘图边界的左下角的坐标、为缺省项。输入左下角坐标后,AutoCAD 提示:

右上角<缺省值>:

在此提示下输入所设绘图边界的右上角的坐标。

3　图形显示的缩放

3.1　图形显示缩放命令

命令:ZOOM

下拉菜单:视图→缩放

1)功能

将屏幕上的对象放大或缩小它们的视觉尺寸,但对象的实际尺寸保持不变。

2)操作格式

命令:ZOOM ↵

全部:(A)/中心(C)动态(D)/范围(E)前一个(P)/比例(S)(X/XP)/窗口(W)/ <实时>:

各选项含义如下:

①全部(A)

此选项将图上的全部图形显示在屏幕上。如果各对象均没有超出所设置的绘图范围(用 LIMITS 命令设置的范围),则按图纸边界显示;如果有的对象画到图纸边界之外,显示的范围则扩大,以便将超出边界的部分也显示在屏幕上。执行该选项时,AutoCAD 要对全部图形重新生成。

②中心(C)

该选项允许用户重设图形的显示中心和放大倍数。执行该选项,AutoCAD 提示:

中心点:(给定新的显示中心)

缩放比例和高度 <缺省值>:(给定缩放比例或高度)↵

③范围(E)

执行该选项,AutoCAD 将尽可能大的显示整个图形,此时与图形的边界无关。

④前一个(P)

该选项用来恢复上一次显示的图形。

⑤窗口(W)

该选项允许用户以输入一个矩形窗口的两个对角点的方式来确定要观察的区域。

⑥动态(D)

该选项允许用户采用动态窗口缩放图形。

⑦比例(S)

允许用户以输入一数值作为缩放系数的方式缩放图形。

⑧ <实时>

实时缩放。该项为缺省项,AutoCAD 会在屏幕上出现一个类似于放大镜的小标记,按住拾取键并垂直托动进行缩放。向加号方向拖动屏幕图形放大,向减号方向拖动屏幕图形缩小。

若按 Esc 键或回车键,AutoCAD 结束 ZOOM 命令,如果单击鼠标右键,则会弹出快捷菜单,用户可利用其进行操作。

3.2　通过鼠标滚轮实时缩放图形

1)功能

将屏幕上的对象放大或缩小它们的视觉尺寸,但对象的实际尺寸保持不变。

2)操作格式

通过滚动鼠标滚轮可以对视图进行放缩,十字光标的中点将成为缩放的中点,按下中间滚轮拖动鼠标相当于实时平移。

4 图形的重新生成

命令:REGEN

下拉菜单:视图→重生成

1)功能

重新生成全部图形并在屏幕上显示出来,执行该命令时生成图形的速度较慢,因此除非有必要,一般较少使用。

2)操作格式

命令:REGEN ↵

重新生成图形。

5 设置图形单位

命令:DDUNITS

下拉菜单:格式→单位

如果用户点取相应菜单项或执行"DDUNITS"命令,AutoCAD 弹出图形单位对话框(图7.43)。在该对话框中,"长度"设置区用来设置长度单位,用户可根据需要从中点取相应的按钮。点取"精度"组合框右侧的箭头,则会弹出一个下拉列表,用户可从中选择长度单位的精度。

在所示的对话框中,"角度"设置区中给出了 AutoCAD 允许的角度单位,供用户选择,其中"精度"组合框用来选择角度的精度。

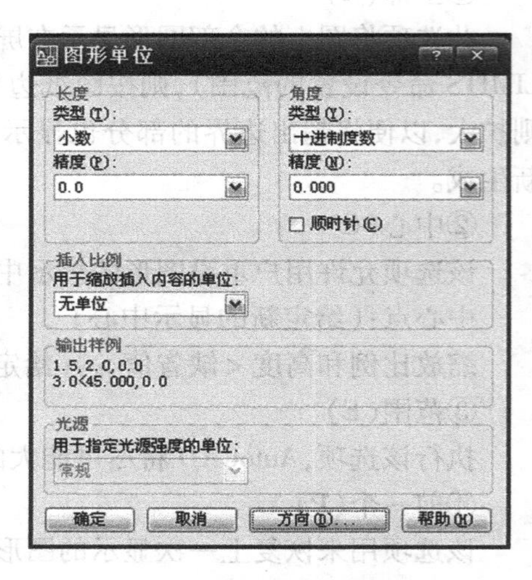

图 7.43 图形单位设置对话框

6 定义用户坐标系

命令:UCS

下拉菜单:工具→新建 UCS

工具栏:UCS

1)功能

在二维空间或三维空间工作时,可以定义一个用户坐标系,用户坐标系的原点和方向与世界坐标系的原点和方向不同。在 AutoCAD 中,可以创建并保存任意多个用户坐标系,然后根据需要调用这些坐标系,以简化创建二维和三维对象的过程。

2)操作格式

命令:UCS

指定 UCS 的原点或[面(F)/命名(NA)/对象(OB)/上一个(P)/视图(V)/世界(W)/X/Y/Z/Z 轴(ZA)]<世界>:

各项的含义如下:

①原点(Origin):定义一个新的坐标原点,此项为默认项;

②对象(Object):通过指定一个对象来定义一个新的坐标系;

③上一个(Prev):恢复前一个 UCS;

④世界(World):设置坐标系为世界 WCS。

7　设置 UCS 坐标平面视图

命令:PLAN

下拉菜单:视图→三维视点→平面视图

1)功能

利用该命令,用户可以选择多种坐标系下的平面视图。

2)操作格式

命令:PLAN ↵

输入选项 [当前 ucs(C)/Ucs(U)/世界(W)] <当前值>:输入选项或 ↵

各项的含义如下:

①当前 ucs(C)

在当前的视图中重新生成相对于当前 UCS 的平面视图,为缺省项。

②世界(W)

重新生成相对于 WCS 的平面视图。

③说明

PLAN 命令的执行只改变视图显示的方向,它不改变当前的 UCS。

第6节　图层管理及线型

用 AutoCAD 绘出的每一个对象都具有图层、颜色、线宽以及线型这四个基本特征。AutoCAD 允许用户建立、选用不同的图层来绘图,也允许用户用不同的线型与颜色绘图。充分运用系统提供的这些功能,可以极大的方便绘图操作,大大的提高绘制复杂图形的效率。本节重点介绍图层、颜色、线宽以及线型方面的内容。

1　图层的基本要领及其特性

确定一个图形实体,除了要确定它的几何数据以外,还要确定诸如图层、颜色这样的非几何数据。例如:如果要绘一个圆,一方面要指定该圆的圆心坐标与半径,另外还应指定所绘圆的线型与颜色,AutoCAD 存放这些数据时要占用一定的存储空间。如果在一张图上有大量具有相同线型、颜色和状态的实体,AutoCAD 存储每个实体时会重复地存放这些数据,显然这样做会浪费掉大量的存储空间。为此,AutoCAD 提出了图层的概念。用户可以把图层想象成为没有厚度的透明纸,各层之间完全对齐,一层上的某一基准点准确地对准于其他各层上的同一基准点。引入图层,用户就可以给每一图层指定绘图所用的线型、颜色和状态,并将具有相同线型和颜色的实体放到相应的图层上。这样,在确定每一实体时,只需确定这个实体的几何数据和所在图层即可,从而节省了绘图工作量与存储空间。

1.1 图层的特征

图层具有以下特征:

1)用户可以在一幅图中指定任意数量的图层。系统对图层数没有限制,对每一图层上的实体数也没有任何限制。

2)每一个图层都应有一个名字加以区别。当开始绘一幅新图时,AutoCAD 自动生成层名为"0"的图层,这是 AutoCAD 的缺省图层,其余图层需要由用户来定义名字。

3)一般情况下,一图层上的实体只能是一种线型,一种颜色,一种线宽。用户可以改变各图层的线型、颜色、线宽和状态。

4)虽然 AutoCAD 允许用户建立多个图层,但只能在当前图层上绘图。可以通过图层操作命令改变当前的图层,AutoCAD 在"对象特性"工具栏上会显示出当前图层的层名。

5)各图层具有相同的坐标系、绘图界限、显示时的缩放倍数。用户可以对位于不同图层上的实体同时进行编辑操作。

6)用户可以对各图层进行开(ON)、关(OFF)、冻结(Freeze)、解冻(Thaw)、锁定(Lock)与解锁(Unlock)等操作,决定各层的可见性与可操作性。上述各种操作的含义如下:

①开(ON)与关(OFF)图层

如果图层被打开,则该图层上的图形可以在图形显示器上显示或在绘图仪上绘出。被关闭的图层仍然是图的一部分,它们不被显示或绘制出来。用户可根据需要,随意打开或关闭图层。

②冻结(Freeze)与解冻(Thaw)

如果图层被冻结,该层上的图形实体不能被显示出来或绘制出来,而且也不参加图形之间的运算。被解冻的图层则正好相反。从可见性来说,冻结的层与关闭的层是相同的,冻结的层不参加处理过程中的运算,关闭的图层则要参加运算。所以在复杂的图形中冻结不需要的层可以大大加快系统重新生成图形时的速度。需注意的是,用户不能冻结当前层。

③锁定(Lock)与解锁(Unlock)

锁定并不影响图层上图形实体的显示,即处在锁定层上的图形仍然可以显示出来,但用户不能改变锁定层上的实体,不能对其进行编辑操作。用户可以在锁定层上使用查询命令和对象捕捉功能。如果锁定层是当前层,用户可以在该层上作图。

1.2 图层的线型

图层的线型是指在图层上绘图时所用的线型,每一层都应有一个相应线型。不同的图层可以设置成不同的线型,也可以设置成相同的线型。AutoCAD 2008 为用户提供了标准的线型库,用户可以根据需要从中选择线型,也可以定义自己专用的线型。

当在某一图层上绘制实体时,该实体可采用图层应具有的线型,用户也可以为每一个实体单独规定线型。

受线型影响的绘图实体直线、构造线、射线、复合线、圆、圆弧、样条曲线以及多段线等,如果一条线太短,以致于不能够画出线型所具有的点线,AutoCAD 就在两点之间画一条实线。在所有新建立的图层上,如果用户不指明线型,系统均按缺省方式把该层的线型定义为"CONTINUOUS",即实线线型表 7.4 列出了绘制建筑工程图中常用的实线、虚线及单点长划线的线型名称及图例。

表7.4　常用线型

线型名称	图　例
CONTINUOUS	————————————
CENTER	———————— - ————————
DASHED	- - - - - - - - - - - - - - -

1.3　**图层的颜色**

每一个图层也应具有一定的颜色。所谓图层的颜色,是指该图层上面的实体颜色。图层的颜色用颜色号表示,颜色号为从1至255的整数。不同的图层可以设置相同的颜色,也可以设置成不同的颜色。

AutoCAD 将前7个颜色号赋于标准颜色,它们是:

1.红(red),2.黄(yellow),3.绿(green),4.青(cyan),5.蓝(blue),6.洋红(magenta),7.白(white),如果绘图区域的背景颜色是白色,在显示7号颜色时,实际为黑色。

8~255颜色号在一定程度上也是标准的,对于颜色号为1~249颜色,其色调由前两位数字决定,颜色的浓度和值由最后一位数字决定。主要的色调如图7.46所示。

颜色号250~255用于6种灰度,250最暗,255最亮。

1.4　**图层的线宽**

命令:LWEIGHT

下拉菜单:格式→ 线宽设置

1)功能

给线宽赋值。

2)操作格式

下拉菜单"格式→ 线宽设置"或在状态栏的"线宽"按钮上单击右键,并选择"设置"。

命令行: LWEIGHT ↵

3)说明

AutoCAD 2008 提供的另一个新特性是可以给线宽赋值。就像线型一样,用线宽可以帮助我们表达图形中的对象所要表达的信息。例如,可以用粗线表示横截面的轮廓线,并用细线表示横截面中的填充图案。

在 AutoCAD 的早先版本中(如 R14 版),如果要打印图形,必须用多段线创建带宽度的线或为直线赋予线宽值。这种方式既不方便也不直观,并且如果仅在打印时给线宽赋值,那么在屏幕上就看不到线宽。在 AutoCAD 2008 中,可以给每个图层或每个对象的线宽赋值,并且可以在图形中看到实际的线宽。

AutoCAD 拥有23种有效的线宽值,范围从0.05毫米至2.11毫米(0.002英寸至0.083英寸),另外还有"随层"、"随块"、"缺省"和" 0"线宽值。线宽值为"0"时,在模型空间中,总是按一个像素显示,并按尽可能轻的线条打印。"缺省"的线宽值是最初设置的0.2 5毫米(0.01英寸),该值可以被设置为其他的有效线宽值。任何等于或小于"缺省"线宽值的线宽,在模型空间中,都将显示为一个像素,但是在打印该线宽时,将按打印时赋予的宽度值打印。

2 利用对话框对图层进行操作

命令:LAYER

下拉菜单:格式→图层

工具栏:图层特性管理器

假设我们已建立了JC、JG和DOTE等图层以及相应的颜色、线型与线宽,点取相应的下拉菜单,或输入LAYER命令回车后,弹出对话框(图7.44)。下面介绍该对话框中各选项的含义。在图层控制对话框中,大的矩形区域中显示已建立的图层及各图层的状态。对话框中各项功能如下:

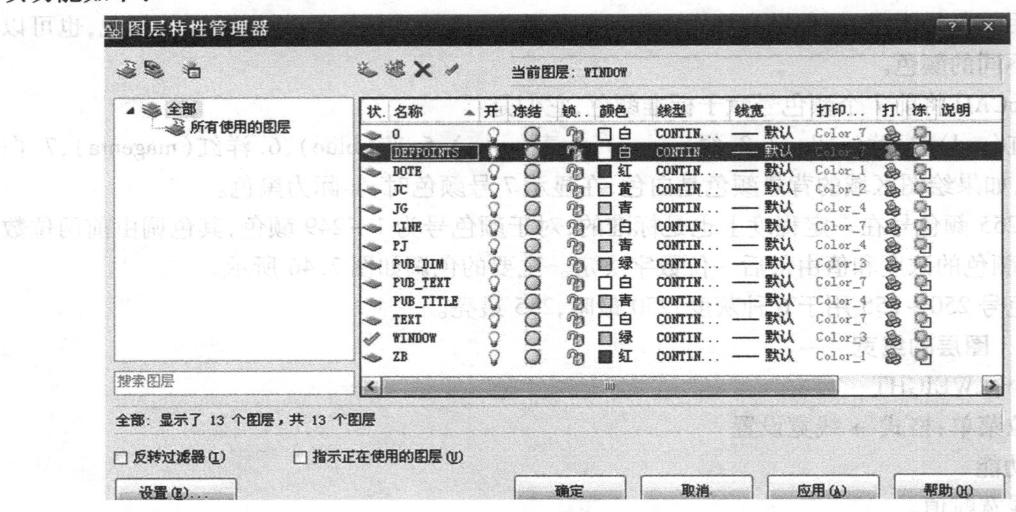

图7.44 图层特性管理器

1)大矩形区域

该区域显示已有的图层及其设置,如果用户利用此对话框建立图层,新建图层也会列在上面。大矩形区域的上方有一标题行,该标题行各项含义如下:

①名称

此项对应列显示各图层的名字,所示对话框说明当前已有名为0(缺省)、JC、JG和DOTE等图层。如果要对某层进行设置,一般首先应单击该层的层名,使该项反向显示。

②开

设置图层打开与否。“开”所对应的列是小灯泡图标,如果灯泡颜色是黄颜色,表示其对应图层是打开的,若将该层关闭,单击对应的小灯泡,使其变成蓝颜色;如果灯泡颜色是蓝颜色,则表示其对应图层是关闭的,若将该层打开,单击对应的小灯泡,使其变成黄颜色。

如果将当前层关闭,会显示出对话框,它警告用户正在关闭当前层,但用户可以确认关闭当前层。

另外,单击“开”按钮,还会调整各图层的排列顺序,使当前关闭的图层放在最前面或最后面。

③冻结

“冻结”项对应列控制所有视图中各图层冻结否。如果某层对应图标是太阳,表示该层是非冻结,若将该图层冻结,单击对应图标,使其变成雪花状即可;如果某个图层对应的图标是雪花状,则表示该层是冻结,若使该层解冻,单击对应图标,使其变成太阳状。

用户不能将当前层冻结,也不能将冻结层设为当前层。如果要将当前层冻结,会显示出对话框,系统会提示"不能冻结当前图层"。如果要将冻结的图层设为当前层,系统同样也会提示"不能将冻结的图层设为当前层"。

④锁定

该项控制对应图层锁定否。

该项对应列中,如果某层对应图标是打开的锁,则表示该层是非锁定的,若将该层锁定,单击对应图标,使其变成非打开状即可;如果某层对应图标是关闭的锁,表示该层是锁定的,若使该层解锁,单击对应图标,使其变成打开状。

⑤颜色

该项对应列显示各图层之颜色。如果要改变某一层的颜色,单击对应图标,则会弹出"选择颜色"对话框(图 7.45),用户可从中选取。

⑥线型

该项对应列显示各图层之线型。如果要改变某一层的线型,单击对应线型名,则会弹出"线型选择"对话框(图 7.46),用户可在表中选择一个线型作为当前层的线型。

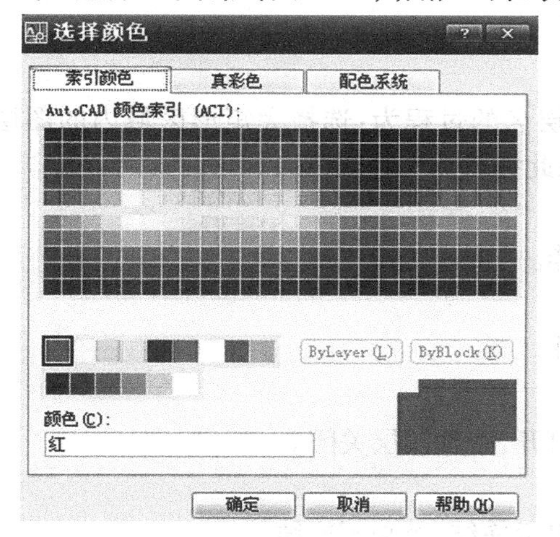

图 7.45　图层特性管理器中选择颜色对话框

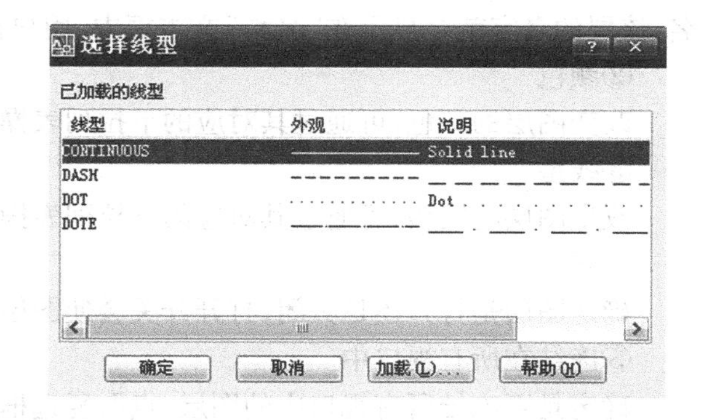

图 7.46　图层特性管理器中选择线型对话框

⑦线宽

在"线宽"栏中列出了图层的线宽。该属性用于设置图层的线宽。该属性下面对应分列用于显示各图层的线宽。要改变某一图层的线宽,可单击对应的线型名,系统打开"线宽"对话框,利用该对话框可以对该图层的线宽进行设置。

⑧打印样式

在"打印样式"栏中列出了图层的输出样式。该属性用来确定图层的输出样式。

⑨打印

在"打印" 栏中列出了图层的输出状态。该属性用来确定图层是否打印输出。在对应的列表中,单击某个图层中对应的打印机图标,可控制该图层是否要进行打印。

此外,当利用图层控制对话框进行设置时,将光标放在上述任一图层名上,按鼠标右键,会

图 7.47 图层特性管理器线宽对话框

弹出快捷菜单,该菜单中有“全部选择”和“全部清除”两项,前者表示对当前所操作图标对应列的各项都设置,而后者表示取消各设置。

2)置为当前

使某层变为当前层。方法是:首先选择该层,然后单击“置为当前”按钮。

3)新建图层

建立新图层。方法为:单击“新建图层”按钮,AutoCAD会自动建立名为“图层 n”的图层(其中 n 为起始于1的数字),用户可以修改此名字。

4)删除

删除图层。方法是:首先选择该层,然后单击“删除图层”按钮。

注:要删除的图层必须是空图层,即此图层上没有图形对象,否则 AutoCAD 会拒绝删除,并给出对话框。

5)详细信息

设置图层的状态。

①名称

修改图层层名,输入该图层的新名。修改图层层名的过程为:选择大矩形区域内的图层名,该层的名字就会显示在“名称”文本框中,用户在此编辑框中直接修改即可。

②颜色

改变图层的颜色,可通过其对应的下拉列表操作。

③线型

改变图层的线型,可通过其对应的下拉列表操作。

④开

确定图层是打开还是关闭,打开开关会使图层打开,否则图层关闭。

⑤冻结在所有视口中

确定是否冻结所有视口中的图层,点取复选框表示冻结,否则不冻结。

⑥冻结在新建视口中

确定是否冻结新建视口中的图层,点取复选框表示冻结,否则不冻结。

⑦锁定

确定是否锁定图层,点取复选框表示锁定,否则不锁定。

3 利用工具栏操作图层

AutoCAD 提供了“图层”和“对象特征”工具栏,利用其可以方便地对图层进行操作、设置。

3.1 将对象的图层设为当前层按钮

1)功能

将指定对象所在图层变成当前层。

2)操作格式

单击图层工具栏右侧的“将对象的图层设置为当前图层”按钮，然后点取对象，那么指定对象所在的图层就会变成当前层。

3.2　图层特性管理器

1)功能

利用对话框对图层进行操作。

2)操作格式

单击图层工具栏左侧的“图层特性管理器”按钮，弹出的图层控制对话框，利用其即可进行图层的有关操作。

3.3　图层控制

1)功能

图层设置。

2)操作格式

单击图层工具栏右侧的“▼”按钮，弹出一下拉列表，该列表中显示出当前图形中所具有的图层及其状态(颜色、打开否、冻结否、锁定否)，用户可通过单击列表中的相应图标的方法设置除颜色以外的这些状态。

3.4　颜色控制

1)功能

控制图层颜色。

2)操作格式

单击对象特性工具栏中颜色栏右侧的“▼”按钮，弹出一下拉列表，用户可通过相应下拉列表设置、修改图层的颜色。

另外，“线型”和“线宽”栏是用来设置、控制图层的线型和线宽。“上一个图层”按钮可以将上一次使用的图层设为当前层。

由此可见，利用“图层”和“对象特性”工具栏，用户可以方便地对图层以及图层特性进行操作。

4　线型设置

绘图时，经常用不同的线型，如虚线、点画线、中心线等等，AutoCAD 提供了丰富的线型，这些线型存放在文本文件 ACAD. LIN 中，用户可以根据需要从中选择所需要的线型，除此之外还可以根据需要自定义线型，以满足特殊的需要。

4.1　设置线型

线型可以帮助表达图形中的对象所要表达的信息，可用不同的线型区分一条线与其他线的用途。一个线型定义由一个重复的图案“点-实线段-空格”组成，它也可以是一个包括文本和形的重复图案，该定义确定了图案的顺序和相对长度。线型确定了对象在屏幕上显示和打印时的外观。作为默认设置，每个图形至少有下面三个线型：连续、随层和随块。在图形中还可以包括其他不受数量限制的线型。在创建一个对象时，它使用当前线型创建对象，作为默认设置，当前线型是“随层”，它的含义是：该对象的实际线型由所绘制的对象所处图层的指定线型决定。对于“随层”设置，如果修改了指定图层的线型，那么所有在该图层上创建的对象，都将受新线型的影响而改变。可以选择一个指定的线型作为当前线型。AutoCAD 将使用指定的线型创建对象，并且修改图层线型时也不会影响到它们。作为第三个选项，可以使用指定的线型“随块”，如果选择了“随块”，所有对象在最初绘制时，所使用的线型是连续线。一旦将对象编组为一个图块，在将该块插入到图形中时，它们将继承当前层的线型设置。如果要改变某一层的线型，可以利用图层特性管理器，单击图层对应线型名，则会弹出“线型选择”对话框（图7.47），用户可在表中选择一个线型作为当前层的线型。如果需要列表中没有的线型，按“加载”按钮AutoCAD将显示“加载或重载线型”对话框。AutoCAD通常使用它的默认线型库文件之一（ACAD.LIN用于英制测量单位和ACADISO.LIN用于公制测量单位）。可以单击“文件”，从不同的线型库文件中加载线型定义，然后在“加载或重加线型”对话框“可用线型”列表中，选择一个或多个要加载的线型，然后单击“确定”按钮，AutoCAD将这些线型加载到“线型管理器”对话框中的线型列表中。新线型也将在“对象特性”工具栏“线型控制”下拉列表中列出。在用各种线型绘图时，除了CONTINUOUS线型外，每一种线型都是由实线段、空白段、点或文字、形所组成的序列。在线型定义中已定义了这些小段的长度，显示在屏幕上的每一小段的长度与显示时的缩放倍数和线型比例成正比。当在屏幕上或绘图仪上输出的线型不合适时，可以通过改变线型比例系统变量的方法放大或缩小所有线型的每一小段的长度。

4.2 设置线型比例

• 设置全局线型比例

系统变量：LTSCALE

1）功能

确定所有线型的比例因子。

2）操作格式

命令：LTSCALE ↵

新比例因子<默认值>：

用户在此提示下输入线型的比例值，AutoCAD会按此比例重新生成图形并提示：

重新生成图形。

3）说明

（1）“LTSCALE”命令对存在的所有对象和新输入对象的线型均起作用，且会持续到下一个线型比例命令为止。

（2）利用图层设置对话框的“全局缩放比例”文本框也可以改变线型的全局比例因子。

• 设置新线型的比例

AutoCAD有控制线型比例的系统变量：CELTSCALE，用该变量设置线型比例后，在此之后所绘图形的线型均为此比例。

5 特性匹配

命令：MATCHPROP

工具栏：特性匹配

1）功能

将某些对象（这些对象称为目的对象）的特性（颜色、图层、线型、线型比例等）改变成另外一些对象（这些对象称为源对象）的特性。

2）操作格式

点取工具栏图标“特性匹配”，提示：

选择源对象：

在此提示下选择源对象，提示：

当前活动设置：颜色 图层 线型 线型比例 线宽 厚度 打印样式 标注 文字 填充图案 多段线 视口 表格材质 阴影显示 多重引线。

此行说明目前的有效匹配有：颜色、图层、线型、线型比例、线宽、厚度、打印样式、标注、文字、填充图案、多段线、视口、表格材质、阴影显示、多重引线。

设置(S)/<选择目标对象>：

在此提示下执行“设置”项，会弹出特性设置对话框（图7.48），利用它可设置要匹配的项。

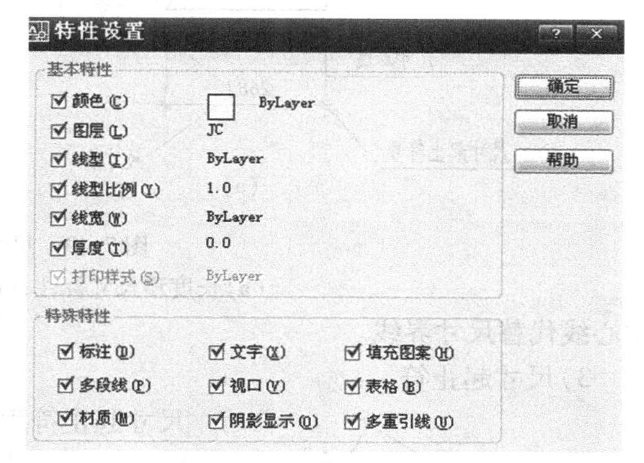

图7.48　特性设置对话框

如果在“设置(S)/(选择目标对象)：”提示下选择对象，这些对象即为目的对象，执行的结果是目的对象的特性由源对象的特性替代。

第7节　尺寸标注

尺寸标注是绘图设计中的一项重要内容。因为图形的主要作用是表达物体的形状，而物体各部分的真实大小和它们之间的确切位置只能通过标注尺寸才能表达出来。因此，没有正确的尺寸标注，所绘出的图纸也就没有什么意义。本节重点介绍 AutoCAD 2008 中文版的尺寸标注功能。

利用 AutoCAD 2008 中文版，用户可以通过“标注”下拉菜单、“标注”工具栏、屏幕菜单实现尺寸的标注，也可以直接在命令窗口输入命令来标注尺寸。

1　尺寸简介

尺寸是一组复合的组合体，现简单介绍如下。

1.1　尺寸的组成

一个完整的尺寸由尺寸线、尺寸界线、尺寸起止符、尺寸文字四部分组成，如图7.49所示。通常 AutoCAD 将构成一个尺寸的尺寸线、尺寸界线、尺寸起止线和尺寸文字以块的形式放在图形文件内，因此可以认为一个尺寸是一个对象。下面介绍组成尺寸的各部分的特点。

1）尺寸线

尺寸线一般是一条带有双箭头的单线段或带单箭头的单线段，它也可以是两端带有箭头的一条弧或带单箭头的弧线。

2）尺寸界线

为了标注清晰，通常通过尺寸界线将尺寸引至被注对象之外。有时也有物体的轮廓线或

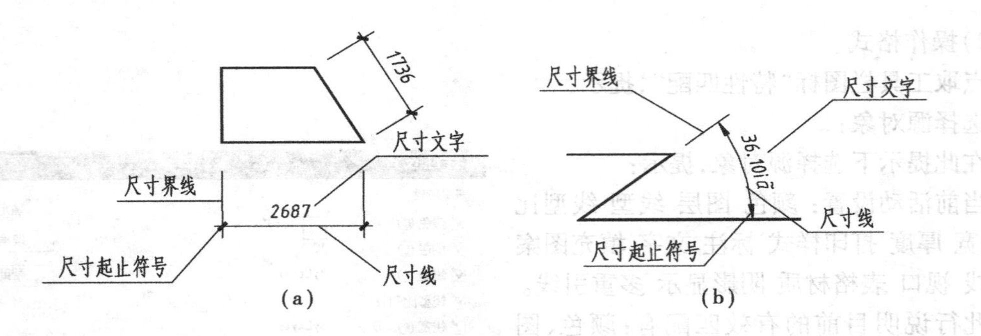

图 7.49　尺寸的组成

(a)长度型尺寸标注;(b)角度型尺寸标注

中心线代替尺寸界线。

3)尺寸起止符

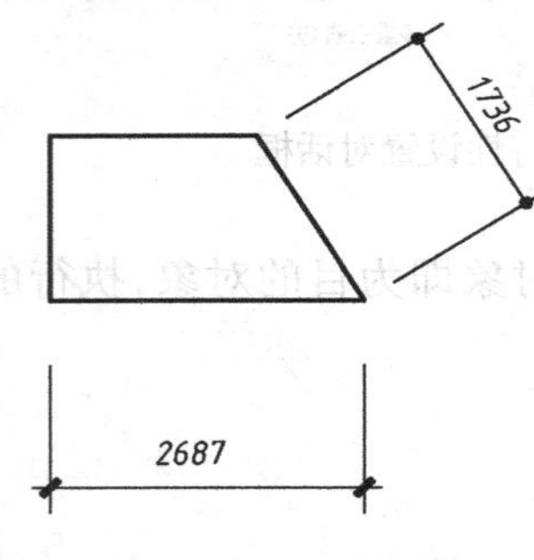

图 7.50　尺寸起止符

尺寸起止符用来标注尺寸线的两端,有时用短划线、箭头或其他标记代替尺寸起止符(见图 7.50)。

4)尺寸文字

尺寸文字是标注尺寸大小的文字。尺寸文字中可能只含基本尺寸,也可能带有尺寸公差,其中公差又分上偏差和下偏差(见图 7.51),也可能是以极限尺寸作为尺寸文字,其中极限包括最大极限尺寸和最小极限尺寸(见图 7.52)。

如果尺寸线内标注不下尺寸文字,AutoCAD 会自动将其放到外部(见图 7.53)。

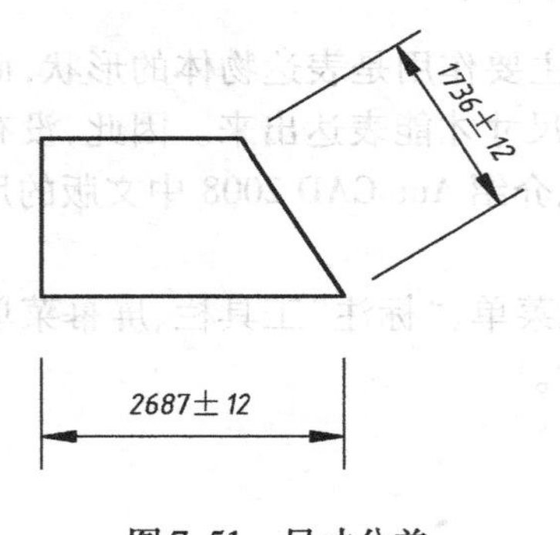

图 7.51　尺寸公差

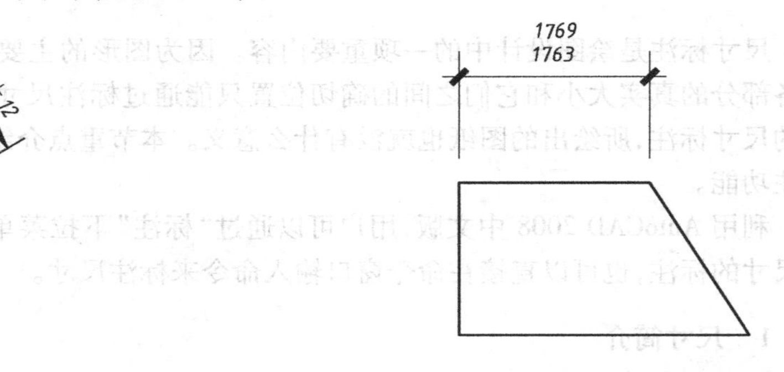

图 7.52　极限尺寸

1.2　尺寸标注的类型

AutoCAD 将所标注的尺寸分为长度型尺寸标注、角度型尺寸标注、半径型尺寸标注、直径型尺寸标注、引线标注、坐标型尺寸标注等,下面分别进行介绍。

1)长度型尺寸标注

长度型尺寸标注是指标注长度方面的尺寸,又分水平标注、垂直标注、基线标注、连续标注、旋转标注、对齐标注等类型。

①水平标注

水平标注是指所标注对象的尺寸线沿水平方向放置,如图 7.54 所示。注意,水平标注不仅仅是只标注水平线的尺寸。

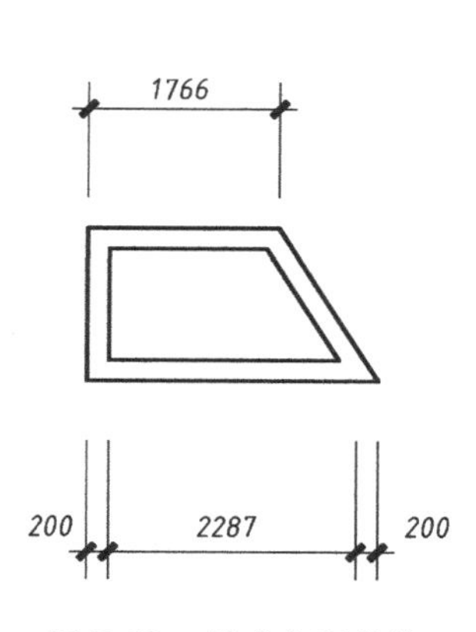

图 7.53　尺寸文字外偏

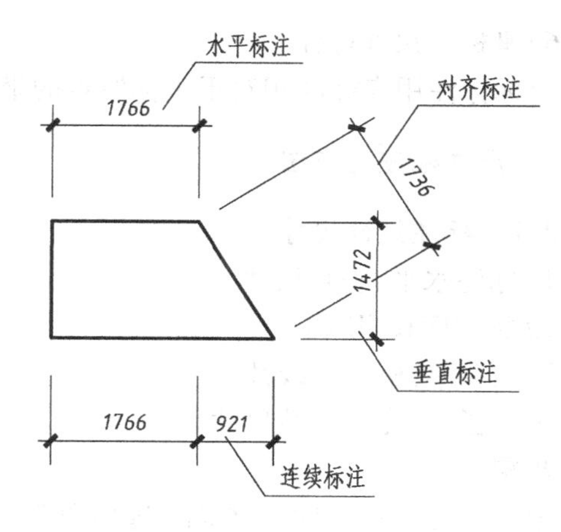

图 7.54　长度型尺寸标注

②垂直标注

垂直标注是指所标注对象的尺寸线沿垂直方向放置,如图 7.54 所示。注意,垂直标注不仅仅是只标注垂直的尺寸。

③基线标注

基线标注是指各尺寸线从同一尺寸界线处引出。

④连续标注

连续标注是指相邻两尺寸线共用同一尺寸界线,如图 7.54 所示。

⑤对齐标注

对齐标注,其尺寸线与两尺寸界线起始点的连线相平行,如图 7.54 所示。

2)角度型尺寸标注

角度型尺寸标注用来标注角度尺寸,如图 7.60 所示。

3)半径型尺寸标注

半径型尺寸标注用来标注圆或圆弧的半径,如图 7.55(a)所示。

4)直径型尺寸标注

直径型尺寸标注用来标注圆或圆弧的直径,如图 7.55(b)所示。

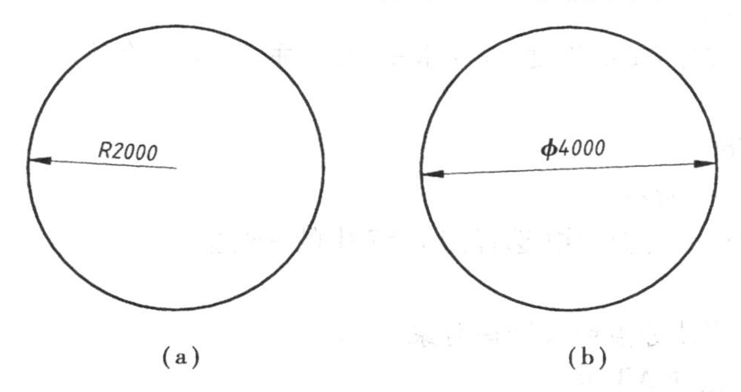

(a)　　(b)

图 7.55　径向标柱

(a)半径标注;(b)直径标注

5)引线标注

利用引线标注,用户可以标注一些注释、说明,如图 7.56 所示。

6)坐标型尺寸标注

坐标标注用来标注相对于坐标原点的坐标,如图 7.56 所示。

2 尺寸标注的方法

2.1 标注线性尺寸

1)标注水平、垂直尺寸

命令:DIMLINEAR

下拉菜单:标注→线性

工具栏:标注→线性尺寸

步骤:

第一种方法:选择两点标注(选择图 7.57 中的 P1 和 P2 点)

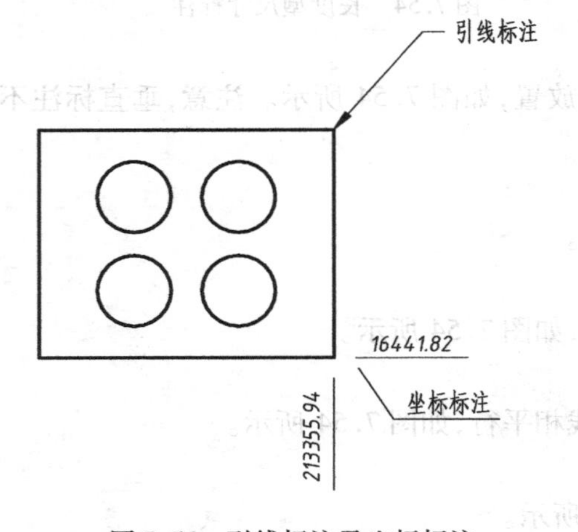

图 7.56 引线标注及坐标标注

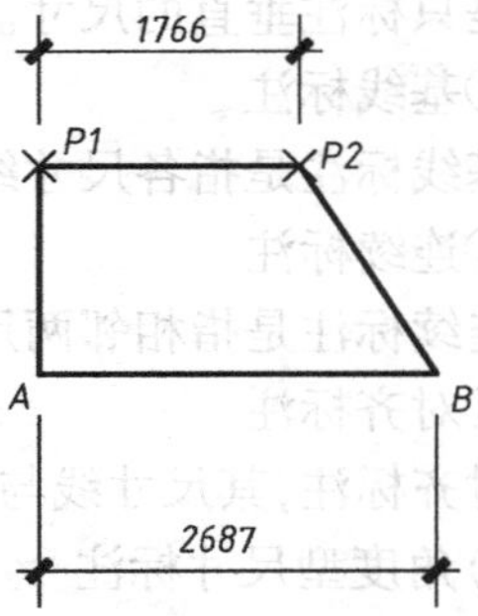

图 7.57 线性标注

命令: _dimlinear ↵

指定第一条尺寸界线原点或 <选择对象>:(选择 P1 点)

指定第二条尺寸界线原点:(选择 P2 点)

指定尺寸线位置或

[多行文字(M)/文字(T)/角度(A)/水平(H)/垂直(V)/旋转(R)]:(选择尺寸线的位置)

标注的文字 =1766

执行结果如图 7.57 所示。

第二种方法:选择一个边标注(选择图 7.57 中的 *AB* 边)

命令: _dimlinear ↵

指定第一条尺寸界线原点或 <选择对象>: ↵

选择标注对象:(选择 AB 边)

指定尺寸线位置或

[多行文字(M)/文字(T)/角度(A)/水平(H)/垂直(V)/旋转(R)]:(选择尺寸线的位置)

标注文字 =2687

执行结果如图 7.57 所示。

2)标注对齐尺寸

命令:DIMALIGNED

下拉菜单:标注→对齐

工具栏:标注→对齐标注

步骤:

第一种方法:选择两个点标注(选择图 7.58 中的 A 和 B 点)

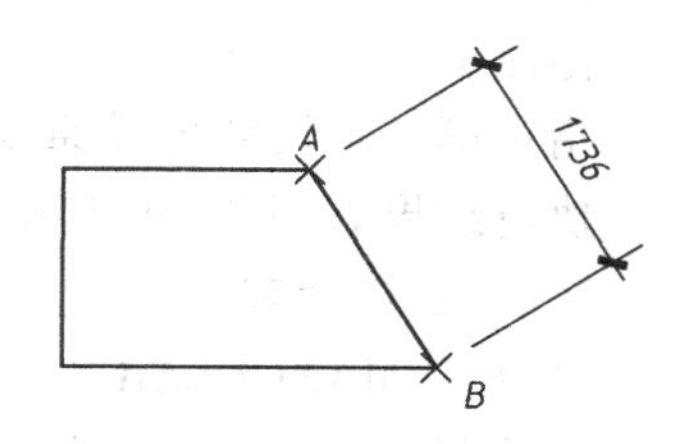

图 7.58　对齐标注

命令: _dimaligned ↵

指定第一条尺寸界线原点或 <选择对象>:(选择 A 点)

指定第二条尺寸界线原点:(选择 B 点)

指定尺寸线位置或

[多行文字(M)/文字(T)/角度(A)]:(选择尺寸线的位置)

标注文字 =1736

执行结果如图 7.58 所示。

第二种方法:选择一个边标注(选择图 7.58 中的 *AB* 边)

命令: _dimaligned ↵

指定第一条尺寸界线原点或 <选择对象>: ↵

选择标注对象:(选择 AB 边)

指定尺寸线位置或

[多行文字(M)/文字(T)/角度(A)/水平(H)/垂直(V)/旋转(R)]:(选择尺寸线的位置)

标注文字 =1736

执行结果如图 7.58 所示。

3)连续标注尺寸

命令:DIMCONTINUE

下拉菜单:标注→连续

工具栏:标注→连续标注

采用连续标注前,一般应有一个已标注过的尺寸。

步骤:

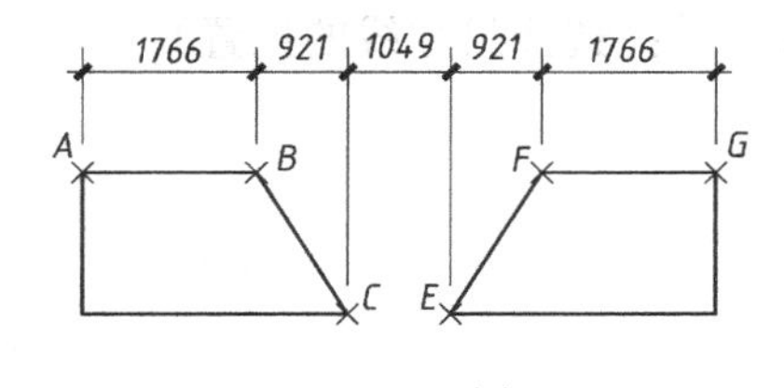

图 7.59　连续标注

首先用线性标注标注图 7.59 的 *AB* 边,然后执行连续标注命令

命令: _dimcontinue ↵

选择连续标注:(选择继续标注的尺寸)

指定第二条尺寸界线原点或 [放弃(U)/选择(S)] <选择>:(选择 C 点)

标注文字 =921

指定第二条尺寸界线原点或 [放弃(U)/选择(S)] <选择>:(选择 E 点)

标注文字 =1049

……

指定第二条尺寸界线原点或［放弃(U)/选择(S)］<选择>:(选择 G 点)

标注文字 =1766

指定第二条尺寸界线原点或［放弃(U)/选择(S)］<选择>:(↵,标注结束)

执行结果如图 7.59 所示。

2.2 标注角度

命令:DIMANGULAR

下拉菜单:标注→角度

工具栏:标注→角度标注

利用角度标注命令,可以标注出一段圆弧的中心角、圆上某一段弧的中心角、两条不平行的直线间的夹角,或根据已知的三点来标注角度,下面分别介绍:

1)标注圆弧的中心角(图 7.60(a))

命令: _dimangular ↵

选择圆弧、圆、直线或<指定顶点>:(选择圆弧 AB)

指定标注弧线位置或［多行文字(M)/文字(T)/角度(A)］:(选择尺寸线的位置)

标注文字 =107

执行结果如图 7.60(a)所示。

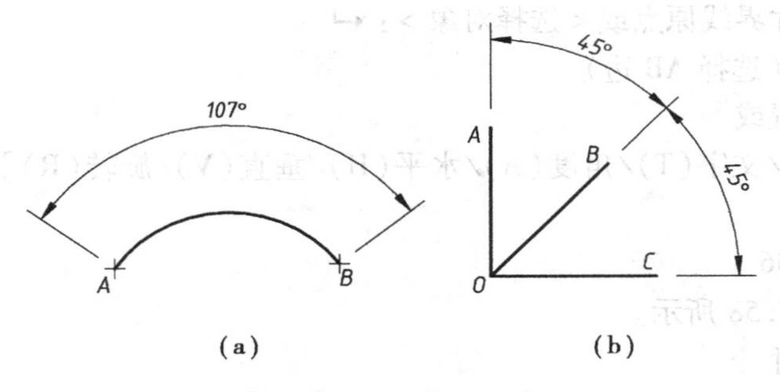

图 7.60 角度标注

2)标注两条不平行的直线间的夹角(图 7.60(b))

命令: _dimangular ↵

选择圆弧、圆、直线或<指定顶点>:(选择直线 OA)

选择第二条直线:(选择直线 OB)

指定标注弧线位置或［多行文字(M)/文字(T)/角度(A)］:(选择尺寸线的位置)

标注文字 =45

如果要标注角 BOC 则执行连续标注命令

命令: _dimcontinue ↵

选择连续标注:(选择继续标注的尺寸)

指定第二条尺寸界线原点或［放弃(U)/选择(S)］<选择>:(选择 C 点)

标注文字 =45

指定第二条尺寸界线原点或［放弃(U)/选择(S)］<选择>:(↵,标注结束)

执行结果如图 7.60(b)所示。

2.3　半径标注

命令:DIMRADIUS

下拉菜单:标注→半径

工具栏:标注→半径标注

命令: _dimradius ↵

选择圆弧或圆:(选择圆)

标注文字 =2000

指定尺寸线位置或[多行文字(M)/文字 (T)/角度(A)]:(选择尺寸线的位置)

如图 7.61(a)所示。

2.4　直径标注

命令:DIMDIAMETER

下拉菜单:标注→直径

工具栏:标注→直径标注

命令: _dimdiameter ↵

选择圆弧或圆:(选择圆)

标注文字 =4000

指定尺寸线位置或[多行文字(M)/文字(T)/角度(A)]:↵

执行结果如图 7.61(b)所示。

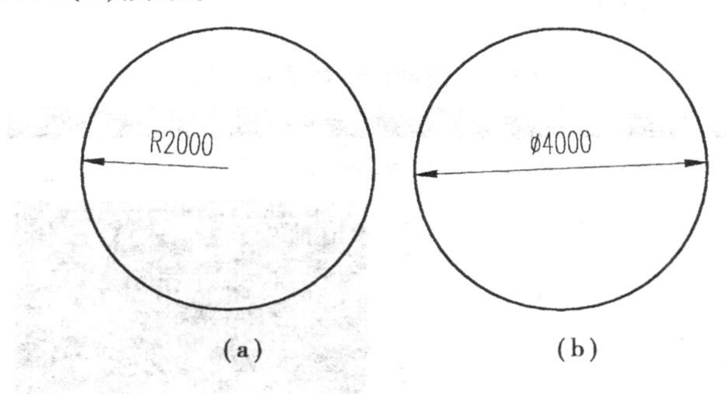

图 7.61　径向标注

(a)半径标注;(b)直径标注

3　利用对话框设置尺寸标注样式

3.1　新建标注样式

命令:DDIM

下拉菜单:标注→样式

工具栏:标注→标注样式

在“标注”下拉菜单点取标注样式菜单,打开“标注样式管理器”对话框,如图 7.62 所示。在“标注样式管理器”对话框中,单击“新建”按钮,打开“创建新标注样式”对话框,如图 7.63 所示。在“创建新标注样式”对话框中的“新样式名”文本框内输入新样式的名称“副本 DIMN”,“基础样式名” 文本框内选择“DIMN”,“用于”文本框内容保留系统缺省设置。然后单击“继续”按钮,打开“新建标注样式”对话框,如图 7.64 所示。

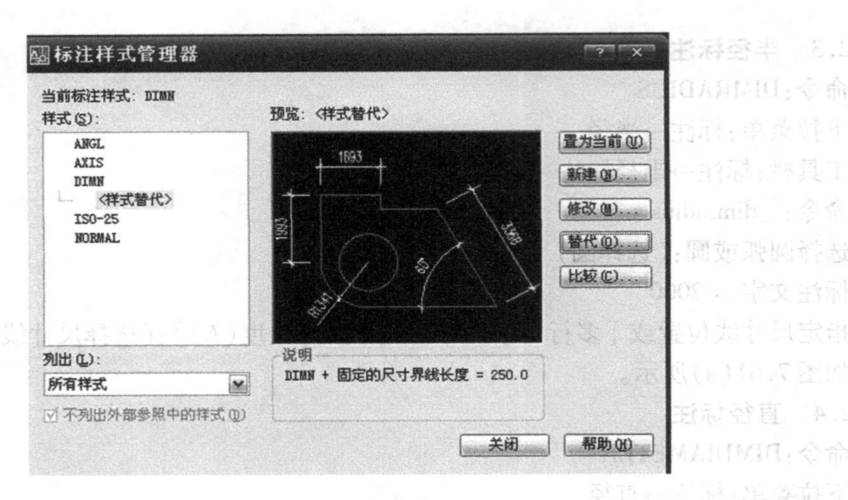

图 7.62　标柱样式管理器

创建新标注样式
新样式名(N)：
副本 DIMN
继续
取消
基础样式(S)：
DIMN
帮助(H)
注释性(A)
用于(U)：
所有标注

图 7.63　创建新标注样式对话框

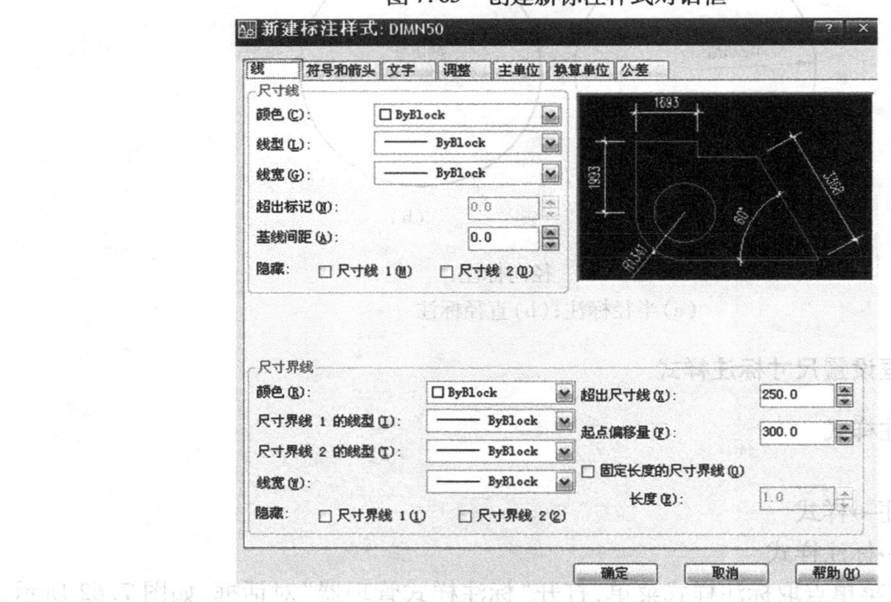

图 7.64　新建标注样式对话框

3.2　设置标注样式

在尺寸标注样式中，还有许多其他特性可设置或改变，用户完全可以控制尺寸标注的外观。在“标注样式管理器”对话框中，在“样式”文字窗口中列出了当前的标注样式。从中选中某个标注样式名，然后单击“修改”按钮，可打开与“新建标注样式”对话框内容完全相同的“修改标注样式”对话框。通过“修改标注样式”对话框，可对所选的各项特性进行重新设置。下面对一些常用的标注特性的设置进行简单介绍。

1）主单位

在“主单位”选项卡（如图7.65所示）中，在“线性标注”选项组中，可对线性标注的主单位进行设置，其中“单位格式”用来确定单位格式；“精度”用来确定尺寸的精度；“分数格式”用来设置分数的形式；“小数分隔符”用来设置小数的分隔符；“前缀”用与为尺寸文字设置固定前缀；“后缀”用与为尺寸标注设置固定后缀。

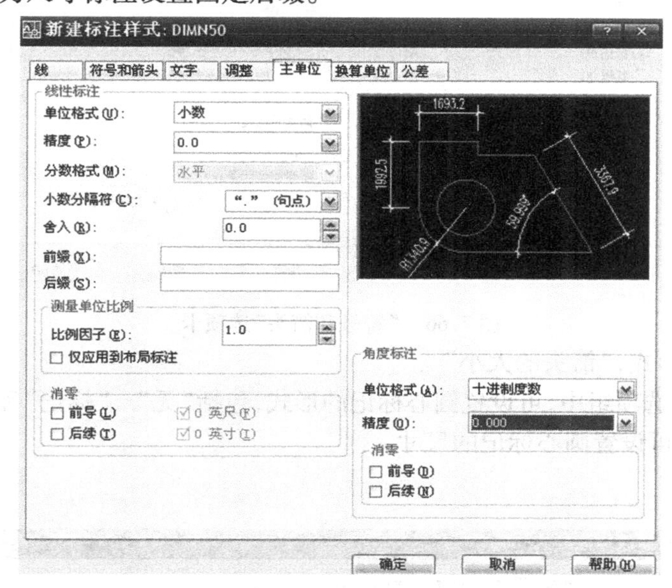

图7.65　“主单位”选项卡

在“测量单位比例”选项组中，可以对主单位的线性比例进行设置。

在“消零”选项组中，可确定是否省略尺寸标注中的0。在“角度标注”选项组中，可设置角度标注的单位和精度。

2）换算单位

在“换算单位”选项卡中，可设置换算单位格式、精度、换算比例等选项进行设置。

3）线

在“线”选项卡（如图7.66所示）中，可设置尺寸线和尺寸界线的形式。

在“尺寸线”选项中，可设置关于尺寸线的各种属性，包括尺寸线的“颜色”、“线宽”。“超出标记”表示可将尺寸箭头设置为短斜线、短波浪线等，或尺寸线上无箭头时，用来设置尺寸线超出尺寸界线的距离。“基线间距”即基线标注中相邻两尺寸之间的距离。

在“尺寸界线”选项组中，可确定尺寸界线的形式。其中包括尺寸界线的“颜色”、“线宽”、“超出标记”、“起点偏移量”即确定尺寸界线的实际起始点相对于指定尺寸界线起始点的偏移量，“隐藏”特性右侧的两个复选框用于确定是否省略尺寸界线。

4）符号和箭头

在“符号和箭头”选项中，可设置尺寸箭头的形式。其中包括“第一个”和”第二个”箭头

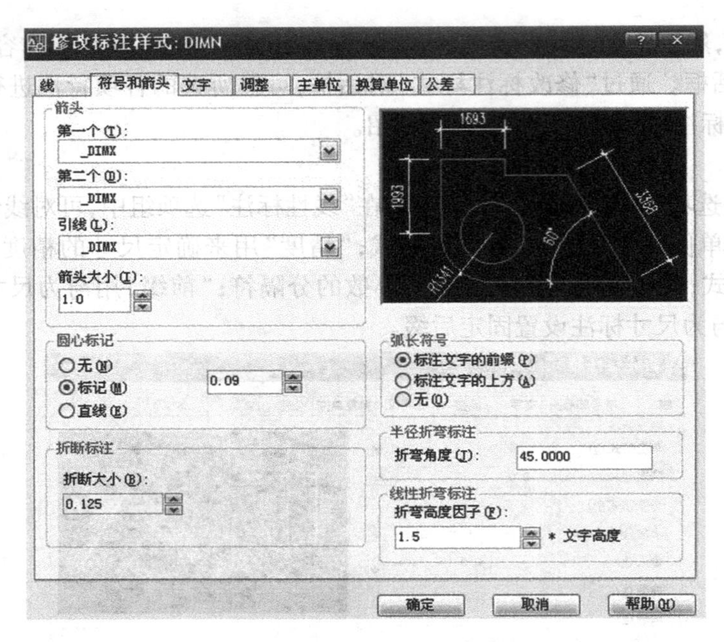

图 7.66 “符号和箭头”选项卡

的形式,“引线”的形式,“箭头的大小”。

在“圆心标记”选项组中,可设置圆心标记的形式,包括“无”、“标记”和“直线”。在圆心标记大小微调框中可设置圆心标记的尺寸。

5)文字

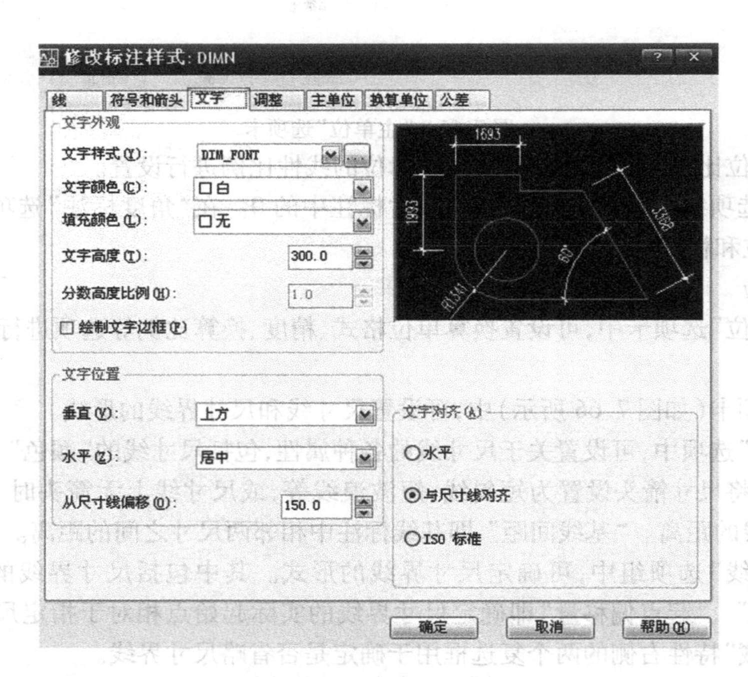

图 7.67 “文字”选项卡

在“文字”选项卡(如图 7.67 所示)中,可设置尺寸文字的外观、位置和对齐等特性。其中在“文字外观”选项组中,可设置尺寸文字的外观,在“文字样式”下拉列表框中可选择尺寸文字的样式,在“文字颜色”下拉列表中,可设置尺寸文字的颜色,在“文字高度”调整框中,可设置尺寸文字的字高,在“分数高度比例”调整框中,可确定分数高度的比例,选中或清除“绘制文字边框”复选框,可确定是否在尺寸文字周围加上边框。

在“文字位置”选项组中,可设置尺寸文字的位置。其中在“水平”下拉列表框中,可确定尺寸文字的水平位置,包括“居中”、“第一条尺寸界线”、“第二条尺寸界线”、“第一条尺寸界线上方”和“第二条尺寸界线上方”等。在“从尺寸线偏移”微调框中,可确定尺寸文字距尺寸线的距离。

在“文字对齐”选项中,可确定尺寸文字的对齐方式。其中包括,选中“水平”单选按钮,则尺寸文字始终沿水平方向放置,选中“与尺寸线对齐”单选按钮,则尺寸文字沿尺寸线的方向放置,选中“IOS 标准”单选按钮,则尺寸文字的放置方向符合 IOS 标准。

6)调整

在“调整”选项卡中(如图7.68所示),可调整尺寸文字和尺寸箭头的位置,其中包括,“调整选项”选项组、“文字位置”选项组、“标注特性比例”选项组和“优化”选项组。

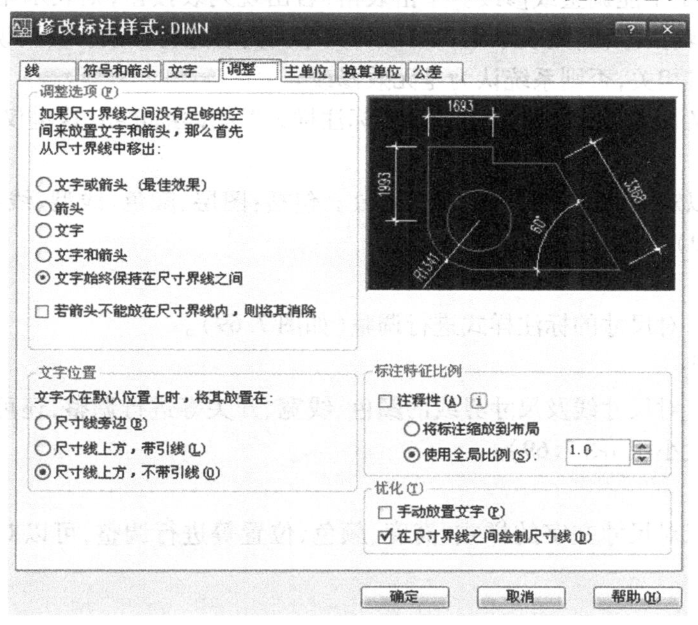

图7.68 “调整”选项卡

在“调整选项”选项组中,如果尺寸界线之间没有足够空间同时放置文字和箭头,那么首先从尺寸界线之间移出:包括“文字或箭头,取最佳效果”、移出“箭头”、移出“文字”、移出“文字和箭头”、“文字始终保持在尺寸界线之间”和“若不能放在尺寸界线内,则消除箭头”。

在“文字位置”选项组中,可设置文字不在缺省位置时,将其置于:“尺寸线旁边”、“尺寸线上方,加引线”或“尺寸线上方,不加引线”。

在“标注特性比例”选项组中,可设置“使用全局比例”、“按布局(图纸空间)缩放标注”。

在“优化”选项组中,可设置“标注时手动设置文字”和“始终在尺寸界线之间绘制尺寸线”。

创建并设置好所需的标注样式后，就可以利用它进行尺寸标注了。

7)公差

在“公差”选项卡中，可设置公差标注的格式。在“公差格式”选项组中，可设置公差的方式、公差文字的位置等特性。

4 编辑尺寸

如果对尺寸标注不满意，可以对尺寸进行编辑，以便达到满意的效果。

4.1 利用特性修改对话框编辑尺寸

特性修改对话框可以对尺寸的特性进行修改或调整。双击尺寸对象，屏幕上会弹出尺寸特性修改对话框（如图7.69），其中显示“基本”、“其他”、“直线和箭头”、“文字”、“调整”、“主单位”、“换算单位”、“公差”等选项。下面介绍对话框使用方法。

在对话框内，左端为选项名称，选项又分为主选项和次选项。单击主选项左边展开按钮，就可以打开子选项，反之关闭。右端是各子选项的调整内容，其中显现的内容用户可以调整或修改，隐现的内容是不能调整或修改。单击表格，若出现列表按钮，则表示用户可以选择列表中条目；若出现编辑文本框，则表示用户可以对其中的内容进行修改。需要说明的是修改后的内容必须与该项目相关，否则系统认为是无效修改。

各选项的意义，以及调整方法已在“设置标注样式” 中详细介绍，这里仅作简单介绍。

1)基本

此选项中可以对尺寸的基本特性进行修改。包括：图层、颜色、线型、线型比例、线宽等基本特性（如图7.69）。

2)其他

此选项中可以对尺寸的标注样式进行调整（如图7.69）。

3)直线和箭头

此选项中可以对尺寸线及尺寸界线的颜色、线宽、开关等进行调整，还可以调整尺寸起止符箭头的样式及大小（如图7.69）。

4)文字

此选项中可以对尺寸文字的样式、高度、颜色、位置等进行调整，可以对尺寸值进行修改（如图7.70）。

5)调整

此选项中可以对尺寸的几何参数进行调整。包括：尺寸标注全局比例、文字移动等（如图7.70）。

6)主单位

此选项中可以对主单位尺寸标注的前缀及后缀进行修改，可以对主单位尺寸的线性比例、标注单位进行调整（如图7.71）。

7)换算单位

此选项中可以对换算单位尺寸标注的前缀及后缀进行修改，可以对换算单位尺寸的换算比例因子、精度、换算格式进行调整（如图7.71）。

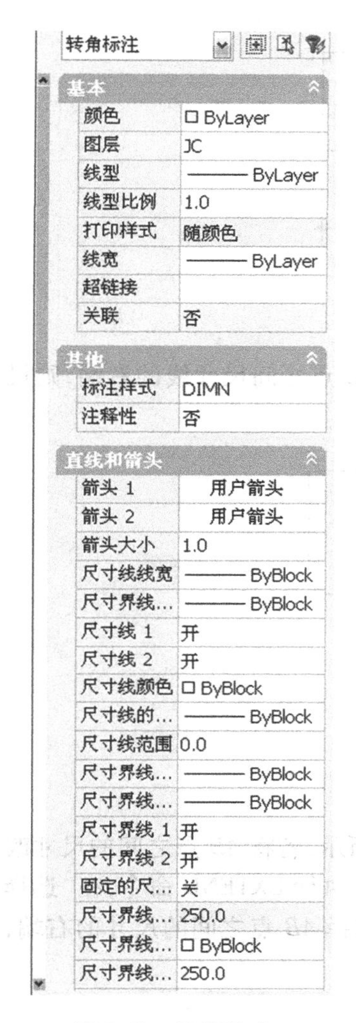

图 7.69　编辑尺寸 1

图 7.70　编辑尺寸 2

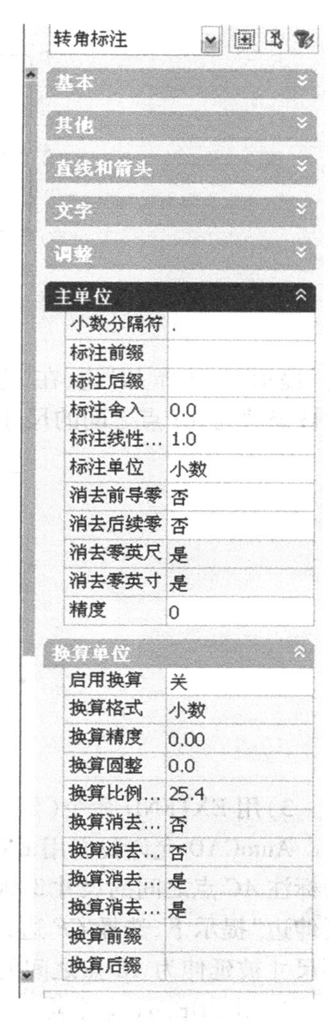

图 7.71　编辑尺寸 3

8)公差

此选项中可以对公差尺寸的相关尺寸进行调整。

4.2　**用修改命令编辑尺寸**

AutoCAD 的部分修改命令可以对尺寸进行修改,下面简单的介绍几种方法。

1)用 STRETCH 命令(拉伸)编辑尺寸

在绘图过程中,我们经常会改变图形的几何尺寸,在改变几何尺寸的同时又需要改变尺寸,我们可以用 STRETCH 命令来完成这种操作。如图 7.72 所示,将四边形 *ABCD* 的 *AB* 边和 *DC* 边由 3000 加长到 4000。我们可以执行 STRETCH 命令,在"选择对象"的提示下,按图7.72(a)中虚线窗口所示的范围选择对象,选择基点,打开正交开关向右拉伸 1000。执行结果如图 7.72(b)所示,四边形 *ABCD* 的 *AB* 边和 *DC* 边由 3000 加长到了 4000,尺寸也同时变为 4000。

2)用 Trim 命令(修剪)编辑尺寸

AutoCAD 允许我们用 Trim 命令修剪尺寸。如图 7.73 所示,若将 *AC* 点之间的尺寸 3000 改为标注 *AB* 点之间的尺寸 1500,我们可以用 Trim 命令修剪。执行 Trim 命令,在"选择修剪

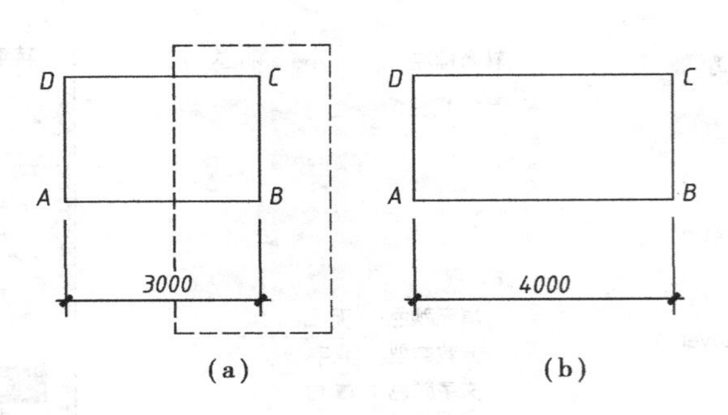

图 7.72 用 STRETCH 编辑尺寸

边"提示下,选择 *BE* 边,在"选择要修剪的对象提示下",选择 *AC* 点之间尺寸线的右端,则尺寸被修剪为 *AB* 点之间的尺寸。

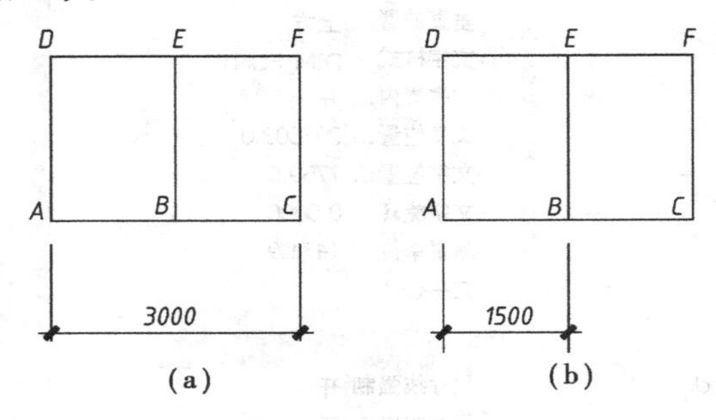

图 7.73 用 Trim、EXTEND 编辑尺寸

3)用 EXTEND 命令(延伸)编辑尺寸

AutoCAD 允许我们用 EXTEND 命令延伸尺寸。如图 7.73 所示,若将 *AB* 点之间的尺寸改为标注 *AC* 点之间的尺寸 3000,我们可以用 EXTEND 命令延伸。执行 EXTEND 命令,在"选择延伸边"提示下,选择 *CF* 边,在"选择要延伸的对象提示下",选择 *AB* 点之间的尺寸的右端,则尺寸被延伸为 *AC* 点之间的尺寸 3000。

4)用 DDEDIT 命令修改尺寸文字

如果我们要对尺寸文字内容进行直接修改,可以执行 DDEDIT 命令,选取尺寸,系统会"打开多行文字编辑器",如图 7.74 所示。在编辑栏中可以修改尺寸值,增加前缀或后缀,删除尺寸文字,输入需要修改的尺寸值或文字,按确定键,尺寸值就被修改。在尺寸文字前输入的文字即为前缀,在其后输入的文字即为后缀。

图 7.74 用 DDEDIE 编辑尺寸

用 DDEDIT 命令修改过的尺寸不能调整线性比例,也不会随着尺寸的几何尺寸调整而变化。若想恢复真实尺寸,可以采用如下方法:

利用特性修改对话框,选取修改过的尺寸,删除话框中"文字"选项卡中的"文字替代"项的内容,尺寸值就可以恢复为真实尺寸。

第8节　查询命令与绘图实用命令

本节将介绍 AutoCAD 的查询命令以及控制其基本功能和提供必要服务的实用命令。

AutoCAD 提供了查询功能，利用该功能，用户可以方便地计算图形对象的面积、两点之间的距离、点的坐标值、时间等数据。AutoCAD 2008 中文版将查询命令放在了“工具”下拉菜单的“查询”子菜单中。

另外，利用 AutoCAD 2008 中文版的“查询”工具栏也可以实现数据查询。

1　查询命令

1.1　求距离命令 DIST

命令：DIST

下拉菜单：工具→查询→距离

工具栏：查询→距离

1)功能

求指定的两个点之间的距离以及有关的角度，以当前的绘图单位显示。

2)操作格式

命令：DIST ↵

指定的第一点：(输入一点，如输入 3,3)↵

指定的第二点：(输入一点，如输入 5,8)↵

距离 =5.3852，*XY* 平面内倾角 =68.1986，距 *XY* 平面的角度 =0

X 增量 =2.0000，*Y* 增量 =5.0000，*Z* 增量 =0.0000

上面的结果说明：点(3,3)与点(5,8)之间的距离是 5.3852，这两点的连线与 *X* 轴正方向的夹角为 68.1986 度，与 *XY* 平面的夹角为 0 度，这两点的 *X*、*Y*、*Z* 方向的坐标差分别为 2.0000、5.0000、0.0000。

值得注意的是，用 DIST 命令求出来的距离值的精度，要受系统单位的精度控制。

1.2　求面积命令 AREA

命令：AREA

下拉菜单：工具→查询→面积

工具栏：查询→面积

1)功能

求由若干个点所确定区域或由指定对象所围成区域的面积与周长，还可以进行面积的加、减运算。

2)操作格式

命令：AREA ↵

指定第一个角点或［对象(O)/加(A)/减(S)］：

各选项功能如下：

①第一点

求由若干个点的连线所围成封闭多边形的面积和周长，该选项为缺省项。当用户给出第一点后，AutoCAD 继续提示：

下一点：（输入点）

下一点：（输入点）

下一点：（输入点）

……

下一点：（输入结束点）↵

AutoCAD 显示：

面积 =（计算出的面积），周长 =（周长）

它们分别是由输入的点的连线所形成的多边形的面积与周长。

②对象（O）

求指定对象所围成区域的面积。执行该选项，AutoCAD 提示：

选择对象：（选取对象）

AutoCAD 一般显示

面积 =（计算出的面积），长度（或圆周）=（周边长度）

注：当提示“选择对象：”时，用户只能选取由圆（CIRCLE）、椭圆（ELLIPSE）、二维多段线（PLINE）、矩形（RECTANG）、等边多边形（POLYGON）、样条曲线（SPLINE）、面域（REGION）等命令绘出的对象，即只能求上述对象所围成的面积，否则 AutoCAD 提示：所选对象没有面积。

对于宽多段线，面积按宽多段线的中心线计算。

对于非封闭的多段线或样条曲线，执行该命令后，AutoCAD 先假设用一条直线将其首尾相连，然后再求所围成封闭区域的面积，但所计算出的长度是该多段线或样条曲线的实际长度。

③加（A）

进入加法模式，即把新选取对象的面积加入到总面积中去。执行该选项，AutoCAD 提示：

<指定第一点>/对象(0)/减(S)：

此时用户可以通过输入点或选取对象的方式求某区域的面积，也可以转为减法模式。求出相应的面积和周长后 AutoCAD 提示：

面积 =（计算出的面积），长度（或圆周长）=（周边长度）

总面积 =（相加后的总面积）

AutoCAD 提示：

（“加”的模式）选择对象：（继续选择对象）

此时用户可以继续进行加面积的操作，如果直接按回车键，AutoCAD 提示：

<指定第一点>/对象(0)/减(S)：↵

命令终止，AutoCAD 则求出所选区域的总面积。

④减（S）

进入减法模式，即把新选取对象的面积从总面积中扣除。执行该选项，AutoCAD 提示：

<指定第一点>/对象(0)/加(A)：

此时用户可以通过输入点或选取对象的方式求某区域的面积，AutoCAD 则把有后续操作

确定的新区域面积从总面积中扣除。

1.3　**显示指定对象的数据命令 LIST**

命令:LIST

下拉菜单:工具→查询→列表显示

工具栏:查询→列表显示

1)功能

以列表的形式显示描述所指定对象特征的有关数据。

2)操作格式

命令:LIST ↵

选择对象:(选取对象)

选择对象:(选取对象)

……

选择对象:↵

执行结果:切换到文本窗口,显示所选对象的有关数据信息。

3)说明

执行 LIST 命令后所显示的信息,取决于对象的类型,它包括对象的名称、对象在图中的位置,对象所在图层和对象的颜色等。除了对象的基本参数外,由它们导出的扩充数据也被列出。

2　绘图实用命令

2.1　清理命令 PURGE

命令:PURGE

下拉菜单:文件→绘图使用程序→清理

1)功能

删除用户建立或调用但已没有用的块、标注样式、表格样式、打印样式、图层、线型、形文件、字形、应用文件、多线样式等。

2)操作格式

命令:PURGE ↵

AutoCAD 弹出如图 7.75 所示的清理对话框。其中有“查看能清理的项目”和“查看不能清理的项目”两个选项。

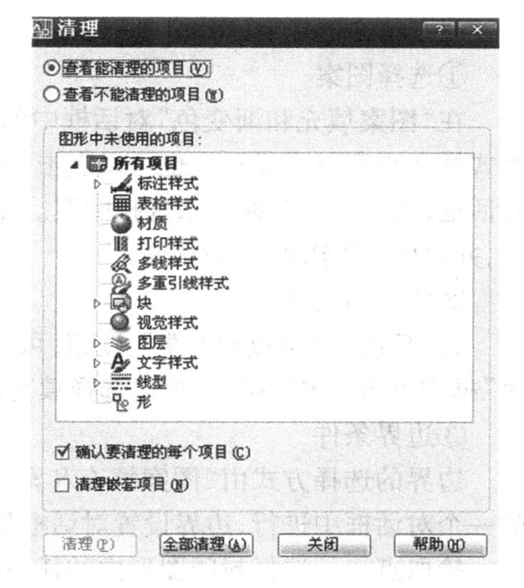

图 7.75　清理对话框

①查看能清理的项目

切换树状图显示当前图形中可以清理的命名对象的概要。

列表显示未用于当前图形的和可被清理的命名对象。可以通过单击三角号或双击对象类型列出任意对象类型的项目,通过选择要清理的项目来清理项目。

②查看不能清理的项目

切换树状图显示当前图形中不能清理的命名对象的概要。

列出不能从图形中删除的命名对象。这些对象大部分在图形中当前使用,或为不能删除的默认项目。当选择单独命名对象时,在树状图下方将显示为什么不能清理该项目的信息。

③清理嵌套项目

从图形中删除所有未使用的命名对象,即使这些对象包含在或被参照于其他未使用的命名对象中。显示“确认清理”对话框,可以取消或确认要清理的项目。

④确认要清理的每个项目

清理项目时显示“确认清理”对话框。

⑤说明

清理命令仅能删除用户建立或调用但已没有用的块、标注样式、表格样式、打印样式、图层、线型、形文件、字形、应用文件、多线样等,正在使用或已使用的将无法删除。

2.2 图案填充

图案填充是指在一个封闭的图形中(或区域)填充预定义的图形。AutoCAD 给用户准备了很多这样的图案,图案文件存入在 ACAD. APT 中。

命令:BHATCH

下拉菜单:绘图→图案填充

1)功能

在一个封闭的图形中(或区域)填充图形。

2)操作格式

图案填充时,先画一个封闭的图形,或者一个封闭的区域。利用 BHATCH 命令或者点击相应的下拉菜单,将弹出一个如图 7.76 所示“图案填充和渐变色”对话框,由对话框中特有的功能来对图案进行填充。

图案填充的主要操作如下:

①选择图案

在“图案填充和渐变色”对话框中的“图案”框中点击“▼” 按钮,将选择图案名称,并把图案式样在小窗口内显示。也可以点击 旁边的“⊗”按钮,将弹出一个如图 7.77 所示图案选择对话框,用上下光条移动来选择图案。图案选定以后,点击“确定”按钮,即确定该图案用于填充,并返回“图案填充”对话框。

②角度和比例

在“角度”框中点击“ ▼” 按钮,可以选择填充图案的旋转角度或直接输入角度。在“比例”框中点击“ ▼” 按钮,可以选择填充图案的缩放比例或直接输入比例。

③边界条件

边界的选择方式由“图案填充和渐变色”对话框右下角的展开按钮来完成。在展开右侧的一个对话框中进行,边界设置对话框如图 7.76 所示。

拾取点——选择封闭图形内的任一点。

选择对象——选择作为填充边界的对象。

孤岛检测方式——选择要删除填充区域内独立的图形(孤岛)的方式。

④填充预览

点击“图案填充”对话框中“图案填充预览”按钮,系统将把填充图案进行预演示,供用户参考,如果不满意,用户可以重新选择图案,直到满意为止。

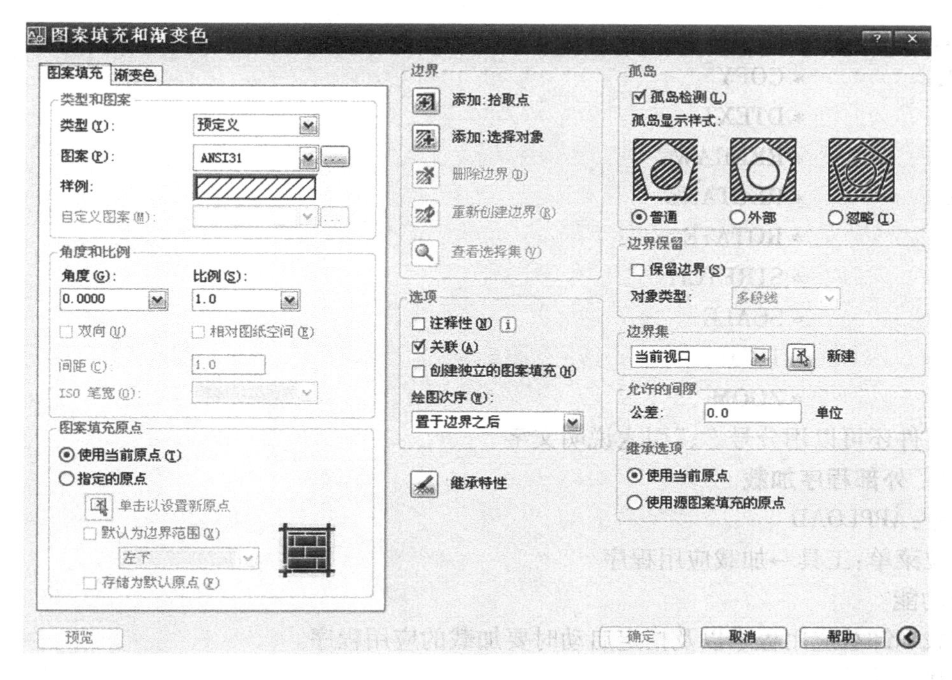

图 7.76　图案填充和渐变色对话框

⑤图案填充

图案选定并预览之后,如果满意需要填充,点击“确定”按钮,则会把图案填充到相应的图形区域中去并关闭“图案填充和渐变色”对话框,图案填充完成。

2.3　简化命令

简化命令又称命令别名,是在命令提示下代替整个命令名而输入的缩写。

例如,可以输入“ c ”代替“ circle ”来启动“ CIRCLE ”命令。别名与键盘快捷键不同,快捷键是多个按键的组合,例如 SAVE 的快捷键是 CTRL + S。

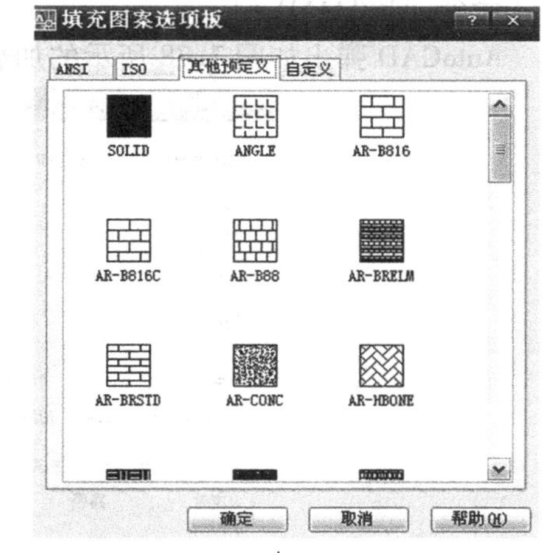

图 7.77　图案选择对话框

可以为任何 AutoCAD 命令、设备驱动程序命令或外部命令定义别名。AutoCAD 已经为用户提供了命令别名,自定义命令别名需要编辑程序参数文件“acad. pgp”,文件的第二部分用于定义命令别名。可以通过在 ASCII 文本编辑器(例如记事本)中编辑“acad. pgp”来更改现有别名或添加新的别名,要编辑 acad. pgp 文件,请依次单击工具(T) → 自定义(C) → 编辑程序参数 (acad. pgp)(P),AutoCAD 将自动调用记事本软件打开“acad. pgp”文件,用户可以根据自己的工作习惯编辑命令别名。下面列出部分命令的简化命令及文件格式。

命令别名　　命令全名

A,　　　　* ARRAY

B,　　　　* BLOCK

Cc,　　　　* CIRCLE

CH,　　　　　＊CHANGE
CP,　　　　　＊COPY
D,　　　　　＊DTEXT
R,　　　　　＊REDRAW
RE,　　　　　＊RECTANG
RO,　　　　　＊ROTATE
S,　　　　　＊STRETCH
SC,　　　　　＊SCALE
T,　　　　　＊TRIM
Z,　　　　　＊ZOOM

此文件还可以用分号“;”引入说明文字。

2.4　外部程序加载

命令:APPLOAD

下拉菜单:工具→加载应用程序

1)功能

加载和卸载应用程序以及指定启动时要加载的应用程序。

2)操作格式

命令:APPLOAD ↵

AutoCAD 弹出如图 7.78 所示的加载和卸载应用程序对话框。

图 7.78　加载和卸载应用程序对话框

对话框附加选项的说明如下:

①加载

加载文件列表或“历史记录列表”选项卡上当前选定的应用程序。只有选择了可加载的文件以后,“加载”才可用。ObjectARX、VBA 和 DBX 应用程序可立即被加载,但是 LSP、VLX 和 FAS 应用程序要先排队,等到关闭“加载/卸载应用程序”对话框后再加载。

②已加载的应用程序

按字母顺序显示当前加载的应用程序(按文件名)列表。LISP 程序只有在"加载/卸载应用程序"对话框中加载后才会显示在这一列表中,可以将文件从文件列表或任何具有拖动功能的应用程序(例如 Microsoft Windows 资源管理器)拖动到此列表中。

③启动组

包含每次启动 AutoCAD 时要加载的应用程序的列表。可以从文件列表或任何允许文件拖动的应用程序(例如 Windows 资源管理器)中将应用程序可执行文件拖放到"启动组"区域,以便将其添加到启动组中。

④内容

显示"启动组"对话框。用户也可以通过单击"启动组"图标或在"历史记录列表"选项卡中的应用程序上单击鼠标右键,然后单击快捷菜单中的"添加到启动组",来将文件添加到"启动组"。

3　图块的操作

图块是将一组图形集合起来做成一个整体,并赋予名称保存起来,以便在图纸中插入。图块在插入时可以进行放大、缩小、旋转等操作,是进行图形拼装的一个重要操作。

3.1　块定义

命令:BLOCK

下拉菜单:绘图→块→创建

1)功能

将图形集合创建为内部图块。

2)操作格式

命令:BLOCK ↵

将弹出一个图块定义对话框,利用对话框可以定义图块,对话框如图 7.79 所示。

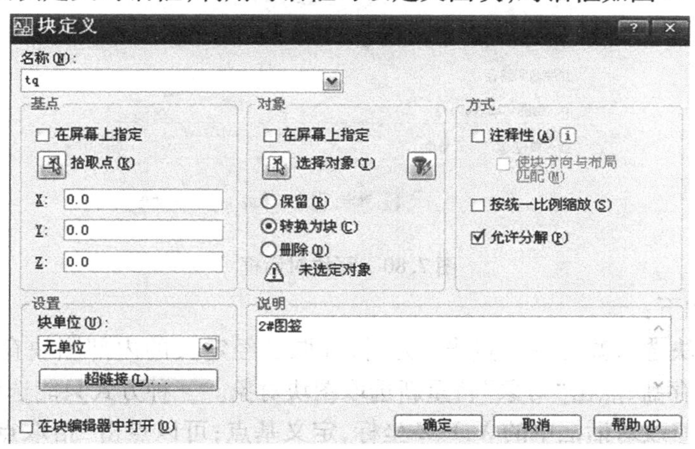

图 7.79　图块定义对话框

对话框操作如下:

①名称:输入定义的图块名称,或者点击名称框中的"▼" 按钮,下拉出已经定义的图块名,点取之后可以重新定义该图块。

②基点：输入定义图块的基准点可以修改对话框中基点坐标值 $X,Y,$；也可以点击拾取点按钮，返回图形界面用鼠标点取基点。

③对象：选取作为图块的对象。点击“选择对象”，用鼠标在图形中选取对象；点击“保留”，将定义图块以后，把原对象保留；点击“转换为块”，把原来选取的对象转换为块；点取“删除”，定义图块以后，把原选取对象删除。这三种方式只能选取一种。

④块单位：指图块插入的图形单位，点击块单位框的“▼”按钮，将下拉式显示各种图形单位，有元、英寸、英尺、英里、毫米、厘米、米，千米……光年、秒差距，从中选取单位，一般为毫米。

⑤说明：可以输入必要的说明。

最后点击“确定”按钮，则定义好一个内部图块。

3.2 块存盘

命令：WBLOCK

1）功能

块存盘是指定义图块后，以 DWG 文件方式存盘，作为永久性外部图块文件。图块可以插入到任意图形中。

2）操作格式

命令：WBLOCK ↵

将弹出一个“写块”的对话框，如图 7.80 所示。

图 7.80　写块对话框

对话框操作如下：

①源：包括图块选取源对象。点击“块”将选取已经定义的内部图块存盘；点击“整个图形”将把整个图形存盘；点击“对象”将重新选取图块对象。三种方式只能选取一种。

②基点：可以修改对话框中的 X,Y,Z 坐标，定义基点；可以点击“拾取点”按钮，进入绘图窗口用鼠标选取。

③对象：选择图块对象，点取“保留”将对原对象保留；点取“转换为块”将把原对象转换为块；点取“从图形中删除”将把原对象删除。三种方式只能选择一种。

点击“选择对象”按钮，可以用鼠标在原图形中选择图块对象。

④目标:对图块存盘的文件名、路径、插入单位进行定义。“文件名和路径”,输入图块文件的文件名和存盘的路径;“插入单位”,与定义内部图块一样,选取插入的单位。

以上操作完成以后,点击“确定”按钮,将把指定的图块按指定的文件名. DWG 的图形文件保存。

3.3　**图块的插入**

图块定义之后,图块可以插入到当前图形中,存盘的外部图块可以插入到任意图形中。

命令:INSERT

下拉菜单:插入→块插入

1)功能

将图块插入当前图中。

2)操作格式

命令:INSERT ↵

将弹出图块插入对话框,如图 7.81 所示,插入对话框操作如下:

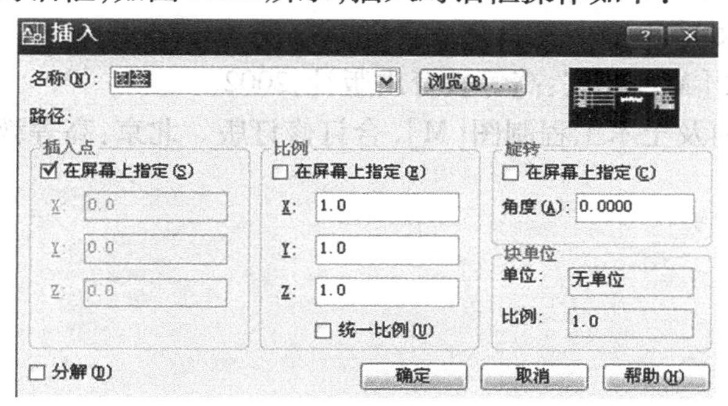

图 7.81　图块插入对话框

①名称:选取插入图块的名称。对于内部图块,点击名称框内的“▼”按钮,将下拉显示全部内部图块的图块名,用鼠标点取名称即可。对外部图块,点击“浏览”按钮,将弹出文件对话框,可以选取路径、文件名,以确定外部图块。值得注明的是:所有图形文件 *. DWG 都可以作为外部图块。

②路径:指插入时的参数选择。“插入点”,可以修改该插入点 X、Y、Z 的坐标;也可以点取由“屏幕确定”,将在屏幕上由鼠标选定插入点。“缩放比”可以修改图块缩放的 X、Y、Z 的比例,默认值为:1,1,1;也可以点击“由屏幕确定”,将在屏幕上插入图块时由键盘输入。“旋转角”用来修改旋转角度的值,默认值为 0;也可以点取“由屏幕确定”,将在插入时在屏幕上用鼠标或者从键盘输入角度值。以上操作完成之后,点击“确定”按钮,将进行图块插入或者进行相关操作之后,把图块插入。

参考文献

[1] 廖远明. 建筑图学:下册[M]. 北京:中国建筑工业出版社,1996.
[2] 叶晓芹. 给水排水工程制图[M]. 北京:高等教育出版社,1993.
[3] 钱可强. 建筑制图[M]. 北京:高等教育出版社,2002.
[4] 朱育万. 画法几何及土木工程制图[M]. 合订修订版. 北京:高等教育出版社,2001.